21世纪高等学校计算机
应用技术规划教材

数据库原理与技术
（SQL Server 2012）

申时凯　邱　莎　王付艳　方　刚　主　编
王　武　王玉见　段　玻　韩红帮　副主编

清华大学出版社
北京

内 容 简 介

本书是云南省普通高等学校"十二五"规划教材，共分 12 章，从数据库基础理论和实际应用出发，循序渐进、深入浅出地介绍数据库基础知识，基于 SQL Server 2012 介绍数据库的创建、表的操作、索引、视图、数据完整性、SQL Server 函数、SQL Server 程序设计、存储过程与触发器、SQL Server 的安全管理、SQL Server 客户端开发与编程等内容；以实例为主线，将"选课管理信息系统"和"计算机计费系统"数据库案例融入各章节，重点阐述数据库的创建、维护、开发与 SQL 语言程序设计的思想及具体方法；简明扼要地介绍 SQL Server 的上机实验操作，并配有例题、练习题和实验指导，以便于读者更好地学习和掌握数据库的基本知识与技能。

本书可作为计算机及相关专业的本科教材，也可作为广大计算机爱好者学习数据库技术的参考书。

图书在版编目（CIP）数据

数据库原理与技术：SQL Server 2012/申时凯等主编. —北京：清华大学出版社，2018（2024.7重印）
（21 世纪高等学校计算机应用技术规划教材）
ISBN 978-7-302-48051-8

Ⅰ．①数…　Ⅱ．①申…　Ⅲ．①关系数据库系统　Ⅳ．①TP311.132.3

中国版本图书馆 CIP 数据核字（2017）第 209168 号

责任编辑：黄　芝　李　晔
封面设计：刘　键
责任校对：时翠兰
责任印制：沈　露

出版发行：清华大学出版社
　　　　　网　　　址：https://www.tup.com.cn，https://www.wqxuetang.com
　　　　　地　　　址：北京清华大学学研大厦 A 座　　　　邮　　编：100084
　　　　　社 总 机：010-83470000　　　　　　　　　　邮　　购：010-62786544
　　　　　投稿与读者服务：010-62776969，c-service@tup.tsinghua.edu.cn
　　　　　质 量 反 馈：010-62772015，zhiliang@tup.tsinghua.edu.cn
　　　　　课 件 下 载：https://www.tup.com.cn，010-83470236
印 装 者：三河市人民印务有限公司
经　　　销：全国新华书店
开　　　本：185mm×260mm　　　　印　　张：26.5　　　　字　　数：644 千字
版　　　次：2018 年 7 月第 1 版　　　　　　　　　　印　　次：2024 年 7 月第 9 次印刷
印　　　数：6401～7400
定　　　价：69.80 元

产品编号：075767-02

出 版 说 明

　　随着我国改革开放的进一步深化，高等教育也得到了快速发展，各地高校紧密结合地方经济建设发展需要，科学运用市场调节机制，加大了使用信息科学等现代科学技术提升、改造传统学科专业的投入力度，通过教育改革合理调整和配置了教育资源，优化了传统学科专业，积极为地方经济建设输送人才，为我国经济社会的快速、健康和可持续发展及高等教育自身的改革发展做出了巨大贡献。但是，高等教育质量还需要进一步提高以适应经济社会发展的需要，不少高校的专业设置和结构不尽合理，教师队伍整体素质亟待提高，人才培养模式、教学内容和方法需要进一步转变，学生的实践能力和创新精神亟待加强。

　　教育部一直十分重视高等教育质量工作。2007年1月，教育部下发了《关于实施高等学校本科教学质量与教学改革工程的意见》，计划实施"高等学校本科教学质量与教学改革工程（简称'质量工程'）"，通过专业结构调整、课程教材建设、实践教学改革、教学团队建设等多项内容，进一步深化高等学校教学改革，提高人才培养的能力和水平，更好地满足经济社会发展对高素质人才的需要。在贯彻和落实教育部"质量工程"的过程中，各地高校发挥师资力量强、办学经验丰富、教学资源充裕等优势，对其特色专业及特色课程（群）加以规划、整理和总结，更新教学内容、改革课程体系，建设了一大批内容新、体系新、方法新、手段新的特色课程。在此基础上，经教育部相关教学指导委员会专家的指导和建议，清华大学出版社在多个领域精选各高校的特色课程，分别规划出版系列教材，以配合"质量工程"的实施，满足各高校教学质量和教学改革的需要。

　　本系列教材立足于计算机公共课程领域，以公共基础课为主、专业基础课为辅，横向满足高校多层次教学的需要。在规划过程中体现了如下一些基本原则和特点。

　　（1）面向多层次、多学科专业，强调计算机在各专业中的应用。教材内容坚持基本理论适度，反映各层次对基本理论和原理的需求，同时加强实践和应用环节。

　　（2）反映教学需要，促进教学发展。教材要适应多样化的教学需要，正确把握教学内容和课程体系的改革方向，在选择教材内容和编写体系时注意体现素质教育、创新能力与实践能力的培养，为学生的知识、能力、素质协调发展创造条件。

　　（3）实施精品战略，突出重点，保证质量。规划教材把重点放在公共基础课和专业基础课的教材建设上；特别注意选择并安排一部分原来基础比较好的优秀教材或讲义修订再版，逐步形成精品教材；提倡并鼓励编写体现教学质量和教学改革成果的教材。

　　（4）主张一纲多本，合理配套。基础课和专业基础课教材配套，同一门课程可以有针对不同层次、面向不同专业的多本具有各自内容特点的教材。处理好教材统一性与多样化，基本教材与辅助教材、教学参考书，文字教材与软件教材的关系，实现教材系列资源配套。

（5）依靠专家，择优选用。在制定教材规划时依靠各课程专家在调查研究本课程教材建设现状的基础上提出规划选题。在落实主编人选时，要引入竞争机制，通过申报、评审确定主题。书稿完成后要认真实行审稿程序，确保出书质量。

繁荣教材出版事业，提高教材质量的关键是教师。建立一支高水平教材编写梯队才能保证教材的编写质量和建设力度，希望有志于教材建设的教师能够加入到我们的编写队伍中来。

21 世纪高等学校计算机应用技术规划教材

联系人：魏江江 weijj@tup.tsinghua.edu.cn

前　言

数据库技术是 20 世纪 60 年代开始兴起的一门综合性的数据管理技术，也是信息管理中的一项非常重要的技术。进入 20 世纪 90 年代后，随着计算机及计算机网络的普及，网络数据库得到了日益广泛的应用。

本书具有以下特色：

（1）理论与实践相结合。本书既介绍数据库的基本理论知识，又有取舍地基于 Windows 7 操作系统介绍 SQL Server 2012 数据库中文版的基本操作及应用。

（2）以实例为主线。结合"选课管理信息系统"和"计算机计费系统"数据库案例，通过精心组织和系统编排，使学生通过案例学会数据库设计，使教学更具有针对性。

（3）本书讲解力求准确、简练，强调知识的层次性和技能培养的渐进性，例题和习题设计丰富实用，注重对学生的 SQL Server 数据库管理与开发技能的培养。

（4）在内容安排上遵循"循序渐进"与"难点分解"的原则，合理安排各章节内容。

全书共分 12 章，第 1 章由申时凯、韩红帮、肖红编写，第 2 章由邱莎、张志红编写，第 3 章由李海雁、黄吉花编写，第 4 章由申时凯、张大卫、佘玉梅编写，第 5 章由王付艳、申浩如编写，第 6 章由王武、李凯佳编写，第 7 章由马宏编写，第 8 章由段玻编写，第 9 章由申时凯、邱莎、佘玉梅编写，第 10 章由邱莎、王玉见编写，第 11 章和第 12 章由方刚编写，附录由邱莎、申时凯、何英、李冬萍编写，配套电子教案由上述老师共同制作。申时凯、邱莎、王付艳、方刚任主编，负责全书的策划和修改定稿工作；王武、王玉见、段玻、韩红帮任副主编。

本书得到云南省普通高等学校"十二五"规划教材、云南省科技计划项目（NO.2011FZ176）、昆明市物联网应用技术科技创新团队、昆明学院物联网应用技术科研创新团队（NO.2015CXTD04）、昆明学院应用型人才培养改革创新项目——应用型本科计算机类专业实践教学基地的资助。在本书的编写过程中，得到了日本函馆未来大学姜晓鸿教授的关心和指导，很多老师对本书的组织和协调做了大量工作，不少兄弟院校的老师对本书提出了宝贵的意见和建议。在此对他们深表谢意。

由于编者水平有限，书中不足之处在所难免，敬请广大读者批评指正。

编　者

2017 年 12 月于昆明

目　　录

第 1 章　数据库技术基础

数据库管理系统作为数据管理最有效的手段，为高效、精确地处理数据创造了条件。数据库与计算机网络相结合，使管理工作如虎添翼。数据库已经成为计算机应用领域一个极其重要的分支。本章将介绍数据库技术基础知识、关系数据库、数据库设计和主流数据库等内容。

1.1　数据库基础知识

1.1.1　信息、数据与数据管理

1. 信息

信息（information）是指现实世界中事物的存在方式或运动状态的表征，是客观世界在人们头脑中的反映，是可以传播和加以利用的一种知识。信息具有可感知、可存储、可加工、可传递和可再生等自然属性。信息也是社会各行各业中不可或缺的资源，这是它的社会属性。

2. 数据

数据（data）是信息的载体，是描述事物的符号记录，信息是数据的内容。描述事物的符号可以是数字，也可以是文字、图形、声音、语言等。数据有多种表现形式，人们通过数据来认识世界、了解世界。数据可以经过编码后存入计算机加以处理。

在现实世界中，人们为了交流信息、了解信息，需要对现实世界中的事物进行描述。例如，利用自然语言描述一个学生："张三是一个 2016 年入学的男大学生，1997 年出生，四川人。"在计算机中，为了处理现实世界中的事物，可以抽象出人们感兴趣的事物特征，组成一个记录来描述该事物。例如，最感兴趣的是学生的姓名、性别、出生日期、籍贯、入学时间，那么刚才的话就可以用如下一条表示数据的记录来描述：

（张三，男，1997，四川，2016）

3. 数据管理

数据的处理是指对各种数据进行收集、存储、加工和传播的一系列活动的集合；而数据管理是指对数据进行分类、组织、编码、存储、检索和维护等操作。它是数据处理的中心问题。

1.1.2　数据管理技术的发展

数据库技术是 20 世纪 60 年代开始兴起的一门信息管理自动化的新兴学科，是数据管理的产物。随着计算机及其应用的不断发展，数据管理技术经历了人工管理、文件系统、

数据库系统三个阶段。

1. 人工管理阶段

20 世纪 50 年代中期以前，计算机主要用于科学计算，而存储方面只有纸带、卡片、磁带，没有大容量的外存，没有操作系统和数据管理软件，数据处理方式是批处理，数据的管理是由程序员个人设计和安排的。程序员把数据处理纳入程序设计的过程中，除了编制程序之外，还要考虑数据的逻辑定义和物理组织，以及数据在计算机存储设备中的物理存储方式。程序和数据混为一体。人工管理阶段的特点是：

（1）数据不长期保存在计算机中，用完就删除。

（2）应用程序管理数据，数据与程序结合在一起。

（3）数据不共享，数据是面向应用的，一组数据对应一个程序。

2. 文件系统阶段

文件系统阶段是指 20 世纪 50 年代后期到 20 世纪 60 年代中期这一阶段。由于计算机硬件有了磁盘、磁鼓等直接存取设备，软件有了操作系统、数据管理软件，计算机应用扩展到了数据处理方面。这一阶段的特点是：

（1）数据以文件的形式长期保存在计算机中。

（2）程序与数据之间有一定的独立性，数据可以共享，一个数据文件可以被多个应用程序使用。

（3）数据文件彼此孤立，不能反映数据之间的联系，存在大量的数据冗余。

3. 数据库系统阶段

数据库系统阶段从 20 世纪 60 年代后期至今。随着计算机硬件与软件技术的发展，计算机用于管理的规模越来越大，文件系统作为数据管理手段已经不能满足应用的需要。为了解决多用户、多应用程序共享数据的需求，人们开始了对数据组织方法的研究，并开发了对数据进行统一管理和控制的数据库管理系统，在计算机领域逐步形成了数据库技术这一独立的分支。数据库系统阶段的特点是：

（1）数据结构化。

（2）数据的共享性高、冗余度低、易扩充。

（3）数据的独立性强。

（4）数据由数据库管理系统统一管理和控制。

1.1.3 数据库、数据库管理系统、数据库系统

1. 数据库

通俗地讲，数据库（Database）是存放数据的仓库。严格的定义是：数据库是长期存储在计算机内的有组织的可共享的数据集合。这种集合具有如下特点：

（1）数据库中的数据按一定的数据模型来组织、描述和存储。

（2）具有较小的冗余度。

（3）具有较高的数据独立性和易扩充性。

（4）为各种用户共享。

2. 数据库管理系统

数据库管理系统（Database Management System，DBMS）是位于用户与操作系统之间

的数据管理软件，是帮助用户创建、维护和使用数据库的软件系统。数据库管理系统具有如下功能：

（1）数据定义功能。用户可以通过 DBMS 提供的数据定义语言（Data Definition Language，DDL），方便地对数据库中的对象进行定义。

（2）数据操纵功能。数据库管理系统提供的数据操纵功能，可支持用户通过 DBMS 提供的数据操作语言（Data Manipulation Language，DML）方便地操纵数据库中的数据，实现对数据库的基本操作，如增加、删除、修改和查询等。

（3）数据库的运行管理。数据库管理系统统一管理数据库的运行和维护，以保障数据的安全性、完整性、并发性和故障后的系统恢复。

数据库管理系统是数据库系统的一个重要组成部分。

3．数据库系统

数据库系统（Database System，DBS）是指采用数据库技术的计算机系统。狭义地讲，数据库系统由数据库、数据库管理系统构成。广义地讲，数据库系统由数据库、数据库管理系统及应用开发工具、数据库应用程序、数据库管理员和用户构成，如图 1-1 所示。数据库管理员（Database Administrator，DBA）是从事数据库的建立、使用和维护等工作的数据库专业人员，他们在数据库系统中起着非常重要的作用。一般情况下，数据库系统简称为数据库。

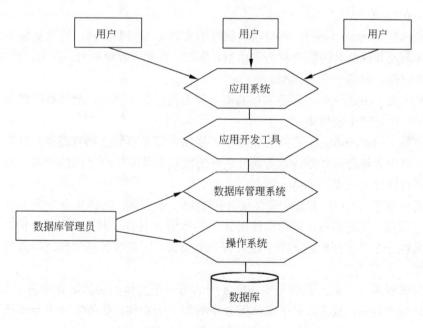

图 1-1　数据库系统构成

1.1.4　数据模型

数据模型是对现实世界数据特征的抽象，是对现实世界的模拟。现实生活中的具体模型，如汽车模型、航空模型等，人们并不陌生，人们看到模型就会想到现实生活中的事物。数据模型同样是现实世界中数据和信息在数据库中的抽象与表示。

数据模型应满足三方面的要求：一是能比较真实地模拟现实世界；二是容易理解；三是便于在计算机中实现。

根据模型应用目的的不同，数据模型可以分为两类：一类是概念模型，它按用户的观点来对数据和信息进行抽象，主要用于数据库设计；另一类是结构数据模型，它按计算机的观点来建模，主要用于 DBMS 的实现。

概念模型是现实世界到信息世界的第一次抽象，用于信息世界的建模，是数据库设计人员的重要工具，也是数据库设计人员与用户之间交流的语言。

1. 信息世界的基本概念

（1）实体（entity）：指客观存在并且可以相互区别的事物。实体可以是具体的人、事、物，也可以是抽象的概念或联系。例如，一个部门、一名学生、一名教师、一场比赛等都是实体。

（2）属性（attribute）：实体所具有的某一特性称为实体的属性。一个实体可由若干个属性来描述。例如，教师实体可以用教师编号、姓名、性别、职称、学历、工作时间等属性来描述。如（1001，张洁，女，教授，硕士，1968），这些属性组合起来描述了一名教师。

（3）关键字（key）：唯一标识实体的属性集称为关键字。例如，教师编号是教师实体的关键字。

（4）域（domain）：属性的取值范围称为该属性的域。例如，教师实体的性别属性的域为（男，女）。

（5）实体型（entity type）：具有相同属性的实体称为同型实体。用来抽象和刻画同类实体的实体名及其属性名的集合称为实体型。例如，教师（教师编号，姓名，性别，职称，学历，工作时间）就是一个实体型。

（6）实体集（entity set）：同型实体的集合称为实体集。例如，全体教师就是一个实体集，全体学生也是一个实体集。

（7）联系（relationship）：在现实世界中，事物内部及事物之间普遍存在联系，这些联系在信息世界中表现为实体型内部各属性之间的联系以及实体型之间的联系。两个实体型之间的联系可以分为三类：

- 一对一联系（1:1）：若对于实体集 A 中的每一个实体，实体集 B 中至多有一个实体与之联系；反之亦然，则称实体集 A 与实体集 B 具有一对一的联系。例如，一个校长只在一个学校任职，一个学校只有一个校长，因此校长与学校之间具有一对一的联系。

- 一对多联系（1:n）：若对于实体集 A 中的每一个实体，实体集 B 中有 n（n≥0）个实体与之联系；反之，对于实体集 B 中的每一个实体，实体集 A 中至多只有一个实体与之联系，则称实体集 A 与实体集 B 有一对多的联系。例如，一个人可以有多个移动电话，但一个电话号码只能一个人使用，人与移动电话号码之间的联系就是一对多的联系。

- 多对多联系（m:n）：若对于实体集 A 中的每一个实体，实体集 B 中有 n（n≥0）个实体与之联系；反之，对于实体集 B 中的每一个实体，实体集 A 中也有 m（m≥0）个实体与之联系，则称实体集 A 与实体集 B 有多对多的联系。例如，一门课程同时可以供若干个学生选修，而一个学生同时也可以选修若干门课程，课程与学生之间的联系是多对多的联系。

2．概念模型的表示方法

概念模型是信息世界比较真实的模拟，容易为人所理解。概念模型应该方便、准确地表示出信息世界中常用的概念。概念模型的表示方法有很多，其中比较著名的是实体-联系方法（Entity-Relationship，E-R），该方法用 E-R 图来描述现实世界的概念模型。

E-R 图提供了表示实体型、属性和联系的方法。

（1）实体型：用矩形表示，矩形框内写实体名。

（2）属性：用椭圆形表示，椭圆内写属性名，用无向边将属性与实体连接起来。

（3）联系：用菱形表示，菱形框内写联系名，用无向边与有关实体连接起来，同时在无向边上注明联系类型。联系也具有属性，也要用无向边将联系与有关实体连接起来。

下面用 E-R 图表示学生选课管理的概念模型。

学生选课管理设计有如下实体：

（1）学生：属性有学号、姓名、性别、出生日期、入学时间、班级。

（2）课程：属性有课程编号、课程名、学时数、学分、课程性质。

（3）教材：属性有教材编号、教材名、出版社、主编、单价。

这些实体之间的联系如下：

（1）一门课程只能选用一种教材，一种教材对应一门课程。

（2）一个学生可以选修多门课程，一门课程可以有多个学生选修。

学生选课管理 E-R 图如图 1-2 所示。

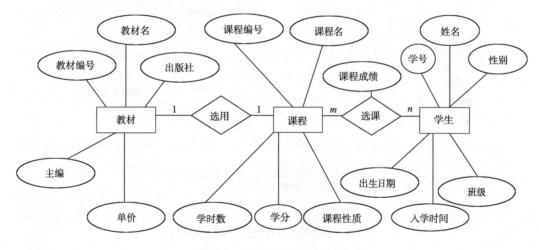

图 1-2　学生选课管理 E-R 图

3．常用的结构数据模型

结构数据模型直接描述数据库中数据的逻辑结构，这类模型涉及计算机系统，又称基本数据模型。它是信息世界到机器世界的抽象。目前，常用的结构数据模型有四种，即：

（1）层次模型（hierarchical model）。

（2）网状模型（network model）。

（3）关系模型（relational model）。

（4）面向对象模型（object oriented model）。

目前关系模型是最重要的一种数据模型。关系数据系统采用关系模型为数据的组织方式，它具有如下优点：

（1）关系模型建立在严格的数学概念基础上。

（2）关系模型的概念单一，无论实体还是实体之间的联系都用关系表示，对数据的检索结果也是关系。

（3）关系模型的存取路径对用户透明。

1.1.5 数据库系统的体系结构

虽然实际的数据库系统多种多样，支持不同的数据模型，使用不同的数据库语言，建立在不同的操作系统之上，数据的存储结构也各不相同，但在体系结构上都采用三级模式两级映像结构。

1. 数据库的三级模式两级映像结构

数据库的三级模式两级映像结构如图 1-3 所示，它由外模式、模式和内模式构成。

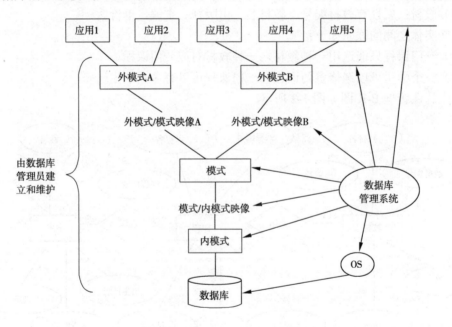

图 1-3 数据库的三级模式两级映像结构

1）外模式

外模式又称子模式或用户模式，是模式的子集，是数据的局部逻辑结构，也是数据库用户看到的数据视图。一个数据库可以有多个外模式，每一个外模式都是为了不同的应用而建立的数据视图。外模式是保证数据库安全的一个有力措施，每个用户只能看到和访问所对应的外模式中的数据，数据库中的其余数据是不可见的。

2）模式

模式也称逻辑模式，是数据库中全体数据的逻辑结构和特征的描述，也是所有用户的公共数据视图。模式是数据库数据在逻辑上的视图。一个数据库中有一个模式，它既不涉及存储细节，也不涉及应用程序和程序设计语言。定义模式时不仅要定义数据的逻辑结构，也要定义数据之间的联系，定义与数据有关的安全性、完整性要求。

3）内模式

内模式也称存储模式，是数据在数据库中的内部表示，即数据的物理结构和存储方式描述。一个数据库只有一个内模式。

2. 数据库的数据独立性

数据库系统的三级模式是对数据的三级抽象，数据的具体组织由数据库管理系统负责，使用户能够逻辑地处理数据，而不必关心数据在计算机内部的具体表示与存储方式。为了在内部实现这三个抽象层次的转换，数据库管理系统在这三级模式中提供了两级映像：外模式/模式映像和模式/内模式映像。

1）外模式/模式映像

外模式/模式映像是指存在于外模式与模式之间的某种对应关系。这些映像定义通常包含在外模式的描述中。

当数据库的模式发生改变时，例如，增加了一个新表或对表进行了修改，数据库管理员对各个外模式/模式的映像做相应的修改，使外模式保持不变，这样应用程序就不用修改了，因为应用程序是在外模式上编写的，所以保证了数据与程序的逻辑独立性，简称数据的逻辑独立性。

2）模式/内模式映像

模式/内模式映像是指数据库全局逻辑结构与存储结构之间的对应关系。

当数据库的内模式发生改变时，如存储数据库的硬件设备或存储方式发生了改变，由于存在模式/内模式映像，使得数据的逻辑结构保持不变，即模式不变，因此使应用程序也不变，保证了数据与程序的物理独立性，简称数据的物理独立性。

1.2　关系数据库

关系数据库是当前信息管理系统中最常用的数据库，关系数据库采用关系模式，应用关系代数的方法来处理数据库中的数据。本节介绍关系模型和关系数据理论。

1.2.1　关系模型

关系模型由数据结构、关系操作、数据完整性三部分组成。在介绍三个组成部分之前，先来了解关系模型的基本术语：

（1）关系模型（relational model）。用二维表格结构来表示实体及实体间联系的模型称为关系模型。

（2）属性（attribute）和值域（domain）。在二维表中的列称为属性，列值称为属性值，属性值的取值范围称为值域。

（3）关系模式（relation schema）。在二维表格中，行定义（记录的型）称为关系模式。

（4）元组（tuple）与关系。在二维表中的行（记录的值）称为元组，元组的集合称为关系，关系模式通常也称关系。

（5）关键字或码（key）。在关系的属性中，能够用来唯一标识元组的属性（或属性组合）称为关键字或码。关系中的元组由关键字的值唯一确定，关键字不能为空。例如，教师表中的教师编号就是关键字。

（6）候选关键字或候选码（candidate key）。如果一个关系中，存在着多个属性（或属性的组合）都能用来唯一标识该关系的元组，这些属性或属性的组合称为该关系的候选关键字或候选码。

（7）主关键字或主码（primary key）。若一个关系中存在若干候选关键字，则从中指定关键字的属性（或属性组合）称为该关系的主关键字或主码。

（8）非主属性或非关键字属性（non primary attribute）。关系中不能组成关键字的属性均为非主属性或非关键字属性。

（9）外部关键字或外键（foreign key）。当关系中的某个属性或属性组合虽不是该关系的关键字或只是关键字的一部分，但却是另一个关系的关键字时，该属性或属性组合称为这个关系的外部关键字或外键。

（10）从表与主表。以某属性为主键的表称为主表，以此属性为外键的表称为从表。例如，学生（学号，姓名，性别，出生日期，入学时间，系部代码）与选课（学号，课程号，成绩）两个表，对于“选课”表，“学号”是外键，对于“学生”表，“学号”是主键，则“学生”表为主表，“选课”表为从表。

1．关系模型的数据结构

关系模型的数据结构是一种二维表格结构，在关系模型中现实世界的实体与实体之间的联系均用二维表格来表示，如图 1-4 所示。

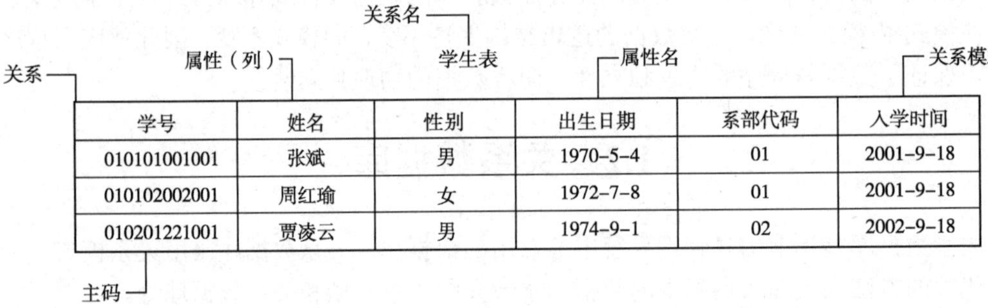

学号	姓名	性别	出生日期	系部代码	入学时间
010101001001	张斌	男	1970-5-4	01	2001-9-18
010102002001	周红瑜	女	1972-7-8	01	2001-9-18
010201221001	贾凌云	男	1974-9-1	02	2002-9-18

图 1-4　关系模型数据结构

2．关系模型的数据完整性

数据完整性是指关系模型中数据的正确性与一致性。关系模型允许定义三类完整性约束：实体完整性约束、参照完整性约束和用户自定义完整性约束。关系数据库系统提供了对实体完整性约束、参照完整性约束的自动支持机制，也就是在插入、修改、删除操作时，数据库系统自动保证数据的正确性与一致性。

1）实体完整性规则（entity integrity rule）

这条约束要求关系中的元组在组成主键的属性列上的值不能为空。例如，教师表中的教师编号不能为空。

2）参照完整性规则（reference integrity rule）

这条约束要求不能在从表中引用主表中不存在的元组。例如，在"学生选课表"中的学号不能引用"学生"表中没有的学号。

3）用户自定义完整性规则（user-definded integrity rule）

用户自定义完整性规则是根据应用领域的需要，由用户定义的约束条件，体现了具体应用领域的语义约束。

3．关系操作

关系操作的基础是关系代数，关系代数是一种抽象的查询语言，这些抽象的语言与具体的 DBMS 中的实现语言并不完全一致。关系操作的特点是集合操作，即操作的对象和结果都是集合，这种操作称为一次一个集合的方式。关系操作分为选择操作（select）、投影（project）、连接（join）、除（divide）、并（union）、交（intersection）、差（difference）等查询（query）操作和增加（insert）、删除（delete）、修改（update）等更新操作两大部分。

4．SQL 语言

SQL（Structured Query Language）语言是关系数据库的标准语言，它提供了数据定义、数据查询、数据更新和数据访问控制功能。

（1）SQL 的数据定义功能。可以用于定义和修改模式（如基本表）、定义外模式（如视图）和内模式（如索引）。

SQL 定义基本表的语句有：

```
CREATE TABLE    创建表
DROP TABLE      删除表
ALTER TABLE     修改表
```

SQL 定义视图的语句有：

```
CREATE VIEW     创建视图
DROP VIEW       删除视图
```

SQL 定义索引的语句有：

```
CREATE INDEX    创建索引
DROP INDEX      删除索引
```

（2）SQL 的数据查询功能。SQL 的数据查询功能非常强大，它主要是通过 SELECT 语句来实现的。SQL 可以实现简单查询、连接查询和嵌套查询等。

（3）SQL 的数据更新功能。该功能主要包括 INSERT、DELETE、UPDATE 三个语句。

（4）SQL 的访问控制功能。该功能指控制用户对数据的存取权利。某个用户对数据库的操作是由数据库管理员来决定和分配的，数据库访问控制功能保证这些安全策略的正确执行。SQL 通过授权语句 GRANT 和回收语句 REVOKE 来实现访问控制功能。

（5）SQL 嵌入式使用方式。SQL 具有两种使用方式，既可以作为独立的语言在终端交互方式下使用，又可以将 SQL 语句嵌入某种高级语言（如 C、C++、Java 等 ）之中使用。嵌入 SQL 的高级语言称为主语言或宿主语言。

以上简单介绍了关系模型的数据结构、数据完整性和关系操作及 SQL 语言，基于 SQL Server 2012 的详细内容及具体操作技能将在后面章节中介绍。

1.2.2 关系数据理论

前面已经讨论了数据库系统的一些基本概念、关系模型的三个部分以及关系数据库的标准语言。那么，针对一个具体的数据库应用问题，应该构造几个关系模式？每个关系由哪些属性组成？即如何构造适合于它的数据模式？这是关系数据库逻辑设计的问题。为了解决上述问题并使数据库设计走向规范，1971 年 E. F. Codd 提出了规范化理论。关系数据理论就是指导产生一个具体确定的好的数据库模式的理论体系。

1. 问题的提出

首先来看不规范设计的关系模式所存在的问题。例如，给出如下一组关系实例。

（1）学生关系：学生（学号，姓名，性别，出生日期，入学时间，系部代码）。

（2）课程关系：课程（课程号，课程名，学时数，学分）。

（3）选课关系：选课（学号，课程号，成绩）。

现构造以下两种数据模式。

（1）只有一个关系模式：学生-选课-课程（学号，姓名，性别，出生日期，入学时间，系部代码，课程号，课程名，学时数，学分，成绩）。

（2）有三个关系模式：学生，课程，选课。

比较这两种设计方案：

（1）第一种设计可能有下述问题。

- 数据冗余。如果学生选修多门课程时，则每选一门课程就必须存储一次学生信息的细节，当一门课程被多个同学选修时，也必须多次存储课程的细节，这样就有很多数据冗余。

- 修改异常。由于数据冗余，当修改某些数据项（如姓名）时，可能有一部分有关元组被修改，而另一部分元组却没有被修改。

- 插入异常。当需要增加一门新课程，而这门课程还没有被学生选修时，则该课程不能进入数据库中。因为在学生-选课-课程关系模式中，（学号，课程号）是主键，此时学号为空，数据库系统会根据实体完整性约束规则拒绝插入该元组。

- 删除异常。如果某个学生的选课记录都被删除了，那么，此学生的基本信息也一起被删除了，这样就无法找到这个学生的信息。

（2）第二种方案不存在上述问题。消除了数据冗余，也消除了插入、删除、修改异常。即使学生没有选修任何课程，学生的基本信息也仍然保存在学生关系中；即使课程没有被任何学生选修，课程的基本信息也仍然保存在课程关系中。解决了冗余及操作异常问题，但又出现了另外一些问题，如果要查找选修"高等数学"课程的学生姓名，则需要进行三个关系的连接操作，这样代价很高。相比之下，学生-选课-课程关系直接投影、选择就可以完成，代价较低。

如何找到一个好的数据库模式？如何判断是否消除了上述问题？这就是关系数据理论研究的问题。关系数据理论主要包括三方面的内容：数据依赖、范式、模式设计方法。其中，数据依赖起核心作用。

2．数据依赖

随着时间、地点的不断变化，现实世界也发生变化。因而，从现实世界经过抽象得到的关系模式的关系也会有所变化。但是，现实世界的许多已有事实限定了关系模式可能的关系必须满足一定的完整性约束条件。这些约束条件通过对属性取值范围的限定反映出来，例如，学生出生日期为 1985 年而入学时间也为 1985 年，这显然是不合理的。这些约束条件通过对属性值之间的相互关联反映出来，这类限制统称为数据依赖，而其中最重要的是函数依赖和多值依赖，它是数据模式设计的关键。关系模式应当刻画出这些完整性约束条件。

1）函数依赖

函数依赖普遍存在于现实生活中，比如描述一个学生的关系，学生（学号，姓名，性别，出生日期，入学时间，系名），由于一个学号只对应一个学生，一个学生只在一个系学习，因而，当学号值确定之后，姓名和该学生所在的系名的值也就唯一确定了，这样就称"学号"函数决定"姓名"和"系名"，或者说"姓名"和"系名"函数依赖于"学号"，记为：学号→姓名，学号→系名。

函数依赖的定义：设 $R(U)$ 是属性集 U 上的关系模式，X 与 Y 是 U 的子集，若对于 $R(U)$ 的任意一个可能的关系 r，r 中不可能存在两个元组在 X 上的属性值相等，而在 Y 上的属性值不等（即若它们在 X 上的属性值相等，在 Y 上的属性值也一定相等），则称"X 函数决定 Y"或"Y 函数依赖于 X"，记为 $X \rightarrow Y$，并称 X 为决定因素。

例如，姓名→年龄这个函数依赖只有在没有同名人的条件下成立。如果允许有相同名字，则年龄就不再函数依赖于姓名了。

函数依赖和其他数据依赖一样，是语义范畴的概念，只能根据语义来确定一个函数依赖，而不能试图用数学来证明。

2）函数依赖的分类

关系数据库中函数依赖主要有如下几种：

（1）平凡函数依赖和非平凡函数依赖。设有关系模式 $R(U)$，$X \rightarrow Y$ 是 R 的一个函数依赖，但 $Y \subseteq X$，则称 $X \rightarrow Y$ 是一个平凡函数依赖。

若 $X \rightarrow Y$，但 Y 不是 X 的子集，则称 $X \rightarrow Y$ 是非平凡函数依赖。若不特别声明，本书都是讨论非平凡函数依赖。

（2）完全函数依赖和部分函数依赖。设有关系模式 $R(U)$，如果 $X \rightarrow Y$，且对于 X 的任何真子集 X'，都有 $X' \rightarrow Y$ 不成立，则称 $X \rightarrow Y$ 是一个完全函数依赖。反之，如果存在 $X' \rightarrow Y$ 成立，则称 $X \rightarrow Y$ 是一个部分函数依赖。

（3）传递函数依赖。设有关系模式 $R(U)$，对于 X，Y，$Z \subset U$，如果 $X \rightarrow Y$，且 Y 不是 X 的子集，$Y \rightarrow Z$，且 Y 不函数决定 X，则 Z 传递函数依赖于 X。

（4）多值依赖。多值依赖普遍存在于现实生活中，比如学校中的某一门课程由多个教师讲授，他们使用同一套参考书，每个教师可以讲授多门课程，每种参考书可以供多门课程使用。关系模式"授课"表如表 1-1 所示。

在关系模型"授课"表中，当物理课程增加一名讲课教师"王玉见"时，必须插入多个元组：{物理，王玉见，普通物理}；{物理，王玉见，物理习题集}。同样，某一门课程如{数学}要去掉一本参考书"微分方程"时，则必须删除多个元组：{数学，张军，微分方程}；{数学，何英，微分方程}。我们发现此表对数据的修改很不方便，数据的冗余也很明

数据库技术基础

显。仔细考查这个关系模式，发现它们存在着多值依赖，也就是对于一个{物理,普通物理}有一组"教师"值{李明，何英}，这组值仅仅决定于"课程"的值，而与"参考书"的值没有关系。下面是多值依赖的定义：

表 1-1 "授课"表

课程	教师	参考书	课程	教师	参考书
物理	李明	普通物理	数学	张军	数学分析
物理	李明	物理习题集	数学	张军	微分方程
物理	何英	普通物理	数学	何英	数学分析
物理	何英	物理习题集	数学	何英	微分方程

设 $R(U)$ 是属性集 U 上的一个关系模式。X，Y，Z 是 U 的子集，并且 $Z=U-X-Y$。当且仅当对 $R(U)$ 的任一关系 r，给定的一对(x,z)值，有一组 Y 的值，这组值仅仅决定于 x 值而与 z 值无关，则关系模式 $R(U)$ 中多值依赖 $X \rightarrow \rightarrow Y$ 成立。

3．关系模式的规范化

在介绍了关系数据理论的一些基本概念之后，下面将讨论如何根据属性间的依赖情况来判定关系是否具有某些不合适的性质。按属性间的依赖情况来区分关系规范化的程度为第一范式、第二范式、第三范式和第四范式等，以及如何将具有不合适性质的关系转换为更合适的关系。

关系数据库中的关系要满足一定的要求，满足不同程度要求的是不同范式，满足最低要求的叫第一范式，简称 1NF，在第一范式中进一步满足一些要求的为第二范式，其余范式依此类推。

不是 1NF 的关系都是非规范化关系，满足 1NF 的关系称为规范化的关系。数据库理论研究的关系都是规范化的关系。1NF 是关系数据库的关系模式应满足的最起码的条件。下面分别介绍五个范式。

1）第一范式

如果关系模式 R 的每一个属性都是不可分解的，则 R 为第一范式的模式，记为：$R \in 1NF$。

例如，有关系：学生 1（学号，姓名，性别，出生日期，系部代码，入学时间，家庭成员），"学生 1"关系不满足第一范式，因为家庭成员可以再分解为"父亲""母亲"等属性。

解决的方法是将"学生 1"关系分解为学生（学号，姓名，性别，出生日期，系部代码，入学时间）和家庭（学号，家庭成员姓名，亲属关系）两个关系模式。

2）第二范式

如果关系模式 R 是第一范式，且每个非主属性都完全函数依赖于关键字，则称 R 为满足第二范式的模式，记为：$R \in 2NF$。

例如，有关系：选课 1（学号，课程号，系部代码，出生日期，成绩），"选课 1"关系不满足第二范式，因为"成绩"属性完全依赖于主关键字（学号，课程号），而"系部代码"属性、"出生日期"只依赖于部分主关键字"学号"，所以，不是每一个非关键字属性都完全函数依赖于关键字属性。

解决的方法是将"选课 1"关系投影分解为选课（<u>学号</u>，<u>课程号</u>，成绩）和学生（<u>学号</u>，姓名，性别，出生日期，系部代码，入学时间）两个关系模式。

3）第三范式

如果关系模式 R 是第二范式，且没有一个非关键字属性是传递函数依赖于候选关键字属性，则称 R 为满足第三范式的模式，记为：$R \in 3NF$。

例如，有关系：学生 2（<u>学号</u>，姓名，性别，出生日期，系名，入学时间，系宿舍楼），"学生 2"关系不满足第三范式，因为"系宿舍楼"属性依赖于主关键字"学号"，但也可以从非关键字属性"系名"导出，即"系宿舍楼"传递依赖"学号"，如图 1-5 和图 1-6 所示。

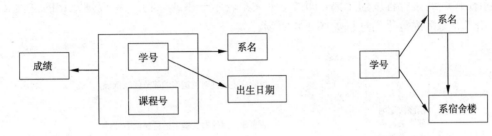

图 1-5　不符合第二范式的函数依赖示例　　　图 1-6　"学生 2"关系中的函数依赖

解决的方法同样是将"学生 2"关系分解为学生（<u>学号</u>，姓名，性别，出生日期，系名，入学时间）和宿舍楼（<u>系名</u>，宿舍楼）两个关系模式。

4）扩充第三范式

如果关系模式 R 是第三范式，且每一个决定因素都包含有关键字，则称 R 为满足扩充第三范式的模式，记为：$R \in BCNF$。

例如，有关系：教学（学生，教师，课程），每位教师只教一门课，每门课有若干个教师来教，学生选定某门课程就对应一个固定的教师，其函数依赖如图 1-7 所示。

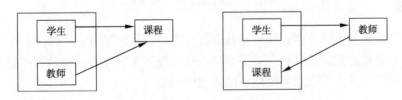

图 1-7　教学中的函数依赖

"教学"关系不属于 BCNF 模式，因为"教师"是一个决定因素，而"教师"不包含关键字。

解决的方法是将"教学"关系分解为学生选教师（学生，教师）和教师任课（教师，课程）两个关系模式。

5）第四范式

如果关系模式 R 是第三范式，且每个非平凡多值依赖 $X \rightarrow\rightarrow Y$（$Y$ 不是 X 的子集），X 都含有关键字，则称 R 为满足第四范式的模式，记为：$R \in 4NF$。

数据库技术基础

例如，有关系：授课（课程，教师，参考书）。每位教师可以教多门课，每门课程可以由若干教师讲授，一门课程有多种参考书。在"授课"关系中，课程→→教师，课程→→参考书，它们都是非平凡的多值依赖。而"课程"不是关键字，"授课"关系模式的关键字是（课程，教师，参考书），因此"授课"关系模式不属于第四范式。

解决的方法是将"授课"关系分解为任课（课程，教师）和教参（课程，参考书）两个关系。

4. 关系规范化小结

关系模式规范化的过程是通过对关系模式的分解来实现的。把低一级的关系模式分解为若干个高一级的关系模式，这种分解不是唯一的。逐步消除数据依赖中的不合适部分，使关系模式达到某种程度的分离，即"一个关系表示一事或一物"。所以规范化的过程又称"单一化"。关系规范化的过程如图1-8所示。

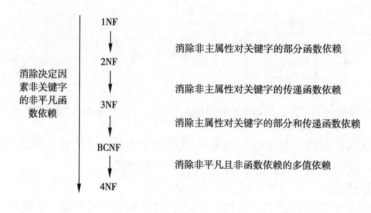

图1-8 各种范式及规范化过程

1.3 数据库设计

一个信息系统的各部分能否紧密地结合在一起以及如何结合，关键在于数据库。因此，对数据库进行合理的逻辑设计和有效的物理设计才能开发出完善而高效的信息系统。数据库设计是信息系统开发和信息系统建设的重要组成部分。

1.3.1 数据库设计的任务、特点和基本步骤

1. 数据库设计的任务

数据库设计的任务是针对一个给定的应用环境，构造最优的数据库模式，建立数据库及其应用系统，使之能有效地收集、存储、操作和管理数据，满足用户的各种需求。

2. 数据库设计的特点

数据库设计既是一项涉及多学科的综合性技术，又是一项庞大的工程项目。数据库设计主要包括结构特性设计和行为特性设计两个方面的内容。结构特性设计是指确定数据库的数据模型。数据模型反映了现实世界的数据及数据之间的联系，在满足要求的前提下，尽可能地减少冗余，实现数据的共享。行为特性设计是指确定数据库应用的行为和动作，

应用的行为体现在应用程序中，行为特性的设计主要是应用程序的设计。因为在数据库工作中，数据库模型是一个相对稳定并为所有用户共享的数据基础，所以数据库设计的重点是结构性设计，但必须与行为特性设计相结合。

3．数据库设计的基本步骤

按照规范设计的方法，考虑数据库及其应用系统开发全过程，将数据库设计分为以下6个阶段：

（1）需求分析。

（2）概念结构设计。

（3）逻辑结构设计。

（4）物理结构设计。

（5）数据库实施。

（6）数据库运行和维护。

数据库设计的基本步骤如图1-9所示。

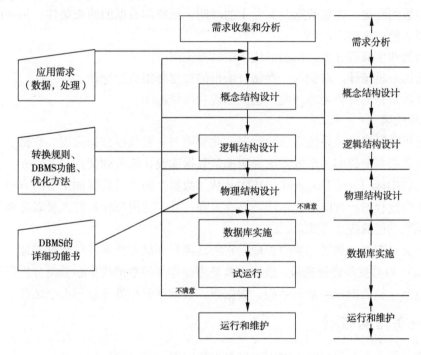

图1-9　数据库设计的基本步骤

1.3.2　需求分析的任务

需求分析就是分析用户的需求。需求分析是设计数据库的起点，需求分析的结果将影响到后面各个阶段的设计以及最后结果的合理性与实用性。

1．需求分析的任务

需求分析的任务是通过详细调查现实世界中要处理的对象（组织、部门、企业等），充分了解现行系统的工作情况，收集支持系统运行的基础数据的处理方法，明确用户的各种需求，然后在此基础上确定新系统的功能。

调查的重点是"数据"和"处理"，通过调查、收集与分析，获得用户对数据库的如下要求：

（1）信息要求，指用户要从应用系统中获得信息的内容与性质。由信息的要求可以导出数据的要求，即在数据库中存储哪些数据。

（2）处理要求，指用户要完成什么处理功能，对处理的响应时间有什么要求，是什么样的处理方式（批处理还是联机处理）。

（3）安全性与完整性要求。确定用户的需求是很困难的，因为一方面，用户往往对计算机应用不太了解，难以准确表达自己的需求；另一方面，计算机专业人员又缺乏用户的专业知识，存在与用户准确沟通的障碍。只有通过不断与用户深入交流，才能逐步确定用户的实际需求。

2．需求分析的方法

需求分析一般要经过如下几个步骤：

（1）需求的收集。收集数据及其发生的时间、频率和数据的约束条件、相互联系等。

（2）需求的分析整理。

（3）数据业务流程分析，结果描述产生数据流图。

（4）数据分析统计，对输入、存储、输出的数据分别进行统计。

（5）分析数据的各种处理功能，绘制系统功能结构图。

3．阶段成果

需求分析阶段成果是系统需求说明书。此说明书主要包括数据流图、数据字典、系统功能结构图和必要的说明。系统需求说明书是数据库设计的基础文件。

数据流图(Data Flow Diagram，DFD)是从"数据"和"对数据加工"两方面表达数据处理系统工作过程的一种图形表示法，具有直观、易于被用户和软件人员双方都能理解的一种表达系统功能的描述方式。

数据字典是对数据描述的集中管理，它的功能是存储和检索各种数据描述（称为元数据 Metadata）。对数据库设计来说，数据字典是进行详细的数据收集和数据分析所获得的主要成果，通常包括数据项、数据结构、数据流、数据存储和处理过程五个部分。

1.3.3 概念结构设计

将需求分析得到的用户需求抽象为信息世界的概念模型的过程就是概念结构设计。它是整个数据库设计的关键。概念设计不依赖于具体的计算机系统和 DBMS。

1．概念结构设计的方法和步骤

概念结构设计的方法有以下 4 种：

（1）自顶向下。首先定义全局概念结构的框架，然后逐步细化。

（2）自底向上。首先定义每一局部应用的概念结构，然后按一定的规则将其集成，得到全局的概念结构。

（3）逐步扩张。首先定义核心结构，然后向外扩展。

（4）混合结构。将自顶向下和自底向上结合起来，先用前一种方法确定概念结构的框架,再用自底向上设计局部概念结构,最后结合起来。

2.采用 E-R 方法的数据库概念设计步骤

采用 E-R 方法的数据库概念设计步骤分以下三步。

1)设计局部 E-R 模型

局部 E-R 模型的设计步骤如图 1-10 所示。

在设计 E-R 模型的过程中应遵循一个原则:现实世界中的事物能作为属性对待的,尽量作为属性对待。可以作为属性对待的事物有下列两类:

(1)作为属性,不能是再具有需要描述的性质。

(2)属性不能与其他实体具有联系。

2)设计全局 E-R 模型

将所有局部的 E-R 图集成为全局的 E-R 图,一般采用两两集成的方法,即先将具有相同实体的 E-R 图,以该相同的实体为基准进行集成;如果还有相同的实体,就再次集成;这样一直继续下去,直到所有具有相同实体的局部 E-R 图都被集成,从而得到全局的 E-R 图。在集成的过程中,要消除属性、结构、命名三类冲突,做到合理的集成。

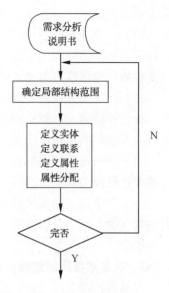

图 1-10 局部 E-R 模型设计步骤

3)全局 E-R 模型的优化

一个好的全局的 E-R 模型除了能反映用户的功能需求外,还应做到实体个数尽可能少,实体类型所含属性尽可能少,实体类型间的联系无冗余。全局 E-R 模型的优化就是要达到这三个目的。

可以采用以下优化方法:

(1)合并相关的实体类型。把 1:1 的两个实体类型合并,合并具有相同键的实体类型。

(2)消除冗余属性与联系。消除冗余主要采用分析法,并不是所有的冗余都必须消除,有时为了提高效率,可以保留部分冗余。

1.3.4 逻辑结构设计

概念结构是独立于任何数据模型的信息结构。逻辑结构设计的任务就是将概念模型 E-R 模型转换成特定的 DBMS 所支持的数据库的逻辑结构。

1.逻辑结构设计的步骤

由于现在设计的数据库应用系统都普遍采用关系模型的关系数据库管理系统(Relational Database Management System,RDBMS),所以这里仅介绍关系数据库逻辑结构设计。关系数据库逻辑结构设计一般分为以下三步:

(1)将概念结构向一般的关系模型转换。

(2)将转换来的关系模型向特定的 RDBMS 支持的数据模型转换。

(3)对数据模型进行优化。

2.E-R 模型向关系数据库的转换规则

E-R 模型向关系数据库的转换规则是:

(1)一个实体型转换为一个关系模式。实体的属性就是关系的属性,实体的关键字就是关系的关键字。

（2）一个 1:1 联系可以转换为一个独立的关系模式，也可以与任意一端对应的关系模式合并。如果转换为一个独立的关系模式，则相连的每个实体的关键字及该联系的属性是该关系模式的属性，每个实体的关键字是该关系模式的候选关键字。

（3）一个 1:n 联系可以转换为一个独立的关系模式，也可以与 n 端对应的关系模式合并。如果转换为一个独立的关系模式，与该联系相连的各实体的关键字及联系本身的属性均转换为关系的属性，而关系的关键字为 n 端实体的关键字。

（4）一个 $m:n$ 联系转换为一个关系模式，与该联系相连的各个实体的关键字及联系本身的属性转换为关系的属性，而该关系的关键字为各实体的关键字的组合。

（5）三个以上的实体间的一个多元联系可以转换为一个关系模式，与该多元联系相连的各实体的关键字及联系本身的属性转换为关系的属性，而该关系的关键字为各实体关键字的组合。

3．关系数据库的逻辑设计

关系数据库逻辑设计的过程如下：

（1）导出初始的关系模式，即将 E-R 模型按规则转换成关系模式。

（2）规范化处理。消除异常，改善完整性、一致性和存储效率，一般达到 3NF 即可。

（3）模式评价。检查数据库模式是否能满足用户的要求，包括功能评价和性能评价。

（4）优化模式。采用增加、合并、分解关系的方法优化数据模型的结构，提高系统性能。

（5）形成逻辑设计说明书。

1.3.5 数据库设计案例

本节以高校学分制选课管理信息系统的数据库设计为例，重点介绍数据库设计中的概念设计与逻辑设计部分。为了便于读者理解，对选课管理信息系统做了一些简化处理。

高校学分制选课管理信息系统要求：学生根据开课目录填写选课单进行选课；系统根据教学计划检查应修的必修课及其他课程并自动选择；检查是否存在未取得学分的必修课，如果存在，则提示重选；学生按学分制选课规则选修课程；查询学生的各门课程的成绩、学分及绩点。

1．选课管理信息系统数据流图

选课管理信息系统数据流图如图 1-11 和图 1-12 所示。

图 1-11　选课管理信息系统的顶层数据流图

2．选课管理信息系统 E-R 图

1）设计局部 E-R 模型

以选课管理信息系统数据流图为依据，设计局部 E-R 模型的步骤如下：

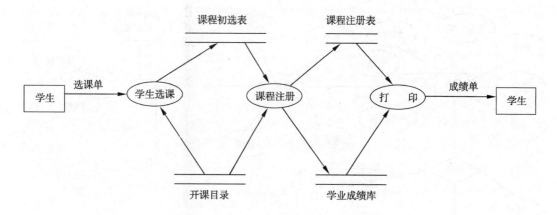

图1-12　选课管理信息系统的第一层数据流图

（1）确定实体类型。选课管理信息系统有三个实体：学生、课程、教师。

（2）确定联系类型。联系类型主要包括以下几种：

- 学生与课程之间是 *m:n* 联系，即一个学生可以选修多门课程，一门课程可以被多个学生选修，定义联系为"学生-课程"。

- 教师与课程之间是 *m:n* 联系，即一名教师可以讲授多门课程，一门课程也可以由多名教师讲授，定义联系为"教师-课程"。

- 学生与教师之间是 *m:n* 联系，即一名教师可教多个学生，一个学生可以由多个教师来教，定义联系为"学生-教师"。

- 学生与教师的联系是通过授课联系起来的。

（3）确定实体类型的属性。

- 实体类型"学生"的属性：学号、姓名、性别、出生日期、入学时间、班级、系部。

- 实体类型"课程"的属性：课程号、课程名、学时数、学分。

- 实体类型"教师"的属性：教师编号、姓名、性别、出生日期、学历、职称、职务。

（4）确定联系类型。联系的类型应该至少包括与之联系的实体类型的关键字，比如联系类型"学生-课程"有属性：学号（实体类型"学生"的关键字）、课程号（实体类型"课程"的关键字）、成绩、学分。联系"教师-课程"有属性：教师编号、课程号。联系"学生-教师"有属性：学号、教师编号。

（5）根据实体类型画出 E-R 图，如图1-13所示。

2）设计全局 E-R 模型

将所有局部的 E-R 图集成为全局的 E-R 模型，如图1-14所示。全局 E-R 图中省略了属性。在集成的过程中，要消除属性、结构、命名三类冲突，实现合理的集成。

3）全局 E-R 模型的优化

分析全局 E-R 模型，看能否反映和满足用户的功能需求，尽量做到实体的个数尽可能少，实体类型所含属性尽可能少，实体类型间的联系无冗余。

3．选课管理信息系统关系模式

（1）将选课管理信息系统 E-R 模型按规则转换成关系模式，得到如下关系模式：

- 系部（<u>系部代码</u>，系部名称，系主任）

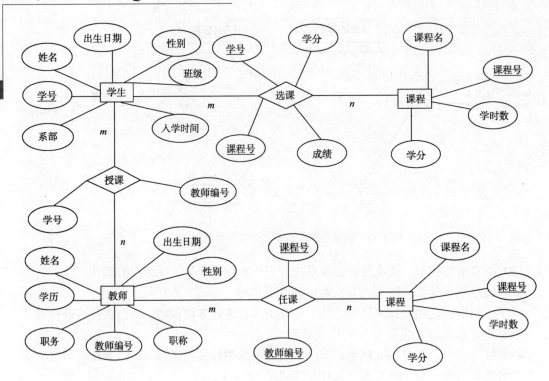

图 1-13　选课管理信息系统局部 E-R 图

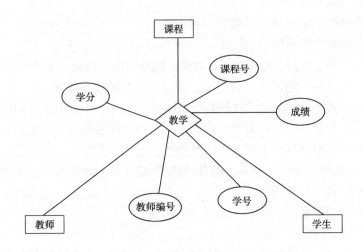

图 1-14　选课管理信息系统的全局 E-R 图

- 专业（<u>专业代码</u>，专业名称，系部名称）
- 班级（<u>班级代码</u>，班级名称，专业代码，系部代码，备注）
- 课程（<u>课程号</u>，课程名，学分）
- 学生（<u>学号</u>，姓名，出生日期，入学时间，班级代码，专业代码，系部代码）
- 教师（<u>教师编号</u>，姓名，性别，出生日期，学历，职务，职称，系部代码，专业，备注）

- 成绩（<u>学号</u>，<u>课程号</u>，教师编号，成绩，学分）

（2）模式评价与优化。检查数据库模式是否能满足用户的要求，根据功能需求，合并关系或增加关系、属性并规范化，得到如下关系模式：

- 学生（<u>学号</u>，姓名，性别，出生日期，入学时间，班级代码，专业代码，系部代码）
- 系部（<u>系部代码</u>，系部名称，系主任）
- 专业（<u>专业代码</u>，专业名称，系部代码）
- 班级（<u>班级代码</u>，班级名称，专业代码，系部代码，备注）
- 课程（<u>课程号</u>，课程名，学分）
- 教师（<u>教师编号</u>，姓名，性别，出生日期，学历，职务，职称，系部代码，专业，备注）
- 教学计划（课程号，专业代码，专业学级，课程类型，开课学期，学分）
- 教师任课（<u>教师编号</u>，<u>课程号</u>，专业学级，专业代码，学年，学期，学生数）
- 课程注册（<u>注册号</u>，学号，课程号，教师编号，专业代码，专业学级，选课类型，学期，学年，成绩，学分）

1.4 主流数据库简介

1.4.1 SQL Server

SQL Server 是 Microsoft 公司推出的关系型数据库管理系统。目前，版本有 SQL Server 2000、SQL Server 2005、SQL Server 2008、SQL Server 2012 等。

SQL Server 2000 是 Microsoft 公司推出的 SQL Server 数据库管理系统。该版本继承了 SQL Server 7.0 版本的优点，同时又比它增加了许多更先进的功能，具有使用方便可伸缩性好与相关软件集成程度高等优点，可跨越从运行 Microsoft Windows 98 的膝上型电脑到运行 Microsoft Windows 2000 的大型多处理器的服务器等多种平台使用。

SQL Server 2005 是一个全面的数据库平台，使用集成的商业智能(BI)工具提供了企业级的数据管理。Microsoft SQL Server 2005 数据库引擎为关系型数据和结构化数据提供了更安全可靠的存储功能，可以构建和管理用于业务的高可用和高性能的数据应用程序。

SQL Server 2008 是一个重大的产品版本，推出了许多新的特性和关键的改进，使得它成为至今为止的最强大和最全面的 Microsoft SQL Server 版本。它有以下特点：

（1）可信任——具有很高的安全性、可靠性和可扩展性来运行最关键任务的应用程序。

（2）高效——可以降低开发和管理的数据基础设施的时间和成本。

（3）智能——提供了一个全面的平台，在用户需要的时候 SQL Server 可以智能地向用户发送所需的观察情况和信息。

SQL Server 2012 是 Microsoft 公司于 2012 年 4 月发布，其定位是帮助企业处理每年大量的数据(Z 级别)增长。SQL Server 2012 更加具备可伸缩性、更加可靠以及前所未有的高性能，而 Power View 为用户对数据的转换和勘探提供强大的交互操作能力，并协助做出正确的决策。SQL Server 2012 主要版本包括新的商务智能版本，增加 Power View 数据查找工具和数据质量服务，企业版本则提高安全性可用性，以及从大数据到 StreamInsight 复杂事件处理，再到新的可视化数据和分析工具等，都是 SQL Server 2012 最终版本的一部分。

1.4.2　Oracle

Oracle 数据库系统是美国 Oracle 公司（甲骨文）提供的以分布式数据库为核心的一组软件产品，是目前最流行的客户/服务器(Client/Server)或 B/S 体系结构的数据库之一。Oracle 数据库是目前世界上使用最为广泛的数据库管理系统。作为一个通用的数据库系统，它具有完整的数据管理功能；作为一个关系数据库，它是一个完备关系的产品；作为分布式数据库它实现了分布式处理功能。Oracle 能在所有主流平台上运行（包括 Windows）。完全支持所有的工业标准，具有完全开放策略。

1．Oracle 的特点

（1）具有完整的数据管理功能：

- 数据的大量性；
- 数据的保存的持久性；
- 数据的共享性；
- 数据的可靠性。

（2）具有完备关系的产品：

- 信息准则——关系型 DBMS 的所有信息都应在逻辑上用一种方法，即表中的值显式地表示；
- 保证访问的准则；
- 视图更新准则——只要形成视图的表中的数据变化了，相应的视图中的数据同时变化；
- 数据物理性和逻辑性独立准则。

（3）具有分布式处理功能：

Oracle 数据库自第 5 版起就提供了分布式处理能力，到第 7 版就有比较完善的分布式数据库功能了，一个 Oracle 分布式数据库由 oraclerdbms、sql*Net、SQL*CONNECT 和其他非 Oracle 的关系型产品构成。

（4）用 Oracle 能轻松地实现数据仓库的操作。

2．Oracle 的优点

（1）可用性强。

（2）可扩展性强。

（3）数据安全性强。

（4）稳定性强。

1.4.3　Sybase ASE

Sybase ASE，全称为 Adaptive Server Enterprise，是全球著名的基础架构供货商 Sybase 公司提供，属 Sybase 公司的旗舰数据库产品。Sybase 公司创建于 1984 年，由 Mark B. Hiffman 和 Robert Epstern 共同创建，在 1987 年推出 Sybase 数据库产品，主要运行在 UNIX 操作系统、Netware 系统、Windows 系统等。其中，UNIX 操作系统是其最广泛应用的系统平台。

Sybase ASE 数据库具有如下特点：

（1）是基于客户/服务器体系结构的数据库；

（2）是真正开放的数据库；

（3）是一种多线索化高性能的事件驱动的可编程数据库。

Sybase ASE 数据库主要由三部分组成：

（1）Sybase SQL Server，进行数据库管理和维护的一个联机的关系数据库管理系统；

（2）Sybase SQL Tool，支持数据库应用系统的建立与开发的一组前端工具；

（3）Sybase Open Client/Open Server 接口。

1.4.4　DB2

IBM DB2 是美国 IBM 公司开发的一套关系型数据库管理系统，它主要的运行环境为 UNIX（包括 IBM 自家的 AIX）、Linux、IBM i（旧称 OS/400）、z/OS，以及 Windows 服务器版本。

DB2 主要应用于大型应用系统，具有较好的可伸缩性，可支持从大型机到单用户环境，应用于所有常见的服务器操作系统平台下。 DB2 提供了高层次的数据利用性、完整性、安全性、可恢复性，以及小规模到大规模应用程序的执行能力，具有与平台无关的基本功能和 SQL 命令。 DB2 具有很好的网络支持能力，每个子系统可以连接十几万个分布式用户，可同时激活上千个活动线程，对大型分布式应用系统尤为适用。目前，在全球 500 强的企业中有 80%是用 DB2 作为数据库平台。

练 习 题

1．简述数据库、数据库管理系统、数据库系统的概念。

2．简述文件系统与数据库系统的区别和联系。

3．简述数据库系统的特点。

4．简述数据模型的概念、数据模型的作用和数据模型的三个要素。

5．数据库的三级模式结构是什么？

6．解释概念模型中的以下术语：实体、实体型、实体集、属性、关键字和实体联系图（E-R 图）。

7．数据库设计分为哪几个步骤？

8．某个企业集团有若干工厂，每个工厂生产多种产品，且每一种产品可以在多个工厂生产，每个工厂按照固定的计划数量生产产品；每个工厂聘用多名职工，且每名职工只能在一个工厂工作，工厂聘用职工有聘用期和工资。工厂的属性有工厂编号、厂名、地址，产品的属性有产品编号、产品名、规格，职工的属性有职工号、姓名。

（1）根据上述语义画出 E-R 图。在 E-R 图中需注明实体的属性、联系的类型及实体标识符。

（2）将 E-R 模型转换成关系模型，并指出每个关系模式的主键和外键。

第 2 章　SQL Server 2012 综述

SQL Server 是 Microsoft 公司推出的关系型数据库管理系统，是一个全面的数据库平台，它使用集成的商业智能工具（BI）提供了企业级的数据管理，具有使用方便、可伸缩性好、与相关软件集成度高等特点。数据引擎为关系型数据和结构化数据提供了安全可靠的存储，可构建并管理用于业务的高性能数据应用程序。

延续 SQL Server 2008 的构架，SQL Server 2012 属于 C/S 模式（Client/ Server 模式，即客户端/服务器模式）的大型分布式关系型数据库管理系统。它延续了现有数据平台的强大能力，对数据库中的数据提供有效的管理，并有效实现数据的完整性和安全性，且全面支持云技术，为数据管理提供了强大的支持，是电子商务、数据仓库和数据解决方案等应用中的核心。

2.1　SQL Server 2012 概述

SQL Server 2012 在 SQL Server 2008 基础上进行了提升，提供了一个全面、灵活、可扩展的数据仓库管理平台，以满足众多用户的海量数据管理需求，能快速构建相应的解决方案实现私有云与公有云之间数据的扩展与应用的迁移。

SQL Server 2012 与微软公司的 Windows 操作系统高度集成，能最充分地利用视窗操作系统的优势。其数据引擎是企业数据管理解决方案的核心，结合了分析、报表、集成和通知等功能，可以构建和部署经济有效的集成商业智能解决方案。通过与 Microsoft Visual Studio、Microsoft Office System 以及新的开发工具包（包括 Business Intelligence Development Studio）的紧密结合使 SQL Server 2012 成为众多数据库用户的第一选择。SQL Server 2012 在基于 SQL Server 2008 的强大功能之上，提供了一个完整的数据管理和分析的解决方案，可用于大型联机事务处理、数据仓库、电子商务等，是一个杰出的关系数据库平台，是信息化 C/S 系统开发与管理的首选产品之一，越来越多的开发工具对它提供了编程支持与接口，同时它为不同规模的用户提供如下帮助：

（1）通过构建、部署和管理，让企业的应用程序更加安全，伸缩性更强，更可靠。

（2）可以降低开发和支持数据库应用程序的复杂性，实现 IT 生产力的最大化。

（3）在多个平台、应用程序和设备之间共享数据，更易于增强内、外部系统。

（4）在不牺牲性能、可用性、可伸缩性和安全性的前提下有效控制成本。

2.1.1　SQL Server 的发展过程

Microsoft SQL Server 起源于 Sybase 公司的 SQL Server。1988 年，Microsoft、Sybase 和 Ashton Tate 三家公司共同研制开发了 Sybase SQL Server，推出了第一个基于 OS/2 操作

系统的 SQL Server 版本。后来，Ashton Tate 公司由于某种原因退出了 SQL Server 的开发，Microsoft 则和 Sybase 签署协议，将 SQL Server 移植到 Microsoft 新开发的 Windows NT 操作系统上，发布了用于 Windows NT 的 MS SQL Server 4，从此，双方的合作结束。Microsoft 开发并推广 Windows 环境中的 Microsoft SQL Server，简称 MS SQL Server；而 Sybase 则较专注于 SQL Server 在 UNIX 操作系统上的开发与应用。

MS SQL Server 6 是完全由 Microsoft 开发的第一个 SQL Server 版本，并于 1996 年升级为 MS SQL Server 6.5。1998 年，Microsoft 发布了变化巨大的 MS SQL Server 7.0。2000 年，Microsoft 又很快发布了 MS SQL Server 2000，采取了年号代替序号的策略，在功能和性能上较以前版本有了巨大提高，并在系统中引入了对 XML 语言的支持。作为 MS SQL Server 产品发展的里程碑，MS SQL Server 6.5、MS SQL Server 7.0 和 MS SQL Server 2000 三个版本得到了广泛的应用。

2005 年 12 月，经过一波三折，Microsoft 艰难发布了 Microsoft SQL Server 2005，它对 SQL Server 的许多地方进行了改写，对整个数据库系统的安全性和可用性进行了巨大的改善，通过集成服务（Integration Service）工具来加载数据，而其最大的改进是与.NET 构架的紧密捆绑。

2008 年 3 月，三年磨一剑的 Microsoft 发布了 Microsoft SQL Server 2008，除了数据库引擎和商业智能工具方面的提升外，加强了可以在引擎水平实施的透明数据加密功能及数据库镜像功能，还重写了备份系统。并于 2010 年 5 月，发布 Microsoft SQL Server 2008 R2。

2012 年 3 月，Microsoft 正式发布了 Microsoft SQL Server 2012，较之前版本更具优势，并增加了诸多激动人心的新功能，详见 2.1.3 节。

2.1.2　SQL Server 2012 的体系结构

SQL Server 2012 是基于 C/S 模式的关系型数据库管理系统，严格按照 C/S 处理模式设计，将事务处理合理地分配到客户机与服务器上，两者共同协调进行处理，能够充分发挥客户机与服务器的各自优势和性能，减少网络流量，提高了整个系统的服务性能与效率。例如，将输入、显示与校验数据这样需要用户频繁交互处理的任务分散在客户端的（多台）机器上进行，而将读取共享数据、文件 I/O 服务和数据查询处理等大流量的事务集中在数据库服务器上完成，尽可能地发挥和利用服务器的高处理性能与客户机的交互灵活性，因而提高了系统的性能与效率。

而在管理的具体实现上，SQL Server 2012 又灵活地分为单机管理架构、主从式管理架构和分散式管理架构三种类型。

（1）单机管理架构。由同一台计算机包办数据库系统的所有工作，包括保存数据、处理数据、管理及使用数据库系统等，即数据库服务器端和客户端都在同一台计算机上。

（2）主从式管理架构。在一台主机上安装 SQL Server 服务器，而在另外一些计算机上安装相关的连接与管理程序——客户端，然后在客户端通过网络来操作及管理数据库服务器。

（3）分散式管理架构。在主从式管理架构基础上增加多台数据库服务器，就构成了分散式管理架构。在此架构中，可自由选择是将服务器端和客户端工具分开在不同主机上，还是集中于同一台主机上。

SQL Server 是一个提供了联机事务处理、数据仓库、电子商务应用的数据库和数据分析平台。体系结构是描述系统组成要素和要素之间关系的方式。SQL Server 2012 由两大部分组成：数据库引擎和商业智能。

（1）数据库引擎（SQL Server Database Engine, SSDE）是 SQL Server 2012 系统的核心服务，负责完成业务数据的存储、处理、查询和安全管理。在大多数情况下，使用数据库系统实际上就是使用数据库引擎。例如，在选课信息管理系统中，学生选课数据的添加、更新、删除、查询、安全控制等操作就由数据库引擎负责完成。实际上，数据库引擎本身也是一个复杂的系统，包括了存储引擎、安全子系统、编程接口、复制、全文搜索、通知服务等许多功能组件。

- 存储引擎，是数据库的"灵魂"组件，对基于表和列定义的数据存储进行管理，通过数据存储管理组件控制着数据在磁盘上的存储方式和被应用程序访问的方式。比如索引、分区、快照、锁定、事务、备份、恢复等。
- 安全子系统，是一个强大灵活的安全构架，确保数据和实例不被入侵。使用的手段包括用户身份认证机制、引擎特性子集、多层次权限控制、多机制的数据加密方式等。
- 编程接口，可通过 T-SQL（Transact-Structured Query Language，事务结构化查询语言，简称 T-SQL）进行编程，也可以使用满足 CLR 规范（Common Language Runtime，公共语言运行规范，简称 CLR）的编程语言对服务器功能进行扩展，如 Visual Basic 和 Visual C#。引擎中直接集成的 XML 可访问 XML 数据。
- 服务代理（Service Broker），在 2005 版中引入，提供了异步通信机制，可以用于存储和传递消息。
- SQL Server 代理（SQL Server Agent），是调度报警引擎。
- 快照复制，在不同数据库间对数据和数据库对象进行复制和分发，以保证数据库同步和数据一致性。
- 高可用性组件，满足大量应用程序正常运行的需求，确保数据的可用性，包括故障转移集群、数据库镜像、日志传送、复制技术等。
- 全文搜索，提供了基于关键字的企业级搜索功能。
- 通知服务，提供了基于通知的开发和部署平台。

（2）商业智能（Business Intelligence, BI）是随着 IT 以及数据存储应用在商业应用中的作用迅速扩大而出现的新成员，目的在于将分布在不同系统的大量数据整合为单一数据集，构建强大的数据分析应用程序，并将信息合并到单独的分析系统。BI 包括 3 个组件：分析服务、报表服务和集成服务。

- 分析服务（SQL Server Analysis Services, SSAS）提供联机分析处理（OnLine Analytical Processing, OLAP）和数据挖掘（Data Mining, DM）功能，可以支持用户建立数据库。使用分析服务，可以设计、创建和管理包含来自于其他数据源数据的多维结构，还可以完成数据挖掘模型的构造和应用，实现知识发现、表示和管理。例如，选课信息管理系统中，可以使用分析服务完成对学生选课的数据挖掘分析，发现更多有价值的信息和知识，从而更加合理地安排课程、提高课程管理水平。
- 报表服务（SQL Server Reporting Services, SSRS）为用户提供支持 Web 的企业级报

表功能，可以方便地定义和发布满足自己需求的报表。例如，选课信息管理系统中，可以使用报表服务方便地生成 Word、PDF、Excel 等各种格式的报表。

- 集成服务（SQL Server Integration Services, SSIS）是一个数据集成平台，可以完成有关数据的提取、转换、加载等。它可以高效地处理各种各样的数据源，如 Oracle、Excel、XML 文档、文本文件等数据源中的数据。

2.1.3　SQL Server 2012 的主要特性

作为新一版的 SQL Server，SQL Server 2012 仍然延续了以前版本的主要特点。

1. 简单友好的操作方式

SQL Server 2012 数据库管理系统继承了前一版的界面风格，包含一整套的管理和开发工具。这些工具都具有非常友好的使用操作界面，既提供了强大的功能，同时又便于管理和使用。

2. 支持高性能的分布式数据库处理结构

SQL Server 2012 可以把工作负载划分到多个独立的 SQL Server 服务器上，使应用系统中的数据可以存储在分散的多台服务器上，构成了分布式数据库体系，从而为实施电子商务等大型系统提供了较好的可扩展性。

3. 动态锁定的并发控制

SQL Server 通过隐含的动态锁定功能实现数据操作中的并发控制，有效地防止了在执行查询和更新操作时出现冲突，既方便了开发者和用户，也提高了数据的共享可靠性。

4. 丰富的编程接口并兼容以前版本

SQL Server 支持 T-SQL、DB Library for C/Visual Basic 和嵌入式 SQL 等多种开发工具，而且还支持 DBLIB、ODBC、OLEDB 规范，允许使用 DBLIB、ODBC 和 OLEDB 的接口函数访问 SQL Server 数据库。基于以前版本建立的数据库与应用，可以非常可靠地运行在 SQL Server 2012 的数据库平台上。

5. 单进程、多线程体系结构

SQL Server 2012 与其他多进程的 RDBMS 系统不同，采用单进程、多线程处理结构，由执行内核统一分配和协调网络环境中多个用户对资源与数据的访问和存取，只需很小的额外负担就可以同时处理多用户的并发访问，不但减少了内存的占用空间，而且有利于提高和保持系统的运行速度、服务效率和稳定性。

在继承的基础上，SQL Server 2012 又增加了一些新功能，具有自己的优势：

（1）AlwaysOn。对镜像功能进行了提升，用户可对一组数据库做灾难恢复而非一个数据库。

（2）Columnstore 索引。为数据仓库查询设计的只读索引，扁平化压缩数据存储，减少 I/O 和内存的使用。

（3）DBA 自定义服务器权限。支持对服务器的权限设置。

（4）Windows Server Core 支持。支持命令行界面的 Windows，资源占用少、更安全。

（5）Sequence Objects。支持列的自定义序列用对象实现。

（6）Power View。强大的自主 BI 工具，可让用户创建 BI 报告。

（7）增强的审计功能。用户可自定义审计规则。

（8）增强的 PowerShell 支持。

（9）分布式回放（Distributed Replay）。可记录生产环境的工作状况，可在另一个环境中重现。

（10）SQL Azure 增强。

新功能的增加和原功能的改进使 SQL Server 2012 较 SQL Server 2008 更具以下优势：

（1）方便易用。

（2）集成化的开发环境。

（3）超快的性能。

（4）安全性和高可用性。

（5）企业安全性。

（6）快速的数据发现。

（7）高效的数据压缩功能。

2.1.4 SQL Server 2012 的版本

Microsoft SQL Server 2012 版本分为主要版本、专业版本、延伸版本（也称扩展版本）三类。其中，主要版本包括企业版、标准版、商业智能版，专业版本包括网络版，延伸版本包括开发版、简易版等。用户可根据需求的不同选择版本。下面介绍各版本的简要特性。

1．企业版（SQL Server 2012 Enterprise Edition）

SQL Server 2012 企业版是一个全面的数据管理和业务智能平台，为关键业务应用提供了企业级的可扩展性、数据仓库、安全、高级分析和报表支持，作为生产数据库服务器使用，支持 SQL Server 2012 中的所有可用功能，并可根据支持最大的 Web 站点和企业联机事务处理（OLTP）及数据仓库系统所需的性能水平进行伸缩，为用户提供更加坚固的服务器和执行大规模在线事务处理。它是当前所有版本中性能最好的，也是价格最贵的。作为完整的数据库解决方案，该版本应该是大型企业首选的数据库产品。

2．标准版（SQL Server 2012 Standard Edition）

该版本是一个完整的数据管理和业务智能平台，为部门级应用提供了最佳的易用性和可管理特性。作为一般企业的数据库服务器使用，包括最基本的功能。虽然它的功能没有企业版那样齐全，但它所具有的功能已经能够满足企业的一般要求，性价比较高。

3．商业智能版（SQL Server 2012 Business Intelligence Edition）

该版本提供了综合性平台，支持组织构建和安全部署、可扩展且易于管理的 BI 解决方案，提供基于浏览器的数据浏览与可见性等数据集成功能，增强集成管理。

4．网络版（SQL Server 2012 Web Edition）

该版本是针对运行于 Windows 服务器中要求高可用、面向 Internet Web 服务的环境而设计。这一版本为实现低成本、大规模、高可用性的 Web 应用或客户托管解决方案提供了必要的支持工具。

5．开发版（SQL Server 2012 Developer Edition）

供程序员用来开发将 SQL Server 2012 用作数据存储的应用程序。虽然开发版支持企业版的所有功能，使开发人员能够编写和测试可使用这些功能的应用程序，但是只能将开发版作为开发和测试系统使用，不能作为商业服务器使用。基于这一版本开发的应用和数据库可以很容易地升级到企业版。

6．简易版（SQL Server 2012 Express Edition）

该版本也称学习版，与 Microsoft Visual Studio 集成，可以从微软网站免费下载使用，拥有核心的数据库功能，其中包括了 SQL Server 2012 中最新的数据类型，是 SQL Server 的一个微型版本。该版本是低端 ISV、低端服务器用户、创建 Web 应用程序的非专业开发人员以及创建客户端应用程序的编程爱好者的理想选择。

2.2　SQL Server 2012 的安装

2.2.1　SQL Server 2012 安装前的准备工作

安装和使用 SQL Server 2012，计算机必须满足适当的硬件和软件要求。因此，在安装 SQL Server 2012 之前，应了解 SQL Server 2012 的特性，并检查所安装计算机的硬件和软件的配置的情况，以保证其符合要求，从而避免在安装与使用过程中发生问题或故障。

1．SQL Server 2012 安装的硬件条件

以 SQL Server 2012 企业版为例，其安装对计算机硬件的要求如表 2-1 所示。如果想了解其他版本的要求，请登录微软的官方 SQL 资源网站，或者参考相应的安装文档。

表 2-1　SQL Server 2012 企业版对硬件的要求

硬 件 名 称	配 置 要 求
处理器（CPU）	类型：AMD Opteron, AMD Athlon 64, Intel Xeon with Intel EM64T support, Intel Pentium IV with EM64T support 最低主频：1.4GHz　　建议：2.0GHz 或更高
内存容量（RAM）	最低：1GB 推荐：4GB 或更多 最多：全部计算机物理内存
硬盘空间（hard disk）	系统驱动器中有至少 6.0GB 的可用磁盘空间，根据安装时所选组件的不同，会有不同的要求。包括： 数据库引擎和数据文件、复制服务、全文检索服务、Data Quality Services：811MB Analysis Services 和数据文件：345MB Reporting Services 和报表管理：304MB Integration Services：591MB Master Data Services：243MB 客户端组件（不包括联机手册和集成服务工具）：1823MB SQL Server 联机手册：375MB
显示器（display）	VGA（800×600 像素）或更高分辨率，图形工具要求 1024×768 像素或更高的屏幕分辨率
鼠标（mouse）	Microsoft 鼠标或其兼容鼠标
光盘驱动器（CD-ROM）	单机需要，也可以通过网络上的共享光盘驱动器 CD/DVD-ROM 进行安装
群集硬件要求	在 32 位和 64 位平台上，支持 8 节点群集安装

2．SQL Server 2012 安装的软件条件

SQL Server 2012 安装对计算机软件的要求包括以下几方面：

（1）操作系统。不同版本的 SQL Server 2012 所支持的 Windows 操作系统不尽相同。例如，64 位企业版 SQL Server 2012 支持以下 Windows 版本：

- Windows Server 2012 R2 Datacenter 64 位。
- Windows Server 2012 R2 Standard 64 位。
- Windows Server 2012 R2 Essentials 64 位。
- Windows Server 2012 R2 Foundation 64 位。
- Windows Server 2012 Datacenter 64 位。
- Windows Server 2012 Standard 64 位。
- Windows Server 2012 Essentials 64 位。
- Windows Server 2012 Foundation 64 位。
- Windows Server 2008 R2 SP1 Datacenter 64 位。
- Windows Server 2008 R2 SP1 Enterprise 64 位。
- Windows Server 2008 R2 SP1 Standard 64 位。
- Windows Server 2008 R2 SP1 Web 64 位。
- Windows Server 2008 SP2 Datacenter 64 位。
- Windows Server 2008 SP2 Enterprise 64 位。
- Windows Server 2008 SP2 Standard 64 位。
- Windows Server 2008 SP2 Web 64 位。

其他版本的信息读者可以通过微软网站自行查询，此处不再赘述。

（2）其他软件环境的需求。对其他软件环境的要求如下：

- Framework。.NET Framework 4.0 及以上版本。
- 软件。Microsoft Windows Installer 4.5 或更高版本。
- Windows PowerShell。对数据库引擎组件和 SQL Server Management Studio 而言，Windows PowerShell 2.0 是一个安装必备组件。
- 网络协议。操作系统已经内建了对 Shared memory（共享内存）、Named Pipes（命名管道）、TCP/IP、VIA 协议的支持。
- IE。需要 IE 7.0 或更高版本。
- Internet 信息服务（IIS）。安装 SQL Server 2012 Reporting Services 需要 IIS 5.0 或更高版本。
- ASP.NET 2.0。安装 SQL Server 2012 Reporting Services 需要 ASP.NET 2.0。

3．SQL Server 2012 安装前还应注意的其他问题

（1）对计算机系统做必要的计算机病毒、木马、黑客程序等安全方面的检查处理工作。

（2）清除并关闭 Windows 事件查看器。

（3）配置安全的文件系统，建议使用 NTFS。

（4）使用具有管理员权限的用户账户登录相关的计算机系统。

（5）如果用户在安装过程中不清楚是否要选择某些功能或其具体含义，那么可以使用默认值。

2.2.2　安装 SQL Server 2012

SQL Server 2012 的安装可以采用三种方式：安装向导安装、命令行安装和远程安装。下面就以 SQL Server 2012 企业版全新实例的向导安装为例，介绍其本地安装过程并做简要说明。其他版本的安装过程与之基本相同。安装环境以 MS Windows 7 旗舰版为例。

（1）将 SQL Server 2012 安装光盘放入光驱，如果操作系统启用了自动运行功能，安装程序将自动运行；或者直接运行安装文件目录下的 setup 文件来启动 SQL Server 2012 的安装。安装程序正常启动后打开图 2-1 所示的"SQL Server 安装中心"对话框，可以选择各种计划。

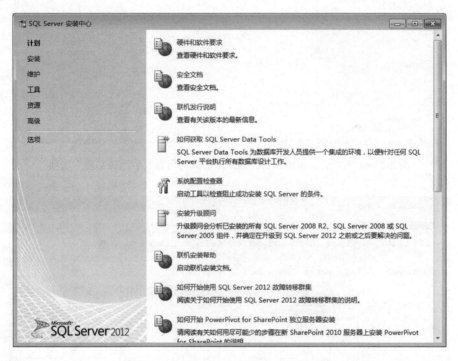

图 2-1　"SQL Server 安装中心"对话框

安装中心为用户提供了丰富的信息和合理的安装计划，包括了在安装 SQL Server 2012 前应了解的基本信息，为确定安装方案做好准备。其中，SQL Server 升级顾问可以根据已有的系统提供 SQL Server 升级方案。还包括了 SQL Server 的各种相关信息以及信息的获取途径，有助于用户更好地掌握 SQL Server 系统。

（2）在左侧框中选择"安装"选项，再选择右框中的"全新 SQL Server 独立安装或向现有安装添加功能"选项，如图 2-2 所示。等待安装程序完成一些前期准备工作后进入下一步。

（3）当前操作处理完成后，将打开"SQL Server 2012 安装程序"对话框，出现"安装程序支持规则"选项，根据当前系统的具体情况，一些检查已经通过了，如图 2-3 所示。单击"确定"按钮，可以进入下一步。

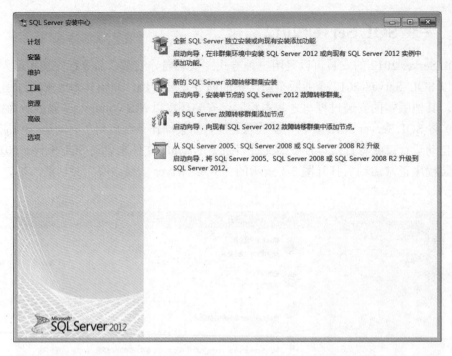

图 2-2　选择"全新 SQL Server 独立安装或向现有安装添加功能"选项

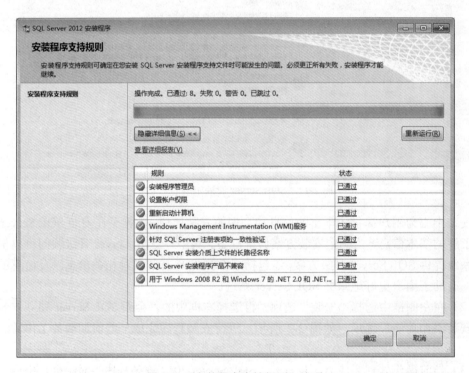

图 2-3　"安装程序支持规则"选项

（4）在输入产品密钥的提示页面，在"输入产品密钥"框中输入正确的密钥，如图 2-4 所示，单击"下一步"按钮继续安装；或者在"指定可用版本"中选择 Evaluation 版（测试版）或 Express 版（简易版）等免费版本进行安装。此例是通过产品密钥进行企业版的安装。

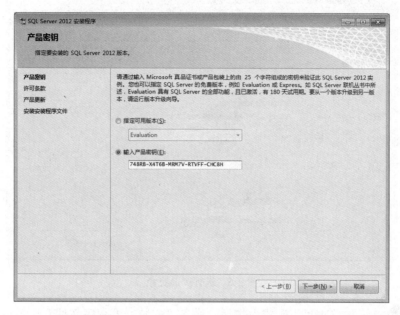

图 2-4　验证产品密钥

（5）在"许可条款"选项页中选择"我接受许可条款"选项，如图 2-5 所示。单击"下一步"按钮继续安装。

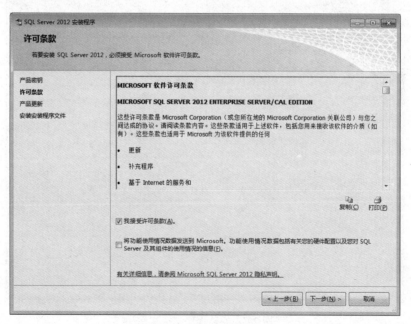

图 2-5　接受安装许可条款

（6）为了 SQL Server 的安全性和性能，需要始终安装最新的更新，如图 2-6 所示。

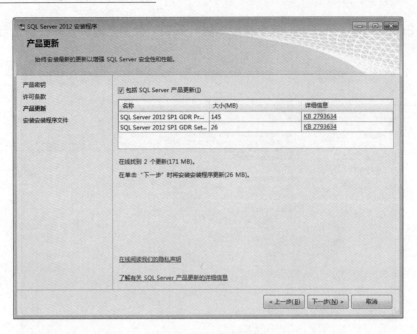

图 2-6　进行产品更新

（7）在图 2-6 中单击"下一步"按钮，进入"安装安装程序文件"选项页，如图 2-7 所示。单击"安装"按钮，将安装前一步检查到的产品更新和安装 SQL Server 程序所需的组件。

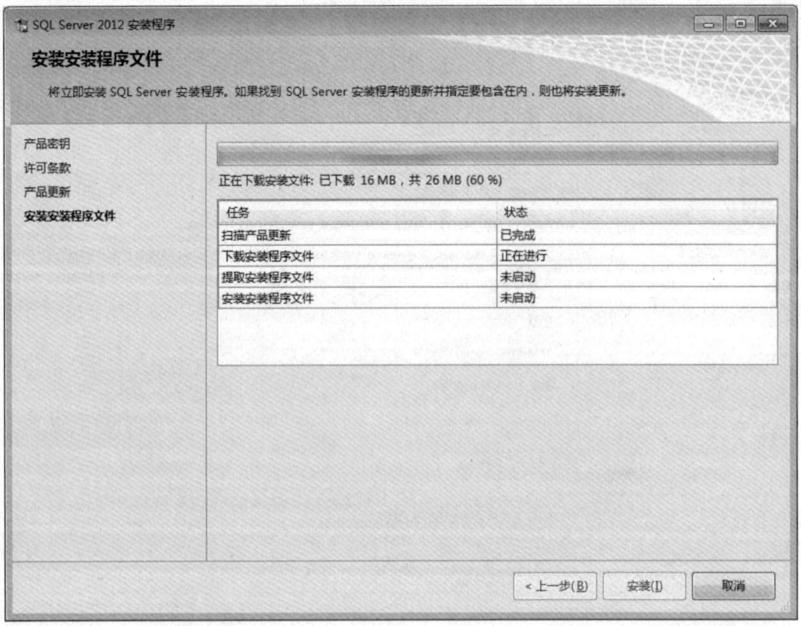

图 2-7　安装程序支持文件

（8）上述安装完成后，程序将自动进行第二次支持规则的检测，如图 2-8 所示。检测全部通过后才能进行下一步的角色设置。

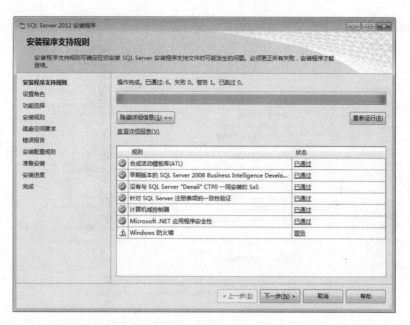

图 2-8　安装程序支持规则

（9）在"设置角色"选项页中选择"SQL Server 功能安装"，如图 2-9 所示。单击"下一步"按钮继续安装。

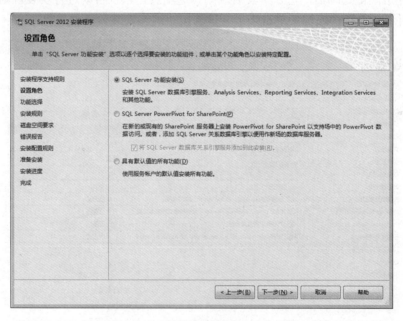

图 2-9　设置角色

（10）进入"功能选择"选项页，进行要安装的功能选择。为了使用的方便，在空间足够的情况下，可以使用"全选"安装全部功能组件，如图 2-10 所示。单击"下一步"按钮继续安装。

36

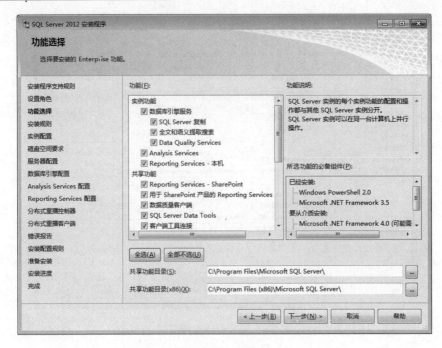

图 2-10　功能选择

（11）完成功能选择后，进入"安装规则"选项页，系统自动进行安装规则信息检查，如图 2-11 所示。检查均通过后单击"下一步"按钮继续安装。

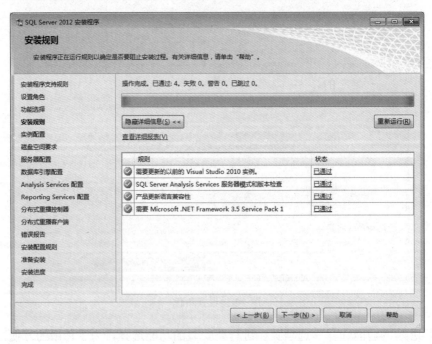

图 2-11　安装规则

（12）在"实例配置"选项页选择"默认实例"，并设置实例的根目录，如图 2-12 所示。单击"下一步"按钮继续安装。

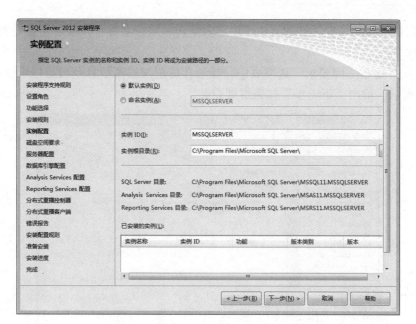

图 2-12　实例配置

有关 SQL Server 的"实例"特性说明如下：

- SQL Server 允许在一台计算机上执行多次安装，每一次安装都是一个实例。一个实例就是一组配置文件和运行在计算机内存中的一组程序。从简单的角度来说，用户可以把一个实例理解为一个 SQL Server 服务器。而所谓"多实例环境"，则可以认为就是在一台计算机上安装的多个 SQL Server 服务器。

- SQL Server 2012 默认实例。该实例由运行它的计算机的网络名称标识。一台计算机上只能有一个默认实例。

- SQL Server 2012 的命名实例。该实例通过计算机的网络名称加上实例名称以"计算机名称\实例名称"的格式进行标识。应用程序必须使用 SQL Server 2012 客户端组件连接到命名实例。计算机可以同时运行多个 SQL Server 2012 命名实例。

- 新实例名称必须以字母、"和"符号（&）或下画线（_）开头，可以包含数字、字母或其他字符。SQL Server 系统名称和保留名称不能用作实例名称。例如，default 一词不能用作实例名称，因为它是安装程序使用的保留名称。

- 多实例。当一台计算机安装有多个 SQL Server 2012 实例时，就会出现多实例。每个实例的操作都与同一台计算机上的其他任何实例分开，而应用程序可以连接任何实例。在单台计算机上可以安装的实例数是有限的，取决于可用资源，不同的版本有不同的限制。若默认服务器实例已经安装，以后再安装只能安装命名实例服务器。

- 在未安装过 SQL Server 的计算机上安装 SQL Server 2012 时，安装程序默认安装默认实例。但是，通过选择"命名实例"并给定命名实例名，也可以选择将 SQL Server 2012 安装为命名实例。

- 可以在下列任意时间安装 SQL Server 2012 命名实例。安装 SQL Server 2012 默认实例之前、安装 SQL Server 2012 默认实例之后或者取代安装 SQL Server 2012 默认实例。每个命名实例都由非重复的一组服务组成，并且对于排序规则和其他选项可以有完全不同的设置。目录结构、注册表结构和服务名称都反映了所指定的具体实例名称。

（13）在"磁盘空间要求"选项页中，显示存储空间资源信息及磁盘使用情况、需求，如图 2-13 所示。单击"下一步"按钮继续安装。

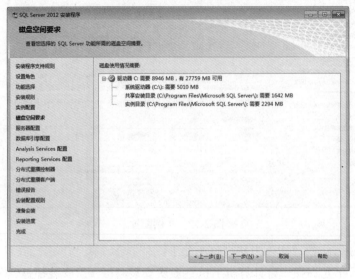

图 2-13　磁盘空间要求

（14）进入"服务器配置"选项页，设置使用 SQL Server 各种服务的用户，可以按默认情况安装，也可以将账户名称统一选择为 NT AUTHORITY\SYSTEM（本地主机的系统用户），如图 2-14 所示（本例按默认情况安装）。单击"下一步"按钮继续安装。

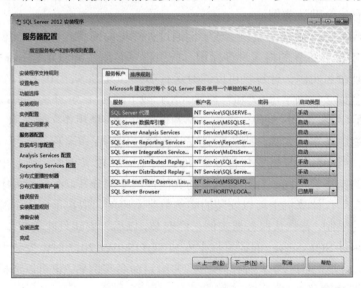

图 2-14　服务器配置

（15）进入"数据库引擎配置"选项页，设置 SQL Server 2012 的身份验证模式及管理员信息，如图 2-15 所示，本例中采用默认的"Windows 身份验证模式"，并添加当前用户为管理员，单击"下一步"按钮继续。若选择采用"混合模式"，则需要指定 SQL Server 系统管理员（sa）的登录密码。

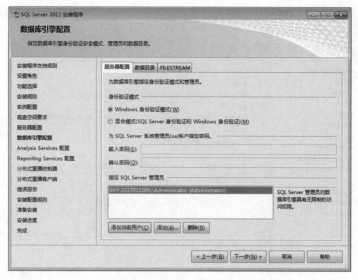

图 2-15　数据库引擎配置

　　SQL Server 2012 系统的账户设置分为内置系统账户和域用户账户两类。一般建议使用内置系统账户中的本地系统账户，但是本地系统账户和网络服务账户具有较大的权限，在使用时要考虑好系统的安全性。

　　用户也可以不为 sa 账户指定密码，但这种方法不安全，故不提倡采用。在完成 SQL Server 安装之后，根据需要，用户在 SQL Server 服务器中可重新设置用户身份验证模式。关于登录账户和身份验证问题，在 2.3 节会做进一步的介绍。

　　（16）在"Analysis Services 配置"选项页中，添加当前用户，如图 2-16 所示。单击"下一步"按钮继续安装。

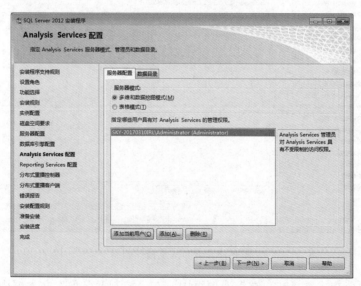

图 2-16　Analysis Services 配置

（17）在"Reporting Services 配置"选项页中，按照默认的设置，选中"安装和配置"，如图 2-17 所示。单击"下一步"按钮继续安装。

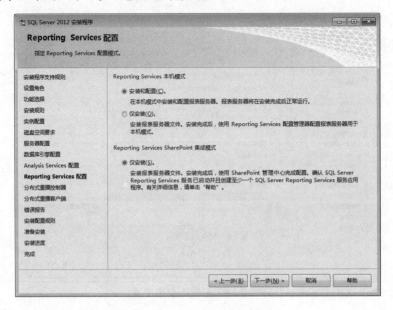

图 2-17　Reporting Services 配置

（18）在"分布式重播控制器"选项页中，将当前用户设为授予针对分布式重播控制器服务的管理权限的用户，可以不受限制地访问分布式重播控制器服务，如图 2-18 所示。单击"下一步"按钮继续安装。

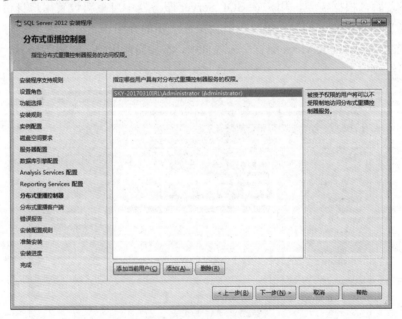

图 2-18　分布式重播控制器

（19）在"分布式重播客户端"选项页中，在"控制器名称"文本框中输入一个合法标识符作为控制器名称，也可不指定，并设置工作目录和结果目录，一般采用默认设置，如图 2-19 所示。单击"下一步"按钮继续安装。

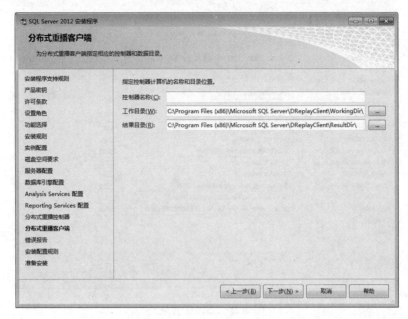

图 2-19　分布式重播客户端

（20）进入"错误报告"选项页，根据自己的需要进行选择，单击"下一步"按钮继续安装，如图 2-20 所示。

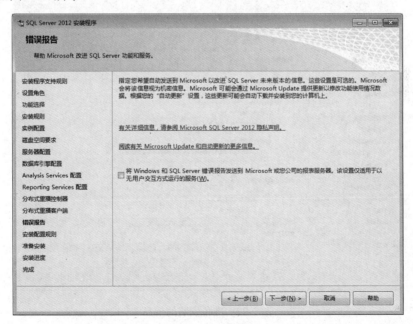

图 2-20　错误报告

（21）在"安装配置规则"选项页中，再次对系统进行检测，如果全部通过，单击"下一步"按钮继续安装，如图 2-21 所示。

图 2-21　安装配置规则

（22）在"准备安装"选项页中，可以看到要安装的功能选项，单击"安装"按钮继续安装，如图 2-22 所示。

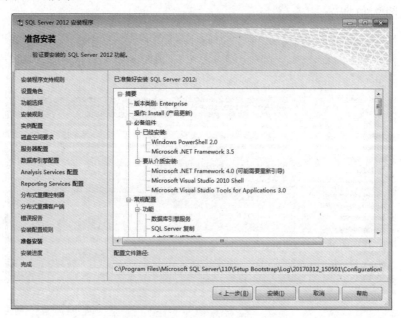

图 2-22　准备安装的信息

（23）在"安装进度"选项页中，可以看到正在安装 SQL Server 2012。耐心等待 SQL Server 2012 安装过程完成，若没有错误，则单击"下一步"按钮继续安装，如图 2-23 所示。

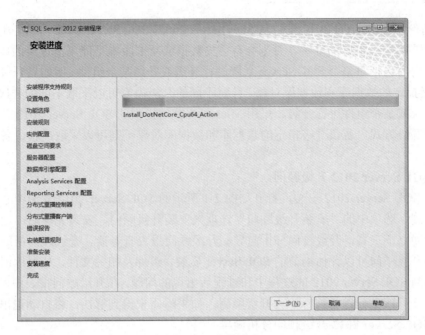

图 2-23　安装进度

（24）在"完成"选项页中，可以看到"SQL Server 2012 安装已成功完成"的提示，单击"关闭"按钮结束安装，如图 2-24 所示。

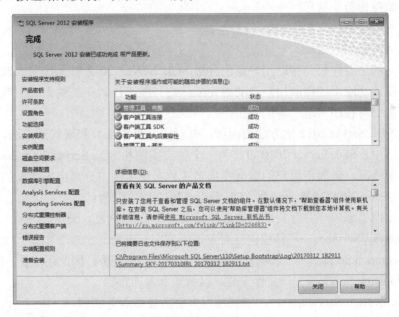

图 2-24　安装完成

到此，整个 SQL Server 2012 的安装顺利完成，根据提示重新启动计算机即可。

2.2.3　升级到 SQL Server 2012

在网络应用系统的维护中，会遇到需要保留原有系统中的数据并升级到 SQL Server

2012 的情形。SQL Server 2012 支持从 SQL Server 2005、SQL Server 2008 升级。升级到 SQL Server 2012 需要有很好的准备，否则会有丢失数据或新旧版本不能平滑过渡的风险。

升级内容包括对整个 SQL Server 系统进行升级或升级某个组件（例如只升级数据库引擎）、升级指定的数据库和数据库对象。针对不同的升级内容可以采取不同的升级方式。若对整个系统或某个组件进行升级，采用 Microsoft 公司提供的 SQL Server 2012 升级顾问是最适当的升级方式。若仅升级指定的数据库和数据库对象，则可以采取迁移、备份和恢复等方式。

1．SQL Server 2012 升级顾问

启动 SQL Server 2012 安装，打开如图 2-1 所示的 SQL Server 2012 安装中心对话框，选择"计划"选项中的"安装升级顾问"选项来安装升级顾问。安装完毕后，运行升级顾问可以启动以下工具：升级顾问分析向导、升级顾问报表查看器、升级顾问帮助。

使用升级顾问可以评估当前的 SQL Server 安装、组件及相关文件，从而标识出会在升级或迁移到 SQL Server 2012 的过程中和过程后出现的问题。在升级顾问报表中，阻碍 SQL Server 2012 升级的问题将被标识为升级障碍。如果障碍未得到解决，将自动退出安装。

2．SQL Server 2012 升级顾问分析向导

升级顾问分析向导会引导用户逐步完成升级的工作，其运行分为以下 5 个阶段：

（1）确定要分析的服务器和组件。

（2）收集其他参数。

（3）收集身份验证信息。

（4）分析所选组件。

（5）生成升级问题报表。

升级顾问的主要作用是帮助用户定位升级 SQL Server 2012 时无法完成或实现的任务和功能。但是该功能不能帮助用户自动地完成一切升级工作。在找到无法实现的功能后，用户还需要自己对程序做进一步的升级。

升级到 SQL Server 2012 的方法有两种：并行法（移植法）和取代升级法。

在移植法中，SQL Server 2012 可作为一个独立实例与 SQL Server 2008/2005 安装在一起。对于这种情况，必须将用户的数据库从老式数据库实例中分离出来并添加到新的实例中去。SQL Server 2008/2005 升级到 SQL Server 2012 的方法为：

（1）数据库引擎——并行安装，然后进行数据库备份/恢复，分解/合并。

（2）Analysis Services——移植向导对象，需要客户升级。

（3）Integration Services——移植向导转换 50%～70%的任务，因此还需要一些手动移植。

（4）Reporting Services——并行安装，以新实例发布报告。

（5）Notification Services——在安装过程中更新通知服务实例。

使用取代法，SQL Server 2012 可以安装在 SQL Server 2008/2005 的原有安装路径下，但此时，所有原来的数据库实例和账号都被移除。

2.2.4　SQL Server 2012 安装成功的验证

SQL Server 2012 安装过程中没有出现错误提示，一般可以认为 SQL Server 2012 是安装成功的，但也可以通过一些简单的方式来初步验证 SQL Server 2012 是否安装成功。

1. 验证"开始"菜单中的程序组

安装完成后用户可以通过查看"开始"菜单中的 SQL Server 2012 程序组应用程序来验证 SQL Server 2012 是否安装成功。

SQL Server 2012 安装成功后，会在 Windows 的"开始"菜单的"程序"级联菜单中添加 SQL Server 2012 应用程序组，如图 2-25 所示，供用户访问其应用程序。

2. 启动 SQL Server 2012 程序

可以通过检查 SQL Server 2012 服务是否能成功启动，进一步验证 SQL Server 2012 安装是否成功。

可以用以下 4 种方法来启动 SQL Server 2012 程序：

（1）安装过程中设置 SQL Server 2012 程序自动启动。

（2）用 SQL Server 配置管理器（SQL Server Configuration Manager）启动。选择"开始"→"所有程序"→Microsoft SQL Server 2012→"配置工具"→"SQL Server 配置管理器"命令，打开如图 2-26 所示中的 Sql Server Configuration Manager 窗口，单击左窗格中的"SQL Server 服务"选项，则在右窗格中会显示各项服务的启动情况。右击任何一项服务，在弹出的快捷菜单中选择"启动""停止"或"暂停"命令对该项服务进行操作。

图 2-25　SQL Server 2012 程序组

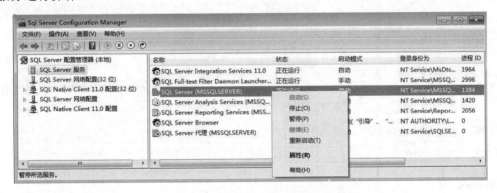

图 2-26　用 SQL Server 配置管理器启动服务

（3）用 SQL Server 集成管理器（SQL Server Management Studio）启动。用户可以通过 SQL Server Management Studio 来启动、暂停、继续和终止 SQL Server 2012 服务。右击 SQL Server Management Studio 窗口左窗格中的服务器，在弹出的快捷菜单中选择"启动"命令，即可启动 SQL Server 2012 程序，如图 2-27 所示。

（4）通过操作系统的"控制面板"中的"服务"窗口启动。用户可以通过"服务"窗口来直接启动、暂停、继续和终止 SQL Server 2012 服务。通过"控制面板"→"系统和安全"→"管理工具"找到"服务"选项图标，打开"服务"窗口，右击相应的 SQL Server 2012 服务，在弹出的快捷菜单中选择"启动"命令即可，如图 2-28 所示。

图 2-27　通过 SQL Server Management Studio 启动 SQL Server 2012 服务

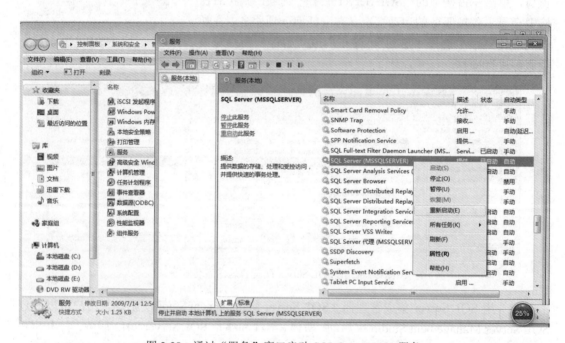

图 2-28　通过"服务"窗口启动 SQL Server 2012 服务

3．验证系统数据库

SQL Server 2012 安装后，由安装程序自动创建了 4 个系统数据库，样本数据库则不会自动安装，若需要可以单独安装。在 SQL Server Management Studio 窗口中单击服务器下的"数据库"节点，可以看到自动创建的系统数据库，如图 2-29 所示。

图 2-29　通过 SQL Server Management Studio 查看 SQL Server 2012 系统数据库

或者在"资源管理器"窗口中按路径"安装目录\MSSQL11.MSSQLSERVER\MSSQL\DATA"打开 DATA 文件夹，可以看到系统自动创建的数据库数据文件和日志文件，如图 2-30 所示。

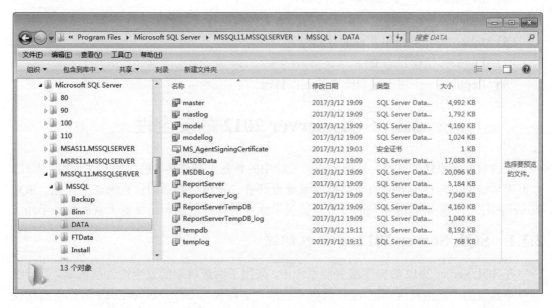

图 2-30　在"资源管理器"窗口中查看 SQL Server 2012 数据库文件

4. 查看目录和文件内容

SQL Server 2012 安装完成后，其目录和相应文件的位置是 Program Files\ Microsoft SQL Server，目录结构如图 2-31 所示。如果这些文件和目录都存在，则表示系统安装成功。

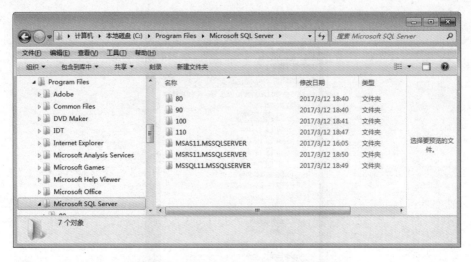

图 2-31　SQL Server 2012 的存储目录结构

其中，80 文件夹中包含了与先前版本兼容的信息和工具，90 文件夹中主要存储单台计算机上的所有实例使用的公共文件和信息。

打开"安装目录\MSSQL11.MSSQLSERVER \MSSQL"，其包括的各目录文件的含义如下：

（1）\Backup——备份文件的默认位置。

（2）\Binn——可执行文件、联机手册文件和用于扩展存储过程的动态链接库文件的位置。

（3）\DATA——系统数据库文件和样本数据库文件。

（4）\FTData——全文本系统文件。

（5）\Install——在安装过程中运行的脚本文件和运行安装脚本文件产生的结果文件。

（6）\Jobs——作业结果文件的存储位置。

（7）\Log——错误日志文件。

（8）\Repldata——用于复制操作的工作目录。

2.3　SQL Server 2012 的安全性

所谓数据库系统的安全，是指数据库系统中的数据不被破坏、偷窃和非法使用。因此，数据库系统的安全性问题是每个数据库系统设计者、管理员都必须认真考虑的问题。SQL Server 2012 为维护数据库系统的安全性提供了完善的管理机制和简单而丰富的操作手段。

2.3.1　SQL Server 2012 安全性综述

在 SQL Server 2012 数据库服务器系统中，采用了两级权限的安全性管理机制。第一级是服务器级的"连接权"；第二级是数据库级的"访问权"。SQL Server 2012 运行在微软视窗操作系统平台下，并且 SQL Server 数据库中又包含有很多对象，因此，SQL Server 2012 的安全性机制可以划分为以下的 4 个等级：

（1）计算机操作系统的安全性。

（2）SQL Server 2012 的登录安全性。

（3）数据库的使用安全性。

（4）数据库对象的使用安全性。

每一级别的安全等级就好像一道闸门，如果门没有关闭上锁，或者用户拥有开门的钥匙，则用户可以通过这道闸门达到下一个安全等级。如果通过了所有的闸门，则用户就可以实现对相应数据的访问。

1. 操作系统级别的验证

在用户使用客户计算机通过网络实现对 SQL Server 服务器的访问时，用户首先要获得客户计算机操作系统的使用权。一般来说，在能够实现网络互连的前提下，用户没有必要直接在运行 SQL Server 服务器的主机上进行登录，除非 SQL Server 服务器就运行在本地计算机上。保证操作系统安全性是操作系统管理员或者网络管理员的任务。由于 SQL Server 采用了与 Windows 集成的网络安全机制，因此使得操作系统的安全性也显得尤为重要，同时也加大了管理数据库系统安全性和灵活性的难度。

2. 服务器级别的验证

SQL Server 的服务器级安全性建立在控制服务器登录账户和密码的基础上。SQL Server 采用了标准 SQL Server 登录和集成 Windows 登录两种方式。无论是使用哪种方式登录，用户在登录时提供的登录账户和密码决定了用户能否获得 SQL Server 的访问权，以及在获得访问权以后，用户在访问 SQL Server 进程时可以拥有的权利。管理和设计合理的登录账户是 SQL Server 系统管理员的重要任务。

3. 数据库级别的验证

在用户通过 SQL Server 服务器的安全性检验以后，将直接面对不同的数据库入口。这是用户将接受的第三次安全性检验。默认情况下，数据库的所有者可以访问该数据库的对象，还可以分配访问权给其他用户，以便让其他用户也拥有针对该数据库的访问权力。

4. 数据库对象级别的验证

数据库对象的安全性是核查用户权限的最后一个安全等级。在创建数据库对象的时候，SQL Server 将自动把该数据库对象的拥有权赋予该对象的创建者。对象的所有者可以实现该对象的完全控制。默认情况下，只有数据库的所有者可以在该数据库下进行操作。当一个非数据库所有者想访问数据库中的对象时，必须事先由数据库的所有者赋予该用户对指定对象执行特定操作的权限。例如，一个用户想访问"机房计费信息管理"数据库中"交款信息"表中的数据信息，则该用户必须首先成为数据库的合法用户并获得由"机房计费信息管理"数据库所有者分配的针对"交款信息"表的相应访问权限。

2.3.2 权限验证模式

验证模式指的是安全方面的问题，每一个用户要使用 SQL Server 2012 都必须经过验证。在安装过程中，系统会提示选择验证模式，也可以在安装完成后根据需要来更改验证模式，更改方法将在 2.4.4 节中的例 2.1 中说明。

1. Windows 身份验证模式

在该验证模式下，用户对 SQL Server 的访问由 Windows 操作系统对 Windows 账户或用户组验证完成，SQL Server 2012 检测当前使用的 Windows 用户账号，如果 SQL Server 允许通过 Windows 验证模式验证用户，使用 Windows 的用户名和密码就可以成功地连接到 SQL Server 数据库服务器。在这种方式下，用户不必提供密码或者登录名给 SQL Server 2012 验证。当登录到 Windows 的用户与 SQL Server 2012 连接时，用户不需要提供 SQL Server 登录账号，就可以直接与 SQL Server 相连。这种登录验证模式要求 SQL Server 系统管理员必须指定哪些 Windows 账户和账户组作为有效的登录账号，并同时指定 SQL Server 的安全验证模式为"Windows 验证模式"。

与 SQL Server 验证模式相比较，Windows 验证模式具有许多优点，这是因为 Windows 验证模式集成了 Windows NT 或 Windows Server 的安全系统，由于基于 NT 核心的安全管理具有众多特征（如安全合法性、密码加密、对密码最小长度进行限制等），所以当用户试图登录到 SQL Server 时，它基于 NT 核心的服务器平台的网络安全属性中获取登录用户的账号与密码，并使用该平台的验证账号和密码的机制来检验登录的合法性，Windows 修复安全漏洞的速度远比 SQL Server 快，所以这种验证模式是比较安全的。

2. SQL Server 验证机制

当登录到 Windows 的用户与 SQL Server 连接时，用户必须提供 SQL Server 登录账号和密码，经过 SQL Server 安全系统对用户的身份进行验证合法后才能够连接数据库。使用 SQL Server 验证机制时，SQL Server 系统管理员必须定义登录账号和密码，并指定 SQL Server 工作在 SQL Server 验证模式下。

3. SQL Server 与 Windows 混合身份验证

混合验证模式（Windows 身份验证和 SQL Server 身份验证）允许以 SQL Server 验证方式或者 Windows 验证方式来进行连接。具体使用哪种方式，则取决于在最初的通信中使用的网络库。如果一个用户使用 TCP/IP Sockets 进行登录验证，它将使用 SQL Server 验证模式；如果使用命名管道，登录验证将使用 Windows 验证模式。这种登录验证模式可以更好地适应用户的各种环境，是应用系统开发中最常用的一种方式。

2.3.3 数据库用户账号、角色和权限

通过上述验证模式连接到 SQL Server 数据库后，用户必须使用特定的用户账号才能对数据库进行访问，而且只能操作经授权后可以操作的表、视图和执行经授权后可执行的存储过程及管理功能。

1. 数据库用户账号

当验证了用户的身份并允许其登录到 SQL Server 之后，用户并没有权限对数据库进行操作，必须在用户要访问的数据库中设置登录账号并赋予一定的权限。这样做的目的是防止一个用户在连接到 SQL Server 之后，对数据库上的所有数据库进行访问。例如，有两个数据库 student 和 person，如果只在 student 数据库中创建了用户账号，这个用户只能访问 student 数据库，而不能访问 person 数据库。

2. 角色

角色是将用户组成一个集体授权的单一单元。SQL Server 为常用的管理工作提供了一组预定义的服务器角色和数据库角色，以便能够容易地把一组管理权限授予特定的用户。也可以创建用户自定义的数据库角色。在 SQL Server 中用户可以有多个角色。

3. 权限的确认

用户连接到 SQL Server 之后，对数据库进行的每一项操作，都需要对其权限进行确认，

SQL Server 采取以下三个步骤来确认权限：

（1）当用户执行一项操作时，例如，用户执行了插入一条记录的指令，客户端将用户的 T-SQL 语句发给 SQL Server。

（2）当 SQL Server 接收到该命令语句后，立即检查该用户是否有执行这条指令的权限。

（3）如果用户具备这个权限，SQL Server 将完成相应的操作，如果用户没有这个权限，SQL Server 将返回一个错误给用户。

2.4 SQL Server 2012 工具

SQL Server 2012 是典型的客户机/服务器体系结构的大型系统应用程序。根据各模块功能的不同，SQL Server 2012 提供了不同的服务。对部分主要服务的介绍参见 2.1.2 节的相关内容。

在诸多服务中，SQL Server 服务是最为重要的一项。SQL Server 2012 通过一套工具集向数据库管理人员提供了用于配置、管理和使用 SQL Server 数据库核心引擎的途径。这些工具根据功能可以分为：

（1）配置管理工具——负责与 SQL Server 数据相关的配置工作。

（2）集成管理平台——负责与 SQL Server 相关的管理工作。

（3）性能工具——用于对 SQL Server 数据的性能进行分析。

（4）商业智能开发平台——用于商业智能架构应用程序。

（5）数据库引擎优化顾问工具——帮助用户分析工作负荷、提出优化建议等。

（6）实用工具——用命令行方式对数据库进行管理和操作，如 bcp、dta、osql、sqlserver、Ssms 等，限于篇幅，不再一一赘述，读者可查阅相关资料来了解。

2.4.1 配置 SQL Server 2012 服务器

要控制 SQL Server 2012 的服务，必须首先配置 SQL Server 2012 服务器。可以通过"SQL Server 配置管理器"来配置 SQL Server 2012 服务器。打开 Sql Server Configuration Manager 窗口，如图 2-26 所示。在该窗口中可以对 SQL Server 2012 的服务、网络（32/64 位）和客户端（32/64 位）三项进行配置。

1. SQL Server 2012 属性配置

在如图 2-26 所示的 Sql Server Configuration Manager 窗口中单击左窗格中的"SQL Server 服务"选项，在右窗格中会列出当前计算机上的所有 SQL Server 2012 服务，并可查看服务的运行状态、启动模式、登录身份、进程 ID、服务类型等状态信息。

右击相应服务，在弹出的快捷菜单中选择"属性"命令，就可以打开该服务的属性窗口，通过"登录""服务"、FILESTREAM、"AlwaysOn 高可用性""启动参数""高级"6 个选项卡对该服务的属性进行配置，如图 2-32（a）、（b）、（c）、（d）、（e）、（f）所示。"登录"选项卡可以更改服务的登录身份，各选项的含义与安装 SQL Server 2012 过程相关环节中的选项含义相同。登录身份一旦更改，必须重新启动服务器，更改才能生效。在"服务"选项卡中可以查看相应服务的详细信息，并可以改变服务的启动模式为"启动""已禁用""手动"三种模式之一。FILESTREAM 选项卡可以设置在系统中的 FILESTREAM 启用情况。"AlwaysOn 高可用性"选项卡对该功能的使用进行了简要说明。"启动参数"选项卡显示现有的启动参数，并允许对启动的参数进行设置。"高级"选项卡中是服务的一些高级属性，一般情况下无须更改。

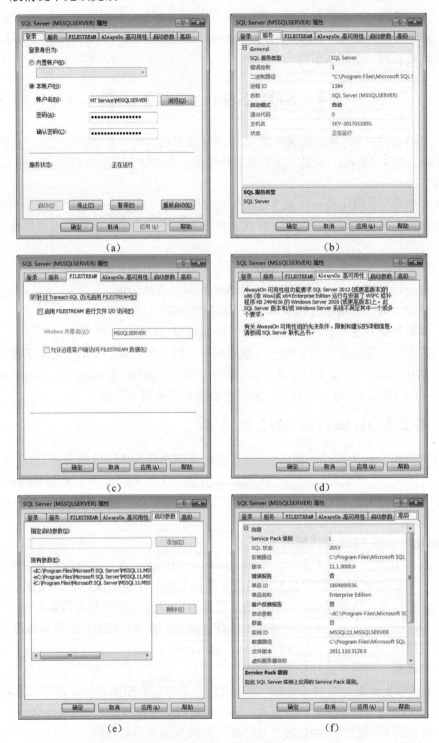

图 2-32　配置 SQL Server 服务的属性

FILESTREAM 是在 SQL Server 2008 新引入的一种存储大容量非结构化数据（BLOB，二进制大型对象）的方法，称为 FILESTREAM 数据类型。存储在 FILESTREAM 列中的 BOLB 由 SQL Server 操控，数据则驻留在操作系统的文件中，使得定义的 BLOB 对象不再受以前版本 2GB 的大小限制，而在数据库备份时，所有文件同时也得到备份，确保每个文件的状态都与数据库同步。建议针对 T-SQL 访问和文件 I/O 流启用 FILESTREAM。

AlwaysOn 是 SQL Server 2012 中新增的一个新增高可用性解决方案。在 AlwaysOn 之前，SQL Server 已经有的高可用性和数据恢复方案，比如数据库镜像、日志传送和故障转移集群，都有其自身的局限性。而 AlwaysOn 作为微软新推出的解决方案，提取了数据库镜像和故障转移集群的优点。

2．SQL Server 2012 网络配置

在如图 2-26 所示的配置管理器中单击左窗格中的"SQL Server 网络配置"选项下的"MSSQLSERVER 的协议"节点，可以看到当前实例所应用的协议和状态，如图 2-33 所示。

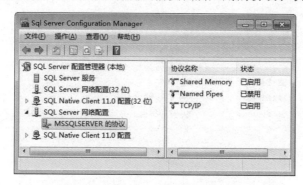

图 2-33　配置 SQL Server 2012 的网络

SQL Server 2012 支持以下协议：

（1）Shared Memory（共享内存）——客户机和服务器在本地通过共享的内存进行连接。

（2）Named Pipes（命名管道）——命名管道是一种简单的进程间通信机制，是两个程序（或计算机）之间传送信息的管道。当建立此管道之后，SQL Server 随时都会等待此管道中是否有数据包传递过来等待处理，然后再通过此管道传输相应数据包。Windows 服务器都使用 Named Pipes 来相互通信，SQL Server 2012 也同样如此。所有微软的客户端操作系统都具有通过 Named Pipes 与 SQL Server 2012 进行通信的能力。因为在安装过程中需要 Named Pipes，如果在安装时删除了 Named Pipes，安装过程就会失败。因此，只能在安装后才能删除 Named Pipes。本地命名管道以内核模式运行，速度会非常快。

（3）TCP/IP——客户机和服务器之间采用 IP 地址和服务端口进行连接。如果端口号使用 1433，则用户端要用 TCP/IP 与服务器连接时，在服务器端的 TCP/IP 端口号也必须为 1433。此外，如果设置代理服务器，则也可让 SQL Server 与此代理服务器连接，并在代理服务器地址栏中输入代理服务器的 IP 地址。网络速度快时，TCP/IP 客户端与命名管道客户端性能不相上下，但网络速度越慢，二者的差距就越明显。

右击相应协议，通过弹出的快捷菜单中的命令可以启用或禁用该协议，配置该协议的属性。

3．配置 SQL Server 2012 客户端

在如图 2-26 所示的配置管理器中展开左窗格中的"SQL Native Client 10.0 配置（32 位）"选项，单击相应部分可以配置 SQL Server 2012 客户端协议，如启用、禁用、设置协议顺序等，以及根据协议设置一个预定义的客户端和服务器之间连接的别名。

2.4.2 注册和连接 SQL Server 2012 服务器

配置完成后，就可以用管理工具管理 SQL Server 服务器上的服务了。最常用的工具是 SQL Server Management Studio（SSMS）。为了可以在管理工具中管理好多个不同的服务器实例，需要在管理工具中注册服务器，以便对服务器实例进行更好的监控和管理。

1．SQL Server 2012 数据库服务器的注册

选择"开始"→"所有程序"→Microsoft SQL Server 2012→SQL Server Management Studio 命令，打开如图 2-34 所示的"连接到服务器"对话框。

图 2-34　SQL Server Management Studio 的"连接到服务器"对话框

单击"取消"按钮，打开如图 2-35 所示的无服务器连接的 SQL Server Management Studio 窗口。在"已注册的服务器"窗格中没有任何数据库服务器。其工具栏中的 4 个图标代表不同的服务器类型，单击其中一个图标可以确定要注册的新服务器的类型。

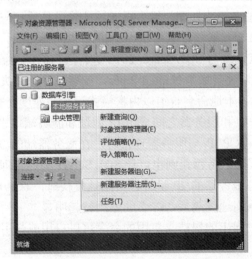

图 2-35　SQL Server Management Studio 的无服务器连接窗口

右击"已注册的服务器"窗格中的"数据库引擎"下的"本地服务器组",在弹出的快捷菜单中选择"新建服务器注册"命令,打开"新建服务器注册"对话框,如图 2-36 所示。

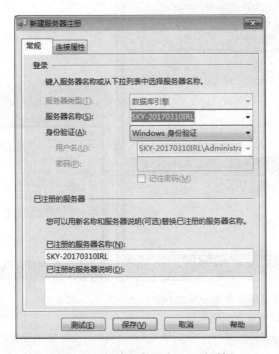

图 2-36 "新建服务器注册"对话框

在该对话框中选择正确的服务器名称和身份验证方式,并进行相应的连接属性设置,单击"测试"按钮,可以测试与服务器是否成功连接,若成功,则打开如图 2-37 所示的对话框,表示注册成功。单击"确定"按钮,返回如图 2-36 所示的"新建服务器注册"对话框,单击"保存"按钮,确定注册,在 SQL Server Management Studio 窗口中会出现新注册成功的服务器图标,如图 2-38 所示。

图 2-37 与服务器连接测试成功

2. SQL Server 2012 注册服务器的删除

右击要删除的已注册服务器,在弹出的快捷菜单中选择"删除"命令即可。

3. 连接 SQL Server 2012 服务器

在如图 2-39 所示的"对象资源管理器"窗口单击其工具栏中的"连接"按钮,在下拉菜单中选择要连接的服务器类型(如数据库引擎),或单击 "连接"按钮右侧的"连接"图标,打开如图 2-34 所示的"连接到服务器"对话框,根据要连接的服务器在注册时设置的信息，正确选择服务器类型、服务器名称和身份验证模式。单击"选项"按钮，可以根据需要，在如图 2-40 所示的"连接属性"选项卡中配置连接数据库的相关属性。

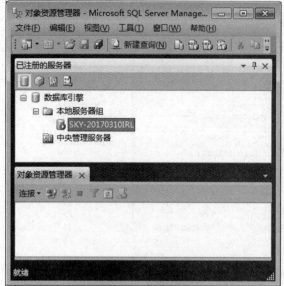

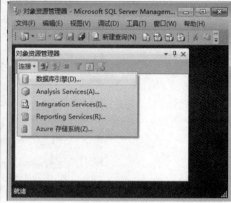

图 2-38　注册了新服务器的 SQL Server
　　　　　Management Studio 窗口

图 2-39　在"对象资源管理器"
　　　　　中连接服务器

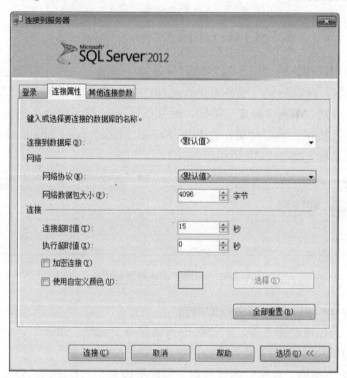

图 2-40　"连接到服务器"的"连接属性"选项卡

单击"连接"按钮后，系统根据选项进行连接，连接成功后，在 SQL Server Management

Studio 窗口中会出现所连接的数据库服务器上的各个数据库实例及各自的数据库对象，如图 2-41 所示。这时，就可以使用 SQL Server Management Studio 进行管理了。

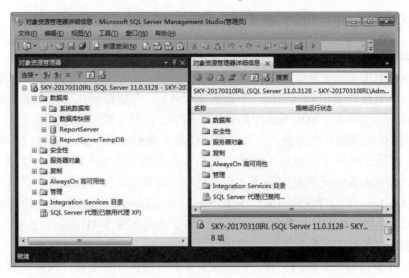

图 2-41　与注册服务器连接成功的 SQL Server Management Studio 窗口

2.4.3　启动和关闭 SQL Server 2012 服务器

通常情况下，SQL Server 服务器被设置为自动启动模式，在系统启动后，会以 Windows 后台服务的形式自动运行。但某些服务器的配置被更改后必须重新启动服务器才能生效，此时就需要数据库管理员先关闭服务器，再重新启动服务器。这也是数据库管理员的一项基本管理工作。

1. 在 SQL Server Management Studio 中关闭和启动服务

选择"开始"→"所有程序"→Microsoft SQL Server 2012→SQL Server Management Studio 命令，成功连接到 SQL Server 2012 数据库服务器后，打开如图 2-41 所示的 Microsoft SQL Server Management Studio 窗口，可以对服务进行各种管理。

在"对象资源管理器"窗格中右击要关闭的服务器，在弹出的快捷菜单中选择"停止"命令即可关闭选中的服务器，并停止相应的服务。服务器关闭后，服务器左侧的图标将带有红色方框的停止符号。

要启动服务，操作与关闭服务类似，只是在右击要启动的服务器后弹出的快捷菜单中选择"启动"命令即可。服务器启动后，服务器左侧的图标将带有绿色箭头的运行符号。

2. 在 SQL Server Configuration Manager 中关闭和启动服务

选择"开始"→"所有程序"→Microsoft SQL Server 2012→"配置工具"→"SQL Server 配置管理器"命令，打开如图 2-26 所示的 Sql Server Configuration Manager 窗口，可以对服务进行各种配置和管理。

在如图 2-26 所示的窗口的左窗格中单击"SQL Server 服务"选项，在右侧窗格中右击要关闭的服务，在弹出的快捷菜单中选择"停止"命令即可关闭选中的服务器，并停止相应的服务。服务器关闭后，服务器左侧的图标将带有红色方框的停止符号。

要启动服务，操作与关闭服务类似，只是在右击要启动的服务器后弹出的快捷菜单中选择"启动"命令即可。服务器启动后，服务器左侧的图标将带有绿色箭头的运行符号。

2.4.4　SQL Server 2012 的常用工具

1. SQL Server Management Studio（SSMS，强大的集成管理工具）

Microsoft SQL Server Management Studio 是 Microsoft 为用户提供的可以直接访问和管理 SQL Server 数据库和相关服务的一个新的集成环境。它将图形化工具和多功能的脚本编辑器组合在一起，完成对 SQL Server 的访问、配置、控制、管理和开发等工作，还能访问 SQL Server 提供的其他外围服务，大大方便了技术人员和数据库管理员对 SQL Server 系统的各种访问，是管理和访问 SQL Server 数据库服务器的主要工具，也是最重要的工具。

正常启动 SQL Server 数据库服务之后，用户可以通过选择"开始"→"所有程序"→Microsoft SQL Server 2012→Microsoft SQL Server Management Studio 命令启动该集成管理环境，在成功连接到数据库服务器后，其窗口基本结构如图 2-41 所示。连接 SQL Server 数据库服务器的操作可以参考 2.4.2 节的相关内容。

由图 2-41 可以看出，SSMS 窗口中集成了多个管理和开发工具，默认情况下由"对象资源管理器"窗格和"对象资源管理器详细信息"窗格两部分组成，有的情况下也显示"已注册的服务器"窗格。另外，SSMS 窗口还提供了"查询编辑器""模板资源管理器""解决方案资源管理器"等管理窗格或面板。要显示或隐藏某个管理工具的窗格或面板，可以选择"查看"菜单中相应的命令来实现。

1）已注册的服务器

"已注册的服务器"窗格一般以选项卡的方式与"对象资源管理器"并列位于集成管理器的左侧（也可将其作为右侧的选项页）。在该窗格中可以查看已经注册到本集成管理环境的各类 SQL Server 服务器的情况。主要通过该管理工具来注册新的 SQL Server 服务器、删除已经注册的 SQL Server 服务器，以及将服务器组合成逻辑组。具体操作可以参见 2.4.2 节的相关内容。也可以用它来启动和关闭 SQL Server 服务器，设置 SQL Server 服务器的属性，将已注册的服务器连接到对象资源管理器。

2）对象资源管理器

"对象资源管理器"窗格位于集成管理器的左侧。该管理工具的功能类似 SQL Server 以前版本的 SQL Server Enterprise Manager 工具，所以主要的管理工作是通过"对象资源管理器"窗格来完成的。

"对象资源管理器"窗格以树状结构组织和管理数据库实例中的所有对象。可依次展开根目录，用户选择不同的数据库对象，该对象所包含的内容会出现在右边的"详细信息"窗格中，"详细信息"窗格中的工具栏会做相应的调整，保持其提供的操作功能与被操作对象所允许的操作一致。用户可以通过选择对象，单击"详细信息"窗格的工具栏中的按钮来执行操作，也可以通过右击要操作的数据库对象，在弹出的快捷菜单中选择相应的命令来完成。

SQL Server 2012 数据库对象主要有：

（1）表——数据库存放数据的基本单位，具有一定的结构，是创建其他数据库对象的基础。

（2）视图——存储的查询，即虚拟表，用表格的形式将数据库中表内的数据按需要组合集中起来，方便数据访问，对数据进行保护，是数据库的模式映射到外模式的一种实现方法。

（3）索引——实现对数据库的表按某种方式排序的一种结构，可以提高数据检索的性能，帮助用户访问到数据库表中的特定信息，但在总体上会增加数据库的负担。

（4）函数——由系统提供或用户自定义地用于执行特定操作的 SQL 语句和可选控制流语句的预编译集合，是接收参数、执行操作并有返回值的例程。使用函数可以简化数据操纵，方便应用系统开发。

（5）存储过程——由过程化语言编写，经编译和优化后存储在数据库服务器中的过程，可通过应用程序来调用，极大地简化了数据库管理，方便开发人员设计出更加灵活的应用系统。

（6）触发器——是一种特殊的存储过程，当触发事件发生时由系统触发执行，比数据库本身标准的功能有更精准和更复杂的数据控制能力，是实现数据完整性的一种强有力手段。

（7）约束——定义关于字段中允许值的规则，是强制完整性的标准机制。

用对象资源管理器工具主要可以完成的操作有：

（1）启动、暂停或停止 SQL Server 服务。

（2）配置服务器属性。

在"对象资源管理器"窗格中右击数据库服务器名称，在弹出的快捷菜单中选择"属性"命令，打开如图 2-42 所示的"服务器属性"对话框，显示和设置 SQL Server 2012 服务器属性。选择左窗格中的目录项，可以在右窗格中查看和设置相应的信息。例如，选择"常规"选项可以查看 SQL Server 2012 的系统配置，也可以选择其他目录项查看或修改服务器设置、数据库设置、安全性、连接特性等，以提高数据库服务器系统的性能。

图 2-42 "服务器属性"对话框

【**例 2.1**】 如何使用 SQL Server "对象资源管理器" 窗格设置 SQL Server 的验证模式?
操作步骤如下:

（1）如上所述的方法，打开如图 2-42 所示的"服务器属性"对话框。

（2）在"服务器属性"对话框中选择"安全性"选项，如图 2-43 所示。

（3）设置所需要的"服务器身份验证""登录审核"以及相应的"服务器代理账户"。

（4）单击"确定"按钮，并重新启动 SQL Server 2012 数据库服务器即可生效。

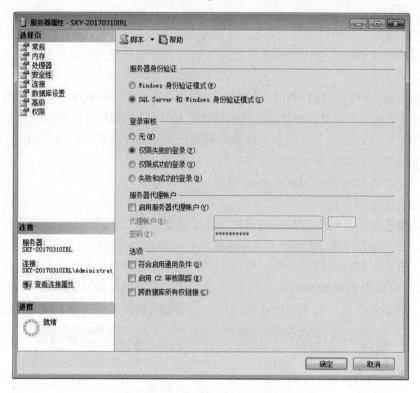

图 2-43　服务器属性的安全性设置

- 创建、操作和管理数据库、表、视图、存储过程、触发器、索引、用户定义数据类型和函数等数据库对象。
- 创建全文索引、数据库图表。
- 生成 T-SQL 对象创建脚本。
- 编写、执行和调试 T-SQL 语句等。
- 创建、管理用户账户。

【**例 2.2**】 SQL Server 2012 的 sa 密码的设定。

SQL Server 2012 在安装时，数据库系统超级管理员 sa 账号可能未设密码，为安全起见，需要为 sa 账号设定密码，以防止非法的访问连接，避免造成不必要的系统损失。修改密码可以通过"对象资源管理器"窗格按以下步骤来实现:

（1）在"对象资源管理器"窗格中展开根目录，单击"安全性"文件夹中的"登录名"节点，在右窗格的"摘要"窗格中就会显示出登录账号的列表。

（2）右击 sa 账号，在如图 2-44 所示的快捷菜单中选择"属性"命令，打开如图 2-45

所示的"登录属性"对话框。在"密码"文本框中输入 sa 的新密码，再在"确认密码"文本框中输入新密码以保证修改的密码有效。

图 2-44　登录账号列表

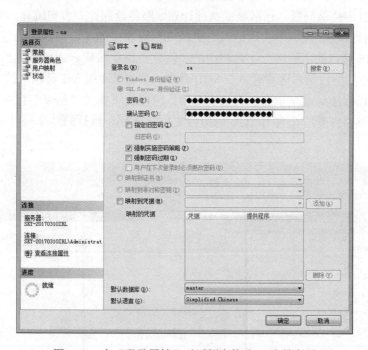

图 2-45　在"登录属性"对话框中修改 sa 账号密码

（3）单击"确定"按钮就可以生效。
- 管理数据库对象权限和登录安全性。
- 配置和管理复制。

- 监视服务器活动、查看系统日志。
- 备份数据库和事务日志。
- 导入和导出数据。
- 创建和安排作业。
- 网页发布和管理。

3）查询编辑器

SQL Server 2012 的 SQL 查询编辑器是以前版本中的 Query Analyzer 工具的替代品，是一种功能强大的可以交互执行 SQL 语句和脚本 GUI 的管理与图形编程工具，它最基本的功能是编辑 T-SQL 命令，然后发送到服务器并显示从服务器返回的结果。与 Query Analyzer 总是工作在连接模式下不同，查询编辑器既可以工作在连接模式下，也可以工作在断开模式下。另外，查询编辑器还支持彩色代码关键字、可视化语法错误显示、允许开发人员运行和诊断代码等功能，集成性和灵活性有很大的提高。查询编辑器具有以下的主要功能：

（1）在查询编辑器中创建查询和其他 SQL 命令并针对 SQL Server 数据库来分析和执行它们，执行结果在结果"窗格"中以文本或表格形式显示，还允许用户将执行的结果保存到报表文件中或导出到指定文件中，可以用 Excel 打开结构文件并进行编辑和打印。

（2）利用模板功能，可以借助预定义脚本来快速创建数据库和数据库对象等。

（3）利用对象浏览器脚本功能，快速复制现有数据库对象。

（4）在参数未知的情况下执行存储过程也可以用于调试所编写的存储过程。

（5）调试查询性能问题，包括显示执行计划、服务器跟踪、客户统计、索引优化向导。

（6）在"打开表"窗口中快速插入、更新或删除表中的行，即对记录进行数据操纵。

单击 SSMS 窗口的"标准"工具栏中的"新建查询"按钮，在窗口中部将出现"查询编辑"窗格。在其空白编辑区中输入 T-SQL 命令，单击"面板"工具栏中的"执行"按钮，T-SQL 命令的运行结果就显示在"查询编辑器"窗格的下面的"结果"窗格中，如图 2-46 所示。用户也可以打开一个含有 SQL 语句的文件来执行，执行的结果同样显示在"结果"窗格中。

图 2-46　查询编辑器的使用

在"查询编辑器"窗格中，可以控制查询结果的显示方式。T-SQL 语句的执行结果能以文本方式、表格方式显示，还可以保存到文件中。要切换结果显示方式，可以单击"面板"工具栏中的相应按钮，或在编辑区的快捷菜单中选择所需要的结果显示方式。

如果想获得一个空白的"查询"窗格，以便执行其他的 SQL 程序，可以单击"标准"工具栏中的"新建查询"按钮（或单击"数据库引擎查询"图标，或选择菜单栏中的"文件"→"新建"命令），即可新建一个编辑窗口。

输入的 SQL 语句可以保存成文件，以便重复使用。保存时，将光标定位在编辑窗口中，然后单击"标准"工具栏中的"保存"按钮（或选择菜单栏中的"文件"→"保存"命令）即可。查询的结果也可以保存成文件，以便日后查看。保存时，将光标定位在"结果"窗格中，后续操作与 SQL 语句的保存方法相同，不同之处是文件的扩展名不同，采用默认的扩展名即可，以上两种文件都可在 Word 等文字处理软件中打开并处理。

4）模板资源管理器

模板资源管理器为数据库管理和开发人员提供了执行常用操作的模板。用户可以在此模板的基础上编写符合自己要求的脚本，使得各种数据库操作变得更加简洁和方便。

【例 2.3】 使用数据库模板创建数据库。

（1）通过"查看"菜单显示"模板资源管理器"，如图 2-47 所示。

（2）单击模板中的 Database 节点，展开 create database 子节点，双击后连接到数据库，并在一个新的查询编辑器中给出用于创建一个数据库的 T-SQL 脚本模板，如图 2-48 所示。用户根据需要对该模板进行具体的修改，即可快速创建一个数据库对象。

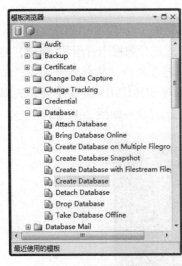

图 2-47 模板资源管理器

图 2-48 创建数据库的 T-SQL 模板

5）解决方案资源管理器

解决方案资源管理器主要用于管理与一个脚本工程相关的所有项目，将在逻辑上同属一种应用处理的各种类型的脚本组织在一起，可以更好地对属于同一应用的各个脚本进行管理和维护。

6）SQL Server Profiler

SQL Server Profiler 是用于从服务器中捕获 SQL Server 2012 事件的工具，例如，连接

服务器、登录系统、执行 T-SQL 语句等操作。这些事件被保存在一个跟踪文件中，以便日后对该文件进行分析或用来重播指定的系列步骤，从而有效地发现系统中性能比较差的查询语句等相关问题。

7）数据库引擎优化顾问

数据库引擎优化顾问可以帮助用户分析工作负荷、提出创建高效率索引的建议等功能。用户不必详细了解数据库的结构就可以选择和创建最佳的索引、索引视图、分区等。

2．配置工具

配置管理器（SQL Server Configuration Manager）用于配置 SQL Server 服务和网络连接。

SQL Server 2012 是由一系列服务组成的，核心部件 Database Engine（数据库引擎）对应的是 SQL Server 2012 提供的 SQL Server 服务。除此之外，围绕此服务还有一系列相关的外围辅助服务：

（1）Service Broker 服务。

（2）Replication（复制服务）。

（3）Full-Text（全文索引服务）。

（4）Notification Services（通知服务）。

（5）Reporting Services（报表服务）。

（6）Analysis Services（分析服务）。

（7）SQL Server Configuration Manager 可以管理上述的大部分服务，使用方法参见 2.4.1 节。

3．SQLCMD 工具

以上介绍的 SSMS 与配置工具为数据管理和开发人员提供了功能强大的图形化管理界面。除此之外，MS SQL Server 2012 服务器还支持用命令行方式进行数据库管理和访问的功能。

在 Windows 开始菜单中通过"运行"命令执行 cmd，进入命令行执行环境。在"命令提示符"后输入命令"SQLCMD/?"，按 Enter 键，将显示与 SQLCMD 命令使用方法相关的信息，包括命令的使用格式、各参数的含义、参数使用方法等，如图 2-49 所示。

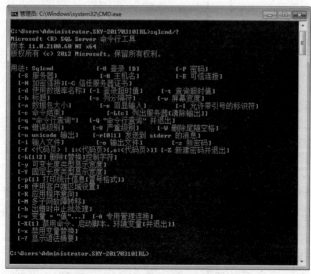

图 2-49　SQLCMD 命令使用方法

根据 SQLCMD 命令的使用方法，在"命令提示符"环境下输入命令：

```
SQLCMD -U sa -P 123456 -S SKY-20170310IRL
```

回车后进入 SQLCMD 环境，如图 2-50 所示。命令中的参数-U 和-P 指定登录 SQL Server 2012 服务器的合法账号合密码，-S 指定登录的 SQL Server 2012 服务器名。在执行此命令前，需要对身份验证模式、登录账号和密码进行设置，并确认要登录的 SQL Server 2012 服务器名。在信任连接的情况下，可以省略命令后的参数。

图 2-50　SQLCMD 命令环境

在 SQLCMD 环境中，可以执行 T-SQL 语句、存储过程、脚本文件等。

【例 2.4】　在 SQLCMD 环境中查询当前数据库服务器中存在的所有数据库。

在 SQLCMD 环境中输入如下 T-SQL 语句：

```
USE MASTER
SELECT name,create_date
FROM sys.databases
GO
```

按 Enter 键执行语句，其结果如图 2-51 所示。

图 2-51　SQLCMD 命令环境

执行 exit 命令则可以退出 SQLCMD 环境。

4．文档和教程

MS SQL Server 2012 具有一套非常完整的联机帮助文档（SQL Server Books OnLine，BOL），也是 SQL Server 数据库系统的子系统。它为用户提供了完整的 SQL Server 参考文档，便于 SQL Server 数据库的使用者根据需要进行查询和检索。联机帮助可以访问本地的文档，也可访问网络的文档，在网络通畅的情况下，联机访问网络文档会获得较全面的信息。

打开 BOL 的方法多种多样，用户可以通过选择"开始"→"所有程序"→Microsoft SQL Server 2012→"文档和社区"→"SQL Server 文档"命令打开 BOL，也可以在 SQL Server Management Studio 中使用"帮助"来打开 BOL，还可以根据需要，通过"动态帮助"命令动态地打开并启用 BOL 功能，如图 2-52 所示。

图 2-52　SQL Server 联机丛书

MS SQL Server 2012 还提供了与 SQL Server 数据库相关的帮助教程，使用者可以通过这些教程更好、更快地掌握 SQL Server 数据库的管理与使用。在图 2-52 中的列表里找到"教程"即可打开 SQL Server 教程，如图 2-53 所示。

图 2-53　SQL Server 教程

练 习 题

1. 简述客户机/服务器处理结构。

2. SQL Server 2012 主要有哪些版本？安装企业版的软硬件要求是什么？

3. SQL Server 2012 包含哪些主要服务？

4. SQL Server 2012 支持哪两种身份验证模式？各有何特点？

5. 一台计算机上可以安装多少个 SQL Server 默认实例服务器？多少个 SQL Server 命名实例服务器？注册后的默认实例服务器和命名实例服务器的名称分别是什么？

6. 收集 Microsoft 公司在发布 SQL Server 2005/ 2008/2012 系统时的技术白皮书，研究和讨论 Microsoft SQL Server 系统功能的演变规律。

7. 上机安装一次 SQL Server 2012，并取实例名为 test，然后卸载安装的该 SQL Server 2012 实例。

第3章 数据库的基本操作

数据库是存放数据的"仓库",是指长期存储在计算机内、有组织、可共享的数据集合,用户可以通过创建数据库来存储不同类别或者形式的数据。本章主要介绍在 SQL Server 2012 中如何通过对象资源管理器和 T-SQL 语句来创建用户数据库,以及对创建的用户数据库进行维护管理操作,包括对数据库的查看、重命名、删除,数据库空间的维护、分离和附加数据库等,同时还讨论 SQL Server 存储数据的方法。

3.1 SQL Server 数据库的基本知识和概念

对于数据库的概念,没有一个完全固定的定义,随着数据库历史的发展,定义的内容有很大的差异,其中一种普遍的观点认为,数据库是一个长期存储在计算机内的有组织的可共享的统一管理的数据集合。它是一个按数据结构存储和管理数据的计算机软件系统。即数据库包含两层含义:保管数据的"仓库",以及数据管理的方法和技术。

3.1.1 SQL Server 的数据库对象

数据库就是有组织的数据的集合,这种数据集合具有逻辑结构并得到数据库系统的管理和维护。数据库的数据按不同的形式组织在一起,构成了不同的数据库对象。SQL Server 数据库就是数据库对象的容器,它以操作系统文件的形式存储在磁盘中。当连接到数据库服务器后,看到的对象都是逻辑对象,而不是存放在物理磁盘上的文件,数据库对象没有对应的磁盘文件,整个数据库对应磁盘上的文件与文件组。常用的数据库对象有以下几种。

1. 表(Table)

一个数据库是由若干个基本表组成的,表上有约束、规则、索引、触发器、函数、默认值等数据库对象,其他数据库对象都是依附于表对象而存在的。所以说表是数据库中实际存储数据的对象。由于数据库中的其他所有对象都依赖于表,因此可以将表理解为数据库的基本组件。

数据库中的表与我们日常生活中使用的表格类似,也是由行(Row)和列(Column)组成的。关于表的详细操作参见第 4 章。

2. 视图(View)

视图是由查询数据库表产生的,看上去同表似乎一模一样,具有一组命名的字段和数据项,但它其实是一个虚拟的表,在数据库中并不实际存在。视图中的数据来自表的全部或部分数据,也可以取自多张表的全部或部分数据。视图可以用来控制用户对数据的访问,并能简化数据的显示,即通过视图只显示那些需要的数据信息。

3. 索引（Index）

索引在数据库中的作用类似于目录在书籍中的作用，主要用来提高查找信息的速度。当数据库中的数据非常庞大时，创建索引非常必要，有助于快速查找数据。

4. 默认值（Default）

默认值是当在表中创建列或插入数据时，对没有指定其具体值的列或列数据项赋予事先设定好的值。

5. 规则（Rule）

规则是对数据库表中数据信息的限制。它限定的是表的列。

6. 存储过程（Stored Procedure）

SQL Server 提供了一种方法，可以将一些固定的操作集中起来由 SQL Server 数据库服务器来完成，以实现某个任务，这种方法就是存储过程。因此，存储过程是为完成特定的功能而汇集在一起的一组 SQL 程序语句，经编译后存储在数据库中的 SQL 程序集，既可以作为一个独立的数据库对象，也可作为一个单元被用户的应用程序调用。这一点与其他编程语言中的过程类似。

存储过程具有执行速度快、提高工作效率、规范程序设计和提高系统安全性等优点。存储过程的种类分为系统存储过程（名字以"sp_"为前缀）、扩展存储过程（名字以"xp_"为前缀）、用户定义存储过程（名字以"up_"为前缀）。

7. 触发器（Trigger）

触发器是一种特殊类型的存储过程，当指定的表中的数据发生变化时触发器自动生效，调用触发器以响应 INSERT（插入）、UPDATE（更改）或 DELETE（删除）语句。

触发器可通过数据库中的相关表实现级联更改。触发器可以强制 CHECK 约束定义更为复杂的约束。与 CHECK 约束不同，触发器可以引用其他表中的列。

8. 用户（User）

所谓用户，就是有权限访问数据库的人，需要有自己的登录账号和密码。用户分为管理员用户和普通用户。前者可对数据库进行修改删除，后者只能进行阅读查看等操作。

3.1.2　SQL Server 的系统数据库

从数据库的应用和管理角度上看，SQL Server 将数据库分为两大类：系统数据库和用户数据库。系统数据库是 SQL Server 数据库管理系统自动创建和维护的，这些数据库用于维护系统正常运行的信息。在安装好 SQL Server 2012 后，系统会自动安装四个用于维护系统正常运行的系统数据库，分别是 master、msdb、model 和 tempdb。这些系统数据库的文件存储在 SQL Server 默认安装目录（MSSQL）中的 Data 文件夹中。

用户数据库保存的是与用户的业务有关的数据。我们通常所说的创建数据库指的都是创建用户数据库，对数据库的维护管理也是指的是对用户数据库的维护。一般用户对系统数据库只有查询权。

1. master 数据库

master 数据库是 SQL Server 系统中最重要的数据库，是整个数据库服务器的核心。它记录了 SQL Server 系统的所有系统信息。若 master 数据库被损坏，SQL Server 服务器将无法正常工作。这些系统信息包括所有的系统配置信息、登录信息、SQL Server 初始化信息以及其他系统数据库和用户数据库的相关信息。因此，当创建一个数据库，更改系统的设置、添加个人登录账户等更改系统数据库 master 的操作之后，应当及时备份 master 数据库。

2．model 数据库

model 数据库是 SQL Server 2012 中的模板数据库。如果用户希望创建的数据库有相同的初始化文件大小，则可以在 model 数据库中保存文件大小的信息；如果希望所有的数据库中都有一个相同的数据表，同样也可以将该数据表保存在 model 数据库。因为将来创建的数据库以 model 数据库中的数据为模板，因此在修改 model 数据库之前要考虑到，任何对 model 数据库数据的修改都将影响所有使用模板创建的数据库。

3．tempdb 数据库

tempdb 数据库是一个临时数据库，用于存放临时对象或中间结果，是一个由 SQL Server 中所有数据库共享使用的工作空间。当用户与 SQL Server 断开连接或系统关机时，该数据库中的内容被自动清空。每次重新启动 SQL Server 服务器，tempdb 数据库都将被重建恢复到系统设定的初始状态，因此千万不要将 tempdb 数据库作为数据的最终存放处。

4．msdb 数据库

msdb 数据库存放服务器的任务列表，可以把定期调试执行的任务加到这个数据库中。它可以为报警、任务调试和记录操作员的操作提供存储空间。

3.1.3　数据库的组成

在 SQL Server 中数据库是由数据文件和事务日志文件组成的。一个数据库至少应包含一个数据文件和一个事务日志文件。根据其作用不同，可以分为以下三种文件类型。

（1）主要数据文件（primary file）：用来存储数据库的数据和数据库的启动信息。每个数据库都必须有而且只能有一个主要数据文件，其扩展名为.mdf。主要数据文件是数据库的起点，包含了其他数据库文件的信息。

（2）次要数据文件（secondary file）：用来存储主要数据文件没有存储的其他数据，一个数据库可以没有次数据文件，也可以有多个次数据文件，而且这些次数据文件可以建立在一个磁盘上，也可以分别建立在不同的磁盘上。次要数据文件的扩展名为.ndf。

（3）事务日志文件（transaction log）：事务日志文件是用来记录对数据库的操作信息的。它把对数据库的所有操作事件均记载下来，用户对数据库进行的插入、删除和更新等操作都会记录在日志文件中。当数据库发生损坏时，可以根据日志文件来分析出错的原因，或者数据丢失时，还可以利用事务日志文件恢复数据库的数据。在 SQL Server 数据库管理系统中，每个数据库至少必须有一个日志文件，而且允许拥有多个日志文件。事务日志文件不属于任何文件组，日志文件的扩展名为.ldf。

3.1.4　数据库文件组

为了便于管理和提高系统性能，将多个文件组织成一个逻辑集合，称为文件组。每个文件组都有一个组名。不同的文件组可以分配到不同的磁盘上，以提高读写的性能。如果文件组中有多个文件，则它们在所有文件被填满之前不会自动增长。填满后，这些文件会循环增长。系统管理员可以为每个磁盘驱动器创建文件组，然后将特定的表、索引，或表的 text、ntext 或 image 数据类型的数据指派给特定的文件组。

在 SQL Server 2012 中有三种类型的文件组：主文件组（primary）、自定义文件组（user_defined）和默认文件组。

1. 主文件组

主文件组（PRIMARY）是系统定义好的一个文件组，它包含主要数据文件和任何没有明确指派给其他文件组的其他文件。系统表的所有页均分配在主文件组中。

2. 自定义文件组

用户可以创建自己的文件组，以将相关数据文件组织起来，便于管理和数据分配。

例如，在三个不同的磁盘（如 D 盘、E 盘、F 盘）中建立三个数据文件（students_data1.mdf、students_data2.ndf、students_data3.ndf），并将这三个文件指派到文件组 fgroup1 中，之后就可以明确地在文件组 fgroup1 中创建新表，而对表中数据的查询操作将被分散到三个磁盘上，从而提高数据查询性能。也就是说，当对数据库对象进行写操作时，数据库会根据组内数据文件的大小，按比例写入组内所有数据文件中。当查询数据时，SQL Server 系统会创建多个单独的线程来并行读取分配在不同物理硬盘中的每个文件，从而在一定程度上提高查询速度，如图 3-1 所示。

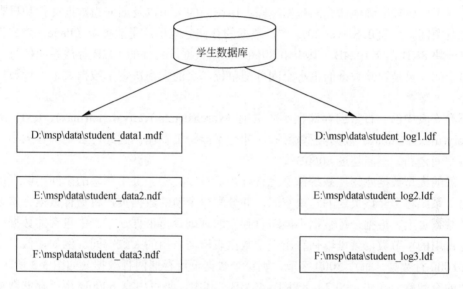

图 3-1　数据库与操作系统文件之间的映射

用户定义文件组是通过在 CREATE DATABASE 或 ALTER DATABASE 语句中使用 FILEGROUP 关键字指定的任何文件组。具体使用方法可参见下面相应小节的内容。

3. 默认文件组

每个数据库都有一个文件组作为默认文件组在运行。任何时候只能有一个文件组被指定为默认文件组。默认情况下，主文件组被当作默认文件组。在 SQL Server 2012 中没有用户定义的文件组时也能有效地工作。在这种情况下，所有数据文件都包含在主文件组中。

SQL Server 的数据库文件和文件组必须遵循以下规则：

（1）一个文件和文件组只能被一个数据库使用，不能用于多个数据库。

（2）一个文件只能存在于一个文件组中。

（3）数据文件和日志文件不能共存于同一文件或文件组上。

（4）日志文件不属于任何文件组。

通过使用文件组可以简化数据库的维护工作：

（1）备份和恢复单独的文件或文件组，而并非数据库，如此可以提高效率。

（2）将可维护性要求相近的表和索引分配到相同的文件组中。

（3）为自己的文件组指定高维护性的表。

在创建数据库时，默认设置是将数据文件存储在主文件组中（primary），也可以在创建数据库时添加相应的关键字创建文件组。

3.1.5　数据库的存储空间分配

数据库的存储结构分为逻辑存储结构和物理存储结构。数据库的逻辑存储结构指的是数据库由哪些性质的信息组成。数据库的物理存储结构讨论的是数据库文件是如何在磁盘上存储的。因为数据库在磁盘上都是以文件为单位存储的，文件是由盘区组成，盘区是由页面组成，所以 SQL Server 的数据存储基本单位是页面。

在 SQL Server 中创建数据库时，了解 SQL Server 如何为数据分配空间是很有必要的，因为这样可以比较准确地估算出数据库需占用空间的大小以及如何为数据文件和日志文件分配磁盘空间。在 SQL Server 2012 中，数据的存储分配单位是数据页（Page，简称为页）。一页是一块 8KB（8×1024B，其中用 8060B 存储数据，另外的 132B 存放系统信息）的连续磁盘空间。页是存储数据的最小空间分配单位，页的大小决定了数据表中一行数据的最大大小。

不允许表中的一行数据存储在不同页上（varchar(max)、nvarchar(max)、text、ntext、varbinary(max)和 image 数据类型除外），即行不能跨页存储。因此，表中一行大小（即各列所占空间之和）不能超过 8060B。

一般的大型数据库管理系统都不允许行跨页存储，当一页中剩余的空间不够存储一行数据时，系统将舍弃该页内的这块空间，并分配一个新的数据页，将这行数据完整地存储在新的数据页上。根据一行数据不能跨页存储的规则，再根据一个表中包含的数据行数以及每行占用的字节数，就可以估算出一个数据表所需占用的大致空间。例如，假设某数据表有 10 000 行数据，每行 3000 字节，则每个数据页可存储两行数据（如图 3-2 所示），此表需要的空间就为（10 000/2）×8KB=40MB。其中，每页中有 6000B 用于存储数据，有 2060B 是被浪费的。因此，该数据表的空间浪费情况大约为 25%。

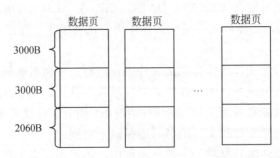

图 3-2　数据的空间占用情况

因此，在设计关系表时应考虑表中每行数据的大小，使一个数据页尽可能存储更多的数据行，以减少空间浪费。

3.2 创建数据库

在开发 SQL Server 2012 数据库应用程序之前，首先要设计数据库结构并创建数据库。创建数据库时需要对数据库的属性进行设置，包括数据库的名称、所有者、大小、存放位置以及存储该数据库的文件和文件组。

SQL Server 2012 中创建数据库的方法主要有两种：一是在 SQL Server Management Studio 窗口中使用对象资源管理器进行创建；二是通过执行 T-SQL 语句来创建数据库。两种方法各有优缺点，用户可以根据自己的喜好，灵活选择使用不同的方法。

3.2.1 使用对象资源管理器创建数据库

在使用对象资源管理器创建之前，首先要启动 SQL Server Management Studio，然后使用账户登录到数据库服务器。SQL Server 安装后，默认情况下数据库服务器会随着系统自动启动；如果没有启动，则用户在连接时，服务器也会自动启动。

启动 SQL Server Management Studio 的操作方法为：单击开始菜单，在弹出的菜单中选择"所有程序"→Microsoft SQL Server 2012→SQL Server Management Studio 命令，打开"连接到服务器"对话框，使用 Windows 或 SQL Server 身份验证建立连接，如图 3-3 所示；然后单击"连接"按钮，就进入 Microsoft SQL Server 2012 Management Studio。

图 3-3 "连接到服务器"对话框

数据库连接成功之后，在左侧的"对象资源管理器"窗口中打开"数据库"节点，可以看到服务器中的"数据库"节点，包括系统数据库等。

【例 3.1】 在 SQL Server Management Studio 窗口中使用对象资源管理器创建一个用户数据库 students，同时设置数据库的相关属性。具体属性要求如表 3-1 所示。

表 3-1　数据库 **students** 的数据文件和事务日志文件

逻辑名称	文件类型	文件组	操作系统文件名	初始容量	最大容量	自动增长
Students_data	数据文件	primary	E:\studentsDB\student_data.mdf	5MB	50MB	1MB
students_log	事务日志文件	—	E:\studentsDB\students_log.ldf	2MB	10MB	10%

操作步骤如下：

（1）在打开的 SQL Server Management Studio 窗口中，右击"对象资源管理器"窗格中的"数据库"节点，在弹出的快捷菜单中选择"新建数据库"命令，如图 3-4 所示。

图 3-4　"新建数据库"命令

（2）此时就会打开如图 3-5 所示的"新建数据库"对话框，在这个窗口的左边有 3 个选择页，分别是"常规""选项"和"文件组"。

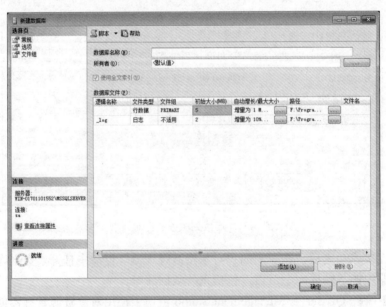

图 3-5　"新建数据库"对话框

（3）在窗口中选择"常规"，然后根据表 3-1 的内容要求输入或设置该数据库文件的相关属性（至少是一个主数据文件和一个日志文件）。

对图 3-5 中的相关选项说明如下：

- 数据库名称——设置数据库的名称。可以使用字母 、数字、下画线或短线。但是不能包含以下 Windows 不允许的非法字符。本例中要输入数据库名为 students。

- 所有者——数据库的所有者可以是任何具有创建数据库权限的账户。例如，选择其为"默认值"账户，该账户是当前登录到 SQL Server 上的账户。用户也可以修改此处的值，如果使用 Windows 系统身份验证登录，这里的值将会是系统用户 ID；如果使用 SQL Server 身份验证登录，这里的值将会是连接到服务器的 ID。

- "使用全文索引"复选框——如果想让数据库具有能搜索特定的词或短语的列，则选中此选项。

- 逻辑名称——设置数据库文件的逻辑名称，在数据库管理系统中引用文件时使用。该例中的（主）数据文件的逻辑名称设置为 students_data，日志文件的逻辑名称设置为 students_log。

- 文件类型——指定该文件的文件类型是数据文件（行数据），还是日志文件。数据文件用来存放数据，而日志文件用来存放对数据所进行操作的记录。

- 文件组——为文件指定文件组，属于主文件组（PRIMARY）或用户定义文件组。每个数据库都必须有一个主文件组。需要说明的是一个数据文件只能存在于一个文件组中，而日志文件不属于任何文件组。因此，在设置日志文件时，不能修改"文件组"列。

- 初始大小——指定文件的初始容量，定义主数据文件的初始容量必须大于 5MB，日志文件的初始容量大于 1MB。

- 自动增长/最大大小——用于设置在文件的初始容量不够用时，文件根据何种增长方式自动增长。可以通过单击"自动增长/最大大小"列中的省略号按钮，在打开"更改 students 的自动增长设置"窗口进行设置，如图 3-6 所示。默认情况下，"启用自动增长"为"不限制文件增长"，其好处是可以不必过分担心数据库的维护，但如果一段"危险"的代码引起了数据的无限循环，硬盘就可能会被填满。因此，在实际应用时，要根据需要设置一个合理的文件增长的最大值。在该例中，数据文件和日志文件的自动增长按要求分别设置为 1MB 和 10% 的增长率。

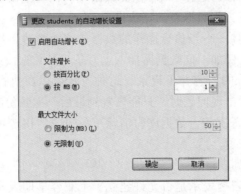

图 3-6　更改自动增长设置

- 路径——指定数据文件和日志文件存放的实际物理位置，默认的路径是存放在安装目录（MSSQL）中的子 DATA 文件夹中。可以通过单击右边带有省略号（…）的按钮，打开一个资源管理器风格的对话框，在该对话框中更改数据库文件的存放位置。该例中的数据文件和日志文件的物理存放位置均设置为 D:\studentsDB（文件夹 studentsDB 需要提前建好）。
- 文件名——此处的文件名为数据库操作系统文件的实际物理文件名，若不专门指定，将取得与逻辑文件名一样的文件名。

（4）可以通过"添加"按钮来为该数据库增加一些次数据文件和日志文件。

（5）设置"选项"页属性。在左边的窗格中选择"选项"页，在"选项"窗格中，可设置数据库的排序规则、恢复模式、兼容级别以及其他一些选项，如图 3-7 所示。

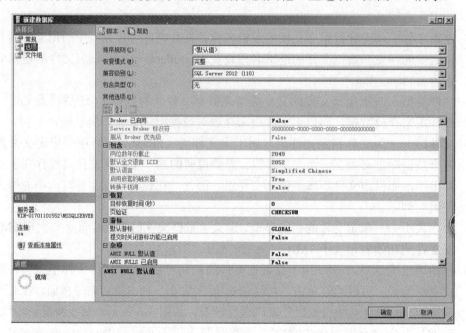

图 3-7 "新建数据库"对话框中的"选项"设置窗格

- "恢复模式"下拉列表框。
- "完整"选项——允许发生错误时恢复数据库，在发生错误时，可以及时地使用事务日志恢复数据库。为数据库的默认设置。
- "大容量日志"选项——当执行操作的数据量比较大时，只记录该操作事件，并不记录插入的细节，例如，向数据库插入上万条记录数据，此时只记录该插入操作，而对于每一行插入的内容并不记录。这种方式可以在执行某些操作时提高系统性能，但是当服务器出现问题时，只能恢复到最后一次备份的日志中的内容。
- "简单"选项——每次备份数据库时清除事务日志，该选项表示根据最后一次对数据库的备份进行恢复。
- "兼容级别"下拉列表框。

"兼容级别"下拉列表框表示是否允许建立一个兼容早期版本的数据库，如要兼容早期版本的 SQL Server，则新版本中的一些功能将不能使用。

选项有许多其他可设置的参数，有兴趣的用户可以自行查询相关书籍。

（6）添加或设置数据库的文件组。每个数据库都至少有一个主文件组（PRIMARY），也可以为数据库添加用户文件组。在图 3-5 中，选择左边的窗格中的"文件组"页，在该"文件组"窗格中，可为数据库添加文件组并设置其属性，如是否只读，是否为默认值等，如图 3-8 所示。

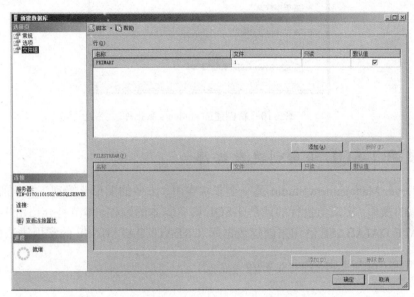

图 3-8 "新建数据库"对话框中的"文件组"设置页面

（7）当数据库的名称和相关内容都设置好后，如图 3-9 所示，单击下方的"确定"按钮。在"数据库"的树形结构中，就可以看到刚才创建的 students 数据库，如图 3-10 所示。

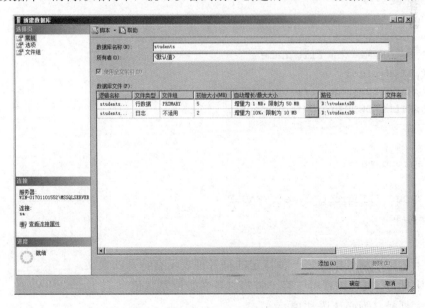

图 3-9 数据库 students 的相关属性

图 3-10　新创建的 students 数据库

3.2.2　使用 T-SQL 语句创建数据库

SQL Server Management Studio 是一个非常实用、方便的图形化管理工具，前面进行的创建数据库的操作，实质上执行的就是 T-SQL 语言脚本的过程。本节将介绍用 T-SQL 语言中的 CREATE DATABASE 语句来创建数据库。CREATE DATABASE 的常用语法格式如下：

```
CREATE DATABASE datebase_name
[ON
[PRIMARY][<filespec> [,…n]
[,filegroupspec>[,…n]]]
[LOG ON {<filespec>[,…n]}]
]
<filespec>::=
 (
NAME=logical_file_name,
   [,FILENAME='os_file_name']
   [,SIZE=size]
   [,MAXSIZE={max_size|UNLIMITED}]
   [,FILEGROWTH=grow_increment])
 )

<filegroupspec>::=
 (
FELEGROUP filegroup_name[DEFAULT]
<filespec>
 )
```

在以上的语法格式中，每一种特定的符号都表示有特殊的含义。

（1）中括号[]表示该项可省略，省略时各参数取默认值。

（2）大括号{}为必选语法项。

（3）[，…n]指示前面的项可以重复 *n* 次。各项之间用逗号分隔。

（4）竖线（|）分隔括号或大括号中的语法项，只能使用其中一项。

（5）SQL 语句在书写时不区分大小写，为了清晰，一般都用大写表示系统保留字，用小写表示用户自定义的名称。

（6）一条语句可以写在多行上，但不能多条语句写在一行上。

CREATE DATABASE 语句语法参数的具体说明参见表 3-2。

表 3-2　CREATE DATABASE 语句语法参数说明

参　　数	说　　明
database_name:	要建立的数据库的名称
ON	指定存储数据库中数据文件的磁盘文件
PRIMARY	定义数据库的主数据文件。若没有指定 PRIMARY 关键字，则该语句中所列的第一个文件成为主文件
LOG ON	指定建立数据库的事务日志文件
NAME	指定数据或事务日志文件的逻辑名称
FILENAME	指定数据和日志的操作系统文件名（包括所在路径）。os_file_name 中的路径必须为安装 SQL Server 服务器的计算机上的文件夹
SIZE	指定数据库的初始文件容量
MAXSIZE	指定操作系统文件能够增长到的最大尺寸。如果没有指定长度，文件将一直增长到磁盘满为止
FILEGROWTH	指定文件的自动增长量或比例。该值可按 MB、KB、GB、TB 或%的形式指定，必须是整数，不能包含小数，默认为 MB。如果指定了%，那么文件增量为文件发生增长时文件大小的指定百分比。如果指定的数据值为 0，表示文件不增长。如果未指定 FILEGROWTH，则数据文件的默认增长值为 1MB，日志文件的增长比例为 10%
FELEGROUP	控制文件组属性
filegroup_name	文件组的逻辑名称。filegroup_name 在数据库中必须唯一，而且不能使用系统提供的 PRIMARY，名称必须符合标识符规则

【例 3.2】 创建一个计费数据库 jifei，数据库文件的相关设置如表 3-3 所示。

表 3-3　数据库 *jifei* 的文件组成及相关属性

逻辑名称	文件类型	文件组	操作系统文件名	初始容量	最大容量	增长量
jifei_data	行数据	primary	E:\jifeiDB\jifei_data.mdf	10MB	100MB	2MB
jifei_log	日志文件	—	E:\jifeiDB\jifei_log.ldf	2MB	50MB	20%

使用 CREATE DATABAS 语句来创建数据库的操作步骤如下：

（1）打开 SQL Server Management Studio 窗口，并连接到服务器。

（2）选择"文件"→"新建"→"使用当前连接的查询"命令或者单击标准工具栏上的"新建查询"按钮 新建查询(N)，启动查询分析器的"查询"窗格，在这个窗口中输入如下代码：

```
CREATE DATABASE jifei      --创建一个数据库jifei
ON PRIMARY
 (
```

79

第

3

章

```
NAME=jifei_Data,        --主数据文件逻辑名称
FILENAME='D:\jifeiDB\jifei_Data.mdf',        --主数据文件存储位置
SIZE=10mb,              --主数据文件初始大小
MAXSIZE=100MB,          --主数据文件最大增长空间
FILEGROWTH=2MB          --主数据文件自动增长率
)
LOG ON
(NAME=jifei_log,
 FILENAME='D:\jifeiDB\jifei_log.ldf',
SIZE=2mb,
 MAXSIZE=50MB,
 FILEGROWTH=20%);
GO
```

（3）输入上述代码后，单击工具栏中的"分析" ✓按钮，对输入的代码进行分析检查，检查通过后，单击工具栏中的"执行"按钮 ! 执行(X)。如果执行成功，在查询窗口内的"消息"窗格中，就可以看到"命令已成功完成"的提示信息（如果执行不成功，则返回错误提示信息）。

（4）在"对象资源管理器"窗格中右击"数据库"，选择"刷新"，然后展开"数据库"节点，这时就会看到所创建的数据库 jifei，结果如图 3-11 所示。

提示：如果刷新 SQL Server 中的数据库节点后，仍然看不到新建的数据，可以重新连接对象资源管理器，即可看到新建的数据库。

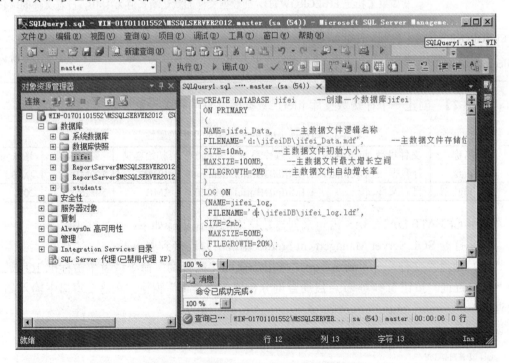

图 3-11　CREATE DATABASE 创建数据库

（5）选择新建的数据库 jifei，右击，在弹出的快捷菜单中选择"属性"命令，打开"数据库属性"对话框，在"选择页"列表中选择"文件"选项，即可查看数据库的相关信息。可以看到，这里各个参数值与 T-SQL 代码中指定的值完全相同，说明用 T-SQL 代码创建数据库成功。

【例 3.3】 创建具有文件组的数据库 teacher，数据库文件的相关设置如表 3-4 所示。

表 3-4 数据库 teacher 的文件组成及相关属性

逻辑名称	文件类型	文件组	操作系统文件名	初始容量	最大容量	增长量
Tpri1_data1	行数据	primary	D:\TeacherDB\TPri1dt.mdf	10MB	100MB	15%MB
TGrp1Pri1_data	行数据	TeacherGroup1	D:\TeacherDB\TGrp1Pri1dt.ndf	10MB	100MB	15%MB
TGrp2Pri1_data	行数据	TeacherGroup2	D:\TeacherDB\TGrp2Pri1dt.ndf	10MB	100MB	15%MB
teacher_log	日志文件	—	E:\jifeiDB\jifei_log.ldf	2MB	25MB	5MB

操作代码如下：

```
CREATE DATABASE teacher
ON PRIMARY
(NAME=TPri1_data,
 FILENAME='D:\TeacherDB\TPri1dt.mdf',
 SIZE=10MB,
 MAXSIZE=50MB,
 FILEGROWTH=15%),
 FILEGROUP TGroup1
 (NAME=TGrp1Pri1_data,
 FILENAME='D:\TeacherDB\TGrp1Pri1dt.ndf',
 SIZE=10MB,
 MAXSIZE=50MB,
 FILEGROWTH=15%),
 FILEGROUP TGroup2
 (NAME=TGrp2Pri1_data,
 FILENAME='D:\TeacherDB\TGrp2Pri1dt.ndf',
 SIZE=10MB,
 MAXSIZE=50MB,
 FILEGROWTH=15%)
LOG ON
(NAME=teacher_log,
 FILENAME='D:\TeacherDB\teacher_log.ldf',
 SIZE=5MB,
 MAXSIZE=25MB,
 FILEGROWTH=5MB)
GO
```

数据库的基本操作

3.3　查看和设置数据库信息

在 SQL Server 中，如果用户需要了解数据库的状态、所有者、可用空间、用户等属性时，可以通过查看数据库属性，来了解数据的使用状态。

3.3.1　使用 SQL Server 对象资源管理器查看数据库信息

使用 SQL Server 管理控制台查看数据库信息的操作步骤如下：

（1）打开 SQL Server Management Studio 窗口，在"对象资源管理器"窗格中展开"数据库"节点，右击选中要查看信息的数据库，比如 students，在弹出的快捷菜单中选择"属性"命令，就会打开"数据库属性-students"对话框，如图 3-12 所示。

（2）在打开的"数据库属性-students"对话框中，可以查看到该数据库的基本信息。与创建数据库时相比，"数据库属性-students"对话框除了有"常规""选项""文件组"页外，还多了"文件""权限""更改跟踪""扩展属性""镜像""事务日志传送"页。用户通过单击左边相应的页选项，就可以查看并设置与之相关的数据库信息。

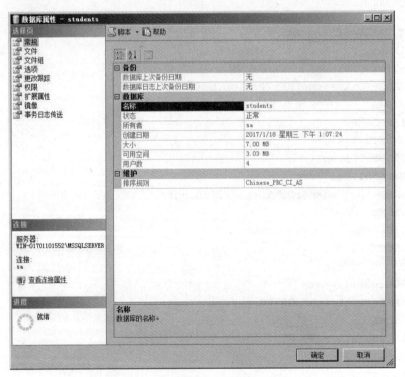

图 3-12　"数据库属性-students"对话框

3.3.2　使用 T-SQL 语句查看数据库的信息

可以使用系统存储过程 sp_helpfile 来查看数据库有哪些文件以及文件的属性。其格式为：

```
Use database_name
Go
Exec sp_helpfile
```

在上面的语句中，database_name 表示要查看的数据库的名称。例如使用系统存储过程 sp_helpfile 查询数据库 students 的文件及其属性，其运行结果如图 3-13 所示。

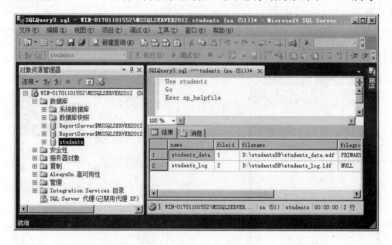

图 3-13　用 T-SQL 语句查看数据库 students 的属性

3.4　打开数据库

打开数据库有两种方法。

一种方法是在"对象资源管理器"中打开数据库。在"对象资源管理器"窗格中展开"数据库"节点，单击要打开的数据库（如 students 数据库）前的"+"号展开按钮，如图 3-14 所示。此时将展开当前打开的数据库的对象。

图 3-14　在"对象资源管理器"窗格中打开数据库

第 3 章

数据库的基本操作

另一种方法是使用 T-SQL 语句打开数据库。在查询分析器中，可以通过使用 USE 语句打开并切换数据库，其语法格式为：

```
USE  database_name
```

其中，database_name 是想要打开的数据库名称。

【**例 3.4**】 在查询分析器中打开 students 数据库。

操作步骤为：在查询分析器中输入 USE students，然后单击"执行"按钮，如图 3-15 所示，在查询分析器工具栏中的当前数据库列表框中，显示 students 数据库。

图 3-15　在"查询分析器"窗格中切换数据库

需要注意的是，在使用 T-SQL 语句时，如果没有指定操作数据库，查询都是针对当前打开的数据库进行的。当连接到 SQL Server 服务器时，如果没有指定连接到哪一个数据库，SQL Server 服务器会自动连接默认的数据库。如果没有更改过用户配置，用户的默认数据库是 master 数据库。因为 master 数据库中保存 SQL Server 服务器的系统信息，用户对 master 数据库操作不当会产生严重的后果。为了避免这类问题的发生，在使用 T-SQL 查询语句时，可以采用以下两种方法来避免这种情况：

（1）使用 USE 语句切换到别的数据库，如使用 students 数据库成为当前数据库；

（2）设定用户连接的默认数据库。

3.5　修改数据库

在数据库创建完成后，可能会发现有些属性不符合实际的要求，这就需要对数据库的某些属性进行修改。常见的修改数据库的操作有扩大数据库空间、缩小数据库空间、增加或删除数据库文件、创建用户文件组以及为数据库更名等操作。

3.5.1　增加数据库的容量

通过前面的学习，我们知道一个数据库至少包含一个数据文件和一个日志文件，还可能包含多个次数据文件和日志文件，所以数据库的容量就是多个数据库文件的容量总和。

数据库在使用过程中，根据实际情况，可能需要动态地调整数据库的容量以满足实际需求。当数据库的数据增长到要超过它指定的使用空间时，就必须为它增加容量。而如果为数据库指派了过多的设备空间，又可以通过缩减数据库容量来减少设备空间的浪费。

引起数据库的空间不足的情况一般是由如下两方面的原因导致的：一是在创建数据库时没有启用自动增长方式，并且在创建数据库初期因估计不足而分配的可用空间太小；二是即便在创建数据时启用了自动增长方式，但在数据库使用一段时间后，当数据的增长已经达到文件的最大空间限制时，也同样会出现空间不足的情况。这里讲的空间既包括数据空间也包括日志空间。如果数据空间不足，则意味着不能再向数据库添加数据；如果日志空间不足，则意味着不能再对数据进行任何修改操作，因为数据的修改操作是要记入日志的。这种情况下，就必须对数据库增加容量。

增加数据库容量有两种方法：一种是通过增加数据库的初始分配空间以及加大已有文件的最大容量限制来实现；另一种是向数据库添加新的文件来达到扩充数据库容量的目的。本节先介绍第一种解决方法。第二种解决方法可以参见 3.5.4 节的内容。

【例 3.5】 对在 3.2.1 节中已创建的数据库 students 作如下的修改操作。具体要求参见表 3-5。

表 3-5　数据库 students 在修改前后的容量变化

逻辑名称	文件类型	文件组	操作系统文件名	初始容量		最大容量		自动增长/最大大小	
Students_data	数据文件	primary	D:\studentsDB\student_data.mdf	修改前	5MB	修改前	50 MB	修改前	1MB
				修改后	10MB	修改后	100 MB	修改后	2MB
students_log	日志文件	—	D:\studentsDB\students_log.ldf	修改前	2MB	修改前	10 MB	修改前	10%
				修改后	5MB	修改后	20 MB	修改后	20%

1. 在"对象资源管理器"面板中实现

具体操作方法为：

（1）查询修改前的数据库的容量（此步骤可选做）。在"对象资源管理器"窗格中，右击数据库 students，选择"属性"，在弹出的"数据库属性-students"对话框中，单击左边窗格的"常规"页，可以看到数据库的大小是 7MB，可用空间大小是 3.88MB，如图 3-16 所示。

（2）修改数据文件 students_data 的初始值及最大文件限制。在图 3-16 中，选择"数据库属性-students"对话框中左边窗格的"文件"页，在右边窗格中就可以对数据库文件的初始大小和增长方式进行重新设定。选择数据文件 students_data，将初始大小设置为 10MB（原来是 5MB），单击"自动增长/最大大小"列后边有一个带省略号的按钮 […]，在打开图 3-17 所示的对话框中更改设置数据文件 students_data 的自动增长量及最大文件限制：增长量为 2MB，最大数据限制为 100MB。设置好后，单击"确定"按钮即可完成该数据文件的自动增长量及最大文件限制。

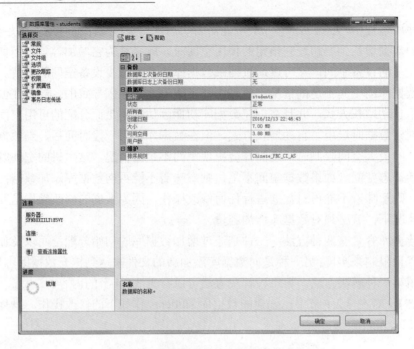

图 3-16　数据库 students 初始容量大小

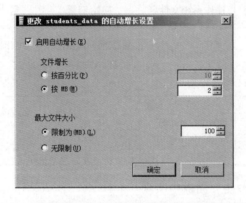

图 3-17　"更改 students_data 的自动增长设置"对话框

（3）同理按照表 3-3 的要求设置事务日志文件 students_log.ldf 的相关值。若还有其他数据库文件需要修改容量大小，同理设置即可。该数据库的总容量就是所有该数据库文件的容量之和。

（4）当所有数据库文件设置完成后，单击"确定"按钮就完成了修改所有数据库文件容量的操作。修改完成后如图 3-18 所示。

（5）查看增容后的数据库容量（此步骤可选做）。再回到"对象资源管理器"窗格中，右击数据库 students，选择"属性"，在弹出的"数据库属性-students"对话框中，单击左边窗格的"常规"页，可以看到数据库的大小已经变成了 15MB（修改前是 7MB），可用空间为 7.97MB(之前为 3.88MB)，如图 3-19 所示。"可用空间"这个数据说明分配的初始空间还有多少没有用完。随着对数据库的进一步操作，当把数据库文件的初始空间"用完"后，因为数据库启用了自动增长，再向数据添加数据或增加管理操作时，数据库文件会根据所设置的自动增长值对其数据文件（最大可扩充到 100MB）或日志文件（最大可扩充到 20MB）进行扩充容量。

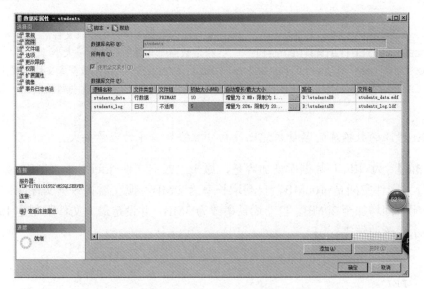

图 3-18　按要求完成 students 数据库文件的容量修改

图 3-19　修改数据库文件容量后的 students 数据库大小

2. 使用 T-SQL 语句来实现

同样使用 T-SQL 语句来完成扩充数据库容量有两种方法：一是通过添加数据库文件的方法，具体操作详见 3.5.4 节；另一种是通过修改已有数据库文件的容量大小，该方法的 T-SQL 语句语法规则如下：

```
ALTER DATABASE database_name
MODIFY FILE
(
NAME= logical_file_name          --要修改的数据库文件的逻辑文件名
[,SIZE=newsize[KB|MB|GB|TB]]     --指定数据库文件的初始容量大小
[,MAXSIZE={max_size[KB|MB|GB|TB]|UNLIMITED}]  --指定数据库文件的最大文件限制
[,FILEGROWTH=growth_increment[KB|MB|GB|TB|%]]  --设置数据库文件的自动增长量
)
```

注意：修改的数据库的容量只能比最初分配给数据库的容量要大。

【**例 3.6**】 为 JIFEI 数据库增加容量，原来主数据文件 jifei_data 的初始分配空间为 10MB，最大文件空间是 100MB，自动增长率为 2MB，现在需将数据文件 jifei_data.mdf 的初始分配空间增加至 20MB，自动增长率改为 3MB，并设定最大文件限制是 150MB，同时要求显示更改的结果。

其操作代码如下：

```
USE JIFEI
GO
ALTER DATABASE JIFEI
MODIFY FILE
(NAME=JIFEI_data,
SIZE=20MB,
MAXSIZE=150MB,
FILEGROWTH=3MB)
GO
Exec sp_helpfile
```

在查询分析器中输入上述代码，单击"执行"按钮，就会出现如图 3-20 所示的结果。

图 3-20　使用查询分析器增加数据库容量

3.5.2 缩减数据库容量

如果在分配给数据库的空间中存在着大量的空白空间，势必造成磁盘空间的浪费，因为操作系统将空间分配给数据库后，就不再使用数据库的这些空间，不管这些空间中有多少"空闲"，操作系统都不会将这些空闲空间收回。这种情况下就需要在数据库管理系统中进行缩减数据库的操作，以将多余的空间还给操作系统。

而造成数据库空间存在大量浪费的情况同样有两种原因：一种情况是创建数据库初期对将要存储的数据量估计不够准确，造成初始空间过大；另一种情况是当数据库运行一段时间后，由于删除了数据库中的大量数据，使数据库所需的空间减小，这时就可以根据实际情况缩减分配给数据库的数据文件和事务日志文件的磁盘空间，以免造成浪费。

对数据文件和日志文件的空间进行收缩，既可以成组或单独地手工缩减数据库文件，也可以通过设置数据选项，使其按照指定的间隔自动收缩。另外，文件的收缩都是从末尾开始的。例如，假设某文件的大小是 100MB，希望缩减到 80MB，则数据库引擎从文件的最后一个 20MB 开始释放尽可能多的空间。如果文件中被释放的空间部分包含使用过的数据页，则数据库引擎先将这些页重新放置到保留的空间部分，然后再进行收缩。只能将数据库缩减到没有剩余的可用空间为止。例如，如果某个 5GB 的数据库有 4GB 的数据，并且在 DBCC SHRINKFILE 语句中将 target_size 指定为 3GB，但只能释放 1GB。

1. 设置数据库"自动收缩"

如果希望数据库能够自动收缩，其操作方法是打开该数据库的属性对话框，选择"选项"页，将"自动"部分的 "自动收缩"选项设置为 True 即可（默认设置是 False），如图 3-21 所示。

图 3-21　设置"自动收缩"选项为 True

第3章

数据库的基本操作

将数据库的"自动收缩"设置为 True 后，数据库引擎会定期检查数据库空间的使用情况，并减小数据库文件中文件的大小。该活动是在后台进行的，不会影响数据库中用户的活动。

2. 手工收缩数据库

手工收缩数据库分为两种情况：一种是收缩数据库中某个数据文件或日志文件的大小，另一种是收缩整个数据库中全部文件的大小。值得注意的是，当收缩整个数据库空间的大小时，收缩后数据库的大小不能小于创建时指定的初始大小。例如，如果某数据库创建时的大小为 20MB，后来增长到 50MB，则该数据库最多只能收缩到 20MB，即使删除了数据库的所有数据也是如此。若是收缩某个数据库文件，则可以将该文件收缩得比其初始大小更小。

当数据库中没有数据时，可以在"对象资源管理器"中通过**直接**修改数据库文件属性改变其占用的空间来达到缩减数据库大小的目的，具体操作方法可以参考 3.5.1 节的相关内容，但当数据库中有数据时，这样做会破坏数据库中的数据，因此最好使用压缩的方式来缩减数据库空间。

1）使用"对象资源管理器"来缩减整个数据库的容量

【例 3.7】 对数据库 students 的使用空间进行收缩。

操作方法为：

（1）在"对象资源管理器"窗格中，右击要缩减容量的数据库（如 students 数据库），在弹出的快捷菜单中选择"任务"→"收缩"→"数据库"命令，打开 students 数据库的"收缩数据库-students"对话框，如图 3-22 所示。

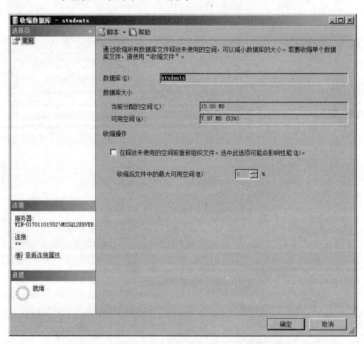

图 3-22 "收缩数据库-students"对话框

对图 3-22 的选项说明如下：

- "数据库大小"部分显示了已分配给数据库的空间和数据库的可用空间。
- 如果选中"在释放未使用的空间前重新组织文件。选中此选项可能会影响性能"复选框，则必须为"收缩后文件中的最大可用空间"指定一个值，这个值表示收缩后数据库中的空白空间占收缩后数据库全部空间的百分比，此值介于 0～99。例如，假设某个数据库当前大小是 100MB，其中数据占 20MB，若指定收缩百分比为 50%，则收缩后该数据库的大小将是 40MB。如果不选中此复选框，则表示将数据文件中所有未使用的空间都释放给操作系统，并将文件收缩到最后分配的大小，而且不需要移动任何数据。默认情况下，该选项为未选中状态。

（2）保持默认设置，单击"确定"按钮，实现数据库收缩。

（3）查看收缩后的数据库容量。可以发现数据库 students 的容量变小了（缩减前数据库的容量是 15MB）。这里因为这期间没有操作过其他数据，所以，数据库的容量又缩减为数据库创建时的大小（7MB）。

2）收缩指定文件的大小

【例 3.8】 对数据库 students 中的数据文件 students_data 进行收缩，将其文件大小变为 3MB，日志文件的大小收缩为 1MB。

同样，在"对象资源管理器"中，用图形化的方法收缩某个文件大小的操作步骤如下：

（1）在"对象资源管理器"中，右击要收缩的数据库（比如 students 数据库），在弹出的快捷菜单中选择"任务"→"收缩"→"文件"命令，将打开如图 3-23 所示的对话框。

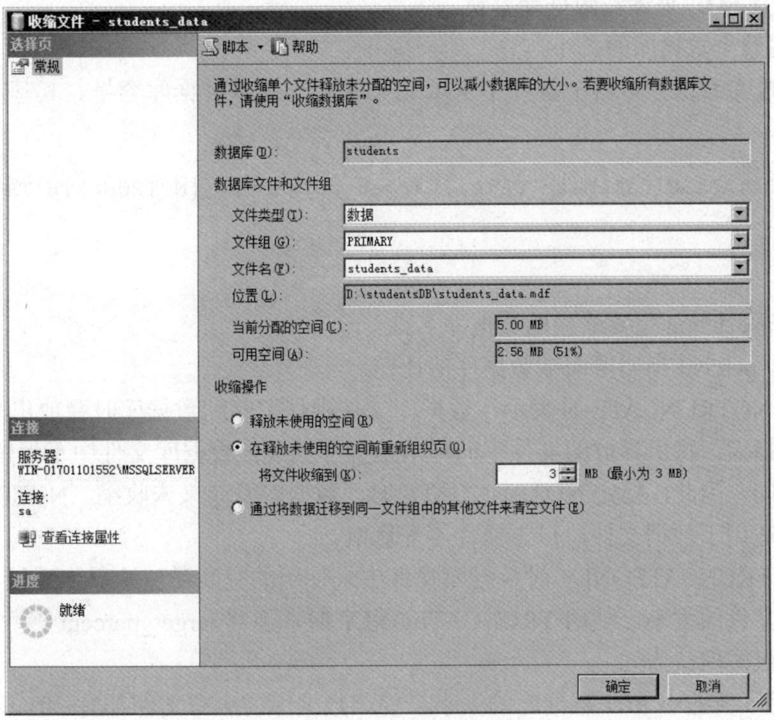

图 3-23　收缩文件窗口

（2）在图 3-23 中，对数据文件 students_data.mdf 进行设定。相关选项说明如下：

- 在"文件类型"下拉列表框中指定要收缩的文件是数据文件还是日志文件（此处先选择的是"数据"文件）。
- 如果收缩的是数据文件，可在"文件组"中指定要收缩的文件所在的文件组（此处选择的是 PRIMARY）。
- 在"文件名"中指定要收缩的具体文件。此处指定的是 students_data.mdf 数据文件。

对于"收缩操作"部分有关选项的说明：

- 选中"释放未使用的空间"项，表示释放文件中所有未使用的空间给操作系统，并将文件收缩到上次分配的大小。这将会减小文件的大小，但不移动任何数据。
- 选中"在释放未使用的空间前重新组织页"项，表示指定"将文件收缩到"某个具体的值，该值指定文件收缩的目标大小。根据该例要求，选中该选项，并将数据文件 students_data.mdf 指定收缩为 3MB。
- 选中"通过将数据迁移到同一文件组中的其他文件来清空文件"项，则将指定文件中的所有数据移至同一文件组中的其他文件，使该文件为空，之后就可以删除该空文件。

（3）单击"确定"按钮，完成对指定文件（students_data 文件）的收缩操作。

（4）同理设置日志文件 students_log.lnf 的收缩工作。

（5）查看完成后的数据库容量。通过上述收缩数据库文件的操作后，可查看到数据库的总容量变成小了。

3. 使用 T-SQL 来缩减数据库容量

1）收缩整个数据库的大小

可以通过在查询分析器中执行 T-SQL 语句来实现缩减数据库容量。其基本语句如下：

```
DBCC
SHRINKDATABASE(database_name[,target_percent][,{NOTRUNCATE|TRUNCATEONLY}])
```

其中：

- database_name 是要缩减的数据库名称。
- target_percent 指明要缩减数据库的比例。
- 指定 NOTRUNCATE 时表示在数据库文件中保留收缩数据库时释放出来的空间。如果未指定，将所释放的文件空间释放给操作系统，数据库文件中不保留这部分释放的空间。因此，指定 NOTRUNCATE 时，数据库看起来未收缩。NOTRUNCATE 选项只适用于数据文件，日志文件不受影响。
- 指定 TRUNCATEONLY 时数据库文件中未使用的空间释放给操作系统，从而减少数据库文件的大小。使用 TRUNCATEONLY 时，忽略 target_percent 参数对应的值。
- 使用权限默认为 dbo。

【例 3.9】 要缩小 jifei 数据库的大小，使该数据库的所有文件都有 20%的可用空间。代码如下：

```
USE jifei
GO
```

```
DBCC SHRINKDATABASE(jifei,20)
GO
```

在查询分析器中输入上述缩减数据库的 T-SQL 命令并执行即可，执行结果如图 3-24 所示。

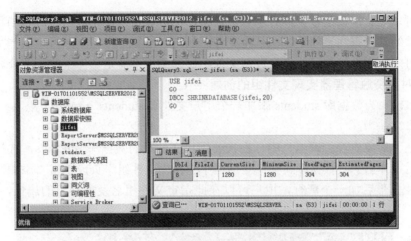

图 3-24　执行缩减数据库的 T-SQL 命令

2）收缩指定文件的大小

收缩指定文件的大小的 T-SQL 语句是 DBCC SHRINKFILE，其语法格式为：

```
DBCC  SHRINKFILE
(
file_name
{[,EMPTYFILE]|[[,target_size][,{NOTRUNCATE|TRUNCATEONLY}]]}
)
```

其中（部分参数的含义与收缩数据库类似，这里不再过多解释）：

- file_name 是要缩减的数据库文件的逻辑名称。
- target_size 指明缩减后文件的目标大小（用整数表示，单位为 MB）。如果未指定，则 DBCC SHRINKFILE 将文件大小减小到创建文件时指定的大小。该语句不会将文件收缩到小于文件中存储数据所需要的大小。例如，如果大小为 10MB 的数据文件中有 6MB 的数据，此时将 target_size 指定为 5MB，则该语句也只能将该文件收缩到 6MB。

因此，在收缩整个数据库的大小时，收缩后的所有文件的大小都不能小于创建这些文件时指定的初始大小，或者是上一次进行收缩文件操作时设置的大小。但当对某个具体的文件进行收缩时则无此限制。不管是哪种收缩方法，收缩后的文件都不能小于其当前存放数据所占空间的大小。

【例 3.10】　将 jifei 数据库中的 jifei_data 文件收缩到 4MB。

代码如下：

```
USE jifei
```

数据库的基本操作

```
GO
DBCC SHRINKFILE(jifei_data,4)
GO
```

3.5.3 创建和更改文件组

用户可以在首次创建数据库时创建文件组，也可以在创建完数据库后添加新数据文件时创建文件组。值得注意的是，一旦将文件添加到文件组中，就不能再将这些文件移动到其他文件组中。文件组中只能包含数据文件，日志文件不能是文件组的一部分。

1. 用对象资源管理器实现文件组的创建

【例 3.11】 为数据库 students 添加一个用户文件组 students_group。

其操作方法为：

（1）在"对象资源管理器"中，右击要添加文件组的数据库 students，选择"属性"命令，然后在弹出的"数据库属性"对话框中选择"文件组"页，单击"添加"按钮，系统会在列表框最后加一个新行，用户可以在此指定文件组名及文件组的属性，如图 3-25 所示。

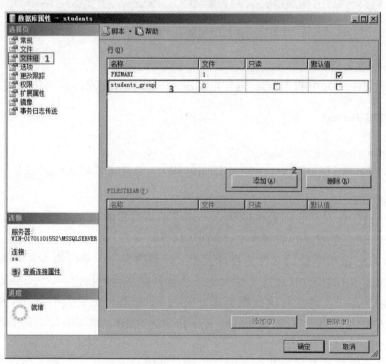

图 3-25　添加用户文件组 students_group

（2）定义好文件组后，单击"确定"按钮关闭此窗口。之后，便可以向数据库中添加新的数据文件，并且指向该文件组了。

（3）若不需要某个文件组，则可选中该文件组，然后单击"删除"按钮。删除文件组会将文件组中包含的文件一起删掉。值得注意的是，除非文件为空，或者文件组中的文件全部为空，否则不要轻易删除文件组。

使用 CREATE DATABASE 语句可以在创建数据库时定义新的文件组，该语句及实现方法前面已介绍过。还可以在 ALTER DATABASE 语句中定义新的文件组或删除文件组。定义文件组的主要目的是为了添加新的数据文件。

定义和删除文件组的 ALTER DATABASE 语句的语法格式为：

```
ALTER DATABASE databasename
{
|ADD FILEGROUP filegroup_name
|REMOVE FILEGROUP filegroup_name
|MODIFY FILEGROUP filegroup_name
            {<filegroup_updatability_option>|DEFAULT|NAME=new_
filegroup_name}
}
<filegroup_updatability_option>::=
{
        {READ_ONLY|READ_WRITE}
}
```

其中各参数含义如下：

- ADD FILEGROUP filegroup_name——将文件组添加到数据库。
- REMOVE FILEGROUP filegroup_name——从数据库中删除文件组。
- MODIFY FILEGROUP filegroup_name{<filegroup_updatability_option>|DEFAULT| NAME=new_ filegroup_name}——通过将文件组设置为数据的默认文件组或者更改文件组名称来修改文件组。
- <filegroup_updatability_option>——对文件组设置为"只读"或"读/写"属性。其中，

  READ_ONLY 指定文件组为只读，不允许更新其中的对象；主文件组不能设置为只读。

  READ_WRITE 指定文件组为可读/写，即允许更新文件组中的对象。

【例 3.12】 向数据库 jifei 中添加 jifei_group1 文件组。

```
USE jifei
GO
ALTER DATABASE jifei
ADD FILEGROUP jifei_group1
GO
```

3.5.4 增加或删除数据库文件

前面讲过，可以通过添加数据文件和日志文件的方法来扩大数据库空间，也可以通过删除文件的方法来减小数据库空间。

1. 添加文件

SQL Server 对每个文件组中的所有数据文件都使用按比例填充的策略，这使得各文件

存储的数据量与文件中的可用空间成正比，这种方式使得所有数据文件几乎是同时被填满的。例如某文件组有 DataFile1、DataFile2、DataFile3 三个数据文件，每个文件的大小分别为 10MB、20MB 和 30MB。设该文件组中数据总量为 30MB，则各文件中的数据量分别为 5MB、10MB 和 15MB。因此，当添加数据文件时，系统会立刻使用新添加的文件。

日志文件的使用方式与数据文件不同，日志文件彼此是相互独立的，没有文件组。在向日志文件写入信息时，使用的是填充到满的策略而不是按比例填充策略，即先填充第一个日志文件，第一个日志文件填满后，再填充第二个日志文件，依此类推。因此，当添加日志文件时，系统并不立刻使用该文件，直到其他文件被填充满。

【例 3.13】 向数据库 students 中分别添加如表 3-6 所示的数据库文件。

表 3-6　数据库 students 的文件组成及要求

逻辑名称	文件类型	文件组	操作系统文件名	初始容量	最大容量	增长量
Students_data	数据文件	primary	D:\studentsDB\student_data.mdf	3MB	100MB	2MB
students_log	事务日志文件	—	D:\studentsDB\students_log.ldf	2MB	20MB	2%
Studgrpfile1_data1	数据文件	Students_group	E:\studentsDB\Studgrpfile1_data1.ndf	10MB	50MB	1MB
Studgrpfile2_data1	数据文件	Students_group	F:\studentsDB\Studgrpfile2_data2.ndf	20MB	100MB	2MB
students_log1	事务日志文件	—	E:\studentsDB\students_log1.ldf	5MB	10MB	10%

操作步骤如下：

（1）创建文件组 students_group。若已创建，则直接进行第（2）步操作。创建文件组的操作方法参见 3.5.3 节。

（2）在"数据库属性-students"窗口中，选择"文件"页，在弹出的对话框中单击"添加"按钮，将光标定位在逻辑名称框中，在逻辑名称框中输入 Studgrpfile1_data1，并设置该文件的相关属性为：文件类型为行数据，文件组为 students_group，文件初始大小为 10MB，自动增长率为 1MB，最大文件限制为 50MB，文件存储在 E:\studentsDB 文件夹中（E 盘下的 studentsDB 文件夹要事先创建）。

（3）同理，再分别添加 Studgrpfile2_data1 次数据文件和日志文件，并根据表 3-6 的要求设置相关的属性值。设置完成后如图 3-26 所示。

（4）单击"确定"按钮，完成操作。

2. 删除文件

用对象资源管理器删除数据库文件的方法与增加数据库文件的方法相似，只需要在"数据库的属性"对话框中选中欲删除的文件或文件夹，再单击"删除"按钮即可。这里需要强调说明的是，只有当文件中没有数据或日志信息，文件完全为空时，才可以从数据库中删除该文件。

若要让某个数据文件为空，需要将该数据文件中的数据移到同一文件组中的其他文件中，这可使用 DBCC SHRINKFILE 语句并指定 EMPTYFILE 子句实现（具体操作方法参见

3.5.2 节的"收缩指定文件的大小"部分的介绍)。执行了有 EMPTYFILE 子句的 DBCC SHRINKFILE 语句后,SQL Server 就不允许再在该文件中放置数据,因此就可以删除该数据文件了。当日志文件中不包含任何活动或不活动的事务时,才可以从数据库中删除该日志文件。

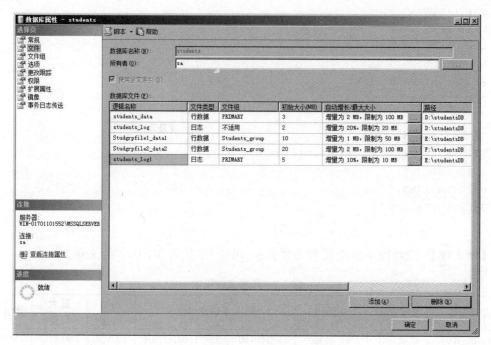

图 3-26　添加数据文件和日志文件

3. 使用 T-SQL 来增加/删除数据库文件

ALTER DATABASE 语句的基本语法格式如下:

```
ALTER DATABASE databasename
{
|ADD FILE <filespec>  [,…n]  [TO FILEGROUP {filegroup_name}]
|ADD LOG FILE <filespec>  [,…n]
|REMOVE FILE logical_file_name
|REMOVE FILEGROUP filegroup_name
}
<filespec>::=
(
NAME= logical_file_name
[,FILENAME= 'os_file_name']
[,SIZE=size[KB|MB|GB|TB] ]
[,MAXSIZE={max_size[KB|MB|GB|TB]|UNLIMITED}]
[,FILEGROWTH=growth_increment[KB|MB|GD|TD|%]]
[,OFFLINE]
)
```

1）添加数据库文件

【例 3.14】 为 JIFEI 数据库增加一个新的数据文件 jifei_data2.ndf，初始分配空间为 6MB，自动增长率为 1MB 最大文件空间是 20MB，物理文件名为 jifei _data2.ndf，物理存储位置为 d:\jifeiDB 文件夹。

操作代码如下：

```
USE JIFEI
GO
ALTER DATABASE JIFEI
ADD FILE
(
NAME=jifei_data2,
FILENAME='d:\jifeiDB\ jifei _data2.ndf',
SIZE=6MB,
MAXSIZE=20MB,
FILEGROWTH=1MB
)
```

【例 3.15】 继续用 T-SQL 语句为数据库 jifei 添加如表 3-7 所示的文件。

表 3-7　添加文件说明

逻辑名称	文件类型	文件组	操作系统文件名	初始容量	最大容量	增长量
jifeigrp1_data1	数据文件	jifei_group1	D:\jifeiDB\jifeigrp1_data1.ndf	10 MB	100 MB	1MB
jifei_log1	日志文件	—	D:\jifeiDB\jifei_log1.ldf	5MB	30MB	10%

代码如下：

```
USE jifei
GO
ALTER DATABASE jifei
ADD FILE
(
NAME=jifeigrp1_data1,
FILENAME='D:\jifeiDB\jifeigrp1_data1.ndf',
SIZE=10MB,
MAXSIZE=100MB,
FILEGROWTH=1MB
)
TO FILEGROUP jifei_group1
GO

USE jifei
GO
ALTER DATABASE jifei
ADD LOG FILE
(NAME=jifei_log1,
FILENAME='d:\jifeiDB\jifei_log1.ldf',
```

```
SIZE=5MB,
MAXSIZE=30MB,
FILEGROWTH=10%)
GO
```

在查询分析器中输入上述 T-SQL 命令并执行即可。

2）删除数据库文件或文件组

【例 3.16】 用 T-SQL 删除数据文件 jifeigrp1_data1.ndf。

其操作代码为：

```
ALTER  DATABASE  JIFEI
REMOVE FILE jifeigrp1_data1
```

【例 3.17】 用 T-SQL 删除日志文件 jifei_log1.ldf。

其操作代码为：

```
ALTER  DATABASE  jifei
REMOVE FILE  jifei_log1
```

【例 3.18】 用 T-SQL 删除文件组 jifei_group1。

其操作代码为：

```
ALTER  DATABASE  jifei
REMOVE FILEGROUP  jifei_group1
```

3.5.5 更改数据库名称

有时需要对数据库的名称进行修改，修改数据库的名称的方法同样有两种。

1. 用对象资源管理器更改数据库名称

在"对象资源管理器"窗格中，右击要更改名称的数据库（如 students 数据库），在弹出的快捷菜单中选择"重命名"命令，输入新的数据库名称（如 students1），按 Enter 键即可，如图 3-27 所示。

图 3-27 在"对象资源管理器"窗格中更改数据库名称

第 3 章

数据库的基本操作

2. 使用 T-SQL 语句更改数据库名称

使用 T-SQL 语句数据库名称既可以使用 ALTER DATABASE 语句来完成，也可以使用存储过程 sp_renamedb 来完成重命名。

使用 ALTER DATABASE 语句修改数据库的名称，其语法格式如下：

```
ALTER DATABASE old_database_name
MODIFY NAME= new_database_name
GO
```

如果使用存储过程 sp_renamedb 来完成重命名，其格式为：

```
EXEC sp_renamedb oldname,newname
```

【例 3.19】 将数据库 jifei 重命名为 jifei1。

在查询分析器中输入如下代码：

```
USE jifei
GO
ALTER DATABASE jifei
MODIFY NAME=jifei1
```

当然，上例也可以写为：

```
EXEC sp_renamedb 'jifei','jifei1'
GO
```

执行代码后，系统会返回成功消息。

3.6　分离数据库

分离数据库就是将数据库从 SQL Server 实例中删除，使其数据文件和日志文件在逻辑上脱离服务器，但实质上它并没有从磁盘中删除，这样该数据库中的数据文件和日志文件就可以再附加到其他的 SQL Server 2012 的实例上去。数据库分离以后，由于已经脱离了数据库服务器，所以它已经不再为应用程序提供存取服务了。经过分离后的数据库，其数据文件和日志文件纯粹变成了操作系统中的文件，与服务器没有任何关联，但它保存了数据库的所有信息。

1. 使用对象资源管理器分离数据库

其操作方法是在 SQL Server 的"对象资源管理器"窗格中，右击所要分离的数据库（如 STUDENTS1 数据库），在弹出的快捷菜单中选择"任务"→"分离"命令，打开如图 3-28 所示的"分离数据库"对话框，直接单击"确定"按钮，即可完成数据库的分离工作。如果在图 3-28 中，"消息"列显示不止一个或多个活动连接时，则在分离数据列之前，必须启用"删除连接"复选框来断开与所有活动连接的连接。另外，"状态"列显示了当前数据库的状态（"就绪"表示可以被分离；"未就绪"表示不可以被分离）。

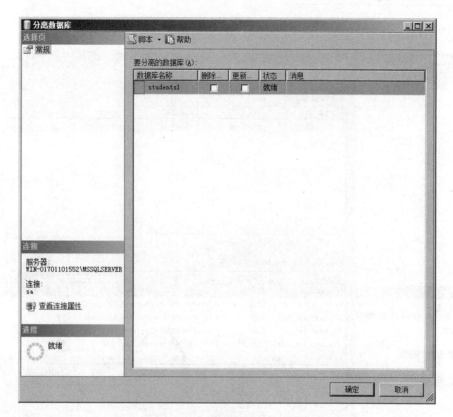

图 3-28 "分离数据库"对话框

2. 用 T-SQL 语句分离数据库

要分离数据库，可以使用 sp_detach_db 存储过程来执行分享数据库操作。其语法格式为：

```
EXEC sp_detach_db  [database_name]
```

其中参数 database_name 表示要分离的数据库名称。例如，要分离 jifei1 数据库，则执行语句如下：

```
EXEC sp_detach_db jifei1
```

3.7 附加数据库

附加数据库的工作是分离数据库的逆操作，通过附加数据库，可以将没有加入 SQL Server 服务器的数据库文件加到服务器中。另外，通过分离和附加数据库的操作，可以将数据库从低版本的 SQL Server 升级到高版本的 SQL Server 中。

1. 使用对象资源管理器附加数据库

在"对象资源管理器"窗格中，右击"数据库"节点，在弹出的快捷菜单中选择"附加"命令，打开"附加数据库"对话框，单击"添加"按钮，找到要附加数据库的主要数据文件（如 students_data.mdf），最后单击"确定"按钮，即可完成附加数据库的工作，如

数据库的基本操作

图 3-29 所示。

图 3-29　"附加数据库"对话框

2. 用 T-SQL 语句附加数据库

附加数据库的 T-SQL 语句是 CREATE DATABASE，其语法格式为：

```
CREATE DATABASE database_name
ON <filespec> [,…n]
FOR {ATTACH|ATTACH_REBUILD_LOG}
```

其中：

- <filespec>同创建数据库的语句<filespec>。
- FOR ATTACH 是指定通过附加一组现有的操作系统文件来创建数据库。必须至少指定一个主数据文件的<filespec>项，至于其他文件的<filespec>项，则只需要指定为与第一次创建数据文件时的路径不同。FOR ATTACH 对所有的数据库文件都要求可用。
- FOR ATTACH_REBUILD_LOG 是指定通过附加一组现有的操作系统文件来创建数据库，该选项只限于可读/写的数据库。也必须有指定一个主数据文件的<filespec>项。FOR ATTACH_REBUILD_LOG 有两个要求：一是通过附加来创建的数据库是关闭的，二是对所有的数据文件都必须可用。通常用于大型日志的可读/写数据库复制到另一台服务器上，在这以服务器上，将频繁使用数据库副本或仅用于读操作，因而所需的日志空间少于原始数据库的日志空间。

【例3.20】 附加之前分离的 jifei1 数据库。

代码如下：

```
CREATE DATABASE  jifei1
ON
(filename='D:\jifeiDB\jifei_data.mdf')
FOR  ATTACH
```

3.8　删除数据库

删除数据库也是数据库管理中重要的操作之一。在删除数据库前，系统会提示用户确认是否删除数据库，删除数据库一定要慎重，因为删除数据库后，与此数据库有关联的数据库文件和事务日志文件都会被删除，存储在系统数据库中的关于该数据库的所有信息也会被删除，不能再对其进行任何操作，除非之前对数据库进行过备份（如果备份过数据库，就能用备份数据重建以前的数据库）。另外，如果数据库正在被用户使用，也无法将其删除。删除数据库仅限于 dbo 和 sa 用户。

为了节省存储空间和提高操作效率，应该及时将不需要的数据库删除，但不能删除系统默认的数据库。删除数据之前，最好对数据库进行备份，以防止因误操作导致数据丢失。

1．利用对象资源管理器删除数据库

在"对象资源管理器"窗格中，右击要删除的数据库（如 students 数据库），在弹出的快捷菜单中选择"删除"命令，打开如图 3-30 所示的对话框。如果不需要为数据库做备份，则单击"确定"按钮，立即删除。

图 3-30　"删除对象"对话框

数据库的基本操作

2．使用 T-SQL 语句删除数据库

删除数据库可使用 DROP 语句。DROP 语句可以从 SQL Server 中一次删除一个或多个数据库。其命令格式如下：

```
DROP DATABASE database_name[,database_name…]
```

其中：

- DROP DATABASE 是命令动词。
- database_name 是数据库名称。

【例 3.21】 删除 jifei1 数据库。

代码如下：

```
DROP DATABASE jifei1
```

执行完毕后，在"对象资源管理器"窗格中右击刷新一下"数据库"节点，就可发现数据库 jifei1 已经不存在了。

3.9　应用举例

通过前面的学习，我们已经掌握了数据库的基本操作。本节以"计算机计费管理系统"和"选课管理信息系统"数据库为例，来加深对数据库的理解，巩固数据库的基本操作技能。

3.9.1　创建计算机计费数据库

在开发 SQL Server 2012 数据库应用程序之前，首先要设计数据库结构并创建数据库。创建数据库时需要对数据库的属性进行设置，包括数据库名称、所有者、大小以及存储该数据库的文件和文件组。

下面讲述通过图形化的方法在对象资源管理器创建计算机计费管理数据库的过程，其主要操作步骤如下：

（1）在 E 盘新建一个名为 JF 的文件夹。打开 SQL Server Management Studio 窗口，在"对象资源管理器"窗格中右击"数据库"节点，在弹出的快捷菜单中选择"新建数据库"命令，打开"新建数据库"对话框。

（2）在"数据库名称"文本框中输入数据库名称，例如 jifei。

（3）在"数据库文件"栏中，设置数据文件信息。主要数据文件 jifei_data 和事务日志文件 jifei_log。用户也可以根据需要修改逻辑名称、初始大小、自动增长和路径等属性。这里仅将路径改为 E:\JF（可先在 E 盘中建立此文件夹）。

（4）单击"确定"按钮，开始创建数据库。jifei 数据库出现在数据库列表中。选择 jifei 数据库，可以在右窗格中看到数据库的各种对象。

3.9.2　创建选课管理数据库

本节要求用 T-SQL 语句来创建符合如下要求的"选课管理信息系统"数据库。数据库名为 xuanke。

为了提高"选课管理信息系统"的数据库 xuanke 的查询性能，可以采用多文件组的形式创建 xuanke 数据库，操作系统及 SQL Server 系统安装在 C 盘，数据文件对称分配到 D、E 盘，这样 SQL Server 数据库在查询学生数据库时，可以有多个线程同时对数据文件进行读写，从而提高查询性能。在实际的学习环境中，可以根据具体情况调整文件组及数据文件数量。该例要先在 D 和 E 盘分别新建 XKDATA 文件夹。

数据库 xuanke 具体要求如表 3-8 所示。

操作步骤如下：

（1）创建如表 3-8 所示的数据库文件。

表 3-8   xuanke 数据库的文件及要求

逻辑名称	文件类型	文件组	操作系统文件名	初始容量	最大容量	自动增长
XKPri1_data	数据文件	primary	D:\XKDATA\XKPri1dt.mdf	20MB	50MB	15%
XKPri2_data	数据文件	primary	E:\ XKDATA\XKPri2dt.ndf	20MB	50MB	15%
XKGrp1Pri1_data	数据文件	XKGroup1	D:\ XKDATA\XKGrp1Pri1dt.ndf	20MB	50MB	5MB
XKGrp1Pri2_data	数据文件	XKGroup1	E:\ XKDATA\XKGrp1Pri2dt.ndf	20MB	50MB	5MB
XKGrp2Pri1_data	数据文件	XKGroup2	D:\ XKDATA\XKGrp2Pri1dt.ndf	20MB	50MB	5MB
XKGrp2Pri2_data	数据文件	XKGroup2	E:\ XKDATA\XKGrp2Pri2dt.ndf	20MB	50MB	5MB
students_log	日志文件	—	D:\ XKDATA\xuanke.ldf	5MB	25MB	5MB

（2）在查询分析器中输入并执行如下命令：

```
CREATE DATABASE xuanke
ON PRIMARY
(NAME=XKPri1_data,                       --数据库逻辑文件名称
 FILENAME='D:\XKDATA\XKPri1dt.mdf',      --主数据文件存储位置
 SIZE=20MB,                              --主数据文件大小
 MAXSIZE=50MB,                           --主数据文件最大增长空间为 50MB
 FILEGROWTH=15%),                        --文件增长大小设置为 15%
(NAME=XKPri2_data,
 FILENAME='E:\XKDATA\XKPri2dt.ndf',
 SIZE=20MB,
 MAXSIZE=50MB,
 FILEGROWTH=15%),
FILEGROUP XKGroup1
(NAME=XKGrp1Pri1_data,
 FILENAME='D:\XKDATA\XKGrp1Pri1dt.ndf',
```

```
     SIZE=20MB,
     MAXSIZE=50MB,
     FILEGROWTH=5MB),
     (NAME=XKGrp1Pri2_data,
     FILENAME='E:\XKDATA\XKGrp1Pri2dt.ndf',
     SIZE=20MB,
     MAXSIZE=50MB,
     FILEGROWTH=5MB),
     FILEGROUP XKGroup2
     (NAME=XKGrp2Pri1_data,
     FILENAME='D:\XKDATA\XKGrp2Pri1dt.ndf',
     SIZE=20MB,
     MAXSIZE=50MB,
     FILEGROWTH=5MB),
     (NAME=XKGrp2Pri2_data,
     FILENAME='E:\XKDATA\XKGrp2Pri2dt.ndf',
     SIZE=20MB,
     MAXSIZE=50MB,
     FILEGROWTH=5MB)
     LOG ON
     (NAME='xuanke_log',
     FILENAME='D:\XKDATA\xuanke.ldf',
     SIZE=5MB,
     MAXSIZE=25MB,
     FILEGROWTH=5MB)
     GO
```

（3）在查询分析器中执行上述命令后，"消息"窗格会出现"命令已成功查询"信息，状态栏会提示"命令已成功执行"。在"对象资源管理器"窗格中，右击数据库节点，选择"刷新"即可看到新创建的数据库 xuanke。

练 习 题

1．叙述主数据文件、次要数据文件、事务日志文件的概念。

2．简述使用文件组的好处是什么？每个数据库至少包含几个文件组？

3．SQL Server 2012 的系统数据库由哪些数据库组成？每个数据库的作用是什么？

4．创建、修改、缩减和删除数据库的 SQL 语句命令是什么？

5．用户创建数据库时，对数据库主要数据文件的初始大小有什么要求？假设某数据表包含 20 000 行数据，每行的大小是 5000B，则此数据表大约需要多少 MB 存储空间？在这些存储空间中，大约有多少 MB 空间是浪费的？

6．用 T-SQL 创建 teacher 数据库，具体要求如下：

（1）数据库主文件逻辑名为 teacher_data，初始大小为 10MB，自动增长，每次增长 1MB，最大存储空间为 100MB，物理文件名为 teacher1.mdf，存放在 D:\ teacherDB 文件夹中，日志文件逻辑名为 teacher_log，物理文件名为 teacherlog.ldf，初始大小为 2MB，自动增长，每次增长 10%，最大存储空间为 20MB。也存放在 D:\ teacherDB 文件夹中。

（2）将添加的数据文件 teacher_data2 的初始大小改为 10MB。

（3）缩小 teacher 数据库空间，使该数据库的空白空间为 30%。

（4）将数据文件 teacher_data 的初始大小改为 6MB。

（5）删除数据库 teacher，观察该数据库包含的文件是否一起被删除了。

7. 完成本章的所有实例。

第4章 | 表的基本操作

　　SQL Server 数据库中的表是一个非常重要的数据库对象，用户所关心的数据都存储在各表中，对数据的访问、验证、关联性连接、完整性维护等都是通过对表的操作实现的，所以掌握对数据库表的操作就显得非常重要了。前一章我们已经介绍了 SQL Server 数据库的创建、修改、删除等内容，本章将介绍如何创建、修改、删除数据库中的表对象。

4.1　SQL Server 表概述

　　为了在 SQL Server 中创建及管理表对象，首先介绍 SQL Server 中表的相关概念及数据类型。

4.1.1　SQL Server 表的概念

1. 表的定义

　　关系数据库的理论基础是关系模型，它直接描述数据库中数据的逻辑结构。关系模型的数据结构是一种二维表格结构，在关系模型中现实世界的实体与实体之间的联系均用二维表格来表示，如表 4-1 所示。

表 4-1　关系模型数据结构（学生表）

学号	姓名	性别	出生日期	入学时间	班级代码	系部代码	专业代码
140101001001	张斌	男	1995-05-04 00:00:00.000	2014-09-01 00:00:00.000	140101001	01	0101
140101001011	李岚	女	1996-05-04 00:00:00.000	2014-09-01 00:00:00.000	140101001	01	0101
140201001001	贾凌云	男	1994-09-01 00:00:00.000	2014-09-01 00:00:00.000	140201001	02	0201
140202002001	向雪林	女	1997-10-01 00:00:00.000	2014-09-01 00:00:00.000	140202001	02	0202
150102002001	周红瑜	女	1996-07-08 00:00:00.000	2015-09-01 00:00:00.000	150102002	01	0102
150102002007	李晟	男	1995-09-24 00:00:00.000	2015-09-01 00:00:00.000	150102002	01	0102
150102002018	周春梅	女	1997-02-16 00:00:00.000	2015-09-01 00:00:00.000	150102002	01	0102
150103001001	张雪琪	女	1993-04-28 00:00:00.000	2015-09-01 00:00:00.000	150103001	01	0103
150103001003	李艾一	女	1994-04-28 00:00:00.000	2015-09-01 00:00:00.000	150103001	01	0103

学号	姓名	性别	出生日期	入学时间	班级代码	系部代码	专业代码
150103001012	刘伟	男	1992-12-14 00:00:00.000	2015-09-01 00:00:00.000	150103001	01	0103

在 SQL Server 数据库中，表定义为列的集合，数据在表中是按行和列的格式组织排列的。每行代表一条记录，而每列代表记录中的一个域。例如，在包含学生基本信息的"学生"表中每一行代表一名学生，各列分别表示学生的详细资料，如学号、姓名、性别、出生日期、入学时间、班级代码等。

2．SQL Server 表与关系模型的对应

SQL Server 数据库中表的有关术语与关系模型中基本术语之间的对应关系如表 4-2 所示。

表 4-2 关系模型与 SQL Server 表的对应

关 系 模 型	SQL Server 表	关 系 模 型	SQL Server 表
关系	表	关系模式	表的定义
属性	表的列	属性名	列名
值	列值	元组	表的行或记录
码	主键	关系完整性	SQL Server 的约束
关系名	表名		

3．表的设计

对于开发一个大型的管理信息系统，必须按照数据库设计理论与设计规范对数据库进行专门的设计，这样开发出来的管理信息系统既能满足用户需求，又具有良好的可维护性与可扩充性。

设计 SQL Server 数据库表时，要根据数据库逻辑结构设计的要求，确定需要什么样的表、各表中都有哪些数据、所包含的数据的类型、表的各列及每一列的数据类型、列宽、哪些列允许空值、哪些需要索引、哪些列是主键、哪些列是外键等。在创建和操作表的过程中，将对表进行更为细致的设计。

SQL Server 表中数据的完整性是通过使用列的数据类型、约束、默认设计或规则等实现的，SQL Server 提供多种强制列中数据完整性的机制，如 PRIMARY KEY 约束、FOREIGN KEY 约束、UNIQUE 约束、CHECK 约束、DEFAULT 约束、是否为空值等。

创建一个表最有效的方法是将表中所需的信息一次定义完成，包括数据约束和附加成分。也可以先创建一个基础表，向其中添加一些数据并使用一段时间。这种方法使用户可以在添加各种约束、索引、默认、规则和其他对象形成最终设计之前，发现哪些事务最常用、哪些数据经常输入。

4.1.2 SQL Server 2012 数据类型

数据类型是用来表现数据特征的，它决定了数据在计算机中的存储格式、存储长度、数据精度和小数位数等属性。在创建 SQL Server 表时，表中的每一列必须确定列的数据类型，确定了数据类型也就确定了该列数据的取值范围。下面介绍常用的数据类型。

109

第 4 章

表的基本操作

1．二进制数据

二进制数据常用于存储图像等数据，它包括二进制数据 binary、变长二进制数据 varbinary 和 image 数据三种类型。

（1）binary[(n)]为存储空间固定的数据类型，存储空间大小为 n B。n 必须为 1～8000。若输入的数据不足 nB，则补足后存储。若输入的数据超过 nB，则截断后存储。

（2）varbinary[(n | max)]按变长存储二进制数据。n 必须是一个 1～8000 的数值，如果为 max，则表示最大存储空间为 $(2^{31}-1)$B。存储空间大小为输入数据字节的实际长度+2B，若输入的数据不足 $(n+2)$B，则按实际数据长度存储。若输入的数据超过 $(n+2)$B，则截断后存储。binary 数据比 varbinary 数据存取速度快，但是浪费存储空间，用户在建立表时，选择哪种二进制数据类型可根据具体的使用环境来决定。若不指定 n 的值，则默认为 1。

（3）image 数据类型可以存储最大长度为 $(2^{31}-1)$B 的二进制数据。

2．字符型数据

字符型数据用于存储汉字、英文字母、数字、标点和各种符号，输入时必须用英文单引号括起来。字符型数据有非 unicode 字符数据的定长字符串类型 char、变长字符串类型 varchar、文本类型 text。

（1）char[(n)]按固定长度存储字符串，存储空间大小为 n B。n 必须为 1～8000。若输入的数据不足 n B，则补足后存储。若输入的数据超过 n B，则截断后存储。

（2）varchar[(n | max)]按变长存储字符串，n 必须是一个 1～8000 的数值，如果为 max，则表示最大存储空间为 $(2^{31}-1)$B。存储空间大小为输入数据字节的实际长度+2B，若输入的数据不足 $(n+2)$B，则按实际数据长度存储。若输入的数据超过 $(n+2)$B，则截断后存储。所输入的数据字符长度可以为零。char 类型的字符串查询速度快，当有空值或字符串长度不固定时可以使用 varchar 数据类型。

（3）text 数据类型可以存储最大长度为 $(2^{31}-1)$B 的字符数据。

3．unicode 字符数据

unicode 标准为全球商业领域中广泛使用的大部分字符定义了一个单一编码方案。所有的计算机都用单一的 unicode 标准，unicode 数据中的位模式一致地翻译成字符，这保证了同一个位模式在所有的计算机上总是转换成同一个字符。数据可以随意地从一个数据库或计算机传送到另一个数据库或计算机，而不用担心接收系统是否会错误地翻译位模式。unicode 字符数据有定长字符型 nchar、变长字符型 nvarchar 和文本类型 ntext 三种。

（1）nchar[(n)]存放 n 个 unicode 字符数据，n 必须是一个 1～4000 的数值。

（2）nvarchar[(n | max)]存放长度可变的 n 个 unicode 字符数据，n 必须是一个 1～4000 的数值，如果为 max，则表示最大存储空间为 $(2^{31}-1)$B。

（3）ntext 存储最大长度为 $(2^{30}-1)$B 的 unicode 字符数据。

nchar、nvarchar 和 ntext 的用法分别与 char、varchar 和 text 的用法一样，只是 unicode 支持的字符范围更大，存储 unicode 字符所需的空间更大，nchar 和 nvarchar 列最多可以有 4000 个字符，而不像 char 和 varchar 字符那样可以有 8000 个字符。

4．日期时间型数据

日期时间型数据用于存储日期和时间数据，日期时间型数据类型包括 datetime 和

smalldatetime。

（1）datetime 数据日期上可以存储从 1753 年 1 月 1 日到 9999 年 12 月 31 日的数据，时间上可以存储从 00:00:00 到 23:59:59.997 的数据。

（2）smalldatetime 数据可以存储从 1900 年 1 月 1 日到 2079 年 6 月 6 日的日期和时间数据，精确度为分。

在输入日期时间数据时，允许使用指定的数字 02/25/96 表示 1996 年 2 月 25 日。当使用数据日期格式时，在字符串中可以使用斜杠（/）、连字符（-）或句点（.）作为分隔符来指定月、日、年。例如，01/26/99、01.26.99、01-26-99 为（mdy）格式，26/01/99、26.01.99、26-01-99 为（dmy）格式等。当语言设置为英语时，默认的日期格式为（mdy）格式。也可以使用 SET DATEFORMAT 语句改变日期的格式。

5．整数型数据

整数型数据用于存储整数，有 bigint、int、smallint 和 tinyint 四种类型。

（1）bigint：$-2^{63} \sim 2^{63}-1$ 的整型数据，存储大小为 8B。

（2）int：$-2^{31} \sim 2^{31}-1$ 的整型数据，存储大小为 4B。

（3）smallint：$-2^{15} \sim 2^{15}-1$ 的整型数据，存储大小为 2B。

（4）tinyint：0～255 的整型数据，存储大小为 1B。

6．精确数值型数据

精确数值型数据用于存储带有小数点且小数点后位数确定的实数，主要包括 decimal 和 numeric 两种。

（1）decimal[(p[,s])]。使用最大精度时，有效值为 $-10^{38}+1 \sim 10^{38}-1$。

（2）numeric[(p[,s])]。用法同 decimal[(p[,s])]。

说明：p（精度）指定可以存储的十进制的最大位数（不含小数点），p 是从 1 到最大精度之间的值，最大精度为 38。s（小数位数）指定可以存储的小数的最大位数，小数位数必须是从 0～p 的值，默认小数位数是 0，最大存储大小基于精度而变化。

7．近似数值数据

近似数值型数据用于存储浮点数，包括 float 和 real 两种。

（1）float(n)用于存放−1.79E+308～−2.23E-308, 0 和 2.23E-308～1.79E+308 数值的浮点数。其中，n 为精度，n 是 1～53 的整数。存储大小为取决于精度。

（2）real 用于存放−3.40E+38～−1.18E-38, 0 和 1.18E-38～3.40E+38 数值的浮点数，存储大小为 4B。

近似型数值数据不能确定所输出的数值精确度。

8．货币数据

货币数据由十进制货币的数值数据组成，货币数据有 money 和 smallmoney 两种。

（1）money。货币数据值介于−922 337 203 685 477.580 8～922 337 203 685 477.580 7，精确到货币单位的万分之一，存储大小为 8B。

（2）smallmoney。货币数据值介于−214 748.364 8～214 748.364 7，精确到货币单位的万分之一，存储大小为 4B。

9．位类型数据

位类型数据 bit 用于存储整数，只能取 1、0 或 NULL，常用于逻辑数据的存储。在位类型的字段中输入 0 和 1 之外的任何值，系统都会作为 1 来处理。如果一个表中有 8 个以下的位类型数据字段，则系统会用 1B 存储这些字段；如果表中有 9 个以上、16 个以下位类型数据字段，则系统会用 2B 来存储这些字段。

4.2　数据库中表的创建

在 SQL Server 中建立了数据库之后，就可以在该数据库中创建表了。可以采用对象资源管理器和 T-SQL 语句两种方法创建表。不管哪种方法，都要求用户具有创建表的权限，默认情况下，系统管理员和数据库的所有者具有创建表的权限。

4.2.1　使用对象资源管理器创建表

1. 创建表的步骤

创建表一般要经过定义表结构、设置约束和添加数据三个步骤，其中，设置约束可以在定义表结构时或定义完成之后建立。

（1）定义表结构。给表的每一列取字段名，并确定每一列的数据类型、数据长度、列数据是否可以为空等。

（2）设置约束。设置约束是为了限制该列输入值的取值范围，以保证输入数据的正确性和一致性。

（3）添加数据。表结构建立完成之后，应该向表中输入数据。

"班级"表的表结构定义如表 4-3 所示，"班级"表的数据如表 4-4 所示。

表 4-3　"班级"表的表结构

字 段 名 称	数 据 类 型	字段长度/B	是 否 为 空
班级代码	char	9	否
班级名称	varchar	20	是
专业代码	char	4	是
系部代码	char	2	是
备注	varchar	50	是

表 4-4　"班级"表中的数据

班 级 代 码	班 级 名 称	专 业 代 码	系 部 代 码	备 注
140101001	14 级软件工程 001 班	0101	01	
140201001	14 级经济管理 001 班	0201	02	
140202001	14 级会计 002 班	0202	02	
150102002	15 级信息管理 002 班	0102	01	
150103001	15 级电子商务班 001 班	0103	01	

2. 创建表

下面以"班级"表为例，介绍使用对象资源管理器创建表的操作步骤。

（1）在"对象资源管理器"窗格中展开"数据库"节点，选择在其中建立表的数据库，这里选择 student 数据库，如图 4-1 所示，右击"表"节点，在弹出的快捷菜单中选择"新建表"命令，打开"表设计器"窗口，如图 4-2 所示。

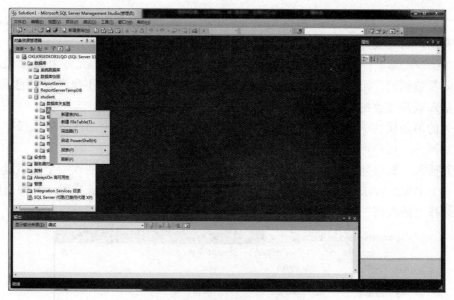

图 4-1 "新建表"命令

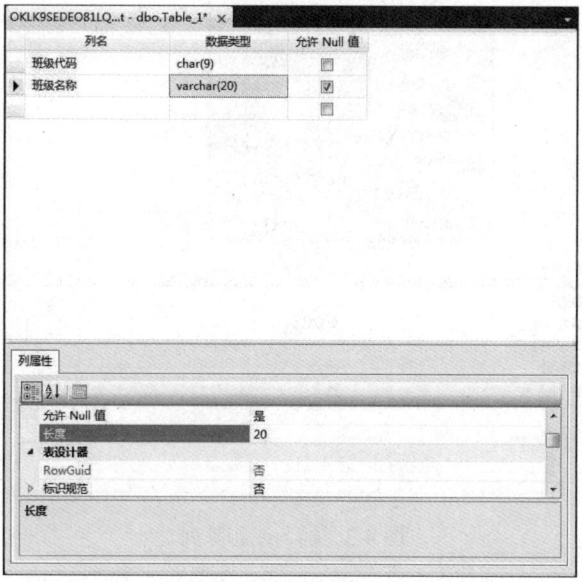

图 4-2 "表设计器"窗口

(2) 在"表设计器"窗口上部网格中，每一行描述了表中一个字段，每行有三列，这
三列分别描述了列名、数据类型和允许空等属性。在"表设计器"窗口中，将"班级"表
的结构的各列字段名称、数据类型、数据长度和允许空等各项依次输入到网格中，如图 4-2
所示。

对"表设计器"窗口中各关键词的解释如下：

- "列名"列——在"列名"列中输入字段名时，字段名应符合 SQL Server 的命名规
  则，即字段名可以是汉字、英文字母、数字、下画线以及其他符号，在同一个表中
  字段名必须是唯一的。

- "数据类型"列——在"数据类型"列中可以从下拉列表中选择一种系统数据类型和用户自定义数据类型。
- "允许空"列——指定字段是否允许为 Null 值。如果该字段不允许为 Null 值，则清除复选标记。如果该字段允许为 Null 值，则选中复选标记。不允许为空的字段，在插入或修改数据时必须输入数据，否则会出现错误。
- 列的附加属性——在"表设计器"窗口下部的列表中，在上部网格中选择字段的附加属性，用户可以在此对列的属性进行进一步的设置。

（3）插入、删除列。在定义表结构时，可以在某一字段的上边插入一个新字段，也可以删除一个字段。方法是：在"表设计器"窗口的上部网格中右击该字段，在弹出的快捷菜单中选择"插入列"或"删除列"命令，如图 4-3 所示。

图 4-3　插入或删除列

（4）保存表。单击"表设计器"窗口工具栏中的"保存"按钮，打开"选择名称"对话框，如图 4-4 所示，输入"班级"并单击"确定"按钮，然后关闭"表设计器"窗口完成表的定义。

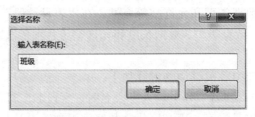

图 4-4　"选择名称"对话框

4.2.2 使用 T-SQL 语句创建表

1. CREATE TABLE 语句的语法

除了使用对象资源管理器创建表以外，还可以使用 T-SQL 语言中的 CREATE TABLE 语句创建表结构。在 SQL Server Management Studio 中，单击标准工具栏的"新建查询"按钮，启动 SQL 编辑器窗口，在光标处输入 T-SQL 语句，单击"执行"按钮。SQL 编辑器就提交用户输入的 T-SQL 语句，然后发送到服务器执行，并返回执行结果。使用 CREATE TABLE 创建表结构的语法格式如下：

```
CREATE TABLE
        [database_name.][owner.]table_name
        ({<column_definition>
         |column_name as computed_column_expression
         |<table_constraint>::=[CONSTRAINT constraint_name]}
         |[{PRIMARY KEY|UNIQUE}[,…n])
         [ON{filegroup|DEFAULT}][TEXTIMAGE_ON{filegroup|DEFAULT}]
```

其中，<column_definition>的语法如下：

```
<column_definition>::={column_name data_type}
    [NULL|NOT NULL]
     [[DEFAULT constant_expression]
     |[IDENTITY[(seed,increment)[NOT FOR REPLICATION]]]]
     [ROWGUIDCOL][COLLATE<collation_name>]
     [<column_constraint>][…n]
```

其中参数含义说明如下：

- database_name——指定新建表所置于的数据库名，若该名不指定就会置于当前数据库中。
- owner——指定数据库所有者的名称，它必须是 database_name 所指定的数据库中现有的用户 ID。
- table_name——指定新建表的名称，需在一个数据库中是唯一的，且遵循 T-SQL 语言中的标识符规则，表名长度不能超过 128 个字符，对于临时表则表名长度不能超过 116 个字符。
- column_name——指定列的名称，在表内必须唯一。
- computed_column_expression——指定该计算列定义的表达式。
- ON{filegroup|DEFAULT}——指定存储新建表的数据库文件组名称。如果使用了 DEFAULT 或省略了 ON 子句，则新建的表会存储在数据库的默认文件组中。
- TEXTIMAGE_ON——指定 TEXT、NTEXT 和 IMAGE 列的数据存储的数据库文件组。若省略该子句，这些类型的数据就和表一起存储在相同的文件组中。如果表中没有 TEXT、NTEXT 和 IMAGE 列，则可以省略 TEXTIMAGE_ON 子句。
- data_type——指定列的数据类型，可以是系统数据类型或者用户自定义数据类型。

表的基本操作

- NULL|NOT NULL——说明列值是否允许为 NULL。在 SQL Server 中，NULL 既不是 0 也不是空格，它意味着用户还没有为列输入数据或是明确地插入了 NULL。
- IDENTITY——指定列为一个标识列，一个表中只能有一个 IDENTITY 标识列。当用户向数据表中插入新数据行时，系统将为该列赋予唯一的、递增的值。IDENTITY 列通常与 PRIMARY KEY 约束一起使用，该列值不能由用户更新，不能为空值，也不能绑定默认值和 DEFAULT 约束。
- seed——指定 IDENTITY 列的初始值，默认值为 1。
- increment——指定 IDENTITY 列的列值增量，默认值为 1。
- NOT FOR REPLICATION——指定列的 IDENTITY 属性，在把从其他表中复制的数据插入到表中时不发生作用。
- FOWGUIDCOL——指定列为全局唯一标识符列。此列的数据类型必须为 UNIQUEDENTIFIER 类型，一个表中数据类型为 UNIQUEDENTIFIER 的列中只能有一个列被定义为 FOWGUIDCOL 列。FOWGUIDCOL 属性不会使列值具有唯一性，也不会自动生成一个新的数值给插入的行。

注意： 在以上的语法格式中，"[ ]"表示该项可省略，省略时各参数取默认值，"{ }[, …n]"表示大括号括起来的内容可以重复写多次。尖括号"<>"中的内容表示对一组选项的代替。T-SQL 语句在书写时不区分大小写，为了清晰，一般都用大写表示系统保留字，用小写表示用户自定义的名称。一条语句可以写在多行上，但不能多条语句写在一行上。类似 A|B 的语句，表示可以选 A 也可以选 B，但是不能同时选择 A 和 B。本书所有的 T-SQL 语句的语法格式都遵守此约定。

2. CREATE TABLE 语句的使用

下面通过几个例子来介绍使用 CREATE TABLE 语句创建表的方法。读者在学习过程中要多上机实践培养熟练操作的能力。

【例 4.1】 在 student 数据库中创建"系部"表，"系部"表的表结构定义如表 4-5 所示。

表 4-5 "系部"表的表结构

字 段 名	数 据 类 型	长度/B	是 否 为 空
系部代码	char	2	否
系部名称	varchar	30	否
系主任	char	8	是

用户可以在 SQL 查询编辑器中输入如下代码，然后单击"分析"按钮，检查通过后，单击"执行"按钮，用户将在查询编辑的"结果"窗格中看到执行信息，如图 4-5 所示。

```
USE student
GO
CREATE TABLE dbo.系部
 (系部代码 char(2) NOT NULL,
  系部名称 varchar(30) NOT NULL,
  系主任 char(8))
GO
```

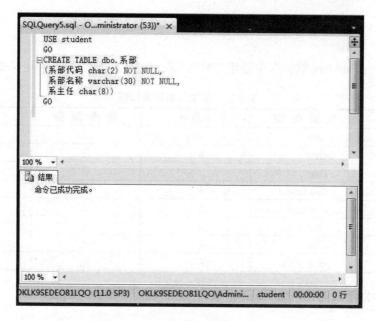

图 4-5　用 T-SQL 语句创建"系部"表

上例创建表的关键字是 CREATE TABLE，"dbo.系部"为表的拥有者 dbo 和表名"系部"。在括号内给出的"系部代码 char(2) NOT NULL，"的含义是定义字段名为"系部代码"，数据类型为 char，长度为 2B，不允许为 NULL 值。在两个字段之间用英文逗号分开。"系部名称 varchar(30) NOT NULL，"的含义是定义字段名为"系部名称"，数据类型为 varchar，长度为 30B，不允许为 NULL 值。"系主任 char(8)"的含义是定义字段名为"系主任"，数据类型为 char，长度为 8B，允许为 NULL 值。

用户除了可以在查询编辑器中见到创建表的信息，也可以通过对象资源管理器查看新建表。

【例 4.2】　在 student 数据库中创建"专业"表，"专业"表的表结构定义如表 4-6 所示。

表 4-6　"专业"表的表结构

字　段　名	数　据　类　型	长度/B	是 否 为 空
专业代码	char	4	否
专业名称	varchar	20	否
系部代码	char	2	是

创建"专业"表的代码如下：

```
USE student
GO
CREATE TABLE 专业
(专业代码 char(4) CONSTRAINT pk_zydm PRIMARY KEY,
 专业名称 varchar(20) NOT NULL,
 系部代码 char(2))
GO
```

在创建表时可以指定约束，在此例中指定"专业代码"字段为主键，主键约束名为pk_zydm。

【例4.3】 在student数据库中创建"学生"表，"学生"表的表结构定义如表4-7所示。

表4-7 "学生"表的表结构

字 段 名	数据类型	长度/B	是否为空	约 束
学号	char	12	否	主键
姓名	char	8	是	
性别	char	2	是	
出生日期	datetime	8	是	
入学时间	datetime	8	是	
班级代码	char	9	是	外键
系部代码	char	2	是	
专业代码	char	4	是	

创建"学生"表的代码如下：

```
USE student
GO
CREATE TABLE 学生
(学号 char(12) CONSTRAINT pk_xh PRIMARY KEY,
 姓名 char(8),
 性别 char(2),
 出生日期 datetime,
 入学时间 datetime,
 班级代码 char(9) CONSTRAINT fk_bjdm REFERENCES 班级(班级代码),
 系部代码 char(2),
 专业代码 char(4))
GO
```

在创建"学生"表的代码中，"班级代码 char(9) CONSTRAINT fk_bjdm REFERENCES 班级(班级代码)"的含义是指定"班级代码"为"学生"表的外键，它引用的是"班级"表中的"班级代码"字段的值。不过"班级"表中的"班级代码"字段必须在此之前定义为主键。

4.3 修改表结构

一个表建立之后，可以根据使用的需要对它进行修改和删除，修改的内容可以是列的属性，如列名、数据类型、长度等，还可以添加列、删除列等。修改和删除表可以使用对象资源管理器，也可以使用T-SQL语句完成。

4.3.1 使用对象资源管理器修改表结构

（1）在"对象资源管理器"窗格中展开"数据库"节点，选择相应的数据库，展开表对象。

（2）在"对象资源管理器"窗格中，右击要修改的表，在弹出的快捷菜单中选择"设计"命令，打开"表设计器"窗口。

（3）在"表设计器"窗口中修改各字段的定义，如字段名、字段类型、字段长度、是否为空等。

（4）添加、删除字段。如果要增加一个字段，将光标移动到最后一个字段的下边，输入新字段的定义即可。如果要在某一字段前插入一个字段，则右击该字段，在弹出的快捷菜单中选择"插入列"命令。如果要删除某列，则右击该列，在弹出的快捷菜单中选择"删除列"命令。

4.3.2　使用 T-SQL 语句修改表结构

使用 ALTER TABLE 语句可以对表的结构和约束进行修改。ALTER TABLE 语句的语法格式如下：

```
ALTER TABLE table_name
 {[ALTER COLUMN column_name
  {new_data_type [(precision[,scale])][collate <collation_name>]
    [NULL|NOT NULL]|{ADD|DROP} ROWGUIDCOL]}
  }
 |ADD
  {[<column_definition>]|column_name AS computed_column_expression}[,…n]
   |[WITH CHECK|WITH NOCHECK]ADD
  {<table_constraint>}[,…n]
   |DROP
  {[CONSTRAINT]constraint_name|COLUMN column}[,…n]
   |[CHECK|NOCHECK]CONSTRAINT {ALL|constraint_name[,…n]}
   |{ENABLE|DISABLE}TRIGGER{ALL|trigger_name[,…n]}}
```

其中参数含义说明如下：

- table_name——要更改的表的名称。若表不在当前数据库中或表不属于当前用户，就必须指定其列所属的数据库名称和所有者名称。
- ALTER COLUMN——指定要更改的列。
- new_data_type——指定新的数据类型名称。
- precision——指定新数据类型的精度。
- scale——指定新数据类型的小数位数。
- WITH CHECK|WITH NOCHECK——指定向表中添加新的或者打开原有的 FOREIGN KEY 约束或 CHECK 约束的时候，是否对表中已有的数据进行约束验证。对于新添加的约束，系统默认为 WITH CHECK，WITH NOCHECK 作为启用旧约束的默认选项。该参数对于主关键字约束和唯一性约束无效。
- {ADD|DROP}ROWGUIDCOL —— 添加或删除列的 ROWGUIDCOL 属性。ROWGUIDCOL 属性只能指定给一个 UNIQUEIDENTIFIER 列。
- ADD——添加一个或多个列。

- computed_column_expression——计算列的计算表达式。
- DROP{[CONSTRAINT]constraint_name|COLUMN column_name}——指定要删除的约束或列的名称。
- {CHECK|NOCHECK}CONSTRAINT——启用或禁用某约束，若设置 ALL，则启用或禁用所有的约束。但该参数只适用于 CHECK 和 FOREIGN KEY 约束。
- {ENABLE|DISABLE}TRIGGER——启用或禁用触发器。当一个触发器被禁用后，在表上执行 INSERT、UPDATE 或者 DELETE 语句时，触发器将不起作用，但是它对表的定义依然存在。ALL 选项启用或禁用所有的触发器。trigger_name 为指定触发器名称。

【例 4.4】 在 student 数据库的"学生"表中增加"家庭住址"列，数据类型为 varchar(40)，允许为空。

在查询编辑器中输入如下语句：

```
USE student
GO
ALTER TABLE 学生
ADD 家庭住址 varchar(40)
GO
```

【例 4.5】 在 student 数据库的"学生"表中修改"家庭住址"列，数据类型为 varchar(50)，允许为空。

在查询编辑器中输入如下语句：

```
USE student
GO
ALTER TABLE 学生
ALTER COLUMN 家庭住址 varchar(50)
GO
```

【例 4.6】 在 student 数据库的"学生"表中删除"家庭住址"列。

在查询编辑器中输入如下语句：

```
USE student
GO
ALTER TABLE 学生
DROP COLUMN 家庭住址
GO
```

4.4 删 除 表

由于应用的原因，有些表可能不再需要了，此时可以将其删除。一旦表被删除，表的结构、表中的数据、约束、索引等都将被永久地删除。删除表的操作可以通过对象资源管理器完成，也可以通过 DROP TABLE 语句完成。

4.4.1 使用对象资源管理器删除表

【例4.7】 在student数据库中删除"教师"表。

操作步骤如下：

（1）在"对象资源管理器"窗格中展开"数据库"节点，选择相应的数据库并展开其中的表节点。

（2）在"对象资源管理器"窗格中，右击要删除的表，在弹出的快捷菜单中选择"删除"命令，打开如图4-6所示的"删除对象"对话框，单击"确定"按钮即可删除表。

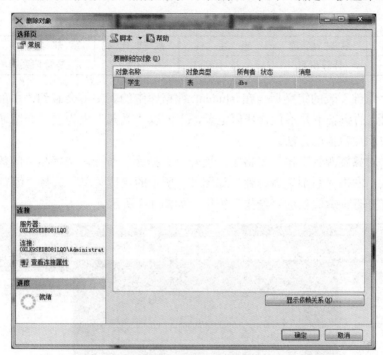

图4-6 "删除对象"对话框

4.4.2 使用 DROP TABLE 语句删除表

【例4.8】 在student数据库中删除"系部"表。

在查询编辑器中输入如下命令：

```
USE student
GO
DROP TABLE 系部
GO
```

执行完命令后，就可以删除student数据库中的"系部"表，读者可以在"结果"窗格中看到"命令已成功完成"的信息。需要注意的是，删除一个表的同时表中的数据也会被删除，所以删除表时要慎重。

4.5　添加数据

一个表创建以后，并不包含任何记录，需要向表中输入数据。另外读者还可以查看表的一些相关信息，如表结构信息和表中的数据等。

4.5.1　使用对象资源管理器向表中添加数据

【例4.9】　在student数据库的"系部"表中输入如表4-8所示的数据。

表4-8　"系部"表中的数据

系 部 代 码	系 部 名 称	系 主 任	系 部 代 码	系 部 名 称	系 主 任
01	计算机系	徐才智	02	经济管理系	张博

完成了"系部"表的定义后，在student数据库中的表中就会看到"系部"表，如图4-7所示。创建的新表中并不包含任何记录，下面以"系部"表为例，介绍通过对象资源管理器向表中添加数据的方法。

（1）在"对象资源管理器"窗格中，展开"数据库"节点，选择相应的数据库并展开其中的表节点，右击"系部"表，弹出如图4-7所示的快捷菜单，选择"编辑前200行"命令，就会打开查询编辑器的"结果"窗格，如图4-8所示。

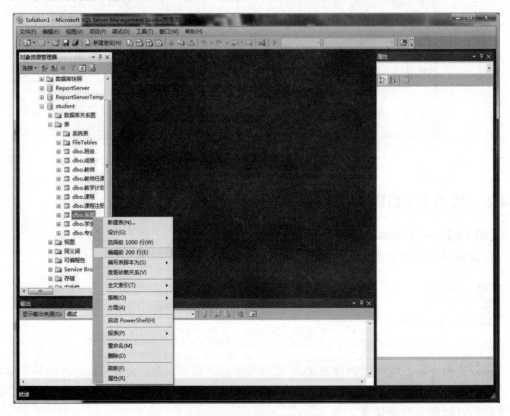

图4-7　输入数据快捷菜单

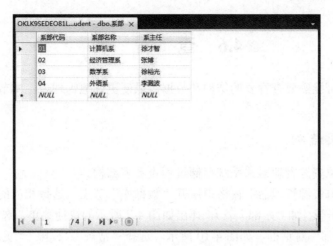

图 4-8 "结果"窗格

（2）输入数据，在查询编辑器的表中可以输入新记录，也可以修改和删除已经输入的记录。将表 4-8 "系部" 表中的数据输入到 "系部" 表中，如图 4-8 所示。

4.5.2 使用 INSERT 语句向表中添加数据

在查询编辑器中，使用 INSERT 语句将一行新的记录添加到一个已经存在的表中。关于 INSERT 语句的详细用法将在第 5 章介绍。

【例 4.10】 使用 INSERT 语句向 student 数据库的 "系部" 表中添加新记录。

在查询编辑器中输入如下语句：

```
USE student
GO
INSERT 系部
VALUES('05','物理系','王德才')
GO
```

执行结果如图 4-9 所示。

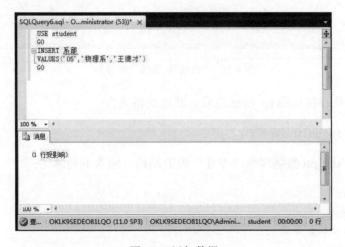

图 4-9 添加数据

第
4
章

表的基本操作

4.6 查 看 表

表建好后，可能需要查看表的结构和数据，以便更好地管理表。本节介绍查看表的结构和数据的方法。

4.6.1 查看表结构

可以使用对象资源管理器和系统存储过程查看表结构。

（1）在"对象资源管理器"窗格中展开"数据库"节点，选择相应的数据库并展开其中的表节点，右击表（如"系部"表），弹出如图 4-7 所示的快捷菜单，选择"属性"命令，打开"表属性-系部"对话框，如图 4-10 所示。选择"常规""权限""更改跟踪""存储"和"扩展属性"选项查看表信息。

图 4-10 "表属性-系部"对话框

（2）使用系统存储过程 sp_help 查看。其语法格式为：

```
[EXECUTE] sp_help [表名]
```

例如，查看 student 数据库中"专业"表的结构，输入下列语句：

```
USE student
GO
EXECUTE sp_help 专业
GO
```

在查询编辑器中输入上述代码并执行,执行结果如图 4-11 所示。

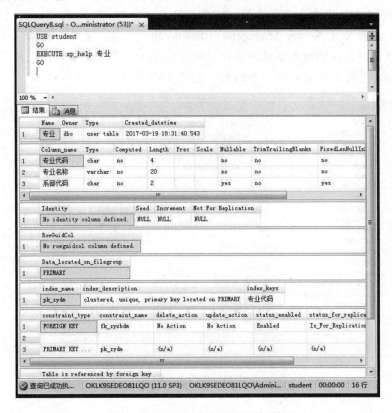

图 4-11　sp_help 命令查看表的属性

4.6.2　查看表中的数据

在"对象资源管理器"窗格中展开"数据库"节点,选择相应的数据库并展开其中的表节点,右击"系部"表,弹出如图 4-7 所示的快捷菜单,选择"选择前 1000 行"命令,就会在"结果"窗格中看到表中的数据,如图 4-12 所示。在此用户只能查看表中数据,不能添加、修改和删除数据。

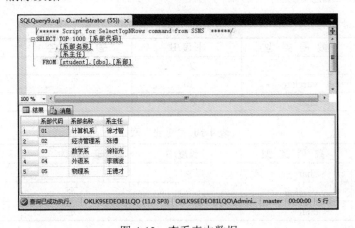

图 4-12　查看表中数据

注意：4.5.1 节和 4.6.2 节中在对象资源管理器里右击某个表时出现的"编辑前 200 行"及"选择前 1000 行"两个命令的参数，可在 SQL Server Management Studio 中修改。具体修改步骤为：打开 SQL Server Management Studio 的"工具"菜单，选择"选项"命令，在弹出的选项窗口左方的树形目录中展开"SQL Server 对象资源管理器"目录，选择"命令"选项，即可在窗口右方修改命令参数，如图 4-13 所示。

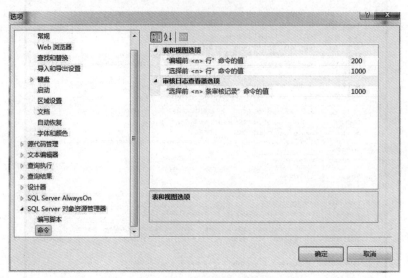

图 4-13　修改命令参数

4.7　应 用 举 例

前面已经介绍了数据库中表的一些基本操作，本节将以"学生选课管理信息系统"和"计算机计费系统"数据库中表的创建为案例，来加深对数据库表基本操作的理解。

4.7.1　学生选课管理信息系统的各表定义及创建

学生选课管理信息系统各表的结构见表 4-9～表 4-17。

表 4-9　"系部"表

字 段 名 称	数 据 类 型	长度/B	是 否 为 空	约　　束
系部代码	char	2	否	主键
系部名称	varchar	30	否	
系主任	char	8	是	

表 4-10　"专业"表

字 段 名 称	数 据 类 型	长度/B	是 否 为 空	约　　束
专业代码	char	4	否	主键
专业名称	varchar	20	否	
系部代码	char	2	是	外键

表 4-11 "班级"表

字 段 名 称	数 据 类 型	长度/B	是 否 为 空	约 束
班级代码	char	9	否	主键
班级名称	varchar	20	是	
专业代码	char	4	是	外键
系部代码	char	2	是	外键
备注	varchar	50	是	

表 4-12 "学生"表

字 段 名	数 据 类 型	长度/B	是 否 为 空	约 束
学号	char	12	否	主键
姓名	char	8	是	
性别	char	2	是	
出生日期	datetime	8	是	
入学时间	datetime	8	是	
班级代码	char	9	是	外键
系部代码	char	2	是	外键
专业代码	char	4	是	外键

表 4-13 "课程"表

字 段 名 称	数 据 类 型	长度/B	是 否 为 空	约 束
课程号	char	4	否	主键
课程名	char	20	否	
学分	smallint	2	是	

表 4-14 "教师"表

字 段 名	数 据 类 型	长度/B	是 否 为 空	约 束
教师编号	char	12	否	主键
姓名	char	8	否	
性别	char	2	是	
出生日期	datetime	8	是	
学历	char	10	是	
职务	char	10	是	
职称	char	10	是	
系部代码	char	2	是	外键
专业	char	20	是	
备注	varchar	50	是	

表 4-15 "教学计划"表

字 段 名	数 据 类 型	长度/B	是 否 为 空	约 束
课程号	char	4	否	外键
专业代码	char	4	否	外键
专业学级	char	4	是	
课程类型	char	8	是	
开课学期	tinyint	1	是	
学分	tinyint	1	是	

表的基本操作

表 4-16 "教师任课"表

字 段 名	数 据 类 型	长度/B	是 否 为 空	约 束
教师编号	char	12	是	外键
课程号	char	4	是	外键
专业学级	char	4	是	
专业代码	char	4	是	外键
学年	char	4	是	
学期	tinyint	1	是	
学生数	smallint	2	是	

表 4-17 "课程注册"表

字 段 名	数 据 类 型	长度/B	是 否 为 空	约 束
注册号	bigint	8	否	主键
学号	char	12	是	外键
课程号	char	4	是	外键
教师编号	char	12	是	外键
专业代码	char	4	是	外键
专业学级	char	4	是	
选课类型	char	8	是	
学期	tinyint	1	是	
学年	char	4	是	
成绩	tinyint	1	是	
学分	tinyint	1	是	

创建各表的代码如下：

```
USE student
GO

CREATE TABLE 系部
(系部代码 char(2) CONSTRAINT pk_xbdm PRIMARY KEY,
 系部名称 varchar(30) NOT NULL,
 系主任 char(8))
GO

CREATE TABLE 专业
(专业代码 char(4) CONSTRAINT pk_zydm PRIMARY KEY,
 专业名称 varchar(20) NOT NULL,
 系部代码 char(2) CONSTRAINT fk_zyxbdm REFERENCES 系部(系部代码))
GO
CREATE TABLE 班级
(班级代码 char(9) CONSTRAINT pk_bjdm PRIMARY KEY,
 班级名称 varchar(20),
 专业代码 char(4) CONSTRAINT fk_bjzydm REFERENCES 专业(专业代码),
 系部代码 char(2) CONSTRAINT fk_bjxbdm REFERENCES 系部(系部代码),
 备注 varchar(50))
```

```
GO

CREATE TABLE 学生
(学号 char(12) CONSTRAINT pk_xh PRIMARY KEY,
 姓名 char(8),
 性别 char(2),
 出生日期 datetime,
 入学时间 datetime,
 班级代码 char(9) CONSTRAINT fk_xsbjdm REFERENCES 班级(班级代码),
 系部代码 char(2) CONSTRAINT fk_xsxbdm REFERENCES 系部(系部代码),
 专业代码 char(4) CONSTRAINT fk_xszydm REFERENCES 专业(专业代码))
GO

CREATE TABLE 课程
(课程号 char(4) CONSTRAINT pk_kc PRIMARY KEY,
 课程名 char(20) NOT NULL,
 学分 smallint)
GO

CREATE TABLE 教师
(教师编号 char(12) CONSTRAINT pk_jsbh PRIMARY KEY,
 姓名 char(8) NOT NULL,
 性别 char(2),
 出生日期 datetime,
 学历 char(10),
 职务 char(10),
 职称 char(10),
 系部代码 char(2) CONSTRAINT fk_jsxbdm REFERENCES 系部(系部代码),
 专业 char(20),
 备注 varchar(50))
GO

CREATE TABLE 教学计划
(课程号 char(4) CONSTRAINT fk_jxjhch REFERENCES 课程(课程号),
 专业代码 char(4) CONSTRAINT fk_jxjhzydm REFERENCES 专业(专业代码),
 专业学级 char(4),
 课程类型 char(8),
 开课学期 tinyint,
 学分 tinyint)
GO

CREATE TABLE 教师任课
(教师编号 char(12) CONSTRAINT fk_jsrkjsbh REFERENCES 教师(教师编号),
 课程号 char(4) CONSTRAINT fk_jsrkch REFERENCES 课程(课程号),
 专业学级 char(4),
 专业代码 char(4) CONSTRAINT fk_jsrkzydm REFERENCES 专业(专业代码),
 学年 char(4),
```

表的基本操作

```
学期 tinyint,
学生数 smallint)
GO
```

```
CREATE TABLE 课程注册
(注册号 bigint identity(010000000,1) not for replication CONSTRAINT pk_zch
PRIMARY KEY,
学号 char(12) CONSTRAINT fk_kczcxh REFERENCES 学生(学号),
课程号 char(4) CONSTRAINT fk_kczckch REFERENCES 课程(课程号),
教师编号 char(12) CONSTRAINT fk_kczcjsbh REFERENCES 教师(教师编号),
专业代码 char(4) CONSTRAINT fk_kczczydm REFERENCES 专业(专业代码),
专业学级 char(4),
选课类型 char(8),
学期 tinyint,
学年 char(4),
成绩 tinyint,
学分 tinyint)
GO
```

4.7.2　计算机计费系统的各表定义及创建

计算机计费系统各表的结构见表 4-18～表 4-21。

表 4-18　"班级"表

字 段 名 称	数 据 类 型	长度/B	是 否 为 空	约　　束
班级代码	char	10	否	主键
班级名称	char	30	是	

表 4-19　"上机卡"表

字 段 名 称	数 据 类 型	长度/B	是 否 为 空	约　　束
上机号	char	13	否	主键
姓名	char	8	是	
班级代码	char	10	是	外键
上机密码	varchar	30	是	
管理密码	varchar	30	是	
余额	money	8	是	
备注	varchar	50	是	

表 4-20　"上机记录"表

字 段 名 称	数 据 类 型	长度/B	是 否 为 空	约　　束
上机号	char	13	是	外键
上机日期	datetime	8	是	
开始时间	datetime	8	是	
结束时间	datetime	8	是	
上机状态	bit	1	是	

表 4-21 "管理员"表

字 段 名 称	数 据 类 型	长度/B	是 否 为 空	约 束
管理员代码	char	20	否	主键
姓名	char	8	是	
密码	char	10	是	

创建各表的代码如下：

```
USE jifei
GO

CREATE TABLE 班级
(班级代码 char(10) CONSTRAINT pk_bjdm PRIMARY KEY,
 班级名称 char(30))
GO

CREATE TABLE 上机卡
(上机号 char(13) CONSTRAINT pk_sjh PRIMARY KEY,
 姓名 char(8),
 班级代码 char(10) CONSTRAINT fk_bjdm REFERENCES 班级(班级代码),
 上机密码 varchar(30),
 管理密码 varchar(30),
 余额 money,
 备注 varchar(50))
GO

CREATE TABLE 上机记录
(上机号 char(13) CONSTRAINT fk_sjjlsjh REFERENCES 上机卡(上机号),
 上机日期 datetime,
 开始时间 datetime,
 结束时间 datetime,
 上机状态 bit)
GO

CREATE TABLE 管理员
(管理员代码 char(20) CONSTRAINT pk_glydm PRIMARY KEY,
 姓名 char(8),
 密码 char(10))
GO
```

练 习 题

1. 简述在 SQL Server 2012 中创建表的操作步骤。

2. 创建本章所述的"学生选课管理信息系统"和"计算机计费系统"数据库中的各表，并查看各表信息。

3. 完成本章的所有实例。

数据的基本操作

通过第 4 章表的基本操作，用户明确了创建表的目的是为了利用表存储和管理数据。本章将首先介绍关系运算的基础知识，然后在第 4 章建立的如图 5-1 所示的"学生选课管理信息系统"的 student 数据库用户表的基础上讲述数据的基本操作。数据的操作主要包括数据库表中数据的增加、修改、删除和查询操作。查询是数据操作的重点，是用户必须重点掌握的数据操作技术。

图 5-1   数据库表结构图

5.1   关 系 运 算

1.2 节介绍了关系数据库的相关概念，关系数据库应用数学方法来处理数据库中的数据，有的人把该处理过程称为关系操作，更多的人则称为关系运算。关系运算是关系数据模型的理论基础，由高度抽象的数学语言来表达，这些语言与具体的数据库管理系统中实现的实际语言并不完全相同，但它们能用于评估实际系统中查询语言的能力高低。关系运算包含关系代数和关系演算两个部分，关系演算以离散数学中的谓词演算为基础，此处限于篇幅，重点讨论关系数据结构的形式化定义和关系代数两个基本内容。

5.1.1 关系数据结构的形式化定义

关系模型的数据结构非常单一，就是关系，它由关系数据结构、关系操作集合和关系完整性约束三部分组成。

关系模型中常用的关系操作有查询（Query）、插入（Insert）、删除（Delete）、修改（Update）操作。查询操作又可分为选择（Select）、投影（Project）、连接（Join）、除（Divide）、并（Union）、交（Intersection）、差（Except）和笛卡儿积（Cartesian Product）等。

关系模型的完整性规则是对关系的某种约束条件。有三类完整性约束：实体完整性（Entity Integrity）、参照完整性（Referential Integrity）和用户定义的完整性（User-defined Integrity），将在第 7 章详细介绍。

如何理解关系？从逻辑上看可以把关系理解为一张二维表，表是用来保持数据库所要描述数据的逻辑数据结构，而非物理结构。下面用集合代数来定义二维表的关系。

定义 1 域（Domain）是一组具有相同数据类型的值的集合。

例如，学生性别域是{男，女}，学生百分制成绩的域是 0~100 的整数集合。

定义 2 给定一组域 $D_1,D_2,\cdots,D_n$，则 $D_1,D_2,\cdots,D_n$ 的笛卡儿积定义为：

$$D_1 \times D_2 \times \cdots \times D_n = \{(d_1,d_2,\cdots,d_n)\,|\,d_i \in D_i, i=1,2,\cdots,n\,\}$$

其中，每一个元素$(d_1,d_2,\cdots,d_n)$称为一个 n 元组（n-tuple），简称元组（Tuple），元素中每一个值 d_i 称为一个分量（Component）。例如，给出两个域，学生姓名域 D_1={张斌,周红瑜} 和专业名称域 D_2={软件工程,信息管理,经济管理}，则 D_1 和 D_2 的笛卡儿积为：

$$D_1 \times D_2 = \{(张斌,软件工程),(张斌,信息管理),(张斌,经济管理),(周红瑜,软件工程),$$
$$(周红瑜,信息管理),(周红瑜,经济管理)\}$$

表示学生姓名和专业名的所有可能组合。其中(张斌,软件工程)、(周红瑜,信息管理)等都是元组。张斌、周红瑜、软件工程、经济管理等都是分量。若 $D_i(i=1,2,\cdots,n)$为有限集，其基数（Cardinal number）为 $m_i(i=1,2,\cdots,n)$（基数是一个表中除属性行外的行的总数），则 $D_1 \times D_2 \times \cdots \times D_n$ 的基数为：

$$m_1 \times m_2 \times \cdots \times m_n = \prod_{i=1}^{n} m_i$$

上例中 $D_1 \times D_2$ 一共有 2×3=6 个元组。

定义 3 关系（Relation）。

$D_1 \times D_2 \times \cdots \times D_n$ 的子集叫作在域 $D_1,D_2,\cdots,D_n$ 上的关系，表示为 $R(D_1,D_2,\cdots,D_n)$。R 表示关系的名字，n 为关系的目或度（Degree），当 $n=1$ 时，称该关系为单元关系或一元关系（Unary relation）；当 $n=2$ 时，称该关系为二元关系（Binary relation）。关系是笛卡儿积的有限子集，关系也是二维表，表的每行对应一个元组，每列对应一个域。由于域可以相同，如学生学号和身份证号有可能都为整数域，为了加以区分，必须为每列起一个名字，称为属性（Attribute）。n 目关系必有 n 个属性。图 5-2 给出了用表描述关系的一般格式。

值得注意的是，基本关系具有以下 4 个特点：

（1）关系（表）可以看成是由行和列交叉组成的二维表。同列具有相同的域，即每一列中的各个分量属于同一数据类型。不同的列可以有相同的域。

（2）表中任意两行（元组）不能完全相同。

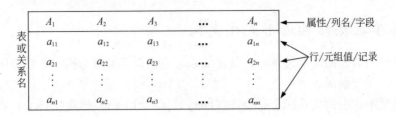

图 5-2　用表描述关系的一般格式

（3）行的顺序可以任意交换，列的顺序也可任意交换。

（4）各分量必须是原子值，即每一个分量不可再分解，这是由于关系模式要求关系必须满足一定的规范条件，这也是把规范化的关系称为范式的原因。通常数据库中不允许出现非原子分量，即数据表中含有可再分解的"表"，俗称"表中表"现象。

5.1.2　关系代数

关系代数是允许从给定关系集合中构造新关系的运算符全集，它是一种抽象的查询语言，是关系数据操纵语言（DML）的一种传统表达方式。关系代数以集合代数为基础发展而来，以关系为运算对象，其运算结果仍为关系。关系代数用到的运算符称为关系运算符，包括传统集合运算符、针对数据库表进行操作的专用运算符以及算术比较和逻辑运算符，如表 5-1 所示。对关系的每种运算都解决面向数据库的一个询问，用数据库的术语简称为查询或检索。

表 5-1　关系代数运算符

集合运算符		专用关系运算符			
符　号	含　义	符　号	含　义	符　号	含　义
$\cup$	并（Union）	σ	选择（Selection）	π	投影（Projection）
$\cap$	交（Intersection）	$\underset{F}{\bowtie}$	F 连接（Formula Join）	$\underset{A\,\theta\,B}{\bowtie}$	θ 连接（Theta Join）
—	差（Difference）	$\underset{A=B}{\bowtie}$	等值连接（Equijoin）	$\bowtie$	自然连接（Natural Join）
×	广义笛卡儿积（ECP）	$\bowtie$	半连接（Semijoin）	÷	除（Division）
逻辑运算符		比较运算符			
符　号	含　义	符　号	含　义	符　号	含　义
¬	逻辑非（NOT）	>	大于	<	小于
∧	逻辑与（AND）	≥	大于或等于	≤	小于或等于
∨	逻辑或（OR）	=	等于	<>	不等于

1．传统集合运算

传统集合运算把关系看成元组的集合，其运算从"水平"方向即行的角度来进行。设关系 R 和关系 S 具有相同的度 n（即两个关系都有 n 个属性），且相应属性取自同一个域，记 t 为元组变量，定义并、交、差运算如下：

1）并

$R \cup S = \{t \mid t \in R \vee t \in S\}$，并运算是将两个关系中的所有元组构成一个新关系，结果应该消除重复的元组。

【例 5.1】 表 5-2(a)和表 5-2(b)所示的两个关系：开设 C 程序设计课程教师情况和 Java 程序设计课程教师情况，执行并操作得到如表 5-2(c) 所示结果，即开设计算机程序设计课程的教师情况。

表 5-2(a)　C_teachers

工　号	姓　名	性　别	所属系部
T107	何英	女	计算机系
T207	王宁	男	计算机系
T306	李杰	男	数学系

表 5-2(b)　Java_teachers

工　号	姓　名	性　别	所属系部
T211	张学杰	男	信息工程系
T107	何英	女	计算机系

表 5-2(c)　C_teachers ∪ Java_teachers

工　号	姓　名	性　别	所属系部
T107	何英	女	计算机系
T207	王宁	男	计算机系
T306	李杰	男	数学系
T211	张学杰	男	信息工程系

2）交

$R \cap S = \{t \mid t \in R \wedge t \in S\}$，交运算得到的关系由既属于 R 又属于 S 的元组组成。上例中的 C_teachers $\cap$ Java_teachers，得到如表 5-3 所示结果，即同时开设两门课程的教师情况。

表 5-3　C_teachers ∩ Java_teachers

工　号	姓　名	性　别	所属系部
T107	何英	女	计算机系

3）差

$R - S = \{t \mid t \in R \wedge t \notin S\}$，差运算得到的关系由属于 R 而不属于 S 的所有元组组成。在差运算中顺序非常重要，$R - S \neq S - R$，上例中 C_teachers -Java_teachers 表示只开设了 C 程序设计的教师情况，而 Java_teachers - C_teachers 则表示只开设了 Java 程序设计的教师情况，分别如表 5-4(a)、(b)所示。

表 5-4(a)　C_teachers - Java_teachers

工　号	姓　名	性　别	所属系部
T207	王宁	男	计算机系
T306	李杰	男	数学系

表 5-4(b)　Java_teachers - C_teachers

工　号	姓　名	性　别	所属系部
T211	张学杰	男	信息工程系

4）广义笛卡儿积

在 5.1.1 节中已给出了笛卡儿积的定义，记作：

$$R \times S = \{ \widehat{t_r t_s} \mid t_r \in R \wedge t_s \in S \}$$

笛卡儿积运算得到的关系，其度是 R 和 S 的度之和，基数是 R 和 S 的基数之积。值得注意的是，笛卡儿积运算得到的结果可能没有任何意义，而且计算代价较大。有时也把笛卡儿积运算叫作交叉连接或非限制连接。

【例 5.2】 以"学生"表（见表 5-5）和"专业"表（见表 5-6）为例说明笛卡儿积的运算过程，两表产生的结果集如表 5-7 所示。

表 5-5　"学生"表（Student）

学 号（SNO）	姓 名（Name）	性 别（Sex）	系 部 代 码（Dept_NO）	专 业 代 码（Spec_NO）
010101001001	张斌	男	01	0101
010102002001	周红瑜	女	01	0102
010201001001	贾凌云	男	02	0201
010202002001	向雪林	女	02	0202

表 5-6　"专业"表（Specialty）

专 业 代 码（Spec_NO）	专 业 名 称（Spec）	系 部 代 码（Dept_NO）
0101	软件工程	01
0102	信息管理	01
0201	经济管理	02
0202	会计	02

表 5-7　交叉连接的结果表

学 号（SNO）	姓 名（Name）	性 别（Sex）	系 部 代 码（Dept_NO）	专 业 代 码（Spec_NO）	专 业 代 码 *（Sp_NO）	专 业 名 称（Spec）	系 部 代 码 *（De_NO）
010101001001	张斌	男	01	0101	0101	软件工程	01
010102002001	周红瑜	女	01	0102	0101	软件工程	01
010201001001	贾凌云	男	02	0201	0101	软件工程	01
010202002001	向雪林	女	02	0202	0101	软件工程	01
010101001001	张斌	男	01	0101	0102	信息管理	01
010102002001	周红瑜	女	01	0102	0102	信息管理	01
010201001001	贾凌云	男	02	0201	0102	信息管理	01
010202002001	向雪林	女	02	0202	0102	信息管理	01
010101001001	张斌	男	01	0101	0201	经济管理	02
010102002001	周红瑜	女	01	0102	0201	经济管理	02
010201001001	贾凌云	男	02	0201	0201	经济管理	02
010202002001	向雪林	女	02	0202	0201	经济管理	02
010101001001	张斌	男	01	0101	0202	会计	02
010102002001	周红瑜	女	01	0102	0202	会计	02
010201001001	贾凌云	男	02	0201	0202	会计	02
010202002001	向雪林	女	02	0202	0202	会计	02

以上执行过程是：把"学生"表（共有 5 个属性列）中的每一条记录取出（共有 4 条记录），与"专业"表（共有 3 个属性列）中的第一条记录连接，形成如表 5-7 所示的前 4 条记录；同样地，再取出"学生"表中的每一条记录，与"专业"表中的第二条至第四条记录分别连接，从而形成后 12 条记录，一共形成了 4（来自"学生"表）×4（来自"专业"表）=16 条记录，即 16 个元组，同时，该笛卡儿积有 8 个属性列=5（来自"学生"表）+3（来自"专业"表）。在表 5-7 中加"*"的"专业代码"和"系部代码"列是为了区别来自表 5-5 和表 5-6 具有相同名称的列。

关系也满足集合运算的若干定律，设关系 R、S 和 Q 具有相同的度 n，且相应属性取自同一个域，则有：

（1）结合律。$R \cup S \cup Q = (R \cup S) \cup Q = R \cup (S \cup Q)$

$R \cap S \cap Q = (R \cap S) \cap Q = R \cap (S \cap Q)$

（2）交换律。$R \cup S = S \cup R$；$R \cap S = S \cap R$

（3）分配律。$R \cup (S \cap Q) = (R \cup S) \cap (R \cup Q)$

$R \cap (S \cup Q) = (R \cap S) \cup (R \cap Q)$

（4）吸收律。$R \cap (S \cup R) = R$；$R \cup (S \cap R) = R$

（5）关系的交可以用差来表示。$R \cap S = R - (R - S)$

2．专用关系运算

专用关系运算包括选择、投影、连接、除等。

1）选择

$\sigma_F(R) = \{t \mid t \in R \land F(t) = \text{'true'}\}$，在关系 R 中选择符合条件 F 的元组，也就是从关系 R 中选取使逻辑表达式 F 为真的元组，F 由逻辑运算符连接各种算术表达式组成。选择运算是根据某些条件对关系做水平分割，目的是检索一个特定的列中一个给定值的元组或元组集合的所有可能信息。例如，表 5-5、表 5-6 分别列出了学生和专业情况，现在要查询经济管理专业（已知专业代码为 0201）的全体学生，用关系代数表示为 $\sigma_{\text{Spec\_NO}='0201'}(\text{Student})$ 或 $\sigma_{5='0201'}(\text{Student})$，其中下标 5 是 Spec_NO 的属性序号。结果如表 5-8 所示。

表 5-8　经济管理专业学生的查询结果（选择运算）

学　号 （SNO）	姓　名 （Name）	性　别 （Sex）	系部代码 （Dept_NO）	专业代码 （Spec_NO）
010201001001	贾凌云	男	02	0201

若要列出所有女同学的基本情况则表示为 $\sigma_{\text{Sex}='女'}(\text{Student})$ 或 $\sigma_{3='女'}(\text{Student})$，其中下标 3 是 Sex 的属性序号。查询结果如表 5-9 所示。

表 5-9　全体女生的查询结果（选择运算）

学　号 （SNO）	姓　名 （Name）	性　别 （Sex）	系部代码 （Dept_NO）	专业代码 （Spec_NO）
010102002001	周红瑜	女	01	0102
010202002001	向雪林	女	02	0202

数据的基本操作

2）投影

$\pi_X(R) = \{t(X) | t \in R\}$，其中 $X = \{A_1, A_2, \cdots, A_k\}$ 是关系 R 属性的子集，它是先删除在 X 中没有指明的列，然后删除一些重复的元组（因为取消了某些属性列后，就可能出现重复行），而得到的一个新的关系，即运算结果中的一个元组 j 的记录是从关系 R 的元组 j 选择记录统计 $t_j(A_1), t_j(A_2), \cdots, t_j(A_k)$ 而形成的。投影运算是对一个关系做垂直分割，目的是研究某个特定列或者某几个列存在的不同值。例如在表 5-5 中查询学生学号和姓名，用关系代数表示为 $\pi_{SNO,Name}(Student)$ 或 $\pi_{1,2}(Student)$，其中下标 1 和 2 分别是 SNO 和 Name 的属性序号。查询结果如表 5-10 所示。

表 5-10　全体学生的学号、姓名的查询结果（投影运算）

学　　号 （SNO）	姓　名 （Name）
010101001001	张斌
010102002001	周红瑜
010201001001	贾凌云
010202002001	向雪林

若要列出所有系部代码，则应查询表 5-6，表示为 $\pi_{Dept\_NO}(Specialty)$ 或 $\pi_3(Specialty)$，其中下标 3 是 Dept_NO 的属性序号。结果如表 5-11 所示。

表 5-11　系部代码的查询结果（投影运算）

系　部　代　码 （Dept_NO）
01
02

3）连接

连接运算将两个关系连在一起，形成一个新的关系。通常连接也称为 θ 连接，它是从两个关系的笛卡儿积中选取属性值满足某一条件的元组，即从 R 和 S 的广义笛卡儿积 $R \times S$ 中选取（R 关系）在 A 属性上的值与（S 关系）在 B 属性上的值满足比较关系 θ 的元组，记为：

$$R \underset{A\,\theta\,B}{\bowtie} S = \left\{ \widehat{t_r t_s} | t_r \in R \wedge t_s \in S \wedge t_r[A] \theta t_s[B] \right\}$$

其中，A 和 B 分别为 R 和 S 上度数相等且可比的属性组，θ 为比较运算符。θ 连接一般不直接被关系数据库厂商支持，它可以被模拟成选择和投影运算。

当 θ 为 "=" 时，称该连接为等值连接，它是从 R 和 S 的广义笛卡儿积 $R \times S$ 中选取 A、B 属性值相等的元组，记为：

$$R \underset{A=B}{\bowtie} S = \left\{ \widehat{t_r t_s} | t_r \in R \wedge t_s \in S \wedge t_r[A] = t_s[B] \right\}$$

当要求等值连接得到的结果中去掉重复的属性列时，就产生了一种特殊的等值连接，叫自然连接。自然连接继承了"等值连接两个关系中进行比较的分量必须是相同的属性组"这个规则。一般的连接运算是从行的角度进行，而自然连接还需要消除重复列，同时从行和列的角度进行运算。自然连接记为：

$$R \bowtie S = \left\{ \widehat{t_r t_s} \mid t_r \in R \wedge t_s \in S \wedge t_r[B] = t_s[B] \right\}$$

此外，还有一种 F 连接，从 R 和 S 的广义笛卡儿积 $R \times S$ 中选取属性间满足某一公式 F 的元组，F 是形如 $F_1 \wedge F_2 \wedge \cdots \wedge F_i \wedge \cdots \wedge F_n$ 的公式，每个 F_i 等价于 $A \theta B$ 的形式。图 5-3 描述了各种连接的层次关系。

图 5-3　各种连接的层次关系

【例 5.3】　表 5-12～表 5-14 分别是"学生成绩"表、"成绩等级"表和"选课情况"表。

表 5-12　"学生成绩"表（SCG）

学　号 （SNO）	课程号 （CNO）	成　绩 （Grade）
S001	Math01	88
S002	Math02	90
S201	Math01	78
S202	Eng18	69
S301	Math02	83
S302	Math01	64

表 5-13　"成绩等级"表（GL）

成绩边界 （G）	等　级 （Level）
90	A
80	B

表 5-14　"选课情况"表（CS）

课程号 （CNO）	课程名称 （Cname）	选课学生学号 （SNO）	选课学生姓名 （Sname）
Math01	高等数学	S001	张斌
Math02	离散数学	S002	周红瑜
Math01	高等数学	S201	贾凌云
Math02	离散数学	S301	黄丽
Math01	高等数学	S302	杨素梅

首先，要求列出获得成绩等级的学生情况（包括其成绩等级、所修课程等信息）。用

关系代数表示为 $SCG \underset{Grade \geqslant G}{\bowtie} GL$，这是一个 θ 连接运算，等价于执行 $\sigma_{Grade \geqslant G}(SCG \times GL)$ 操作。结果如表 5-15 所示。

表 5-15　获得成绩等级的学生情况（SCGL）

学　号（SNO）	课 程 号（CNO）	成　绩（Grade）	成绩边界（G）	等　级（Level）
S001	Math01	88	80	B
S002	Math02	90	90	A
S301	Math02	83	80	B

根据表 5-15，列出与表 5-14 中相匹配的学生情况（包括课程名称、学生姓名等信息）。用关系代数表示为 $SCGL \bowtie CS$，这是一个自然连接运算，等价于执行

$$\pi_{SCGL.SNO,Sname,SCGL.CNO,Cname,Grade,G,Level}(\sigma_{SCGL.SNO=CS.SNO}(SCGL \times CS))$$

或

$$\pi_{SCGL.SNO,Sname,SCGL.CNO,Cname,Grade,G,Level}(\sigma_{SCGL.CNO=CS.CNO}(SCGL \times CS))$$

结果如表 5-16 所示。

表 5-16　获得成绩等级的学生详细情况

学　号（SNO）	学生姓名（Sname）	课 程 号（CNO）	课程名称（Cname）	成　绩（Grade）	成绩边界（G）	等　级（Level）
S001	张斌	Math01	高等数学	88	80	B
S002	周红瑜	Math02	离散数学	90	90	A
S301	黄丽	Math02	离散数学	83	80	B

4）除

在介绍除运算之前先给出像集的定义。关系 $R(X,Z)$ 中 X 和 Z 为属性组，当 $t[X]=x$ 时，x 在 R 中的像集定义为：

$$Zx = \{t[Z] \mid t \in R \wedge t[X] = x\}$$

表示 R 中属性组 X 上值为 x 的诸元组在属性组 Z 上分量的集合。例如表 5-17 所示的关系 R，其中属性列 A 可以取三个值 $\{a_1, a_2, a_3\}$，则有：a_1 的像集为 $\{(b_1,c_5),(b_4,c_5)\}$，a_2 的像集为 $\{(b_2,c_1),(b_6,c_2)\}$，a_3 的像集为 $\{(b_3,c_4)\}$。

表 5-17　关系 R

A	B	C
a_1	b_1	c_5
a_2	b_2	c_1
a_1	b_4	c_5
a_3	b_3	c_4
a_2	b_6	c_2

由此给出除运算定义：关系 $R(X,Y)$ 和 $S(Y,Z)$，其中 X、Y、Z 为属性组。R 中的 Y 与 S 中的 Y 必须出自同一个域，则 $R(X,Y) \div S(Y,Z) = Q(X)$，新关系 Q 是 R 满足下列条件的元组在 X 属性组上的投影，即元组在 X 上分量值 x 的像集 Y_x 包含 S 在 Y 上投影的集合。记作：

$R \div S = \{t_r[X] \mid t_r \in R \land \pi_y(S) \subseteq Y_x\}$，其中 Y_x 是 x 在 R 上的像集，$x = t_r[X]$。除运算的定义很复杂，用来回答这样的问题：一个表的哪些元组包含在另一个表的某特定列的所有值，其具体计算过程是：

（1） $H = \pi_{1,2,3,\cdots,r-s}(R)$

（2） $J = (H \times S) - R$

（3） $K = \pi_{1,2,3,\cdots,r-s}(J)$

（4） $R \div S = H - K$

另给出关系 S 如表 5-18 所示。

表 5-18 关系 S

U	B	C
u_1	b_1	c_5
u_2	b_4	c_5

显然 $\pi_{B,C}(S) = \{(b_1, c_5), (b_4, c_5)\}$，只有 a_1 的像集 $(B,C)_{a_1}$ 包含了 $\pi_{B,C}(S)$，因此，$R \div S = \{a_1\}$，如表 5-19 所示。

表 5-19 $R \div S$ 的结果

A
a_1

【例 5.4】 给出"学生学习情况"表（见表 5-20）和"主干课程成绩等级"表（见表 5-21），查询主干课程成绩优秀（等级 A）的学生情况（学号、姓名和专业）。

表 5-20 "学生学习情况"表（SCG）

学号 （SNO）	学生姓名 （Sname）	专业名称 （Spec）	课程名称 （Cname）	成绩等级 （Glevel）
S001	张小斌	通信工程	计算机网络	A
S001	张小斌	通信工程	数理方程	B
S001	张小斌	通信工程	数据结构	A
S002	周念	计算机科学与技术	计算机网络	A
S002	周念	计算机科学与技术	数据结构	A
S301	黄丽丽	计算机科学与技术	数据结构	A
S201	贾云飞	电子信息工程	计算机网络	B
S201	贾云飞	电子信息工程	数理方程	A
S201	贾云飞	电子信息工程	数据结构	A

表 5-21 "主干课程成绩等级"表（CL）

课程名称 （Cname）	等级 （Level）
数据结构	A
计算机网络	A

本例是一个典型的除运算例子，即 SCG÷CL，显然，只有"张小斌"和"周念"两人

数据的基本操作

满足修读主干课程及相应成绩等级的条件，结果如表 5-22 所示。

表 5-22　主干课程成绩优秀的学生情况（SCG÷CL）

学　号（SNO）	学生姓名（Sname）	专业名称（Spec）
S001	张小斌	通信工程
S002	周念	计算机科学

5.1.3　关系代数的等价变换规则

关系代数表达式的满足一些等价变换规则。设 $E1$ 和 $E2$ 是关系代数表达式，F 是连接条件，L 是属性集，则有：

（1）连接交换律、笛卡儿积交换律：$E1 \underset{F}{\bowtie} E2 \equiv E2 \underset{F}{\bowtie} E1$，$E1 \bowtie E2 \equiv E2 \bowtie E1$，$E1 \times E2 \equiv E2 \times E1$。

（2）投影串联。$\pi_{L1}(\pi_{L2}(\cdots(\pi_{Ln}(E))\cdots)) \equiv \pi_{L1}(E)$，其中 $L1$，$L2$，…，Ln 为属性集，且 $L1 \subseteq L2 \subseteq \cdots \subseteq Ln$。

（3）选择串联。$\sigma_{F1}(\sigma_{F2}(E)) \equiv \sigma_{F1 \wedge F2}(E)$，其中 $F1 \wedge F2 = F2 \wedge F1$，则又有选择的交换律：$\sigma_{F1}(\sigma_{F2}(E)) \equiv \sigma_{F2}(\sigma_{F1}(E))$。

（4）选择对集合并的分配律：$\sigma_F(E1 \bigcup E2) \equiv \sigma_F(E1) \bigcup \sigma_F(E2)$，$E1$ 和 $E2$ 具有相同的属性名，或 $E1$ 和 $E2$ 表达的关系的属性有对应性。

（5）选择对集合差的分配律：$\sigma_F(E1 - E2) \equiv \sigma_F(E1) - \sigma_F(E2)$，$E1$ 和 $E2$ 的属性有对应性。

（6）投影对集合并的分配律：$\pi_L(E1 \bigcup E2) \equiv \pi_L(E1) \bigcup \pi_L(E2)$，$E1$ 和 $E2$ 的属性有对应性。

（7）投影对笛卡儿积的分配律：$\pi_{L1 \bigcup L2}(E1 \times E2) \equiv \pi_{L1}(E1) \times \pi_{L2}(E2)$，$L1$ 是 $E1$ 的属性集，$L2$ 是 $E2$ 的属性集。

（8）选择和投影操作的交换律：$\pi_L(\sigma_F(E)) \equiv \sigma_F(\pi_L(E))$，$F$ 只涉及 L 中的属性，若 F 涉及非 L 中的属性 L'，那么就有 $\pi_L(\sigma_F(E)) \equiv \pi_L\left(\sigma_F(\pi_{L \bigcup L'}(E))\right)$。

（9）选择对自然连接的分配律：$\sigma_F(E1 \bowtie E2) \equiv \sigma_F(E1) \bowtie \sigma_F(E2)$，$F$ 只涉及 $E1$ 和 $E2$ 的公共属性。

（10）选择与连接操作的结合律：$\sigma_F(E1 \times E2) \equiv E1 \underset{F}{\bowtie} E2$，$\sigma_{F1}\left(E1 \underset{F2}{\bowtie} E2\right) \equiv E1 \underset{F1 \wedge F2}{\bowtie} E2$。

其余规则请读者总结，此处不再详述。

5.1.4　关系代数表达式应用实例

并、差、笛卡儿积、投影和选择是关系代数最基本的操作，构成了关系运算的最小完备集。已经证明关系代数、安全的关系演算（对关系演算施加了安全约束条件）在关系的表达和操作能力上是等价的。我们可以用关系代数表达式表示各种数据查询操作，其执行的一般过程如图 5-4 所示。需要注意的是，当查询涉及否定或全部、包含值时，下述流程就不能完全胜任了，要用到差运算或除运算。

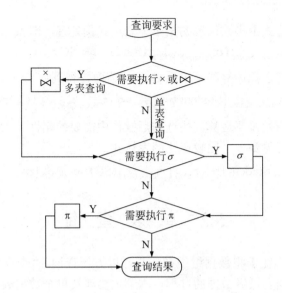

图 5-4 关系代数表达式的一般执行流程

【例 5.5】 设教学管理数据库中有三个关系，带下画线的属性为主键：

学生关系 Student(<u>SNO</u>,Sname,Age,Sex,Sdept)

课程关系 Course(<u>CNO</u>,Cname,Cdept)

学习关系 SC(<u>SNO</u>,<u>CNO</u>,Grade)

（1）查询电子工程系全体学生的学号、姓名和性别。

属于单表查询，关系代数表达式为 $\pi_{SNO,Sname,Sex}(\sigma_{Sdept='电子工程系'}(Student))$。

（2）查询学习课程号为 Math02 的学生学号与姓名。

属于两表连接查询，关系代数表达式为 $\pi_{SNO,\ Sname}(\sigma_{CNO='Math02'}(Student \bowtie SC))$。

（3）查询选修课程名为"离散数学"的学生学号与姓名。

属于三表连接查询，关系代数表达式为 $\pi_{SNO,\ Sname}(\sigma_{Cname='离散数学'}(Student \bowtie SC \bowtie Course))$。

（4）至少选修课程号为 Math01 和 Math02 的学生学号。

涉及多条件查询，关系代数表达式为 $\pi_{SNO}(\sigma_{SC1.SNO=SC2.SNO \wedge SC1.CNO='Math01' \wedge SC2.CNO='Math02'}(SC1 \times SC2))$，其中，SC1 和 SC2 是关系 SC 的别名，这里（SC1×SC2）表示关系 SC 自身进行笛卡儿积运算，而选择表达式则表示同一个学生既选修了 Math01 课程又选修了 Math02 课程。

（5）查询没有选修 Math02 课程的学生学号与姓名。

这里用全体学生的学号与姓名集合同选修了 Math02 课程的学生学号与姓名集合进行差运算。关系代数表达式为 $\pi_{SNO,\ Sname}(Student) - \pi_{SNO,\ Sname}(\sigma_{CNO='Math02'}(Student \bowtie SC))$。

（6）查询选修了所有课程（号）的学生学号。

先求学生选课情况 $\pi_{SNO,CNO}(SC)$，再求开设的全部课程 $\pi_{CNO}(Course)$，选修了全部课程的学生学号用除运算表示为 $\pi_{SNO,CNO}(SC) \div \pi_{CNO}(Course)$。

除了能够正确写出符合查询要求的关系代数表达式外，还应该考虑表达式的优化问题，即系统应该以什么样的操作顺序，才能兼顾时间、空间和效率三者。有一些优化策略，比如，在表达式中尽可能早地执行选择运算；把笛卡儿积和其后的选择操作合并成 F 连接运算；应对在一个表达式中多次出现的某个子表达式预处理，即预先计算好结果保存起来等等。例如上题中的 $\pi_{\text{SNO, Sname}}\left(\sigma_{\text{Cname='离散数学'}}(\text{Student} \bowtie \text{SC} \bowtie \text{Course})\right)$，可以利用选择对自然连接的分配律，把选择运算移至关系 Course 前面，得到：

$$\pi_{\text{SNO, Sname}}\left(\text{Student} \bowtie \left(\text{SC} \bowtie \sigma_{\text{Cname='离散数学'}}(\text{Course})\right)\right)$$

在每个操作后，应做投影运算，挑选完后操作中需要的属性，去掉不用的属性值，减少中间的数据量，最终得到一个比较优化的表达式：

$$\pi_{\text{SNO, Sname}}\left(\pi_{\text{SNO, Sname}}(\text{Student}) \bowtie \pi_{\text{SNO}}\left(\pi_{\text{SNO, CNO}}(\text{SC}) \bowtie \pi_{\text{CNO}}\left(\sigma_{\text{Cname='离散数学'}}(\text{Course})\right)\right)\right)$$

5.2　单表查询

数据库存在的意义在于将数据组织在一起，以方便查询。"查询"的含义就是用来描述从数据库中获取数据和操纵数据的过程。本节主要涉及单个数据表中信息的查询问题。

SQL 语言中最主要、最核心的部分是查询功能。查询语言用来对已经存在于数据库的数据按照特定的组合、条件表达式或者一定次序进行检索。其基本格式是由 SELECT 子句、FROM 子句和 WHERE 子句组成的 SQL 查询语句：

```
SELECT <列名表>
FROM <表或视图名>
WHERE <查询限定条件>
```

也就是说，SELECT 指定了要查看的列（字段），FROM 指定这些数据的来源（表或者视图），WHERE 则指定了要查询哪些记录。

注意：在 T-SQL 语言中，SELECT 子句除了进行查询外，其他的很多功能也都离不开 SELECT 子句，例如，创建视图是利用查询语句来完成的；插入数据时，在很多情况下是从另外一个表或者多个表中选择符合条件的数据。所以查询语句是掌握 T-SQL 语言的关键。

5.2.1　完整的 SELECT 语句的基本语法格式

虽然 SELECT 语句的完整语法较复杂，但是其主要的语法格式可归纳如下：

```
SELECT select_list
[INTO new_table_name]
FROM table_list
[WHERE search_conditions]
[GROUP BY group_by_expression]
[HAVING search_conditions]
[ORDER BY order_expression [ASC|DESC]]
```

其中，带有中括号的子句是可选择的，大写的单词表示 SQL 的关键字，而小写的单词或词组表示表或视图名称或给定的条件。以上语法格式的详细说明如下：

- SELECT select_list 描述结果集的列，它是一个由逗号分隔的表达式列表。每个表达式通常是从中获取数据的源表或视图的列的引用，但也可能是其他表达式，例如常量或 T-SQL 函数。在选择列表中使用"*"表达式指定返回源表中的所有列。

- [INTO new_table_name]用于指定使用结果集来创建一个新表，new_table_name 是新表的名称。
- FROM table_list 包含从中检索到结果集数据来创建的表的列表，也就是结果集数据来源于哪些表或视图，FROM 子句还可包含连接的定义。
- [WHERE search_conditions]中的 WHERE 子句是一个筛选，它定义了源表中的行要满足 SELECT 语句的要求所必须达到的条件。只有符合条件的行才向结果集提供数据，不符合条件的行中的数据不会被使用。
- GROUP BY group_by_expression 中 GROUP BY 子句根据 group_by_expression 列中的值将结果集分成组。
- HAVING search_conditions 中 HAVING 子句是应用于结果集的附加筛选。从逻辑上讲，HAVING 子句从中间结果集对行进行筛选，这些中间结果集是用 SELECT 语句中的 FROM、WHERE 或 GROUP BY 子句创建的。HAVING 子句通常与 GROUP BY 子句一起使用，尽管 HAVING 子句前面不必有 GROUP BY 子句。
- ORDER BY order_expression [ASC | DESC]中 ORDER BY 子句定义结果集中的行排列的顺序。order_expression 指定组成排序列表的结果集的列。ASC 和 DESC 关键字用于指定行是按升序还是按降序排序。

5.2.2 选择表中的若干列

选择表中的全部列或部分列就是表的投影运算。这种运算可以通过 SELECT 子句给出的字段列表来实现。字段列表中的列可以是表中的列，也可以是表达式列。所谓表达式列，就是多个列运算后产生的列或者是利用函数计算后所得的列。

1. 输出表中的所有列

将表中的所有字段都在"结果"窗格中列出来，可以有两种方法：一种是将所有的字段名在 SELECT 关键字后列出来；另一种是在 SELECT 语句后使用一个"*"。

【例 5.6】 查询"学生"表中全体学生的记录。

代码如下：

```
USE student
GO
SELECT *
FROM 学生
GO
```

在查询编辑器中输入并执行上述代码，将返回学生表中的全部列，如图 5-5 所示。

2. 输出表中部分列

如果在"结果"窗格中列出表中的部分列，可以将要显示的字段名在 SELECT 关键字后依次列出来，列名与列名之间用英文逗号隔开，字段的顺序可以根据需要来指定。

【例 5.7】 查询全体教师的教师编号、姓名和职称信息。

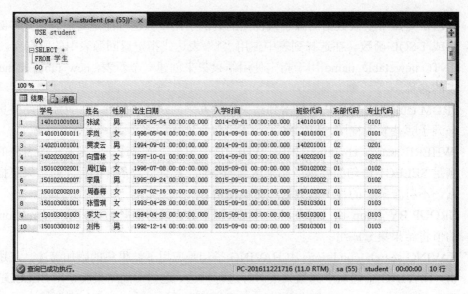

图 5-5　查询"学生"表的全部字段

代码如下：

```
USE student
GO
SELECT 教师编号,姓名,职称
FROM 教师
GO
```

在查询编辑器中输入并执行上述代码，在"结果"窗格中将只有"教师编号""姓名"和"职称"三个字段，如图 5-6 所示。

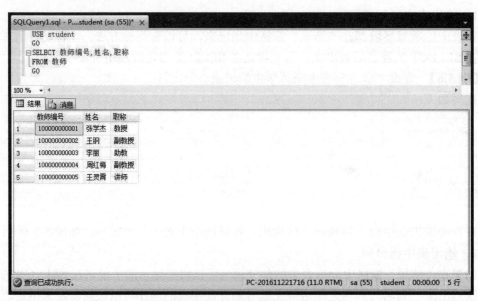

图 5-6　查询全体教师的编号、姓名和职称

3．为"查询结果"窗格内的列指定别名

有时，"查询结果"窗格中的列不是表中现成的列，而是通过表中的一个或多个列计算出来的，这时，需要为这个计算列指定一个列名，同时该表达式将显示在字段列表中。格式如下：

SELCET 表达式 AS 列别名 FROM 数据源

【例5.8】 查询"教师"表中全体教师的姓名及年龄。

代码如下：

```
USE student
GO
SELECT 姓名,YEAR(GETDATE())-YEAR(出生日期) AS 年龄
FROM 教师
GO
```

其中，"YEAR(GETDATE())-YEAR(出生日期)"是表达式，其含义是取得系统当前日期中的年份减去"出生日期"字段中的年份，就是教师的当前年龄。"年龄"是表达式别名。将上述代码在查询编辑器中输入并执行，返回结果如图5-7所示。

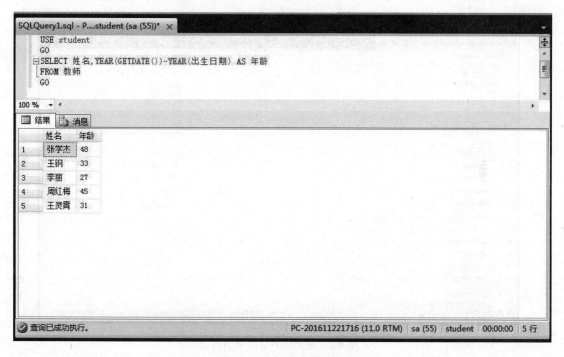

图5-7 带有别名的查询

5.2.3 选择表中的若干记录

选择表中的若干记录这就是表的选择运算。这种运算可以通过增加一些谓词（例如WHERE子句）等来实现。

数据的基本操作

1．消除取值重复的行

两个本来并不相同的记录，当投影到指定的某些列上后，可能变成相同的行。如果要去掉结果集中重复的行，可以在字段列表前面加上 DISTINCT 关键字。

【例 5.9】 查询选修了课程的学生学号。

代码如下：

```
USE student
GO
SELECT 学号
FROM 课程注册
GO
```

上述代码执行结果如图 5-8 所示，选课的学生号有重复，共有 36 条记录。下面的代码就去掉了重复的学号，仅有 7 条记录，执行结果如图 5-9 所示。

```
USE student
GO
SELECT DISTINCT 学号
FROM 课程注册
GO
```

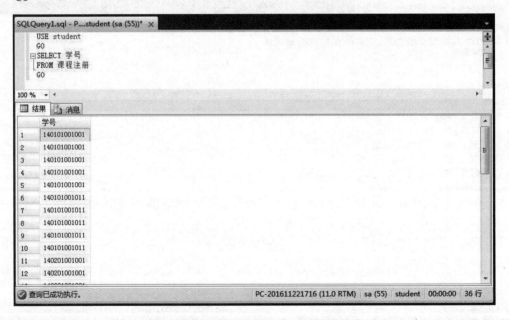

图 5-8　未去掉重复学号的查询

2．限制返回行数

如果一个表中有上万条记录，而用户只想查看记录的样式和内容，这就没有必要显示全部的记录。如果要限制返回的行数，可以在字段列表之前使用 TOP n 关键字，则查询结果只显示表中前面的 n 条记录，如果在字段列表之前使用 TOP n PERCENT 关键字，则查询结果只显示前面 n% 条记录。

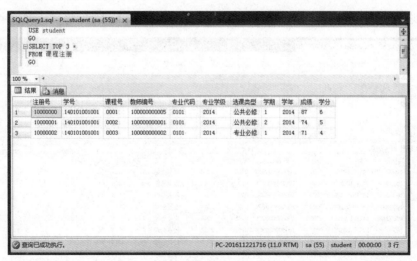

图 5-9　去掉了重复学号的查询

【例 5.10】　查询"课程注册"表中的前三条记录的信息。

代码如下：

```
USE student
GO
SELECT TOP 3 *
FROM 课程注册
GO
```

在查询编辑器中输入并执行上述代码，执行结果如图 5-10 所示。

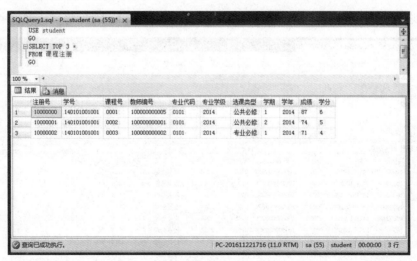

图 5-10　显示前三条记录

3. 查询满足条件的元组

如果只希望得到表中满足特定条件的一些记录，可以在查询语句中使用 WHERE 子句。

数据的基本操作

使用 WHERE 子句的条件如表 5-23 所示。

表 5-23　常用的查询条件

查 询 条 件	运 算 符	含 义
比较	=、>、<、>=、<=、!=、<>、!>; NOT+ 上述运算符	比较大小
确定范围	BETWEEN…AND…、 NOT BETWEEN…AND…	判断值是否在范围内
确定集合	IN、NOT IN	判断值是否为列表中的值
字符匹配	LIKE、NOT LIKE	判断值是否与指定的字符通配格式相符
空值	IS NULL、NOT IS NULL	判断值是否为空
多重条件	AND、OR、NOT	用于多重条件判断

1）比较大小

比较运算符是比较两个表达式大小的运算符，各运算符的含义是=（等于）、>（大于）、<（小于）、>=（大于或等于）、<=（小于或等于）、<>（不等于）、!=（不等于）、!<（不小于）、!>（不大于）。逻辑运算符 NOT 可以与比较运算符同用，对条件求非。

【例 5.11】 查询"课程注册"表成绩大于等于 50 分的记录。

代码如下：

```
USE student
GO
SELECT *
FROM 课程注册
WHERE 成绩>=50
GO
```

将上述代码在查询编辑器中输入并执行，结果如图 5-11 所示。

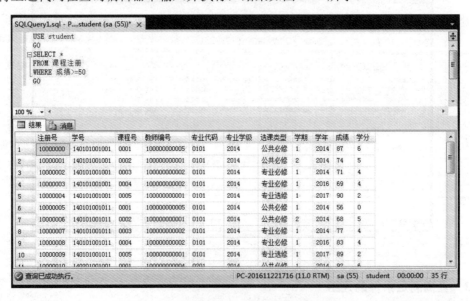

图 5-11　查询成绩大于等于 50 分的记录

2）确定范围

范围运算符 BETWEEN…AND…和 NOT BETWEEN…AND…可以查找属性值在（或不在）指定的范围内的记录。其中，BETWEEN 后是范围的下限（即低值），AND 后是范围的上限（即高值）。语法格式如下：

列表达式 [NOT] BETWEEN 起始值 AND 终止值

【例5.12】 查询出生日期在 1992—1995 年的学生姓名、学号和出生日期。
代码如下：

```
USE student
GO
SELECT 姓名,学号,出生日期
FROM 学生
WHERE year(出生日期) BETWEEN 1992 AND 1995
GO
```

上述代码的含义是：如果返回出生日期的年份大于等于 1992 且小于等于 1995，则该记录会在"结果"窗格中显示。在查询编辑器中输入并执行上述代码，执行结果如图 5-12 所示。

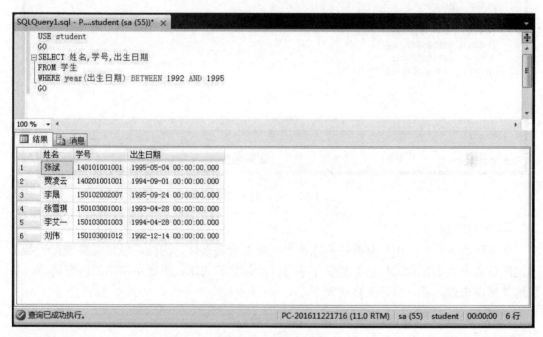

图 5-12 范围查找

3）确定集合

确定集合运算符 IN 和 NOT IN 可以用来查找属性值属于（或不属于）指定集合的记录，运算符的语法格式如下：

列表达式[NOT] IN(列值 1,列值 2,列值 3,…)

数据的基本操作

【例5.13】 查询计算机系（系部代码是01）、经济管理系（系部代码是02）的班级名称与班级编号。

代码如下：

```
USE student
GO
SELECT 班级代码,班级名称
FROM 班级
WHERE 系部代码 IN('01','02')
GO
```

将上述代码在查询编辑器中输入并执行，结果如图5-13所示。

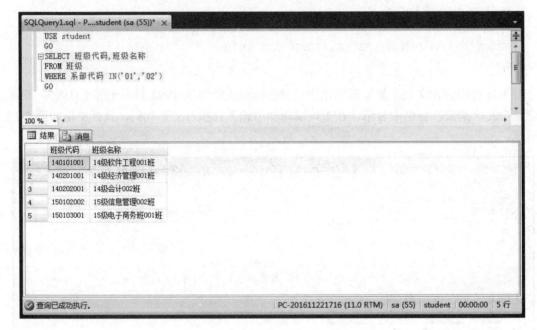

图5-13   确定集合查询

4）字符匹配

在实际的应用中，用户有时候不能给出精确的查询条件。因此，经常需要根据一些不确定的信息来查询。T-SQL语言提供了字符匹配运算符LIKE进行字符串的匹配运算，实现这类模糊查询。其一般语法格式如下：

```
[NOT] LIKE '<匹配串>' [ESCAPE '<换码字符>']
```

其含义是查找指定的属性列值与"<匹配串>"相匹配的记录。"<匹配串>"可以是一个完整的字符串，也可以含有通配符"％"和"_"，其中通配符包括如下四种。

（1）％（百分号），代表任意长度的字符串（长度可以是0）的字符串。例如，a％b表示以a开头、以b结尾的任意长度的字符串。例如，acb、adxyzb、ab等都满足该匹配串。

（2）_（下画线），代表任意单个字符。例如，a_b表示以a开头，以b结尾的长度为3

的任意字符串。如 afb 等。

（3）[]表示中括号里列出的任意一个字符。例如 A[BCDE]，表示第一个字符是 A，第二个字符为 B、C、D、E 中的任意一个。也可以是字符范围，例如 A[B-E]同 A[BCDE]的含义相同。

（4）[^]表示不在中括号里列出的任意一个字符。

【例 5.14】 查询"学生"表中姓"周"的学生的信息。

代码如下：

```
USE student
GO
SELECT *
FROM 学生
WHERE 姓名 LIKE '周%'
GO
```

通配符字符串"'周%'"的含义是第一个汉字是"周"的字符串。将上述代码在查询编辑器中输入并执行，执行结果如图 5-14 所示。

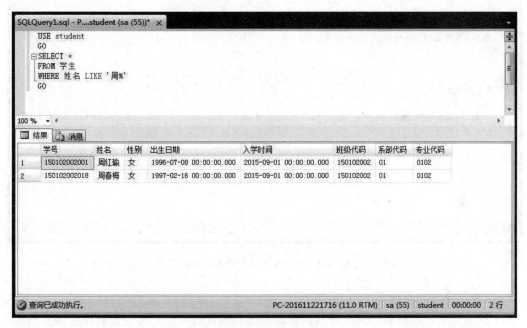

图 5-14 模糊查询

如果用户要查询的字符串本身就含有%或_，这时就需要使用"ESCAPE'<换码字符>'"短语对通配符进行转义了。

【例 5.15】 有一门课程的名称是 Photoshop CC_2014，查询它的课程号和课程名。

代码如下：

```
USE student
GO
```

数据的基本操作

```
INSERT INTO 课程
    (课程号,课程名,学分)
VALUES('0008','Photoshop CC_2014','4')
GO
SELECT 课程号,课程名
FROM 课程
WHERE 课程名 LIKE 'Photoshop CC/_2014' ESCAPE '/'
GO
```

"ESCAPE'/'"短语表示"/"是换码字符，这样匹配串中紧跟在"/"之后的字符"_"不再具有通配符的含义，转义为普通的"_"字符。本例中的 INSERT 语句是向"课程"表插入一条新记录，以便完成后面的查找任务。INSERT 语句将在后续章节中详细讲解。

将上述代码在查询编辑器中输入并执行，结果如图 5-15 所示。

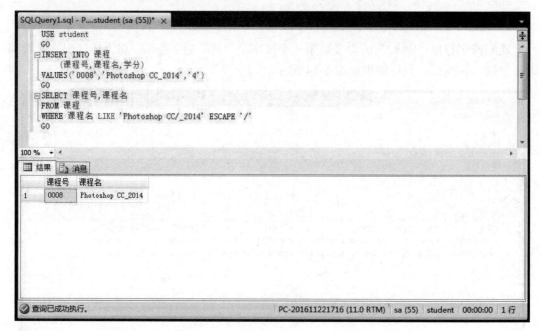

图 5-15　使用"ESCAPE'<换码字符>'"短语对通配符"_"进行转义

5）涉及空值的查询

一般情况下，表的每一列都有其存在的意义，但有时某些列可能暂时没有确定的值，这时用户可以不输入该列的值，那么这列的值为 NULL。NULL 与 0 或空格是不一样的。空值运算符 IS NULL 用来判断指定的列值是否为空。语法格式如下：

```
列表达式 [NOT] IS NULL
```

【例 5.16】　查询"教师"表中备注字段为空的教师信息。
代码如下：

```
USE student
GO
```

```
SELECT *
FROM 教师
WHERE 备注 IS NULL
GO
```

这里的 IS 运算符不能用 "=" 代替。将上述代码在查询编辑器中输入并执行，执行结果如图 5-16 所示。

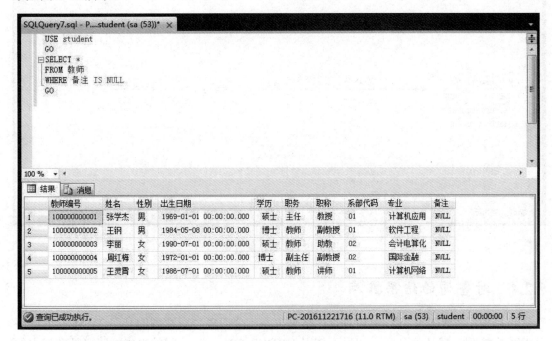

图 5-16 查询空值

6）多重条件查询

用户可以使用逻辑运算符 AND、OR、NOT 连接多个查询条件，实现多重条件查询。逻辑运算符使用格式如下：

```
[NOT] 逻辑表达式 AND|OR [NOT] 逻辑表达式
```

【例 5.17】 查询 "课程注册" 表中课程号为 0001 成绩在 80～89 分（不含 89 分）的学生的学号、成绩。

代码如下：

```
USE student
GO
SELECT 学号,成绩
FROM 课程注册
WHERE 课程号='0001' AND 成绩>=80 AND 成绩<89
GO
```

将上述代码在查询编辑器中输入并执行，结果如图 5-17 所示。

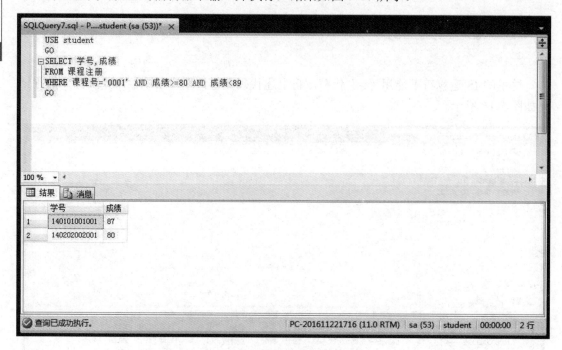

图 5-17   多重条件查询

5.2.4   对查询的结果排序

可以使用 ORDER BY 子句对查询结果按照一个或多个属性列的升序（ASC）或降序（DESC）排列，默认为升序。如果不使用 ORDER BY 子句，则结果集按照记录在表中的顺序排列。ORDER BY 子句的语法格式如下：

```
ORDER BY {列名 [ASC|DESC]}[,…n]
```

当按多列排序时，先按前面的列排序，如果值相同再按后面的列排序。

【例 5.18】   查询选修了 0001 号课程的学生的学号，并按成绩降序排列。

代码如下：

```
USE student
GO
SELECT 学号,成绩
FROM 课程注册
WHERE 课程号='0001'
ORDER BY 成绩 DESC
GO
```

将上述代码在查询编辑器中输入并执行，结果如图 5-18 所示。

【例 5.19】   查询全体学生信息，查询结果按所在班级代码降序排列，同一个班的按照学号升序排列。

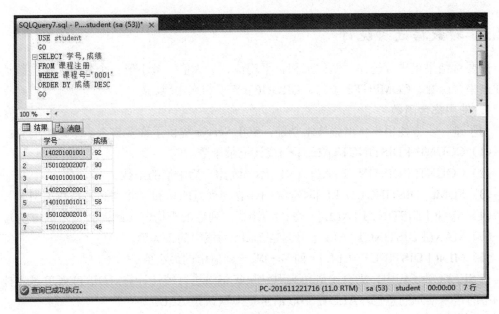

图 5-18　将查询结果降序排序

代码如下：

```
USE student
GO
SELECT *
FROM 学生
ORDER BY 班级代码 DESC,学号 ASC
GO
```

将上述代码在查询编辑器中输入并执行，结果如图 5-19 所示。

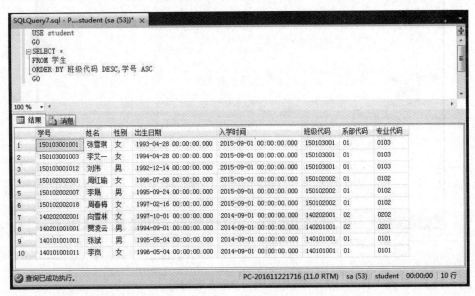

图 5-19　组合排序

第 5 章

数据的基本操作

5.2.5 对数据进行统计

需要对结果集进行统计，例如求和、平均值、最大值、最小值、个数等，这些统计可以通过集合函数、COMPUTE 子句、GROUP BY 子句来实现。

1．使用集合函数

为了进一步方便用户，增强检索功能，SQL Server 提供了许多集合函数，主要有：

（1）COUNT([DISTINCT | ALL] *)统计记录个数。

（2）COUNT([DISTINCT | ALL] <列名>)统计一列中值的个数。

（3）SUM([DISTINCT | ALL] <列名>)计算一列值的总和（此列必须是数值型）。

（4）AVG([DISTINCT | ALL] <列名>)计算一列值的平均值（此列必须是数值型）。

（5）MAX([DISTINCT | ALL] <列名>)求一列值中的最大值。

（6）MIN([DISTINCT | ALL] <列名>)求一列值中的最小值。

在 SELECT 子句中，集合函数用来对结果集记录进行统计计算。DISTINCT 是去掉指定列中的重复信息的意思，ALL 是不取消重复，默认是 ALL。

【例 5.20】 查询"教师"表中的教师总数。

代码如下：

```
USE student
GO
SELECT COUNT(*) AS 教师总数
FROM 教师
GO
```

将上述代码在查询编辑器中输入并执行，结果如图 5-20 所示。

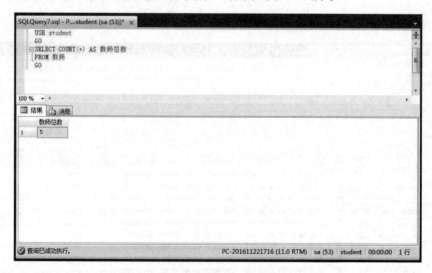

图 5-20 统计记录总数

【例 5.21】 查询"课程注册"表中学生的成绩平均分。

代码如下：

```
USE student
GO
SELECT AVG (成绩) AS 平均分
FROM 课程注册
GO
```

将上述代码在查询编辑器中输入并执行，结果如图 5-21 所示。

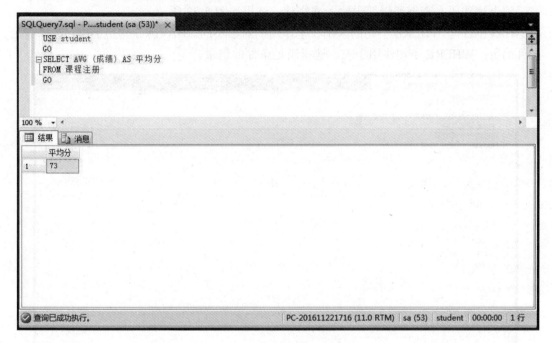

图 5-21　求学生成绩的平均分

2. 对结果进行分组

GROUP BY 子句将查询结果集按某一列或多列值分组，分组列值相等的为一组，并对每一组进行统计。对查询结果集分组的目的是为了细化集合函数的作用对象。GROUP BY 子句的语法格式为：

```
GROUP BY 列名 [HAVING 筛选条件表达式]
```

其中：

- "BY 列名"是按列名指定的字段进行分组，将该字段值相同的记录组成一组，对每一组记录进行汇总计算并生成一条记录。
- "HAVING 筛选条件表达式"表示对生成的组筛选后再对满足条件的组进行统计。

SELECT 子句的列名必须是 GROUP BY 子句已有的列名或是计算列。

【例 5.22】 查询"课程注册"表中课程选课人数 4 人以上的各个课程号和相应的选课人数。

代码如下：

```
USE student
```

数据的基本操作

```
GO
SELECT 课程号,COUNT(*) AS 选课人数
FROM 课程注册
GROUP BY 课程号
HAVING COUNT(*)>=4
GO
```

将上述代码在查询编辑器中输入并执行，结果如图 5-22 所示。

HAVING 与 WHERE 子句的区别在于作用的对象不同。HAVING 作用于组，选择满足条件的组；WHERE 子句作用于表，选择满足条件的记录。

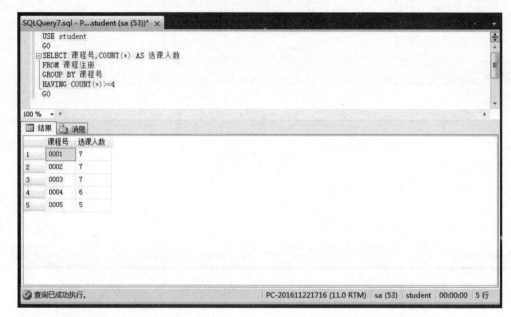

图 5-22　分组统计

3. 使用 COMPUTE 子句

COMPUTE 子句对查询结果集中的所有记录进行汇总统计，并显示所有参加汇总记录的详细信息。使用语法格式如下：

```
COMPUTE 集合函数 [BY 列名]
```

其中：

- 集合函数，例如 SUM()、AVG()、COUNT()等。
- "BY 列名"按指定"列名"字段进行分组计算，并显示被统计记录的详细信息。
- BY 选项必须与 ORDER BY 子句一起使用。

COMPUTE BY 子句之前要使用 ORDER BY 子句，原因是必须先按分类字段排序之后才能使用 COMPUTE BY 子句进行分类汇总。COMPUTE BY 与 GROUP BY 子句的区别在于：前者既显示统计记录又显示详细记录，后者仅显示分组统计的汇总记录。

注意：SQL Server 2012 废弃了 COMPUTE 和 COMPUTE BY 功能，此处不再举例赘述。

5.2.6 用查询结果生成新表

在实际的应用系统中,有时需要将查询结果保存成一个表,这个功能可以通过 SELECT 语句中的 INTO 子句实现。INTO 子句语法格式如下:

```
INTO 新表名
```

其中:

- 新表名是被创建的新表,查询的结果集中的记录将添加到此表中。
- 新表的字段由结果集中的字段列表决定。
- 如果表名前加"#"则创建的表为临时表。
- 用户必须拥有该数据库中建表的权限。
- INTO 子句不能与 COMPUTE 子句一起使用。

【例 5.23】 创建"课程注册"表的一个副本。

代码如下:

```
USE student
GO
SELECT * INTO 课程注册副本
FROM 课程注册
GO
SELECT *
FROM 课程注册副本
GO
```

将上述代码在查询编辑器中输入并执行,结果如图 5-23 所示。

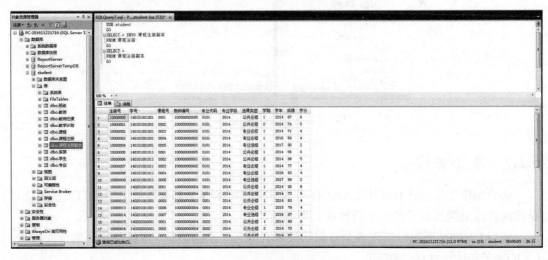

图 5-23 生成新表

【例 5.24】 创建一个空的"教师"表的副本。

代码如下:

```
USE student
GO
SELECT * INTO 教师副本
FROM 教师
WHERE 1=2
GO
```

上述代码中 WHERE 子句的条件永远为"假"，所以不会在创建的表中添加记录。在查询编辑器中输入并执行上述代码，用户可以查看到新建的表，但表中没有添加任何记录，如图 5-24 所示。

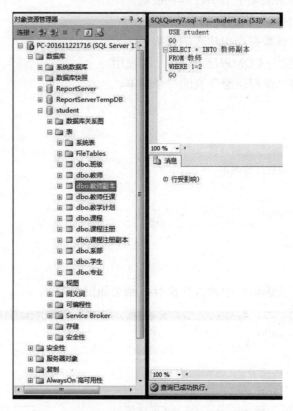

图 5-24 创建教师空表副本

5.2.7 集合查询

集合操作主要包括并操作 UNION、交操作 INTERSECT 和差操作 EXPECT。参加集合操作的各结果的列数量和对应的数据类型必须相同。

使用 UNION 语句可以将多个查询结果集合并为一个结果集，也就是集合的合并操作。UNION 子句的语法格式如下：

```
SELECT 语句
{UNION  SELECT 语句}[,…n]
```

其中：

- 参加 UNION 操作的各结果集的列数必须相同，对应的数据类型也必须相同。
- 系统将自动去掉并集的重复记录，如果要保留重复记录需使用 UNION ALL 操作符。
- 最后结果集的列名来自第一个 SELECT 语句。

【例 5.25】 查询"课程注册"表中选修了 0001 课程或者选修了 0002 课程的学生，也就是选修了课程 0001 的学生集合与选修了课程 0002 的学生集合的并集，且按课程号升序排列。

代码如下：

```
USE student
GO
SELECT *
FROM 课程注册
WHERE 课程号='0001'
UNION
SELECT *
FROM 课程注册
WHERE 课程号='0002'
ORDER BY 课程号 ASC
GO
```

将上述代码在查询编辑器中输入并执行，可得到如图 5-25 所示的结果。

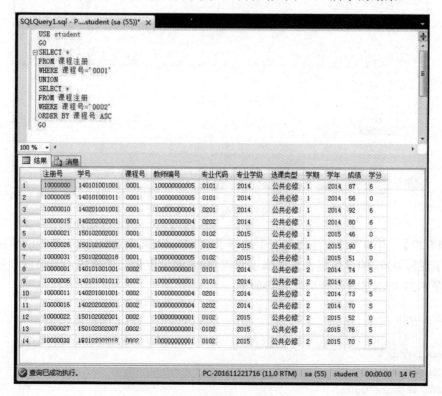

图 5-25 查询结果的并操作

数据的基本操作

使用 INTERSECT 语句和 EXCEPT 语句的语法结构与 UNION 相似，此处不再赘述。

【例 5.26】 查询"课程注册"表中既选修了 0001 课程又选修了 0002 课程的学生学号，即选修了课程 0001 的学生集合与选修了课程 0002 的学生集合的交集，结果按学号升序排列。图 5-26 显示了查询结果。代码如下：

```
USE student
GO
SELECT 学号
FROM 课程注册
WHERE 课程号='0001'
INTERSECT
SELECT 学号
FROM 课程注册
WHERE 课程号='0002'
ORDER BY 学号 ASC
GO
```

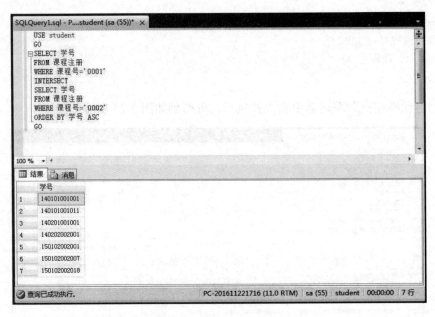

图 5-26　查询结果的交操作

【例 5.27】 查询"课程注册"表中选修了 0001 课程而未选修 0005 课程的学生学号，即选修了课程 0001 的学生集合与选修了课程 0005 的学生集合的差集，结果按学号升序排列。如图 5-27 给出了查询结果。代码如下：

```
USE student
GO
SELECT 学号
FROM 课程注册
WHERE 课程号='0001'
EXCEPT
```

```
SELECT 学号
FROM 课程注册
WHERE 课程号='0005'
ORDER BY 学号 ASC
GO
```

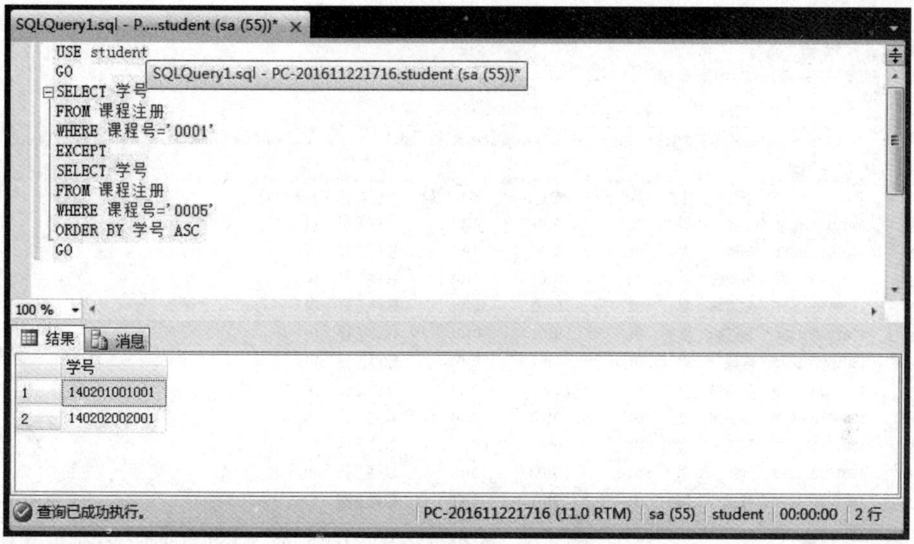

图 5-27　查询结果的差操作

5.3　连　接　查　询

5.2 节所述查询是单表查询。若一个查询同时涉及两个或两个以上的表，则称为连接查询。连接查询是关系数据库中最主要的查询，包括等值与非等值查询、自然连接查询、自身连接查询、外连接查询和复合条件连接查询等。

5.3.1　交叉连接查询

交叉连接又称非限制连接，也叫广义笛卡儿积，交叉连接的执行过程已在 5.1 节做了深入讨论。现给出其语法格式：

```
SELECT 列表列名 FROM 表名1 CROSS JOIN 表名2
```

其中，CROSS JOIN 为交叉表连接关键字。

【例 5.28】　使用示例中的"学生"表、"专业"表，实现交叉查询。

代码如下：

```
USE student
GO
SELECT 学号,姓名,性别,学生.系部代码,学生.专业代码,专业.专业代码,专业名称,
专业.系部代码
```

数据的基本操作

```
FROM 学生 CROSS JOIN 专业
GO
```

在查询分析器中输入并执行上述代码，结果如图 5-28 所示。

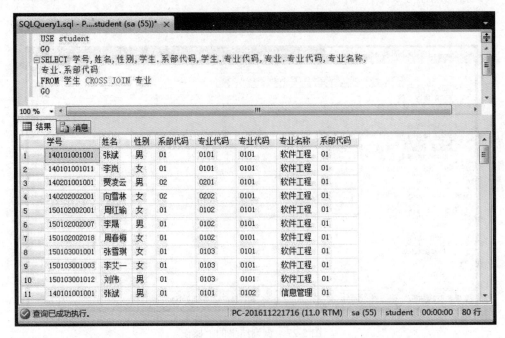

图 5-28　交叉连接的执行结果

在例 5.28 的查询语句中，由于"学号""姓名""性别"和"专业名称"列在"学生"表、"专业"表中是唯一的，因此引用时可去掉表名前缀。而"系部代码""专业代码"在两个表中都出现了，引用时必须加上表名前缀。

注意：多表查询时，如果要引用不同表中的同名属性，则在属性名前加表名，即用"表名.属性名"的形式表示，以便区分。

5.3.2　等值与非等值连接查询

用来连接两个表的条件称为连接条件或连接谓词，其一般格式为：

[<表名 1>.]<列名 1>　<比较运算符>　[<表名 2>.]<列名 2>

其中，比较运算符主要是=、>、<、>=、<=、!=（或<>）。

当比较运算符为"="时，称为等值连接。使用除等号外的其他运算符的称非等值连接。与比较运算符一起组成连接条件的列名称为连接字段。连接字段的类型必须是可比的，但名字不必相同。

在例 5.28 中，如果使用等值连接，其过程如下：把"学生"表中的每一条记录取出，与"专业"表中的第一条记录比较，如果"专业代码"列值相等（连接条件），则连接形成第一条记录，否则不连接；同样地，再取出"学生"表中的每一条记录，与"专业"表中的第二条、第三条、第四条……比较，若“专业代码”列值相等，则分别连接；否则不连接。这样的操作，要进行到“专业”表中的全部记录都处理完毕为止。

通过以上描述，可得出结论：等值连接的过程类似于交叉连接，不过，它只将满足连接条件的记录连接到结果集中。其语法格式为：

```
SELECT 列表列名
FROM 表名 1 [INNER] JOIN 表名 2
ON 表名 1.列名=表名 2.列名
```

其中，INNER 是连接类型可选关键字，表示内连接，可以省略。“ON 表名 1.列名=表名 2.列名”是等值连接的连接条件。

【例 5.29】 用等值连接方法连接“学生”表和“专业”表，观察通过“专业代码”连接后的结果与交叉连接的结果有何区别。

代码如下：

```
USE student
GO
SELECT 学号,姓名,性别,学生.系部代码,学生.专业代码,专业.专业代码,
专业名称,专业.系部代码
FROM 学生 INNER JOIN 专业 ON 学生.专业代码=专业.专业代码
GO
```

在查询分析器中输入并执行上述代码，结果如图 5-29 所示。

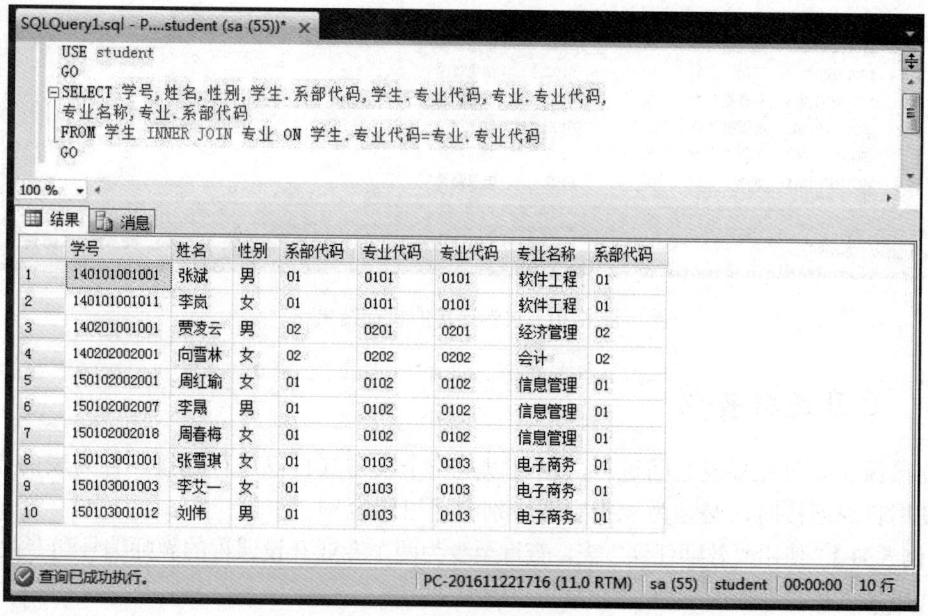

	学号	姓名	性别	系部代码	专业代码	专业代码	专业名称	系部代码
1	140101001001	张斌	男	01	0101	0101	软件工程	01
2	140101001011	李岚	女	01	0101	0101	软件工程	01
3	140201001001	贾凌云	男	02	0201	0201	经济管理	02
4	140202002001	向雪林	女	02	0202	0202	会计	02
5	150102002001	周红瑜	女	01	0102	0102	信息管理	01
6	150102002007	李晟	男	01	0102	0102	信息管理	01
7	150102002018	周春梅	女	01	0102	0102	信息管理	01
8	150103001001	张雪琪	女	01	0103	0103	电子商务	01
9	150103001003	李艾一	女	01	0103	0103	电子商务	01
10	150103001012	刘伟	男	01	0103	0103	电子商务	01

图 5-29　等值连接的执行结果

从结果中可以发现，只有满足连接条件的记录才被连接到结果集中，结果集是两个表的交集。在如图 5-29 所示的图中，“系部代码”“专业代码”列有重复。在等值连接中，把

目标列中重复的属性列删除，称为自然连接。

【例5.30】 自然连接"学生"表和"专业"表。

代码如下：

```
USE student
GO
SELECT 学号,姓名,性别,学生.系部代码,专业.专业代码,专业名称
FROM 学生 JOIN 专业 ON 学生.专业代码=专业.专业代码
GO
```

在查询分析器中输入并执行上述代码，结果如图5-30所示。

例5-30中"系部代码"列和"专业代码"列在两表中都出现过，只需引用一个即可，但引用时必须加上相应的表名前缀。

图5-30 自然连接的执行结果

5.3.3 自身连接查询

连接操作既可在多表之间进行，也可以是一个表与其自己进行连接，称为表的自身连接。使用自身连接时，必须为表指定两个别名，以示区别。

【例5.31】 使用"教师任课"表，查询至少为两个专业开设课程的教师编号和专业代码。

代码如下：

```
USE student
GO
SELECT first.教师编号,second.专业代码
FROM 教师任课 AS first JOIN 教师任课 AS second
```

```
ON first.教师编号=second.教师编号
AND first.专业代码!=second.专业代码
GO
```

在查询分析器中输入并执行上述代码，结果如图 5-31 所示。

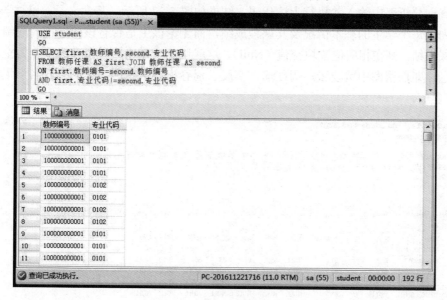

图 5-31　自身连接的执行结果

5.3.4　外连接查询

外连接的结果集不但包含满足连接条件的行，还包括相应表中的所有行，也就是说，即使某些行不满足连接条件，但仍需要输出该行记录。外连接包括三种：左外连接、右外连接和完全外连接。

1. 左外连接

左外连接（Left Outer Join）是指结果表中除了包含满足连接条件的记录外，还包含左表中不满足连接条件的记录。

注意：左表中不满足条件的记录与右表记录连接时，右表的相应列上填充 NULL 值。左外连接的语法格式为：

```
SELECT 列表列名
FROM 表名 1 LEFT [OUTER] JOIN 表名 2
ON 表名 1.列名＝表名 2.列名
```

其中，OUTER 关键字可省略。

【例 5.32】 将"学生"表左外连接"成绩"表。

代码如下：

```
USE student
GO
```

数据的基本操作

```
SELECT 学生.学号,学生.姓名,性别,系部代码,语文,数学,
英语,美术,自然,体育,音乐
FROM 学生 LEFT OUTER JOIN 成绩 ON 学生.学号=成绩.学号
GO
```

在查询分析器中输入并执行上述代码，结果如图 5-32 所示。其含义是：以"学生"表为主体列出每个学生的基本情况及其课程成绩，而无论该生是否有该门课程的成绩，若没有该门课成绩，则在相应位置填空值（Null），这就避免了在连接时舍弃成绩全为空的学生基本信息，即保留图中贾凌云、周红瑜、李晨、周春梅、张雪琪、李艾一 6 名学生的基本信息。

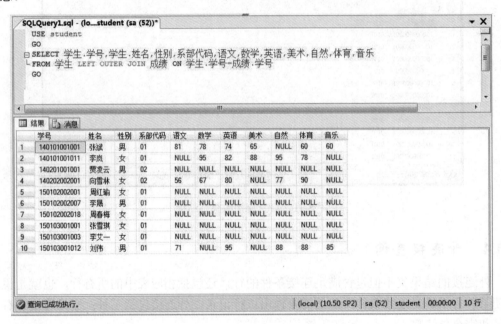

图 5-32　左外连接的执行结果

2. 右外连接

右外连接（Right Outer Join）是指结果表中除了包含满足连接条件的记录外，还包含右表中不满足连接条件的记录。

注意：右表中不满足条件的记录与左表记录连接时，左表的相应列上填充 NULL 值。 右外连接的语法格式为：

```
SELECT 列表列名
FROM 表名 1 RIGHT [OUTER] JOIN 表名 2
ON 表名 1.列名=表名 2.列名
```

其中，OUTER 关键字可省略。

【例 5.33】 将"学生"表右外连接"成绩"表。

代码如下：

```
USE student
GO
SELECT 学生.学号,学生.姓名,性别,系部代码,语文,数学,
英语,美术,自然,体育,音乐
FROM 学生 RIGHT OUTER JOIN 成绩 ON 学生.学号=成绩.学号
GO
```

输入并执行上述代码的结果如图 5-33 所示。我们发现在连接时舍弃了成绩全为空的学生基本信息，即删除了图 5-32 中贾凌云、周红瑜、李晨、周春梅、张雪琪、李艾一的基本信息，表明该右外连接是以"成绩"表为主体列出每个学生的基本情况及其课程成绩的。

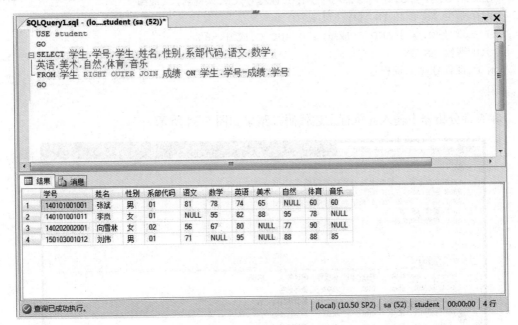

图 5-33　右外连接的执行结果

3. 完全外连接

同理，完全外连接（Full Outer Join）是指结果表中除了包含满足连接条件的记录外，还包含两个表中不满足连接条件的记录。

注意：左（右）表中不满足条件的记录与右（左）表记录连接时，右（左）表的相应列上填充 NULL 值。完全外连接的语法格式为：

```
SELECT 列表列名
FROM 表名1 FULL [OUTER] JOIN 表名2
ON 表名1.列名=表名2.列名
```

其中，OUTER 关键字可省略。

5.3.5　复合连接条件查询

以上各个连接查询中，ON 连接条件表达式只有一个条件，允许 ON 连接表达式有多

个连接条件，称为复合条件连接，或多表连接。实际上，在例5-31中已经给出了多表连接的应用。这里再举一例。

【例5.34】 使用"学生"表、"课程"表和"课程注册"表，查询成绩在70～80分（含70分和80分）的学生学号、姓名、专业代码，选修课的课程号、课程名称以及对应的成绩。

代码如下：

```
USE student
GO
SELECT S.学号,S.姓名,S.专业代码,C.课程号,CN.课程名,C.成绩
FROM 学生 AS S JOIN 课程注册 AS C
ON S.学号=C.学号 AND C.成绩>=70 AND C.成绩<=80
JOIN 课程 AS CN
ON C.课程号=CN.课程号
GO
```

在查询分析器中输入并执行上述代码，结果如图5-34所示。

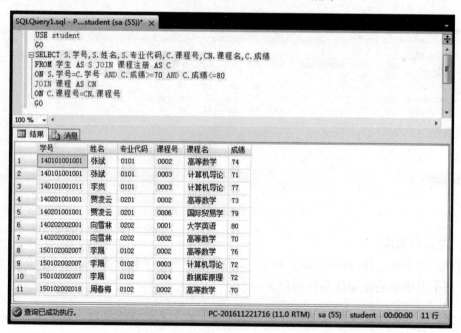

图5-34 复合连接条件的执行结果

用WHERE子句改写例5.34，可简化代码如下，其执行结果与图5-34一致：

```
USE student
GO
SELECT S.学号,S.姓名,S.专业代码,C.课程号,CN.课程名,C.成绩
FROM 学生 AS S,课程注册 AS C, 课程 AS CN
WHERE S.学号=C.学号 AND C.课程号=CN.课程号 AND C.成绩>=70 AND C.成绩<=80
GO
```

5.4 子 查 询

SQL 语言作为一门超高级语言，继承了其他计算机语言的主要特征，例如，将要讲述的嵌套查询就类似于程序语言中的循环嵌套。通常把一个 SELECT-FROM-WHERE 语句组称为一个查询块。将一个查询块嵌套在另一个查询块的 WHERE 子句或 HAVING 短语条件中的查询称为嵌套查询（Nested Query）。例如：

```
SELECT 姓名
FROM 学生
WHERE 学号 IN
    (
    SELECT 学号
    FROM 课程注册
    WHERE 教师编号='100000000001'
    )
```

括号内的查询块作为括号外 WHERE 子句的条件嵌入 SQL 语句中。我们把括号内的查询块称为子查询或内层查询，与之相对的概念就是父查询或外层查询，即包含子查询的查询块。SQL 语言允许多层嵌套查询，但需要注意的是，子查询的 SELECT 语句中不能使用 ORDER BY 子句，ORDER BY 子句只能对最终查询结果进行排序，也不能包括 COMPUTE 或 FOR BROWSE 子句。

SQL Server 2012 对嵌套查询的求解顺序是先内后外。即每个子查询在上一级查询处理之前求解，子查询的结果用于建立父查询的查找条件。有了嵌套查询，可以用多个简单的查询构造复杂查询（嵌套不能超过 32 层），提高 SQL 语言的表达能力，以这样的方式来构造查询程序，层次清晰，易于实现，这正是 SQL 中"结构化（structured）"的内涵所在。

某些嵌套查询可用连接运算替代，某些则不能。到底采用哪种方法，用户可根据实际情况判断。

5.4.1 带有 IN 谓词的子查询

在嵌套查询中，子查询的结果通常是一个集合。IN 是嵌套查询中使用最频繁的谓词。其处理过程是：父查询通过 IN 谓词将父查询中的一个表达式与子查询返回的结果集进行比较，如果表达式的值等于子查询结果集中的某个值，父查询中的条件表达式返回真（TRUE），否则返回假（FALSE）。还可以在 IN 前加上关键字 NOT，其功能与 IN 相反。

【例 5.35】 使用"学生"表、"课程"表和"课程注册"表，查询选修了课程名为"高等数学"或"计算机导论"的学生的学号和姓名。

代码如下：

```
USE student
GO
```

```
SELECT 学号,姓名
FROM 学生
WHERE 学号 IN
        (SELECT 学号
        FROM 课程注册
        WHERE 课程号 IN
                (SELECT 课程号
                FROM 课程
                WHERE 课程名='高等数学'
                OR 课程名='计算机导论'
                )
        )
GO
```

例 5.35 涉及三个属性：学号、姓名和课程名。学号和姓名存放在"学生"表中，课程名存放在"课程"表中，两个表通过"课程注册"表建立联系，所以本例涉及三个关系（如上面标号所示）：

（1）在"课程"表中找到"高等数学"或"计算机导论"两课程的课程号，结果为 0002 或 0003。

（2）在"课程注册"表中找出选修了（1）中课程的学生学号，结果为 140101001001、140101001011、140201001001、140202002001、150102002001、150102002007、150102002018。

（3）在"学生"表中取出（2）中的学号和对应的姓名。

在查询分析器中输入并执行上述代码，结果如图 5-35 所示。

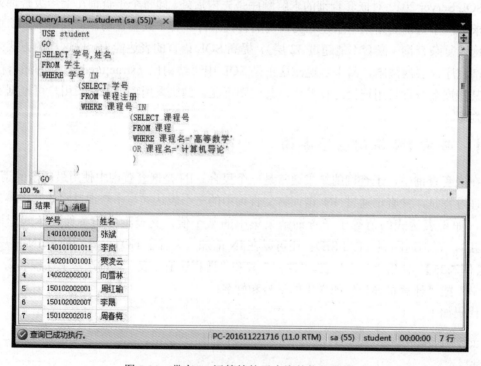

图 5-35　带有 IN 运算符的子查询的执行结果

例 5.35 同样可用连接查询实现，代码如下，执行结果与图 5-35 一致：

```
USE student
GO
SELECT DISTINCT 学生.学号,姓名
FROM 学生,课程注册,课程
WHERE 学生.学号 = 课程注册.学号 AND
        课程注册.课程号 = 课程.课程号 AND
        (课程名='高等数学' OR 课程名='计算机导论')
GO
```

5.4.2　带有比较运算符的子查询

5.4.1 节示例中子查询的查询条件不依赖于父查询，这类子查询称为不相关子查询；反之，则称为相关子查询（Correlated Subquery）。

父查询与子查询之间通过比较运算符连接，便形成了带有比较运算符的子查询。其处理过程是：父查询通过诸如=、>、<、>=、<=、!=或<>等比较运算符将父查询中的一个表达式与子查询返回的结果（单值）进行比较，如果表达式的值与子查询结果相比为真，那么，父查询中的条件表达式返回真（TRUE），否则返回假（FALSE）。

要强调的是，带有 IN 运算符的子查询返回的结果是集合，而带有比较运算符的子查询返回的结果是单值，而且用户在查询开始时就知晓"内层查询返回的是单值"这一事实。在书写带比较运算符的子查询时，注意子查询一定要跟在比较运算符之后。特殊地，若 IN 的子查询结果集为单值，则"＝"符号和 IN 可以互换，如图 5-36 所示。

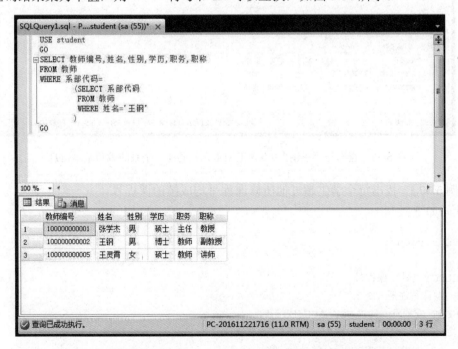

图 5-36　查询与"王钢"（含王钢本人）同在一个系的教师基本信息

数据的基本操作

【例 5.36】 使用"教师"表，查询与"王钢"同在一个系的教师基本信息。

代码如下：

```
USE student
GO
SELECT 教师编号,姓名,性别,学历,职务,职称
FROM 教师
WHERE 系部代码=
        (SELECT 系部代码
        FROM 教师
        WHERE 姓名='王钢'
        )
GO
```

在查询分析器中输入并执行上述代码，结果如图 5-36 所示，结果集中包括"王钢"本人的情况，若要去掉"王钢"本人的情况，则代码改写为图 5-37 即可。

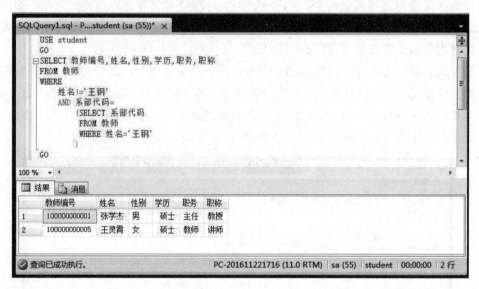

图 5-37　查询与"王钢"（不含王钢本人）同在一个系的教师基本信息

【例 5.37】 找出每个学生超过他所修课程平均成绩的课程号。

代码如下：

```
USE student
GO
SELECT 学号,课程号
FROM 课程注册 AS x
WHERE 成绩>= (SELECT AVG(成绩)
              FROM 课程注册 AS y
              WHERE y.学号=x.学号
```

```
        )
GO
```

其中，x 和 y 都是课程注册表的别名。子查询是求解一个学生所有课程的平均成绩，至于是哪名学生的平均成绩要看 x.学号的值，而该值是与父查询相关的，这就是相关子查询。上述语句的执行过程是：

（1）从外层查询中取出"课程注册"表的一个元组，将其学号（如取出学号 140101001001）的值传送给子查询，即：

```
SELECT AVG(成绩)
FROM 课程注册 AS y
WHERE y.学号='140101001001'
```

（2）执行子查询，得到近似结果 78（(87+74+71+69+90)÷5≈78），用该值代替子查询，得到父查询，即：

```
SELECT 学号,课程号
FROM 课程注册 AS x
WHERE 成绩 >=78
```

（3）执行父查询，得到

```
(140101001001, 0001)          /*0001 号课程成绩87 分*/
(140101001001, 0005)          /*0004 号课程成绩90 分*/
```

接着，父查询取出下一个元组，重复上述（1）～（3）步，直到外层所有元组处理完毕，结果如图 5-38 所示。

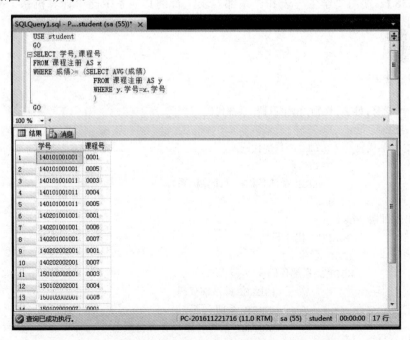

图 5-38　查询每个学生超过他所修课程平均成绩的课程号

5.4.3 带有 ANY 或 ALL 谓词的子查询

子查询返回单值时可以使用比较运算符，但返回多值时则使用 ANY 或 ALL 谓词，还必须同时使用比较运算符，其语义如表 5-24 所示。

表 5-24 ANY 或 ALL 谓词与比较运算符连用的语义表

运 算 符	语 义	运 算 符	语 义
>ANY	大于子查询结果中的某个值	>ALL	大于子查询结果中的所有值
<ANY	小于子查询结果中的某个值	<ALL	小于子查询结果中的所有值
>=ANY	大于或等于子查询结果中的某个值	>=ALL	大于或等于子查询结果中的所有值
<=ANY	小于或等于子查询结果中的某个值	<=ALL	小于或等于子查询结果中的所有值
=ANY	等于子查询结果中的某个值	=ALL	等于子查询结果中的所有值
!=ANY 或 <> ANY	不等于子查询结果中的某个值	!=ALL 或 <>ALL	不等于子查询结果中的所有值

带有 ANY 或 ALL 谓词的子查询，其处理过程是：父查询通过 ANY 或 ALL 谓词将父查询中的一个表达式与子查询返回结果集中的某个值进行比较，如果表达式的值与子查询结果相比为真，那么，父查询中的条件表达式返回真（TRUE），否则返回假（FALSE）。

ANY 或 ALL 谓词与聚集函数、IN 谓词的等价转换关系如表 5-25 所示。

表 5-25 ANY 或 ALL 谓词与聚集函数、IN 谓词的等价关系

	=	<>或!=	<或<=	>或>=
ANY	IN	—	<或<=MAX	>或>=MIN
ALL	—	NOT IN	<或<=MIN	>或>=MAX

【例 5.38】 使用"学生"表和"系部"表，查询其他系中比"计算机系"某一学生年龄小的学生信息。

代码如下：

```
USE student
GO
SELECT 学号,姓名,性别,出生日期,系部代码
FROM 学生
WHERE 系部代码<>(SELECT 系部代码
            FROM 系部
            WHERE 系部名称= '计算机系'
            )
AND 出生日期 >ANY
        (SELECT 出生日期
         FROM 学生
         WHERE 系部代码=
                (SELECT 系部代码
                 FROM 系部
                 WHERE 系部名称='计算机系')
                )
```

```
ORDER BY 出生日期
GO
```

在查询分析器中输入并执行上述代码，结果如图 5-39 所示。

注意：在例 5.38 中，做 ">ANY" 运算的并不是学生年龄，而是学生的出生日期（年龄越小，表示出生日期的数值越大），因此，用 ">ANY" 运算符。也可用聚集函数 YEAR()、GETDATE() 先将出生日期计算转换为年龄（若采用年龄参与比较运算，则 ">ANY" 应改写为 "<ANY"），即

```
YEAR(GETDATE())-YEAR(出生日期)
/*用系统当前日期中的年份减去学生出生日期中的年份，得到学生年龄*/
```

此外，本例还用到比较运算符 "=" 的子查询，通过 "系部名称" 查找对应的 "系部代码"。AND 前面的表达式是为了去除计算机系系内的学生信息。最后，要求结果按出生日期升序排列。

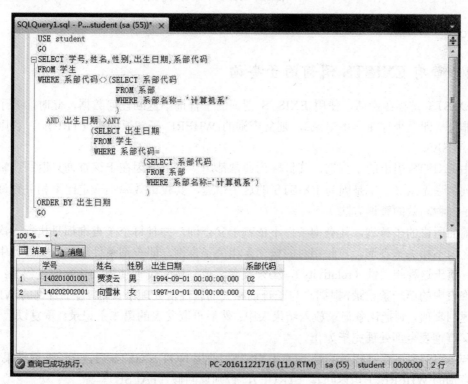

图 5-39　查询其他系中比 "计算机系" 某一学生年龄小的学生信息

将例 5.38 改为查询其他系中比 "计算机系" 所有学生年龄都小的学生信息。只需把 ">ANY" 修改为 ">ALL" 即可，请读者自己实现代码并验证结果。

例 5.38 使用 MAX() 函数来实现：先用子查询找出计算机系中学生的最大年龄（年龄计算方法如前所述），接着在父查询中查找所有非计算机系且年龄小于该 "最大年龄" 的学生信息。

数据的基本操作

代码如下：

```
USE student
GO
SELECT 学号,姓名,性别,出生日期,系部代码
FROM 学生
WHERE 系部代码<>(SELECT 系部代码
              FROM 系部
              WHERE 系部名称= '计算机系'
              )
AND YEAR(GETDATE())-YEAR(出生日期)   <
       (SELECT MAX(YEAR(GETDATE())-YEAR(出生日期)) AS 年龄
       From 学生
       WHERE 系部代码 =(SELECT 系部代码
                    FROM 系部
                    WHERE 系部名称='计算机系')
       )
GO
```

5.4.4　带有 EXISTS 谓词的子查询

EXISTS 是存在量词，使用 EXISTS 谓词的子查询不返回任何数据，此时，若子查询结果非空（即至少存在一条记录），则父查询的 WHERE 子句返回真（TRUE），否则返回假（FALSE）。

由 EXISTS 引出的子查询，其目标列通常都用"*"，原因在于该查询只返回逻辑值，给出列名毫无意义。正是因为 EXISTS 的这个用途，其查询效率不一定比不相关查询低，有时是一种高效的查询方法。

前面所讲的子查询，其查询条件不依赖于父查询，并且每个子查询都只执行一次，我们称之为不相关子查询。与此相对的概念是相关子查询，即查询条件依赖于父查询中的某个值，鉴于这种相关性（relativity），必须反复求值，供父查询使用。其处理过程是：取出父查询表中的第一条记录，根据它与子查询相关的属性值处理子查询，若子查询的 WHERE 子句返回真值，则把该条记录放入结果表中；然后再取父表的第二条记录；重复以上过程，直至父查询表全部处理完毕为止。

与 EXISTS 运算符相对的是 NOT EXISTS，使用 NOT EXISTS 后，若子查询结果为空，则父查询的 WHERE 子句返回真（TRUE），否则返回假（FALSE）。

【例 5.39】 用 EXISTS 谓词改写例 5.36，即查询与"王钢"同在一个系的教师基本信息。

代码如下：

```
USE student
GO
SELECT 教师编号,姓名,性别,学历,职务,职称
FROM 教师 AS T1
WHERE EXISTS
```

```
        (SELECT *
        FROM 教师 AS T2
        WHERE T2.系部代码=T1.系部代码
        AND T2.姓名='王钢'
        )
    GO
```

在查询分析器中输入并执行上述代码，结果与例 5.36 一致，如图 5-40 所示。从本例中可以看出所有带 IN 谓词、比较运算符、ANY 或 ALL 谓词的子查询都能使用带 EXISTS 运算符的子查询等价替换。

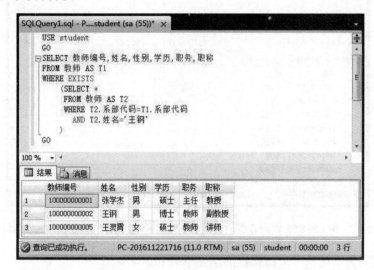

图 5-40　用 EXISTS 谓词改写例 5.36

【例 5.40】 使用"学生"表和"课程注册"表，查询所有选修"计算机导论"课学生的学号和姓名。

代码如下：

```
USE student
GO
SELECT 学号,姓名
FROM 学生
WHERE EXISTS
        (SELECT *
        FROM 课程注册
        WHERE 学号=学生.学号 AND 课程号=
                        (SELECT 课程号
                        FROM 课程
                        WHERE 课程名='计算机导论'
                        )
        )
GO
```

数据的基本操作

在查询分析器中输入并执行上述代码，结果如图 5-41 所示。

图 5-41　用 EXISTS 谓词查询所有选修了"计算机导论"课的学生学号和姓名

【例 5.41】　查询选修了全部课程的学生学号和姓名。

由于 SQL 语言中没有描述"全部"量词（For all），我们将该查询转译为"查询这样的学生：没有一门课程是他不选修的"。

代码如下：

```
USE student
GO
SELECT 学号,姓名
FROM 学生
WHERE NOT EXISTS
      (SELECT *
      FROM 课程
      WHERE NOT EXISTS
          (SELECT *
          FROM 课程注册
          WHERE 学号=学生.学号
          AND 课程号=课程.课程号
          )
      )
GO
```

在查询分析器中输入并执行上述代码，结果如图 5-42 所示。

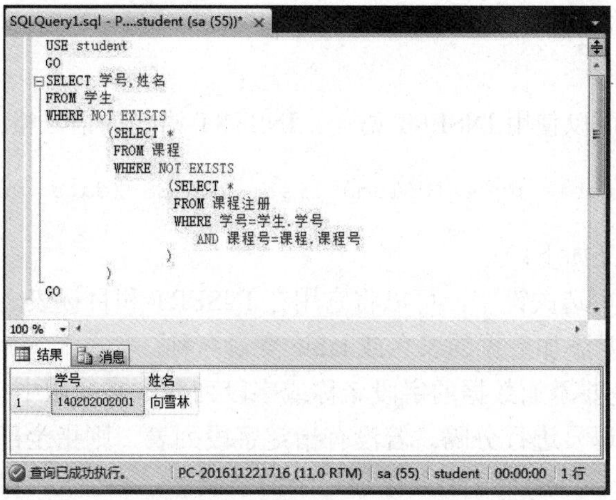

图 5-42　用 NOT EXISTS 实现全称量词的查询

5.3 节、5.4 节涉及的运算符基本上是二元运算符，即用这些运算符来"组合"两个或两个以上的关系（即表）。学习这两节时，要注意公共属性集合的问题：它是第一个关系与第二个关系（与第三个关系，……，与第 n 个关系）相联系的中间环节，尽管这些公共属性可能在各个关系上具有不同的名称，但是它们必须具有相同的域和含义，只要掌握了它们的"内涵"，并结合 5.2 节简单查询的知识，就能写出结构规范、运行高效的 SQL 多表查询语句。

5.5　数据的添加、修改和删除

SQL Server 数据库的新表建好后，表中并不包含任何记录，要想实现数据的存储，必须向表中添加数据。同样要实现表的良好管理，则需要经常修改表中的数据。本节主要介绍数据的添加、修改和删除。

在数据的基本操作中，常用到 T-SQL 语句，首先应掌握如表 5-26 所示的 SQL 语句的语法规则。

表 5-26　SQL 语句的语法规则

规　　则	含　　义
大写	T-SQL 关键字
斜体	T-SQL 语法中用户提供的参数
|（竖线）	分隔括号或大括号内的语法项目。只能选择一个项目
[ ]（中括号）	可选语法项目，不必输入中括号
{ }（大括号）	必选语法项目，不要输入大括号
[,…n]	表示前面的项可重复 n 次。每一项由英文逗号分隔
[…n]	表示前面的项可重复 n 次。每一项由空格分隔
加粗	数据库名、表名、列名、索引名、存储过程、实用工具、数据类型名以及必须按所显示的原样输入的文本
<标签>::=	语法块的名称。此规则用于对可在语句中多个位置使用的过长语法或语法单元部分进行分组和标记。适合使用语法块的每个位置由括在尖括号内的标签表示：<标签>

5.5.1 数据的添加

向表中添加数据可以使用 INSERT 语句。INSERT 语句的语法格式如下：

```
INSERT [INTO] table_name [column_list] VALUES (data_values)
```

其中，各项参数的含义如下：

- [INTO]是一个可选关键字，可以将它用在 INSERT 和目标表之间。
- table_name 是要添加数据的表名或 table 变量名称。
- [column_list]是要添加数据的字段名称或字段列表，必须用中括号将 column_list 括起来，并且用逗号进行分隔。若没有指定字段列表，则指全部字段。
- VALUES(data_values)用于引入添加记录的字段值。必须与 column_list 相对应。也就是说，每一个字段必须对应一个字段值，且必须用小括号将字段值列表括起来。如果 VALUES 列表中的值与表中列的顺序不相同，或者未包含表中所有列的值，那么必须使用 column_list 明确地指定存储每个传入值的列。

1. 最简单的 INSERT 语句

【例 5.42】 在结构如图 5-43 所示的"专业"表中添加一行记录：在计算机系部中添加一个电子商务专业。

代码如下：

图 5-43　"专业"表结构

```
USE student
GO
INSERT 专业
    (专业代码,专业名称,系部代码)
VALUES
    ('0103','电子商务','01')
GO
```

在查询编辑器中输入上述代码，单击 执行(X) 按钮，运行结果如图 5-44 和图 5-45 所示。

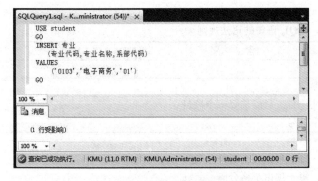

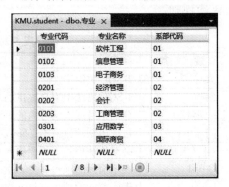

图 5-44　简单添加数据语句 　　　　　　图 5-45　查看运行结果

注意： VALUES 列表中的表达式的数量必须匹配列表中的列数，表达式的数据类型应与列的数据类型相兼容。

2．省略清单的 INSERT 语句

【例 5.43】 在结构如图 5-46 所示的"班级"表中添加"15 级电子商务 001 班"。

代码如下：

```
USE student
GO
INSERT 班级
VALUES
('150103001','15 级电子商务 001 班','0103','01',NULL)
GO
```

在查询编辑器中输入上述代码并执行，即可在"班级"表中增加如图 5-47 所示的值为"'150103001','15 级电子商务 001 班', '0103', '01', NULL"的记录。

注意：此种方法省略了字段清单，用户必须按照这些列在表中定义的顺序提供每一个列的值，建议在输入数据时最好使用列清单。

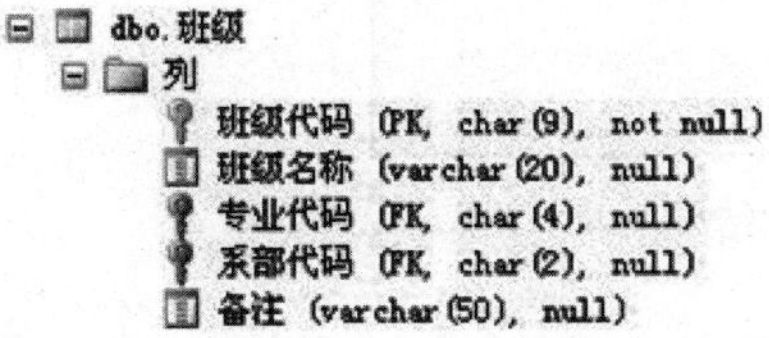

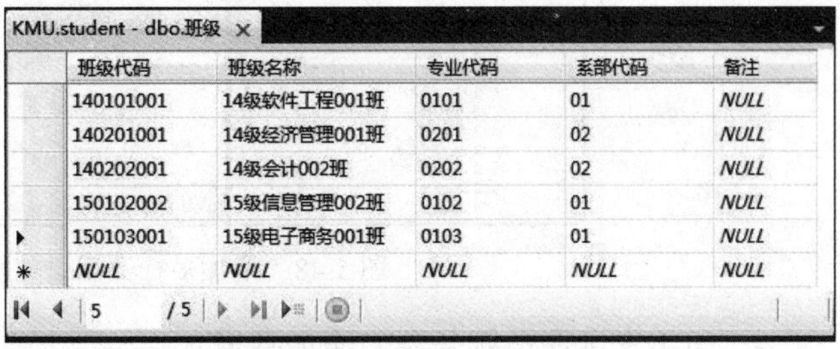

班级代码	班级名称	专业代码	系部代码	备注
140101001	14级软件工程001班	0101	01	NULL
140201001	14级经济管理001班	0201	02	NULL
140202001	14级会计002班	0202	02	NULL
150102002	15级信息管理002班	0102	01	NULL
150103001	15级电子商务001班	0103	01	NULL
NULL	NULL	NULL	NULL	NULL

图 5-46 "班级"表结构　　　　　　图 5-47 执行添加语句后的结果

3．省略 VALUES 清单的 INSERT 语句

在 T-SQL 语言中，有一种简单的插入多行的方法。这种方法是使用 SELECT 语句查询出的结果代替 VALUES 子句。这种方法的语法结构如下：

```
INSERT [INTO] table_name (column_name[,…n])
SELECT column_name[,…n]
FROM  table_name
WHERE search_conditions
```

其中，各项参数的含义如下：

（1）search_conditions——查询条件。

（2）INSERT 表和 SELECT 表的结果集的列数、列序、数据类型必须一致。

【例 5.44】 创建"课程"表的一个副本"课程 1"表，将"课程"表的全部数据添加到"课程 1"表中。

代码如下：

```
USE student
GO
```

数据的基本操作

```
CREATE table 课程1
(课程号 char(4) NOT NULL,课程名 char(20)  NOT NULL,学分 smallint NULL)
GO
INSERT INTO 课程1
(课程号,课程名,学分)
 SELECT 课程号,课程名,学分
 FROM 课程
GO
```

将上述代码在查询编辑器中运行，用户可以看到在"课程 1"中增加了 7 行数据，如图 5-48 所示。

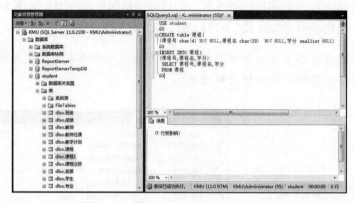

图 5-48　增加多行数据语句执行结果

4．向学生选课系统各表中添加数据

根据需要，向学生选课系统的各表中添加数据，在查询编辑器中分别执行下列代码。

（1）向"系部"表中添加如图 5-49 所示的 4 条记录。代码如下：

```
USE student
GO
INSERT 系部
    (系部代码,系部名称,系主任)
VALUES
    ('01','计算机系','徐才智')
GO
…
```

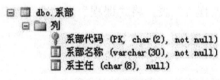

（a）"系部"表结构　　　　　　（b）"系部"表中增加 4 条记录后的执行结果

图 5-49　表结构及增加 4 条记录后的执行结果

（2）向“专业”表添加如图 5-50 所示的 8 条记录。代码如下：

```
USE student
GO
INSERT 专业
  (专业代码,专业名称,系部代码)
VALUES
    ('0101','软件工程','01')
GO
…
```

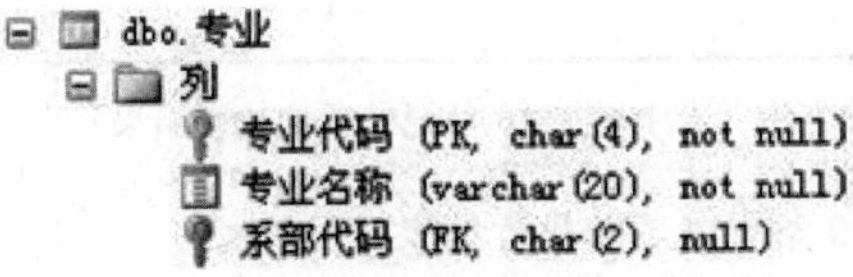

dbo.专业
列
专业代码 (PK, char(4), not null)
专业名称 (varchar(20), not null)
系部代码 (FK, char(2), null)

（a）“专业”表结构

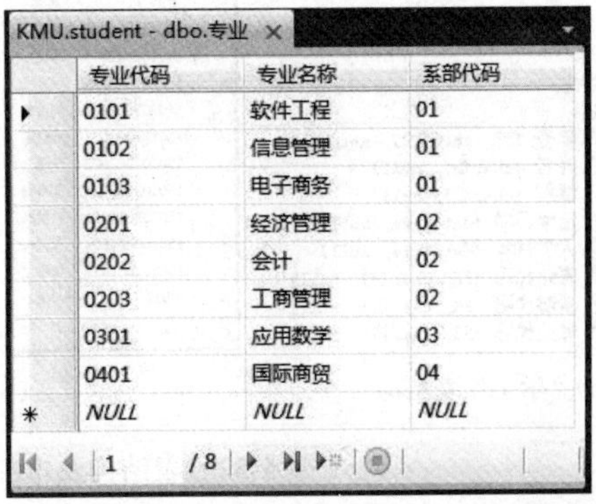

KMU.student - dbo.专业

专业代码	专业名称	系部代码
0101	软件工程	01
0102	信息管理	01
0103	电子商务	01
0201	经济管理	02
0202	会计	02
0203	工商管理	02
0301	应用数学	03
0401	国际商贸	04
NULL	NULL	NULL

（b）“专业”表中增加 8 条记录后的执行结果

图 5-50　表结构及增加 8 条记录后的执行结果

（3）向“班级”表添加如图 5-51 所示的 5 条记录。代码如下：

```
USE student
GO
INSERT 班级
(班级代码,班级名称,专业代码,系部代码,备注)
VALUES
('140101001','14 级软件工程 001 班','0101','01',NULL)
GO
…
```

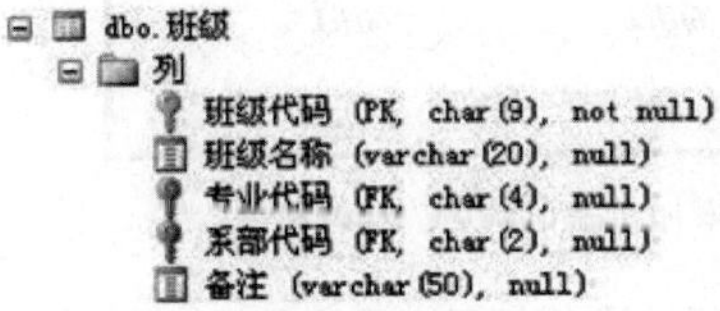

dbo.班级
列
班级代码 (PK, char(9), not null)
班级名称 (varchar(20), null)
专业代码 (FK, char(4), null)
系部代码 (FK, char(2), null)
备注 (varchar(50), null)

（a）“班级”表结构

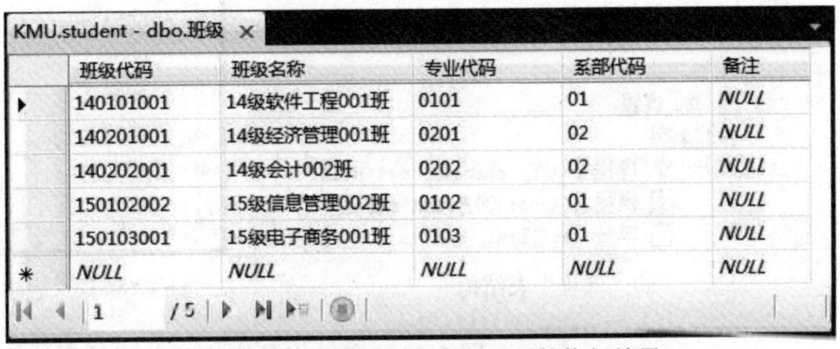

KMU.student - dbo.班级

班级代码	班级名称	专业代码	系部代码	备注
140101001	14级软件工程001班	0101	01	NULL
140201001	14级经济管理001班	0201	02	NULL
140202001	14级会计002班	0202	02	NULL
150102002	15级信息管理002班	0102	01	NULL
150103001	15级电子商务001班	0103	01	NULL
NULL	NULL	NULL	NULL	NULL

（b）“班级”表中增加 5 条记录后的执行结果

图 5-51　表结构及增加 5 条记录后的执行结果

（4）向“学生”表添加如图 5-52 所示的 10 条数据记录。代码如下：

```
USE student
GO
INSERT 学生
VALUES  ('140101001001',' 张 斌 ',' 男 ','1995-5-4','2014-9-1','140101001',
'01','0101')
GO
…
```

dbo.学生
- 列
  - 学号 (PK, char(12), not null)
  - 姓名 (char(8), null)
  - 性别 (char(2), null)
  - 出生日期 (datetime, null)
  - 入学时间 (datetime, null)
  - 班级代码 (FK, char(9), null)
  - 系部代码 (FK, char(2), null)
  - 专业代码 (FK, char(4), null)

（a）“学生”表结构

KMU.student - dbo.学生

学号	姓名	性别	出生日期	入学时间	班级代码	系部代码	专业代码
140101001001	张斌	男	1995-05-04 00:00:00.000	2014-09-01 00:00:00.000	140101001	01	0101
140101001011	李岚	女	1996-05-04 00:00:00.000	2014-09-01 00:00:00.000	140101001	01	0101
140201001001	贾凌云	男	1994-09-01 00:00:00.000	2014-09-01 00:00:00.000	140201001	02	0201
140202002001	向雪林	女	1997-10-01 00:00:00.000	2014-09-01 00:00:00.000	140202001	02	0202
150102002001	周红瑜	女	1996-07-08 00:00:00.000	2015-09-01 00:00:00.000	150102002	01	0102
150102002007	李晨	男	1995-09-24 00:00:00.000	2015-09-01 00:00:00.000	150102002	01	0102
150102002018	周春梅	女	1997-02-16 00:00:00.000	2015-09-01 00:00:00.000	150102002	01	0102
150103001001	张雪琪	女	1993-04-28 00:00:00.000	2015-09-01 00:00:00.000	150103001	01	0103
150103001003	李艾一	女	1994-04-28 00:00:00.000	2015-09-01 00:00:00.000	150103001	01	0103
150103001012	刘伟	男	1992-12-14 00:00:00.000	2015-09-01 00:00:00.000	150103001	01	0103
NULL	NULL	NULL	NULL	NULL	NULL	NULL	NULL

1 / 10

（b）“学生”表中增加 10 条记录后的执行结果

图 5-52　表结构及增加 10 条记录后的执行结果

（5）向“课程”表添加如图 5-53 所示的 7 条数据记录。代码如下：

```
USE student
GO
INSERT 课程
(课程号,课程名,学分)
VALUES ('0001','大学英语','6')
GO
…
```

dbo.课程
- 列
  - 课程号 (PK, char(4), not null)
  - 课程名 (char(20), not null)
  - 学分 (smallint, null)

（a）“课程”表结构

KMU.student - dbo.课程

课程号	课程名	学分
0001	大学英语	6
0002	高等数学	5
0003	计算机导论	4
0004	数据库原理	4
0005	人工智能	2
0006	国际贸易学	4
0007	环境经济学	3
NULL	NULL	NULL

1 /7

（b）“课程”表中增加 7 条记录后的执行结果

图 5-53　表结构及增加 7 条记录后的执行结果

（6）向“教学计划”表添加如图 5-54 所示的 42 条数据记录。代码如下：

```
USE student
GO
INSERT 教学计划
(课程号,专业代码,专业学级,课程类型,开课学期,学分)
VALUES ('0001','0101','2014','公共必修','1','6')
GO
...
```

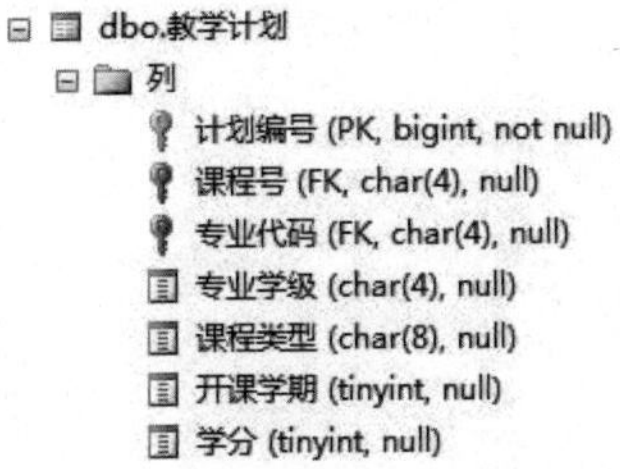

(a)"教学计划"表结构　　　　(b)"教学计划"表中增加42条记录后的部分执行结果

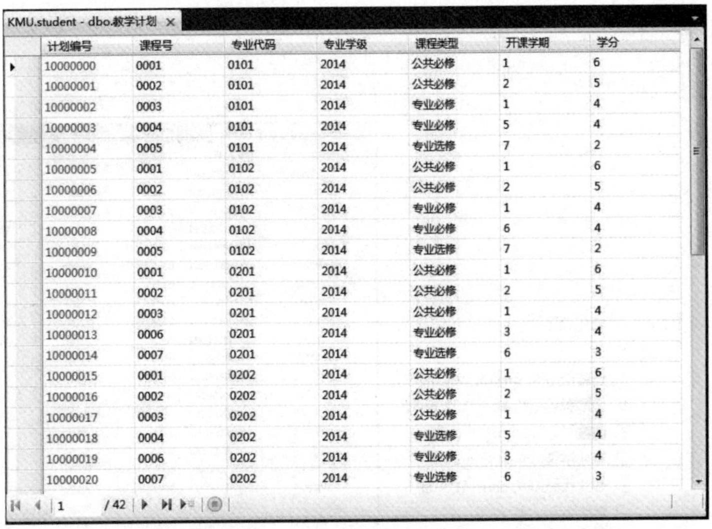

图 5-54　表结构及增加 42 条记录后的执行结果

（7）向"教师"表添加如图 5-55 所示的 5 条数据记录。代码如下：

```
USE student
GO
INSERT 教师
(教师编号,姓名,性别,出生日期,学历,职务,职称,系部代码,专业,备注)
VALUES ('100000000001','张学杰','男','1969-1-1','硕士','主任','教授','01',
'计算机',NULL)
GO
...
```

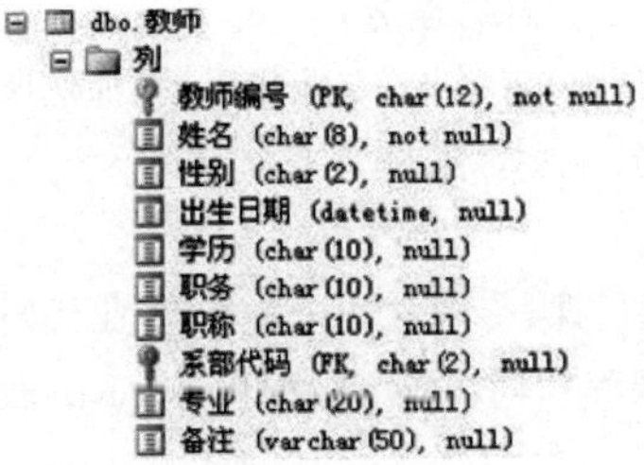

（a）"教师"表结构　　　　　（b）"教师"表中增加 5 条记录后的执行结果

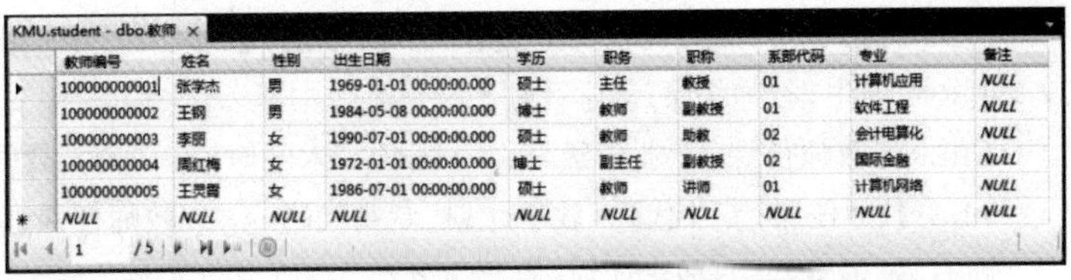

图 5-55　表结构及增加 5 条记录后的执行结果

数据的基本操作

（8）向"教师任课"表添加如图 5-56 所示的 42 条数据记录。代码如下：

```
USE student
GO
INSERT 教师任课
(教师编号,课程号,专业学级,专业代码,学年,学期,学生数)
VALUES('100000000001','0002','2014','0101','2014',2,0)
GO
...
```

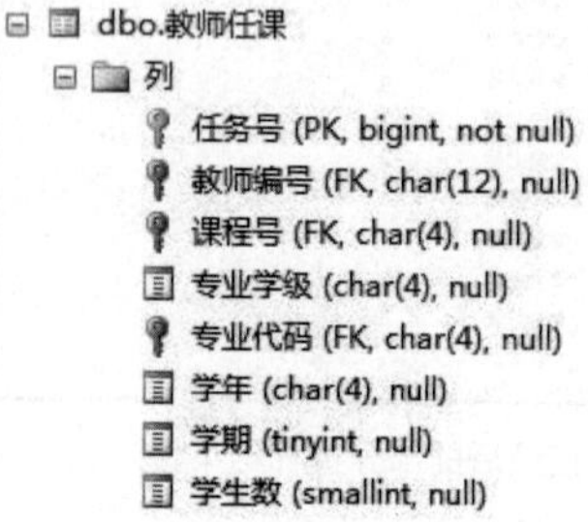

（a）"教师任课"表结构 （b）"教师任课"表中增加 42 条记录后的部分执行结果

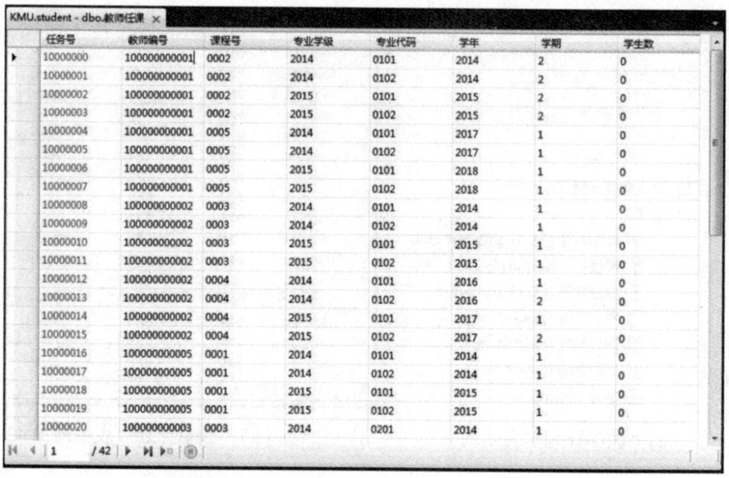

图 5-56　表结构及增加 42 条记录后的执行结果

（9）利用"学生"表、"教师任课"表、"教学计划"表向"课程注册"表添加如图 5-57 所示的 36 条数据记录（注意，若学生完成该门课程学习，还需手动修改成绩、学分列的值或使用触发器来自动修改学分列的值，具体内容参见 10.2 节）。代码如下：

```
USE student
GO
INSERT 课程注册
(学号,课程号,教师编号,专业代码,专业学级,选课类型,学期,学年,成绩,学分)
SELECT DISTINCT 学生.学号,教师任课.课程号,教师任课.教师编号,学生.专业代码,教师任课.
专业学级,教学计划.课程类型,教师任课.学期,教师任课.学年,0,0
FROM 学生,教师任课,教学计划
WHERE 教师任课.专业学级=YEAR(学生.入学时间) AND 教师任课.专业代码=学生.专业代码
AND 教师任课.专业代码=教学计划.专业代码 AND 教师任课.课程号=教学计划.课程号 AND 教
师任课.专业学级=教学计划.专业学级
GO
```

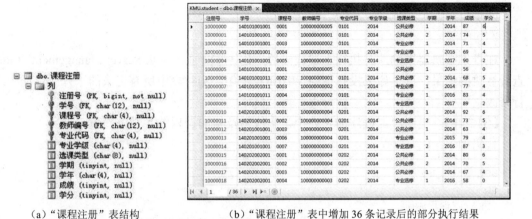

注册号	学号	课程号	教师编号	专业代码	专业学级	选课类型	学期	学年	成绩	学分
10000000	140101001001	0001	100000000005	0101	2014	公共必修	1	2014	87	6
10000001	140101001001	0002	100000000003	0101	2014	公共必修	2	2014	74	5
10000002	140101001001	0003	100000000002	0101	2014	专业必修	1	2014	71	4
10000003	140101001001	0004	100000000002	0101	2014	专业必修	1	2016	69	4
10000004	140101001001	0005	100000000001	0101	2014	专业选修	1	2017	90	2
10000005	140101001011	0001	100000000005	0101	2014	公共必修	1	2014	56	0
10000006	140101001011	0002	100000000003	0101	2014	公共必修	2	2014	68	5
10000007	140101001011	0003	100000000002	0101	2014	专业必修	1	2014	77	4
10000008	140101001011	0004	100000000002	0101	2014	专业必修	1	2016	83	4
10000009	140101001011	0005	100000000001	0101	2014	专业选修	1	2017	89	2
10000010	140201001001	0001	100000000004	0201	2014	公共必修	1	2014	92	6
10000011	140201001001	0002	100000000003	0201	2014	公共必修	2	2014	73	5
10000012	140201001001	0003	100000000003	0201	2014	专业必修	1	2014	63	4
10000013	140201001001	0006	100000000003	0201	2014	专业必修	1	2015	79	4
10000014	140201001001	0007	100000000003	0201	2014	专业选修	1	2016	87	3
10000015	140202002001	0001	100000000004	0202	2014	公共必修	1	2014	80	6
10000016	140202002001	0002	100000000003	0202	2014	公共必修	2	2014	70	5
10000017	140202002001	0003	100000000003	0202	2014	公共必修	1	2014	67	4
10000018	140202002001	0004	100000000003	0202	2014	专业选修	1	2016	58	0

（a）"课程注册"表结构 （b）"课程注册"表中增加 36 条记录后的部分执行结果

图 5-57 表结构及增加 36 条记录后的执行结果

5.5.2 数据的修改

在数据输入过程中，可能会出现输入错误，或是因为时间变化而需要更新数据，这都需要修改数据。修改表中的数据可以使用 SQL Server Management Studio 中的图形界面进行修改，即右击某数据表图标，在弹出的快捷菜单中选择"编辑前 200 行"命令，在打开的"表数据窗口"中进行修改。这里主要介绍 T-SQL 的 UPDATE 语句实现修改的方法，UPDATE 的语法格式如下：

```
UPDATE table_name
SET
{column_name={expression|DEFAULT|NULL}}[,…n]
[FROM{<table_source>}[,…n]] [WHERE<search_condition>]
<table_source>::=Table_name[[AS]table_alias][ WITH(<table_hint>[,…n])]
```

其中：

- table_name 是需要更新的表的名称。
- SET 是指定要更新的列或变量名称的列表。
- column_name 是含有要更改数据的列的名称。
- {expression| DEFAULT | NULL)是列值表达式。
- <table_source>是修改数据来源表。

注意：当没有 WHERE 子句指定修改条件时，则表中所有记录的指定列都被修改。若修改的数据来自另一个表时，则需要 FROM 子句语句指定一个表。

【**例 5.45**】 将"教学计划"表中专业代码为 0101 的"开课学期"的值改为第二学期。代码如下：

```
USE student
GO
UPDATE 教学计划
SET 开课学期=2
```

数据的基本操作

```
WHERE 专业代码='0101'
GO
```

在查询编辑器中输入并执行上述代码后，用户可以通过 SQL Server Management Studio 查看修改的结果，这里如果没有使用 WHERE 子句，则对表中所有记录的"开课学期"进行修改。

【例 5.46】 更新"课程注册"表中学生成绩及格的课程的"学分"值。

代码如下：

```
USE student
GO
UPDATE 课程注册
SET 学分=(SELECT 学分 FROM 课程 WHERE 课程号=课程注册.课程号)
WHERE 成绩>=60
GO
```

修改"课程注册"表中成绩及格记录的"学分"值需要利用"课程"表中的"学分"字段值，所以需要使用 FROM 子句。在查询编辑器中输入并执行上述代码后，可以查看结果以检验执行情况。这里只对表中一列数据进行修改，如要修改多个列，列与列之间要用英文逗号隔开。

【例 5.47】 利用"课程注册"表更新"教师任课"表中"学生数"的值。

代码如下：

```
USE student
GO
UPDATE 教师任课
SET 学生数=(SELECT COUNT(*) FROM 课程注册 WHERE 专业代码=教师任课.专业代码 AND
教师任课.专业学级=课程注册.专业学级 AND 教师任课.教师编号=课程注册.教师编号 AND 教
师任课.课程号=课程注册.课程号 AND 教师任课.专业学级=课程注册.专业学级)
GO
```

修改"教师任课"表中"学生数"字段时，需要通过"课程注册"表统计出选课的学生人数，所以查询语句中使用了集合函数 COUNT。在查询编辑器中输入并执行上述代码后，可以查看结果以检验执行情况，如图 5-58 所示。

任务号	教师编号	课程号	专业学级	专业代码	学年	学期	学生数
10000000	100000000001	0002	2014	0101	2014	2	2
10000001	100000000001	0002	2014	0102	2014	2	0
10000002	100000000001	0002	2015	0101	2015	2	0
10000003	100000000001	0002	2015	0102	2015	2	3
10000004	100000000001	0005	2014	0101	2017	1	2
10000005	100000000001	0005	2014	0102	2017	1	0
10000006	100000000001	0005	2015	0101	2018	1	0
10000007	100000000001	0005	2015	0102	2018	1	0
10000008	100000000002	0003	2014	0101	2014	1	2
10000009	100000000002	0003	2014	0102	2014	1	0
10000010	100000000002	0003	2015	0101	2015	1	0
10000011	100000000002	0003	2015	0102	2015	1	3
10000012	100000000002	0004	2014	0101	2016	1	

图 5-58　更新学生数后的"教师任课"表部分记录

5.5.3 数据的删除

随着系统的运行，表中可能产生一些无用的数据，这些数据不仅占用空间，而且还影响查询的速度，所以应该及时删除。删除数据可以使用 DELETE 语句和 TRUNCATE TABLE 语句。

1. 使用 DELETE 语句删除数据

从表中删除数据，最常用的是 DELETE 语句。DELETE 语句的语法格式如下：

```
DELETE table_name[FROM{<table_source>}[,…n]]
[WHERE {<search_condition>}]<table_source>::=table_name[[AS]
table_alias][, …n]]
```

其中：

- table_name 是要从其中删除数据的表的名称。
- FROM <table_source>为指定附加的 FROM 子句。
- WHERE 指定用于限制删除行数的条件。如果没有提供 WHERE 子句，则 DELETE 删除表中的所有行。
- <search_condition>指定删除行的限定条件。对搜索条件中可以包含的谓词数量没有限制。
- table_name[[AS] table_alias]是为删除操作提供标准的表名。

【例5.48】 删除"课程注册"表中的所有记录。

代码如下：

```
USE student
GO
DELETE 课程注册
GO
```

此例中没有使用 WHERE 语句指定删除的条件，将删除课程注册表中的所有记录，只剩下表格的定义。

【例5.49】 删除"教师"表中没有姓名的记录。

代码如下：

```
USE student
GO
DELETE 教师
WHERE 姓名 IS NULL
GO
```

【例5.50】 删除"课程注册"表中姓名为"张斌"的课程号为0001的选课信息。

代码如下：

```
USE student
GO
```

数据的基本操作

```
DELETE 课程注册
WHERE 课程注册.课程号='0001' AND 学号=(SELECT 学号 FROM 学生 WHERE 姓名 LIKE
'张斌')
GO
```

删除"课程注册"表中的数据时，用到了"学生"表里的"姓名"字段值"张斌"，所以使用了 FROM 子句。在查询编辑器中输入并执行上述代码。用户可以使用 SQL Server Management Studio 检查代码执行结果。用户在操作数据库时，要小心使用 DELETE 语句，因为数据会从数据库中永久地被删除。

2．使用 TRUNCATE TABLE 清空表格

使用 TRUNCATE TABLE 语句删除所有记录的语法格式为：

```
TRUNCATE TABLE  table_name
```

其中：

- TRUNCATE TABLE 为关键字。
- table_name 为要删除所有记录的表名。

使用 TRUNCATE TABLE 语句清空表格要比 DELETE 语句快，TRUNCATE TABLE 是不记录日志的操作，它将释放表的数据和索引所占据的所有空间以及所有为全部索引分配的页，删除的数据是不可恢复的。而 DELETE 语句则不同，它在删除每一行记录时都要把删除操作记录在日志中。删除操作记录在日志中，可以通过事务回滚来恢复删除的数据。用 TRUNCATE TABLE 和 DELETE 语句都可以删除所有的记录，但是表结构还存在，而 DROP TABLE 是删除表结构和所有记录，并释放表所占用的空间。

【例 5.51】 用 TRUNCATE TABLE 语句清空"课程注册"表。

代码如下：

```
USE student
GO
TRUNCATE TABLE 课程注册
GO
```

5.6 应 用 举 例

1．添加学生课程信息

（1）自动添加学生必修课。假设现在是 2014 学年的第一个学期，将学生该学期的必修课程（即公共必修和专业必修）自动添加到"课程注册"表中，正常选课时选课类型设置为空。代码如下：

```
USE student
GO
INSERT INTO 课程注册
(学号,课程号,教师编号,专业代码,专业学级,选课类型,学期,学年,成绩,学分)
SELECT DISTINCT A.学号,B.课程号,C.教师编号,A.专业代码,B.专业学级,'  ',C.学期,C.
```

学年,0,0

```
FROM 学生 AS A
  JOIN 教学计划 AS B ON A.专业代码=B.专业代码 AND B.专业学级=YEAR(A.入学时间)
  JOIN 教师任课 AS C ON B.专业代码=C.专业代码 AND B.专业学级=C.专业学级 AND B.课
程号=C.课程号
WHERE C.学年='2014' AND C.学期=1 AND (B.课程类型='公共必修' OR B.课程类型='专
业必修')
```

（2）将学生未取得学分的必修课自动添加到"课程注册"表中，且选课类型设置为
"重修"。代码如下：

```
USE student
GO
INSERT INTO 课程注册
(学号,课程号,教师编号,专业代码,专业学级,选课类型,学期,学年,成绩,学分)
SELECT DISTINCT A.学号,C.课程号,C.教师编号,B.专业代码,B.专业学级,'重修',C.学期,
C.学年,0,0
FROM 课程注册 AS A
JOIN 教学计划 AS B ON A.专业代码=B.专业代码 AND A.课程号=B.课程号 AND A.专业学级
=B.专业学级
JOIN 教师任课 AS C ON B.专业代码=C.专业代码 AND B.课程号=C.课程号 AND B.专业学级
=C.专业学级
WHERE A.成绩<60 AND (B.课程类型='公共必修' OR B.课程类型='专业必修')
```

2. 查询学生课程成绩

（1）查询所有学生各门课程成绩。代码如下：

```
USE student
GO
SELECT A.学号,A.姓名,C.课程名,B.成绩
FROM 学生 AS A
    JOIN 课程注册 AS B ON A.学号=B.学号
    JOIN 课程 AS C ON B.课程号=C.课程号
ORDER BY A.学号
GO
```

（2）查询某个学生的各门必修课成绩，假设该学生的学号为140201001001。代码如下：

```
USE student
GO
SELECT DISTINCT A.学号,A.姓名,C.课程名,B.成绩
FROM 学生 AS A
    JOIN 课程注册 AS B ON A.学号=B.学号
    JOIN 课程 AS C ON B.课程号=C.课程号
    JOIN 教学计划 AS D ON C.课程号=D.课程号
WHERE A.学号='140201001001' AND (D.课程类型='公共必修' OR D.课程类型='专业必修')
GO
```

（3）查询学生所有必修课的平均分。代码如下：

```
USE student
GO
SELECT A.学号,AVG(B.成绩)AS 平均分
FROM 学生 AS A
    JOIN 课程注册 AS B ON A.学号=B.学号
    JOIN 课程 AS C ON B.课程号=C.课程号
    JOIN 教学计划 AS D ON C.课程号=D.课程号
WHERE D.课程类型='专业必修' OR D.课程类型='公共必修'
GROUP BY A.学号
GO
```

（4）查询学生的已获得学分的成绩。代码如下：

```
USE student
GO
SELECT A.学号,A.姓名,C.课程名,B.成绩
FROM 学生 AS A
    JOIN 课程注册 AS B ON A.学号=B.学号
    JOIN 课程 AS C ON B.课程号=C.课程号
WHERE B.成绩>=60
ORDER BY A.学号
GO
```

（5）查询学生的总学分。代码如下：

```
USE student
GO
SELECT A.学号,SUM(B.学分)AS 总学分
FROM 学生 AS A
    JOIN 课程注册 AS B ON A.学号=B.学号
    JOIN 课程 AS C ON B.课程号=C.课程号
GROUP BY A.学号
GO
```

3. 查询教师授课信息

（1）查询所有教师授课的课程号和课程名。代码如下：

```
USE student
GO
SELECT DISTINCT A.教师编号,A.姓名,C.课程名,C.课程号
FROM 教师 AS A
    JOIN 教师任课 AS B ON A.教师编号=B.教师编号
    JOIN 课程 AS C ON B.课程号=C.课程号
ORDER BY A.教师编号
GO
```

（2）查询某学年某学期所有教师的具体授课信息。假设需要查询 2014 学年第一学期教师的授课信息，应注意在同一个学期、同一个教师可能会给不同专业的学生授课，所以要按学生的专业代码和专业名称分别列出。代码如下：

```
USE student
GO
SELECT A.教师编号,A.姓名,C.课程号,C.课程名,B.专业学级,D.专业名称
FROM 教师 AS A
    JOIN 教师任课 AS B ON A.教师编号=B.教师编号
    JOIN 课程 AS C ON B.课程号=C.课程号
    JOIN 专业 AS D ON B.专业代码=D.专业代码
WHERE B.学年='2014' AND B.学期=1
ORDER BY A.教师编号,B.专业学级
GO
```

（3）查询某个教师的具体授课信息和选课的学生人数。假设该教师的姓名为"周红梅"。代码如下：

```
USE student
GO
SELECT A.教师编号,A.姓名,C.课程号,C.课程名,B.专业学级,D.专业名称,B.学生数
FROM 教师 AS A
    JOIN 教师任课 AS B ON A.教师编号=B.教师编号
    JOIN 课程 AS C ON B.课程号=C.课程号
    JOIN 专业 AS D ON B.专业代码=D.专业代码
WHERE A.姓名='周红梅'
ORDER BY B.专业学级
GO
```

练 习 题

1. 关系与普通表格、文件有何区别？
2. 两个关系做并、交、差、笛卡儿积、选择运算，最后得到的关系的基数是什么？
3. 假设一个关系实例的度为 7，基数为 15，那么该关系有多少属性？关系中目前有多少不同的行？
4. 如何用连接运算模拟一个选择运算？
5. 等值连接和自然连接的区别和联系是什么？
6. 设有三个关系：

   学生关系 Student(SNO,Sname,Age,Sex,Sdept)
   课程关系 Course(CNO,Cname,Cdept,Tname)
   学习关系 SC(SNO,CNO,Grade)

其中 Tname 表示选修某门课程的学生姓名。试用关系代数表达式表示下列查询语句：

（1）查询"王红梅"老师所讲授课程的课程号与课程名称；

（2）查询年龄大于 23 岁的男学生的学号与姓名；

（3）查询学号为 S074 的学生所选修课程的课程名称和任课教师姓名；

（4）查询至少选修"李艳"老师所讲授课程中一门课的女学生姓名；

（5）查询"王刚"同学没有选修的课程（号）；

（6）查询至少选修两门课程的学生学号；

（7）查询全部学生都选修的课程的课程号和课程名称；

（8）查询选修课程包含"刘大林"老师所讲授课程的学生学号。

7. 某汽车品牌生产数据库中包括供应商、零件、工程项目和供应情况四个关系模式：

        供应商(供应商代码,供应商名,状态,所在城市)

        零件(零件代号,零件名,颜色,重量)

        工程项目(项目代码,项目名,项目所在地)

        供应情况(供应商代码,零件代码,项目代码,供应数量)

其中，工程项目表中的供应数量指某供应商供应某种汽配零件给某汽车生产工程项目的数量。现给出下列数据：

"供应商"表

供应商代码	供应商名	状态	所在城市
S1	三菱	20	东京
S2	天顺	10	济南
S3	旺特	30	青岛
S4	滕势	20	深圳
S5	金辉高科	30	佛山

"零件"表

零件代号	零件名	颜色	重量
P1	发动机	红色	102
P2	气门导管	黄色	3
P3	锂电池	银色	100
P4	水泵	蓝色	30
P5	电器仪表	白色	8
P6	压缩机	绿色	45

"工程项目"表

项目代码	项目名	项目所在地
J1	新能源轿车 A1	北京
J2	新能源轿车 A52	长春
J3	油电混合越野车 S3	天津
J4	油电混合越野车 S5	天津
J5	1.6L 轿车 TIDA	昆明
J6	1.4T 轿车 K10	上海
J7	新能源大巴	南京

"供应情况"表

供应商代码	零件代号	项目代码	数　量
S1	P1	J1	210
S1	P1	J3	105
S1	P1	J4	700
S1	P2	J2	105
S2	P3	J1	435
S2	P3	J2	200
S2	P3	J4	501
S2	P3	J5	400
S2	P5	J1	420
S2	P5	J2	100
S3	P1	J1	201
S3	P3	J1	202
S4	P5	J1	104
S4	P6	J3	303
S4	P6	J4	200
S5	P2	J4	100
S5	P3	J1	201
S5	P6	J2	208
S5	P6	J4	500

用 SQL 语句建立以上四张表，并完成如下查询：

（1）求供应工程 J2 零件的供应商代码；

（2）求供应工程 J2 零件 P5 的供应商代码；

（3）求供应工程 J1 零件为红色的供应商代码；

（4）求没有使用济南供应商生产的红色零件的项目代号；

（5）求至少用了供应商 S1 所供应的全部零件的项目代号；

（6）求工程项目 J3 使用的各种零件的名称及其数量；

（7）求深圳厂商供应的所有零件代号；

（8）求使用佛山产的零件的工程名称；

（9）求没有使用东京产的零件的工程代码；

（10）把全部红色零件的颜色改成棕色；

（11）把 S5 供给 J4 的零件全部改为由 S3 供应；

（12）从"供应商"表中删除 S2 的记录，并从"供应情况"表中删除相应记录；

（13）把(S2,J6,P4,700)插入"供应情况"表。

索引及视图

索引是一种特殊类型的数据库对象，它保存着数据表中一列或几列组合的排序结构。为数据表增加索引，可以大大提高数据的检索效率。视图是一种常用的数据库对象，常用于集中、简化和定制显示数据库中的数据信息，为用户以多种角度观察数据库中的数据提供方便。为了屏蔽数据的复杂性，简化用户对数据的操作或者控制用户访问数据，保护数据安全，常为不同的用户创建不同的视图。本章将详细介绍索引和视图的基本概念、使用索引和视图的意义、创建索引和视图的方法以及对索引和视图的操作。

6.1 索引的基础知识

索引是以表列为基础的数据库对象，它保存着表中排序的索引列，并且记录索引列在数据表中的物理存储位置，实现表中数据的逻辑排序。

6.1.1 数据存储

在 SQL Server 中，数据存储的基本单位是页，其大小是 8KB。每页的开始部分是 96B 的页首，用于存储系统信息，如页的类型、页的可用空间量、拥有页的对象 ID 等。SQL Server 数据库的数据文件中包含八种页类型，如表 6-1 所示。

表 6-1　数据文件中的页类型

页 类 型	内 容
数据	包含数据行中除 text、ntext 和 image 数据外的所有数据
索引	索引项
文本/图像	text、ntext 和 image 数据
全局分配映射表、辅助全局分配映射表	有关已分配的扩展盘区的信息
页的可用空间	有关页上可用空间的信息
索引分配映射表	有关表或索引所使用的扩展盘区的信息
大容量更改映射表	有关自上次执行 BACKUP LOG 语句后大容量操作所修改的扩展盘区的信息
差异更改映射表	有关自上次执行 BACKUP DATABASE 语句后更改的扩展盘区的信息

6.1.2 索引

1. 索引的概念

SQL Server 2012 将索引组织为 B 树，索引内的每一页包含一个页首，页首后面跟着索引行。每个索引行都包含一个键值以及一个指向较低级页或数据行的指针。索引的每个页称为索引节点。B 树的顶端节点称为根节点，索引的底层节点称为叶节点，根和叶之间的任何索引级统称为中间级。

2．使用索引的意义

索引在数据库中的作用与目录在书籍中的作用类似，都用来提高查找信息的速度。从一本书中查找需要的内容，可以从第一页开始，一页一页地去找；也可以利用书中的目录来查找，书中的目录是一个词语列表，其中注明了包含各个词的页码。查找内容时，先在目录中找到相关的页码，然后按照页码找到内容。两者相比，利用目录查找内容要比一页一页地查找速度快很多。在数据库中查找数据，也存在两种方法：一种是全表扫描，与一页一页地翻书查找信息类似，用这种方法查找数据要从表的第一行开始逐行扫描，直到找到所需信息；另一种是使用索引，索引是一个表中所包含值的列表，其中注明了表中包含各个值的行所在的存储位置，使用索引查找数据时，先从索引对象中获得相关列的存储位置，然后再直接去其存储位置查找所需信息，这样就无须对整个表进行扫描，从而可以快速找到所需数据。

3．使用索引的代价

既然使用索引可以提高系统的性能，大大加快数据检索的速度，是不是可以为表中的每一列都建立索引呢？为每一列都建立索引是不明智的，因为使用索引要付出一定的代价：

（1）索引需要占用数据表以外的物理存储空间。例如，要建立一个聚集索引，需要大约 1.2 倍于数据大小的空间。

（2）创建索引和维护索引要花费一定的时间。

（3）当对表进行更新操作时，索引需要被重建，这样就降低了数据的维护速度。

4．建立索引的原则

为表建立索引时，要根据实际情况，认真考虑哪些列应该建索引，哪些列不应该建索引。一般原则是：

（1）主键列上一定要建立索引。

（2）外键列可以建立索引。

（3）在经常查询的字段上最好建立索引。

（4）对于那些查询中很少涉及的列、重复值比较多的列不要建立索引。

（5）对于定义为 text、image 和 bit 数据类型的列不要建立索引。

6.2　索引的分类

在 SQL Server 2012 数据库中，根据索引的存储结构不同将其分为两类：聚集索引和非聚集索引。

6.2.1　聚集索引

聚集索引是指表中数据行的物理存储顺序与索引顺序完全相同。聚集索引由上、下两层组成（见图 6-1）：上层为索引页，包含表中的索引页面，用于数据检索；下层为数据页，包含实际的数据页面，存放着表中的数据。当为一个表的某列创建聚集索引时，表中的数据会按该列进行重新排序，然后再存储到磁盘上。因此，每个表只能创建一个聚集索引。聚集索引一般创建在表中经常搜索的列或者按顺序访问的列上。因为聚集索引对表中的数据进行了排序，当使用聚集索引找到包含的第一个值后，其他连续的值就在附近了。默认情况下，SQL Server 为主键约束自动建立聚集索引。

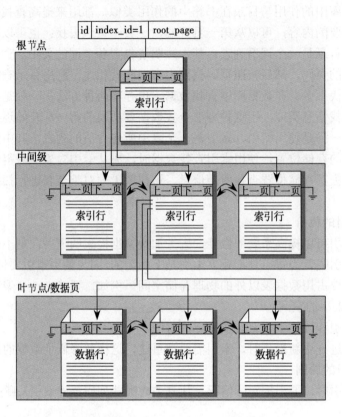

图 6-1   聚集索引单个分区中的结构示意图

6.2.2 非聚集索引

非聚集索引与聚集索引一样有 B 树结构（如图 6-2 所示），但是有两个重大差别：

（1）非聚集索引的数据行不按索引键的顺序排序和存储。

（2）非聚集索引的叶层不包含数据页。

相反，叶节点包含索引行。每个索引行包含非聚集键值以及一个或多个行定位器，这些行定位器指向有该键值的数据行（如果索引不唯一，则可能是多行）。

非聚集索引可以在有聚集索引的表、堆集或索引视图上定义。非聚集索引中的行定位器有两种形式：

（1）如果表是堆集（没有聚集索引），行定位器就是指向行的指针。该指针用文件标识符（ID）、页码和页上的行数生成。整个指针称为行 ID。

（2）如果表没有聚集索引，或者索引在索引视图上，则行定位器就是行的聚集索引键。如果聚集索引不是唯一的索引，SQL Server 将为每个重复的索引键生成一个唯一的内部值，以使重复的键唯一。用户看不到这个值，它用于使非聚集索引内的键唯一。SQL Server 通过使用聚集索引键搜索聚集索引来检索数据行，而聚集索引键存储在非聚集索引的叶行内。

由于非聚集索引将聚集索引键作为其行指针存储，因此使聚集索引键尽可能小很重要。如果表还有非聚集索引，则不应选择大的列作为聚集索引的键。

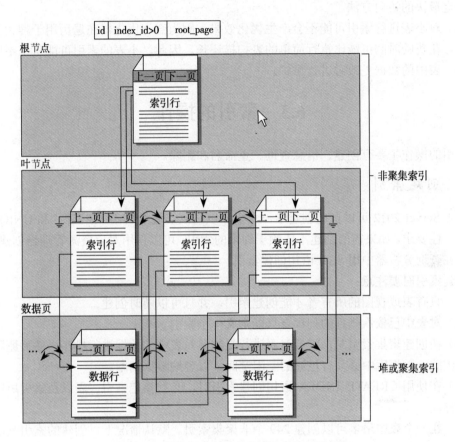

图 6-2　非聚集索引单个分区的结构示意图

6.2.3　聚集和非聚集索引的性能比较

当进行单行查找时，聚集索引的输入/输出速度比非聚集索引快，因为聚集索引的索引级别较小。聚集索引非常适合于范围查询，因为服务器可以缩小数据范围，先得到第一行，再进行扫描，无须再次使用索引；非聚集索引速度稍慢，占用空间大，但也是一种较好的表扫描方法。非聚集索引可能覆盖了查询的全部过程。也就是说，假如所需数据在索引中，服务器就不必再返回到数据行中。

6.2.4　使用索引的原则

设计索引时，应考虑以下数据库准则：
（1）一个表如果建有大量索引会影响 INSERT、UPDATE 和 DELETE 语句的性能，因为在表中的数据更改时，所有索引都需进行适当的调整。

（2）避免对经常更新的表进行过多的索引，并且索引应保持较窄，也就是说，列要尽可能少。

（3）使用多个索引可以提高更新少而数据量大的查询的性能。大量索引可以提高不修改数据的查询（如 SELECT 语句）的性能，因为查询优化器有更多的索引可供选择，从而可以确定最快的访问方法。

（4）对小表进行索引可能不会产生优化效果，因为查询优化器在遍历用于搜索数据的索引时，花费的时间可能比执行简单的表扫描还长。因此，小表的索引可能从来不用，但仍必须在表中的数据更改时进行维护。

6.3　索引的操作

索引的操作主要有创建、信息查询、重命名和删除。

6.3.1　创建索引

SQL Server 2012 可以自动创建唯一索引，以强制实施 PRIMARY KEY 和 UNIQUE 约束的唯一性要求。如果需要创建不依赖于约束的索引，可以使用对象资源管理器创建索引，还可以在查询分析器中用 SQL 语句创建索引。

创建索引时要注意：

（1）只有表或视图的所有者才能创建索引，并且可以随时创建。

（2）对表中已依次排列的列集合只能定义一个索引。

（3）在创建聚集索引时，将会对表进行复制，对表中的数据进行排序，然后删除原始的表。因此，数据库中必须有足够的空闲空间，以容纳数据副本。

（4）在使用 CREATE INDEX 语句创建索引时，必须指定索引、表以及索引所应用的列的名称。

（5）在一个表中最多可以创建 249 个非聚集索引。默认情况下，创建的索引是非聚集索引。

（6）复合索引的列的最大数目为 16，各列组合的最大长度为 900B。

（7）要特别注意 WHERE 子句中数据类型不匹配的问题，特别是 char 和 varchar 类型。它们不会被很好地优化，因为优化程序不能对索引使用数据分配统计。在存储过程中很容易造成类型不匹配，使用用户定义的数据类型有助于避免这个问题。

下面分别介绍创建索引的两种方式。

1. 使用对象资源管理器创建索引

（1）在 SQL Server Management Studio 窗口的"对象资源管理器"窗格中，选择要建立索引的表（如"学生"表），然后展开"学生"节点，右击"索引"节点，在弹出的快捷菜单中选择"新建索引"命令，如图 6-3 所示，在打开的"新建索引"对话框中显示了当前表中已有的索引，包含其名称、是否聚集索引和索引字段的名称。

（2）如果要在当前表中增加一个索引，则在右击"索引"节点所弹出的快捷菜单中选择"新建索引"命令，打开"新建索引"对话框，有聚集索引、非聚集索引、主 XML 索引、辅助 XML 索引等，根据索引的属性进行选择，这里选择非聚集索引，如图 6-4 所示。

图 6-3　新建索引

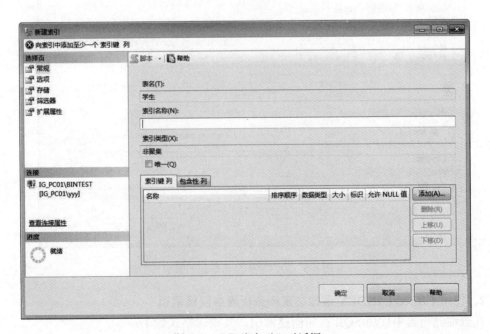

图 6-4　"新建索引"对话框

（3）在"索引名称"文本框中输入新建索引的名称，例如 xm_index，有选择地设定索

第 6 章

索引及视图

引的属性，例如是否唯一。

（4）单击"添加"按钮打开如图 6-5 所示的对话框，在列表中选择用于创建索引的列（选中相应列字段左边的复选框，选择需要的列），可以选择一个列，也可以选择多个列，在这里选择"姓名"列。

图 6-5　选择新建索引的列

（5）完成索引选项设置后，单击"确定"按钮，关闭"从'dbo.学生'中选择列"对话框，回到"新建索引"对话框，在这里即可以看到新建立的索引，如图 6-6 所示。

（6）重复步骤（2）～（5），可以为一个表添加多个索引。

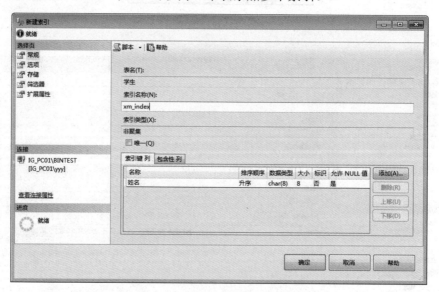

图 6-6　为"学生"表添加的索引

2. 使用 CREATE INDEX 语句在查询分析器中创建索引

在查询分析器中使用 SQL 语句创建索引，其语法格式如下：

```
CREATE[UNIQUE][CLUSTERED|NONCLUSTERED]INDEX 索引名
ON   {表名|视图名}(列名[ASC|DESC][,…n])
```

```
[WITH
[PAD_INDEX]
[[,]FILLFACTOR=填充因子]
[[,]IGNORE_DUP_KEY]
[[,]DROP_EXISTING]
[[,]STATISTICS_NORECOMPUTE]
[[,]SORT_IN_TEMPDB]]
[ON filegroup]
```

其中：

- [UNIQUE][CLUSTERED|NONCLUSTERED]用来指定创建索引的类型，依次为唯一索引、聚集索引和非聚集索引。当省略 UNIQUE 选项时，建立的是非唯一索引，省略[CLUSTERED| NONCLUSTERED]选项时，建立的是非聚集索引。
- ASC|DESC 用来指定索引列的排序方式，ASC 是升序，DESC 是降序。如果省略，则默认按升序排序。
- PAD_INDEX 用来指定索引中间级中每个页（节点）上保持开放的空间。PAD_INDEX 选项只有在指定了 FILLFACTOR 时才有用。
- FILLFACTOR（填充因子）指定在 SQL Server 创建索引的过程中，各索引页级的填满程度。
- IGNORE_DUP_KEY 选项控制当尝试向属于唯一聚集索引的列插入重复的键值时所发生的情况。如果为索引指定了 IGNORE_DUP_KEY 选项，并且执行了创建重复键的 INSERT 语句，SQL Server 将发出警告消息并忽略重复的行。
- DROP_EXISTING 用来指定应除去并重建已命名的先前存在的聚集索引或非聚集索引。指定的索引名必须与现有的索引名相同。因为非聚集索引包含聚集键，所以在除去聚集索引时，必须重建非聚集索引。如果重建聚集索引，则必须重建非聚集索引，以便使用新的键集。
- STATISTICS_NORECOMPUTE 用来指定过期的索引统计，不会自动重新计算。
- SORT_IN_TEMPDB 指定用于生成索引的中间排序结果将存储在 tempdb 数据库中。如果 tempdb 与用户数据库不在同一磁盘上，则此选项可能减少创建索引所需的时间，但会增加创建索引所使用的磁盘空间。
- ON filegroup 用来在给定的 filegroup 上创建指定的索引。该文件组必须已经通过执行 CREATE DATABASE 或 ALTER DATABASE 创建。

下面使用 SQL 语句创建一个简单索引。

【例 6.1】 为 student 数据库中的"教师"表创建基于"专业"列的非聚集索引 js_zy _index。

代码如下：

```
USE student
GO
CREATE INDEX js_zy_index ON 教师(专业)
GO
```

6.3.2 查询索引信息

在对表创建了索引之后，可以根据实际情况，查看表中索引信息。在"对象资源管理器"窗格中，或系统存储过程 sp_helpindex 或 sp_help tablename 中都可以查看到索引信息。

1. 使用对象资源管理器查看索引信息

在"对象资源管理器"窗格中，使用与创建索引同样的方法，右击表中已建的索引，弹出如图 6-3 所示的快捷菜单，选择"属性"命令，在"索引属性"对话框中的"选择页"列表中选择相应的选项即可查看该索引对应的信息，如图 6-7 所示即为"学生"表上的索引。

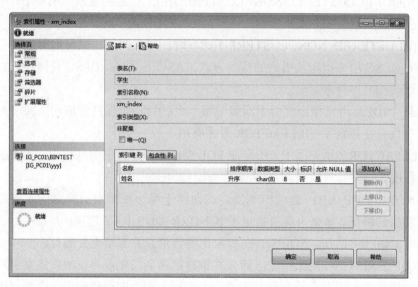

图 6-7　"学生"表上的索引

2. 使用系统存储过程查看索引信息

使用对象资源管理器可以查看索引信息，还可以在查询分析器中执行系统存储过程 sp_helpindex 或 sp_help 以查看数据表的索引信息，sp_helpindex 只显示表的索引信息，sp_help 除了显示索引信息外，还有表的定义、约束等其他信息。两者的语法格式基本相同，下面以 sp_helpindex 为例介绍。其语法格式如下：

```
[EXEC] sp_helpindex [@objname=] name
```

其中，[@objname=] name 是当前数据库中表或视图的名称。

【例 6.2】 查看 student 数据库中"教师"表的索引信息。

代码如下：

```
USE student
GO
EXEC sp_helpindex 教师
GO
```

运行结果如图 6-8 所示，其中列出了"教师"表上所有索引的名称、类型和建立索引的列。

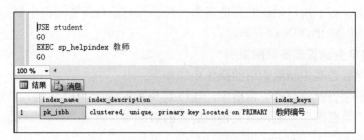

图 6-8　索引信息查询

6.3.3　重命名索引

在建立索引后，索引名是可以更改的，下面介绍两种方法。

1. 使用对象资源管理器更改

在"对象资源管理器"窗格中，使用与创建索引同样的方法，弹出如图 6-3 所示的快捷菜单，选择"重命名"命令，输入新的索引名即可。

2. 使用 T-SQL 语句更改

其语法格式如下：

```
sp_rename[@objname=]'object_name',
[@newname:]'new_name'
[,[@objtype:]'object_type']
```

其中：

- object_name 是需要更改的对象原名。如果要重命名的对象是表中的一列，那么 object_name 必须为 table.column 形式。如果要重命名的是索引，那么 object_name 必须为 table.index 形式。
- new_name 是对象更改后的名称。new_name 必须是名称的一部分，并且要遵循标识符的规则。
- object_type 是对象类型。

【例 6.3】　将 student 数据库中"教师"表的 js_zy_index 索引名称更改为 js_zyindex。代码如下：

```
USE student
GO
EXEC sp_rename 'dbo.教师.js_zy_index','js_zyindex'
GO
```

6.3.4　删除索引

使用索引虽然可以提高查询效率，但是对一个表来说，如果索引过多，不但耗费磁盘空间，而且在修改表中记录时会增加服务器维护索引的时间。当不再需要某个索引的时候，应该把它从数据库中删除，这样，既可以提高服务器效率，又可以回收被索引占用的存储空间。对于通过设置 PRIMARY KEY 约束或者 UNIQUE 约束创建的索引，可以通过删除约束而删除索引。对于用户创建的其他索引，可以在对象资源管理器中删除，也可以在查询分析器中用 DROP INDEX 语句删除。

1. 使用对象资源管理器删除索引

在对象资源管理器中删除索引的操作步骤如下：

（1）在"对象资源管理器"窗格中，连接到 SQL Server 2012 实例，再展开该实例。

（2）展开"数据库"节点，展开该表所属的数据库，再展开"表"节点。

（3）展开该索引所属的表，再展开"索引"节点。

（4）右击要删除的索引，在弹出的快捷菜单中选择"删除"命令。

（5）在打开的"管理索引"对话框中单击"确定"按钮，确认删除索引。

2. 使用 DROP INDEX 语句删除索引

使用 DROP INDEX 语句可以删除表中的索引。其语法格式如下：

```
DROP INDEX 表名.索引名[,…n]
```

删除索引时要注意：

（1）在系统表的索引上不能指定 DROP INDEX。

（2）若要除去为实现 PRIMARY KEY 或 UNIQUE 约束而创建的索引，必须除去约束。

（3）在删除聚集索引时，表中的所有非聚集索引都将被重建。

（4）在删除表时，表中存在的所有索引都被删除。

【例 6.4】 删除 student 数据库中"学生"表的"xm_学生"索引。

代码如下：

```
USE student
GO
DROP INDEX 学生.xm_学生
GO
```

6.4 索引的分析与维护

索引创建之后，由于数据的增加、删除和修改等操作会使索引页产生碎块，因此必须对索引进行分析和维护。

6.4.1 索引的分析

SQL Server 2012 提供了多种分析索引和查询性能的方法，常用的有 SHOWPLAN 和 STATISTICS IO 语句。

1. SHOWPLAN 语句

SHOWPLAN 语句用来显示查询语句的执行信息，包含查询过程中连接表时所采取的每个步骤以及选择哪个索引。其语法格式为：

```
SETSHOWPLAN_ALL{ON|OFF}和 SETSHOWPLAN_TEXT{ON|OFF}
```

其中，ON 为显示查询执行信息，OFF 为不显示查询执行信息（系统默认）。

【例 6.5】 在 student 数据库中的"教师"表上查询所有男老师的姓名和年龄，并显示查询处理过程。

代码如下：

```
USE student
GO
SET SHOWPLAN_ALL ON
GO
SELECT 姓名,YEAR(GETDATE())-YEAR(出生日期) AS 年龄
FROM 教师
WHERE 性别='男'
GO
```

返回结果如图 6-9 所示。

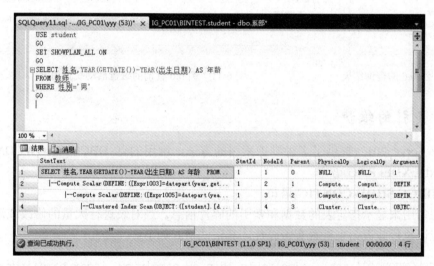

图 6-9　例 6.5 的查询结果

2. STATISTICS IO 语句

STATISTICS IO 语句用来显示执行数据检索语句所花费的磁盘活动量信息，可以利用这些信息来确定是否重新设计索引。其语法格式为：

```
SETSTATISTICS IO {ON|OFF}
```

其中，当 STATISTICS IO 为 ON 时，显示统计信息。如果将此选项设置为 ON，则所有后续的 T-SQL 语句将返回统计信息，直到将该选项设置为 OFF 为止。当 STATISTICS IO 为 OFF 时，不显示统计信息。

【例 6.6】 在 student 数据库中的"教师"表上查询所有男老师的姓名和年龄，并显示查询处理过程中的磁盘活动统计信息。

代码如下：

```
USE student
GO
SET SHOWPLAN_ALL OFF
GO
SET STATISTICS IO ON
GO
SELECT 姓名,YEAR(GETDATE())-YEAR(出生日期) AS 年龄
FROM 教师
WHERE 性别='男'
GO
```

返回结果如图 6-10 和图 6-11 所示。

图 6-10 例 6.6 的查询结果   图 6-11 例 6.6 查询的磁盘活动统计信息

6.4.2 索引的维护

SQL Serve 2012 提供了多种维护索引的方法，常用的有 DBCC SHOWCONTIG 和 DBCC INDEXDEFRAG 语句。

1. DBCC SHOWCONTIG 语句

该语句用来显示指定表的数据和索引的碎片信息。当对表进行大量的修改或添加数据之后，应该执行此语句来查看有无碎片。其语法格式如下：

```
DBCCSHOWCONTIG[{table_name|table_id|view_name|view, index_name|index_id}]]
```

其中，table_name|table_id|view_name|view id 是要对其碎片信息进行检查的表或视图。如果未指定任何名称，则对当前数据库中的所有表和索引视图进行检查。

当执行此语句时，重点看其扫描密度，其理想值为 100%，如果小于这个值，则表示表中已有碎片。如果表中有索引碎片，则可以使用 DBCC INDEXDEFRAG 语句对碎片进行整理。

【例 6.7】 查看 student 数据库中所有表的碎片情况。

代码如下：

```
USE student
GO
DBCC SHOWCONTIG
GO
```

运行结果如图 6-12 所示。

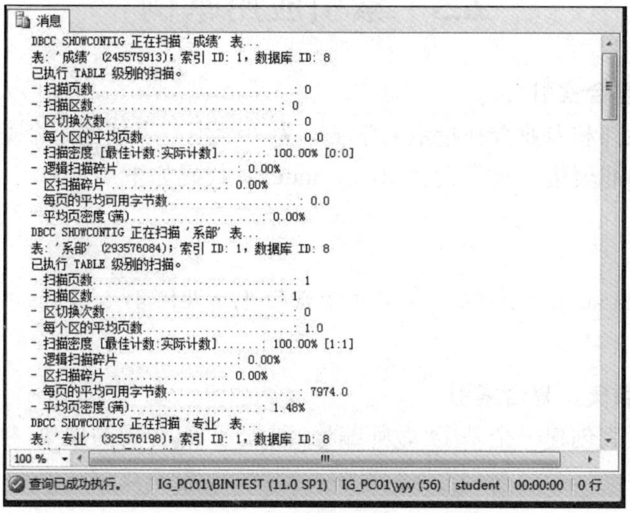

图 6-12　student 数据库中所有表的碎片情况

2. DBCC INDEXDEFRAG 语句

该语句的作用是整理指定的表或视图的聚集索引和辅助索引的碎片。其语法格式为：

```
DBCC INDEXDEFRAG
({database_name|database_id|0}
  ,{table_name|table_id|'view_name'|view_id}
  ,{index_name|index_id})
  [WITH NO_INFOMSGS]
```

其中：

- database_name、database_id|0 指对其索引进行碎片整理的数据库。数据库名称必须符合标识符的规则。如果指定 0，则使用当前数据库。
- table_name|table_id|'view_name'|view_id 指对其索引进行碎片整理的表或视图。
- index_name|index_id 是需要进行碎片整理的索引名称。
- WITH NO_INFOMSGS 禁止显示所有信息性消息（具有 0～10 的严重级别）。

DBCC INDEXDEFRAG 语句对索引的叶级进行碎片整理，以便页的物理顺序与叶节点从左到右的逻辑顺序相匹配，从而提高索引扫描性能。DBCC INDEXDEFRAG 语句还用于压缩索引页，并在压缩时考虑创建索引时指定的 FILLFACTOR。此压缩所产生的任何空页都将被删除。

【例 6.8】 整理 student 数据库中"教师"表的 js_zy_index 索引上的碎片。

代码如下：

```
USE student
GO
DBCC INDEXDEFRAG(student,教师,js_zy_index)
GO
```

213

第 6 章

索引及视图

6.5　索引应用举例

1．创建一个复合索引

为了方便按系部和专业查找指定的学生，为"学生"表创建一个基于"系部代码，专业代码"组合列的非聚集、复合索引 xb_zy_index。代码如下：

```
USE student
GO
CREATE INDEX xb_zy_index ON 学生(系部代码,专业代码)
GO
```

2．创建一个聚集、复合索引

为"教师任课"表创建一个基于"教师编号，课程号"组合列的聚集、复合索引 jskc_index。代码如下：

```
USE student
GO
CREATE CLUSTERED INDEX jskc_index
ON 教师任课(教师编号,课程号)
GO
```

3．创建一个唯一、聚集、复合索引

为"教学计划"表创建一个基于"课程号，专业代码"组合列的唯一、聚集、复合索引 jxkc_zy_index。代码如下：

```
USE student
GO
CREATE UNIQUE CLUSTERED INDEX jxkc_zy_index ON 教学计划(课程号,专业代码)
WITH
PAD_INDEX,FILLFACTOR=70,
IGNORE_DUP_KEY
GO
```

6.6　视图综述

视图是一个虚拟表，其内容由查询定义。同真实的表一样，视图包含一系列带有名称的列和行数据。但是，视图并不在数据库中以存储的数据值集形式存在，而且系统也不会在其他任何地方专门为标准视图存储数据。视图所引用的表由行和列数据自由定义，并且在引用视图时动态生成。

对视图所引用的基础表来说，视图的作用类似于筛选。定义视图的筛选可以来自当前或其他数据库的一个或多个表，或者其他视图。分布式查询也可用于定义使用多个异类源数据的视图。如果有几台不同的服务器分别存储组织中不同地区的数据，而用户需要将这些服务器上相似结构的数据组合起来，这时视图就能发挥作用了。

通过视图进行查询没有任何限制，通过它们进行数据修改时的限制也很少。

在两个表上建立的视图如图 6-13 所示。

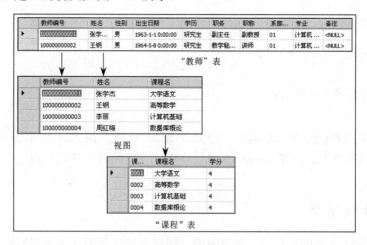

图 6-13　构建视图

6.6.1　视图的基本概念

数据视图是另一种在一个或多个数据表上观察数据的途径，可以把数据视图看作是一个能把焦点锁定在用户感兴趣的数据上的监视器，用户看到的是实时数据。

视图可以被看作是虚拟表或存储查询。可通过视图访问的数据不作为独特的对象存储在数据库内。数据库内存储的是 SELECT 语句，SELECT 语句的结果集构成视图所返回的虚拟表。用户可以用引用表时所使用的方法，在 T-SQL 语句中通过引用视图名称来使用虚拟表。在授权许可的情况下，用户还可以通过视图来插入、更改和删除数据。在视图中被查询的表称为基表。视图常见的示例有：

（1）基表的行和列的子集。

（2）两个或多个基表的连接。

（3）两个或多个基表的联合。

（4）基表和另一个视图或视图的子集的结合。

（5）基表的统计概要。

首先通过一个简单的实例来了解什么是视图，仍然使用前面章节所建立的 student 数据库。例如，教师要查询某个班学生的各门课程成绩，可以创建视图解决该问题。代码如下：

```
USE student
GO
CREATE VIEW view1
AS
SELECT A.学号,A.姓名,C.课程名,B.成绩
FROM 学生 AS A INNER JOIN 课程注册 AS B
ON A.学号=B.学号 INNER JOIN 课程 AS C
ON B.课程号=C.课程号
WHERE A.班级代码='010101001'
```

```
GO
```

这样，当老师需要浏览某个班学习成绩时，只需要执行下例查询语句：

```
USE student
GO
SELECT * FROM view1
GO
```

还可以在不同数据库中的不同表上建立视图。一个视图最多可以引用 1024 个字段。当通过视图检索数据时，SQL Server 将进行检查，以确保语句在任何地方引用的所用数据库对象都存在。

6.6.2 视图的作用

视图最终是定义在基表上的，对视图的一切操作最终也要转换为对基表的操作。而且对于非行列子集视图进行查询或更新时还有可能出现问题。既然如此，为什么还要定义视图呢？这是因为合理使用视图能够带来许多好处。

1．视图能简化用户操作

视图机制可以使用户将注意力集中在其所关心的数据上。如果这些数据不是直接来自基表，则可以通过定义视图，使用户眼中的数据库结构简单、清晰，并且可以简化用户的数据查询操作。例如，对于定义了若干张表连接的视图，就将表与表之间的连接操作对用户隐蔽起来了。也就是说，用户所做的只是对一个虚表的简单查询，而这个虚表是怎样得来的，用户无须了解。

2．视图使用户以多角度看待同一数据

视图机制能使不同的用户以不同的方式看待同一数据，当许多不同种类的用户使用同一个数据库时，这种灵活性是非常重要的。

3．视图对重构数据库提供了一定程度的逻辑独立性

前面章节已经介绍过数据的物理独立性与逻辑独立性的概念。数据的物理独立性是用户和用户程序不依赖于数据库的物理结构。数据的逻辑独立性是指当数据库重新构造时，如增加新的关系或对原有关系增加新的字段等，用户和用户程序不会受到影响。层次数据库和网状数据库一般能较好地支持数据的物理独立性，而对于逻辑独立性则不能完全地支持。

4．视图能够对机密数据提供安全保护

有了视图机制，就可以在设计数据库应用系统时，对不同的用户定义不同的视图，使机密数据不出现在不应看到这些数据的用户视图上。这样，具有视图的机制自动提供了对数据的安全保护功能。

6.7 视图的操作

视图操作包括对视图的创建、修改、重命名、插入、删除等操作。

6.7.1 创建视图

用户必须拥有在视图定义中应用任何对象的许可权才可以创建视图，系统默认数据库拥有者（DataBase Owner，DBO）有创建视图的许可权。

创建视图的方法有两种：其一是利用对象资源管理器创建，其二是使用 T-SQL 语句创建。

在 SQL Server 2012 中，可以创建标准视图、索引视图和分区视图。

（1）标准视图，组合了一个或多个表中的数据。

（2）索引视图，是经过计算并存储的视图。可以为视图创建唯一的聚集索引。索引视图可显著提高查询的性能。索引视图使用与聚合许多行的查询，不适合需要经常更新的基本数据集。

（3）分区视图，即视图在服务器间连接表中的数据。分区视图用于实现数据库服务器的联合。

创建视图有如下限制：

（1）只能在当前数据库中创建视图。

（2）用户创建视图嵌套不能超过 32 层。

（3）不能将规则或 DEFAULT 定义与视图相关联。

（4）定义视图查询不能包含 COMPUTE 语句和 COMPUTE BY 语句。

（5）不能将 AFTER 触发器与视图相关联，只有 INSTERD OF 触发器可以与之相关联。

1．使用对象资源管理器创建视图

【例 6.9】 在 student 数据库中，为"学生"表创建视图，并通过视图查询所有学生的姓名、学号和出生日期，按照学号升序排序。

操作步骤如下：

（1）在"对象资源管理器"窗格中，右击 student 数据库下的"视图"节点，在弹出的快捷菜单中选择"新建视图"命令，将打开如图 6-14 所示的"添加表"对话框。

（2）选中"学生"表，单击"添加"按钮，然后再单击"关闭"按钮，结果如图 6-15 所示。

图 6-14 "添加表"对话框

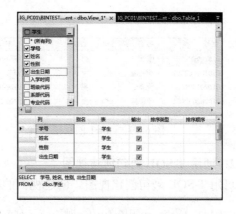

图 6-15 "视图"窗格

（3）在"关系图"窗格中，选中"姓名""学号"和"出生日期"复选框。用户可以在 SQL 语句中看到如下语句：

```
SELECT 学号,姓名,出生日期
FROM dbo.学生
```

（4）在"条件"窗格中的"学号"后的"排序类型"一栏中，选择升序。修改后的"条件"窗格如图 6-16 所示。

（5）此时，"关系图"窗格也有变化，在"学号"字段后面有升序的标志，如图 6-17 所示。

图 6-16　"条件"窗格　　　　　　　　图 6-17　"关系图"窗格

（6）此时，SQL 语句已经更新，如图 6-18 所示。

```
SELECT 学号,姓名,性别,出生日期
FROM dbo.学生
```

图 6-18　SQL 语句窗格的更新

（7）保存为 view1，然后单击"执行"按钮，或按 Ctrl+R 快捷键，进行查询。查询结果如图 6-19 所示。

（8）刷新"对象资源管理器"窗格，可以看到 student 数据库的"视图"节点下已生成名为 view1 的视图，如图 6-20 所示。

学号	姓名	性别	出生日期
010101001001	张斌	男	1970-5-4 0:00:00
010102002001	周红瑜	女	1972-7-8 0:00:00
010201001001	贾凌云	男	1974-9-1 0:00:00
010202002001	向雪林	女	1976-10-1 0:00:00

图 6-19　view1 的视图查询　　　　　　图 6-20　view1 的视图

2．使用 T-SQL 语句创建视图

可用 T-SQL 语句创建视图。创建视图的基本语法如下：

```
CREATE VIEW < 视图名>[(<列名>[,<列名>]…)]
[WITH [ENCRYPTION] [SCHEMABTNDING]]
AS <子查询>
```

[WITH CHECK OPTION]

其中，各参数含义如下：

（1）子查询，可以是任意复杂的 SELECT 语句，但通常不许含有 ORDER BY 语句和 DISTINCT 语句。

（2）列名，是视图中的列名。可以在 SELECT 语句中指派列名。如果未指定列名，则视图中的列将获得与 SELECT 语句中的列相同的名称。

（3）WITH CHECK OPTION，表示对视图进行 UPDATE、INSERT、DELETE 操作时要保证更新、插入、删除的行满足视图定义中的谓词条件（即子查询中的条件表达式）。

（4）如果 CREATE VIEW 语句仅指定了视图名，省略了组成视图的各个属性列名，则隐含该视图由子查询中的 SELECT 语句目标列中的诸字段组成。但在下列三种情况下必须明确指定组成视图的所有列名：

- 其中某个目标列不是单纯的属性名，而是函数或列表达式。
- 多表连接时选出了几个同名列作为视图的字段。
- 需要在视图中为某个列启用新的名字。

（5）ENCRYPTION 表示对 sys.syscomments 表中包含 CRENATE VIEW 语句文本的项进行加密。使用 WITH ENCRYPTION 可以防止在 SQL Server 复制中发布视图。

（6）SCHEMABINDING 表示视图及表的架构绑定。指定 SCHEMABINDNG 时不能删除有架构绑定子句创建的表或视图。

【例 6.10】 建立计算机系学生视图。

操作步骤如下：

（1）在查询分析器中输入如下语句：

```
CREATE VIEW view2
AS
SELECT dbo.学生.学号,dbo.学生.姓名,dbo.学生.性别,dbo.学生.出生日期,dbo.学生.入
学时间,dbo.学生.班级代码,dbo.学生.系部代码,dbo.学生.专业代码,dbo.系部.系部名称
FROM dbo.学生 INNER JOIN  dbo.系部
ON dbo.学生.系部代码=dbo.系部.系部代码
WHERE (dbo.系部.系部名称='计算机系')
```

（2）执行语句，看到"命令成功完成"的消息。

（3）在查询分析器中输入如下语句：

```
sp_helptext view2
```

（4）执行语句，看到创建 view2 视图的代码，如图 6-21 所示。

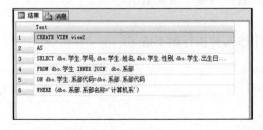

图 6-21 创建 view2 的代码

索引及视图

（5）在查询分析器中输入如下语句：

```
SELECT *
FROM view2
```

（6）执行以上语句，查询结果如图 6-22 所示。

	学号	姓名	性别	出生日期	入学时间	班级代码	系部代码	专业代码	系部名称
1	140101001001	张斌	男	1995-05-04 00:00:00.000	2014-09-01 00:00:00.000	140101001	01	0101	计算机系
2	140101001011	李岚	女	1996-05-04 00:00:00.000	2014-09-01 00:00:00.000	140101001	01	0101	计算机系
3	150102002001	周红瑜	女	1996-07-08 00:00:00.000	2015-09-01 00:00:00.000	150102002	01	0102	计算机系
4	150102002007	李晟	男	1995-09-24 00:00:00.000	2015-09-01 00:00:00.000	150102002	01	0102	计算机系
5	150102002018	周春梅	女	1997-02-16 00:00:00.000	2015-09-01 00:00:00.000	150102002	01	0102	计算机系
6	150103001001	张雪琪	女	1993-04-28 00:00:00.000	2015-09-01 00:00:00.000	150103001	01	0103	计算机系
7	150103001003	李艾一	女	1994-04-28 00:00:00.000	2015-09-01 00:00:00.000	150103001	01	0103	计算机系
8	150103001012	刘伟	男	1992-12-14 00:00:00.000	2015-09-01 00:00:00.000	150103001	01	0103	计算机系

图 6-22　查询结果

实际上，DBMS 执行 CREAE VIEW 语句的结果只是把对视图的定义存入数据字典中，并不执行 SELECT 语句。只是在对视图查询时，才按视图的定义从基本表中将数据查出。

视图依赖基本表，如果基本表被删除，视图就不能继续使用。因此，为防止不小心删除一个正被视图引用的表，可以在创建基本表时加上 SCHEMABINDING 关键字。

【例 6.11】　在 student 数据库中，为"学生"表创建视图。通过该视图，可以查询"专业代码"为 0101 的所有学生的姓名和学号。

操作步骤如下：

（1）在查询分析器中输入如下语句：

```
CREATE VIEW view3
WITH SCHEMABINDING
AS
SELECT 学号,姓名
FROM dbo.学生
WHERE (专业代码='0101')
```

（2）成功执行后就可以防止用户删除"学生"表。如果执行如下语句：

```
DROP TABLE dbo.学生
```

会出现错误，如图 6-23 所示。

【例 6.12】　在 student 数据库中，为"学生"表创建索引视图。以查询计算机系所有学生的学号和姓名，并以姓名作为唯一聚集索引。

操作步骤如下：

（1）在查询分析器中输入并执行如下语句：

```
CREATE VIEW view4
WITH SCHEMABINDING
AS
SELECT 姓名,学号
FROM dbo.学生
```

```
WHERE dbo.学生.系部代码='01'
GO
CREATE UNIQUE CLUSTERED INDEX 姓名
ON view4(姓名)
```

（2）在对象资源管理器中，可以看到聚集索引，如图 6-24 所示。

图 6-23　错误删除　　　　　　　　　图 6-24　生成的索引视图

分区视图可用于在整个服务器组内分布数据库处理。总表划分为多个成员表，成员表包含总表的行子集。且每个成员表可以放置于不同的服务器数据库中。同时每个服务器可以得到分区视图。分区视图使用 UNION 运算符将所用成员表上的结果合并为一个结果。

【例 6.13】 假设在两台服务器的数据库中分布着两个表：server1.stu1.dbo.table1 和 server2.stu2. dbo.table2 表。在第一个服务器中创建分区视图。

在查询分析器中输入并执行如下代码：

```
CREATE VIEW view5
AS
SELECT *
FROM server1.stu1.dbo.table1
UNION ALL
SELECT *
FROM server2.stu2.dbo.table2
GO
```

用分区视图可以实现分布在不同服务器中的多个表的联合查询。

6.7.2　修改视图

当视图的定义与需求不符合时，可以对视图进行修改。修改视图的方法有两种：其一是通过对象资源管理器修改，其二是通过 T-SQL 语句修改。在这里主要介绍用 T-SQL 语句修改的方法。

语法格式如下：

```
ALTER VIEW 视图名称[(列名),(列名)…]
[WITH [ENCRYPTION] [SCHEMABINDING]]
AS
SELECT_STATEMENT
FROM TABLE_NAME
[WITH CHECK OPTION]
```

参数含义如下：

- SELECT_STATEMENT——表示定义视图的 SELECT 语句。
- CHECK OPPTION——表示强制使视图中数据修改的语句必须符合 SELECT 语句中设置的条件。
- ENCRYPTION——表示在 sys.syscomments 中对含有 CREATE VIEW 语句文本的项进行加密。
- SCHEMABINDING——表示视图绑定到基本表上。

6.7.3 重命名视图

重命名视图即更改视图名称或修改其定义。可以在不除去和重新创建视图的条件下，丢失与之相关联的权限。需要注意的是，重命名视图时，sysobjects 表中有关该视图的信息将得到更新。重命名的方法有两种：其一是在对象资源管理器中更改，其二是用 T-SQL 语句更改。在此主要介绍在对象资源管理器中更改的方法。

在重命名视图时，应遵循以下原则：

（1）要重命名的视图必须位于当前数据库中。

（2）新名称必须遵守标识符规则。

（3）只能重命名自己拥有的视图。

（4）数据库所有者可以更改任何用户视图的名称。

为了对重命名视图的操作有更好的理解，下面将通过实例给大家一个直观的印象。

操作步骤如下：

（1）在"对象资源管理器"窗格中展开"数据库"节点。

（2）展开该视图所属的数据库，然后展开"视图"节点。

（3）右击需要重命名的视图，在弹出的快捷菜单中选择"重命名"命令，如图 6-25 所示。

图 6-25 重命名视图

（4）输入视图的新名称，按 Enter 键即可。

6.7.4 使用视图

1．利用视图查询

视图定义后，用户就可以像对基表进行查询一样对视图进行查询了。前面章节介绍的表的查询操作一般都可以用于视图。

DBMS 执行对视图的查询时，首先检查其有效性，检查查询涉及的表、视图等是否在数据库中存在，如果存在，则从数据字典中取出查询涉及的视图的定义，把定义中的子查询和用户对视图的查询结合起来，转换成对基表的查询，然后再执行这个经过修改的查询。

将对视图的查询转换为对基表的查询的过程称为视图的消解（view resolution）。

【例 6.14】 在 view2 视图中查找计算机系的男同学。

代码如下：

```
USE student
GO
SELECT *
FROM dbo.view2
WHERE 性别='男'
GO
```

运行结果如图 6-26 所示。

图 6-26　使用视图查询计算机系的男同学

视图可以限制用户只能访问数据库中的某些记录，限制用户只查询表中某些字段的记录。以上的实例是创建一个表的视图，还可以创建多个表的视图。

2．使用视图修改数据

更新视图包括插入（INSERT）、删除（DELETE）、修改（UPDATE）三类操作。

由于视图不是实际存储的虚表，因此对视图的更新最终要转换为对基表的更新。

为防止用户通过视图对数据进行修改、无意或故意操作不属于视图范围内的基本数据时，可在定义视图时加上 WITH CHECK OPTION 语句，这样在视图上修改数据时，DBMS 会进一步检查视图定义中的条件，若不满足条件，则拒绝执行该操作。

修改数据的准则如下：

（1）SQL Server 必须能够明确地解析对视图所引用基表中的特定行所做的修改操作。不能在一个语句中对多个基表使用数据修改语句。因此，在 UPDATE 或 INSERT 语句中的列必须属于视图定义中的同一个基表。

（2）对于基表中需更新而又不允许空值的所有列，它们的值在 INSERT 语句或 DEFAULT 定义中指定。这将确保基表中所有需要值的列都可以获取值。

（3）在基表的列中修改的数据必须符合对这些列的约束，如非空属性、约束、

DEFAULT 定义等。

1）使用视图更新数据

【例 6.15】 将 view3 视图中学号为 010101001001 的学生的"姓名"改为"王洪"。

代码如下：

```
USE student
GO
UPDATE v_stu
SET 姓名='王洪'
WHERE 学号='010101001001'
```

运行结果如图 6-27 所示。

	学号	姓名	性别	出生日期	入学时间
▶	010101001001	王洪	男	1970-5-4 0:00:00	2001-9-18 0:00:00
	010102002001	周红瑜	女	1972-7-8 0:00:00	2001-9-18 0:00:00
*	NULL	NULL	NULL	NULL	NULL

图 6-27　修改后的视图

本例是从基于一个基表的视图中更新数据。DBMS 执行语句时，首先进行有效性检查，检查所涉及的表、视图是否在数据库中存在，如果存在则从数据字典中取出该语句涉及的视图定义。

【例 6.16】 从 view1 视图中把"姓名"为"王洪"的"专业代码"改为 0103。

代码如下：

```
USE student
GO
UPDATE view1
SET 专业代码='0103'
WHERE 姓名='王洪'
WITH CHECK OPTION
```

运行结果如图 6-28 所示。

	学号	姓名	专业代码
▶	010101001001	王洪	0103
	010102002001	周红瑜	0102
	010201001001	贾凌云	0201
	010202002001	向雪林	0202
*	NULL	NULL	NULL

图 6-28　修改后的视图

本例中的 view1 是基于两个基表的视图。WITH CHECK OPTION 将强制所有数据修改语句均根据视图执行，以符合 SELECT 语句中所设的条件。所以修改时要考虑不让行在修改完后消失。任何导致消失的修改都会被取消。

2）使用视图插入数据

一般格式为：

```
INSERT INTO <视图名称>
VALUES ('列名','列名',…)
```

【例 6.17】 在 view2 视图中插入"学号"为 010101001005 的记录。

代码如下：

```
USE student
GO
INSERT INTO view2
VALUES('010101001005','谢斌','女')
GO
```

运行结果如图 6-29 所示。

3）使用视图删除数据

一般格式为：

```
DELETE
FROM <视图名>
WHERE <查询条件>
```

【例 6.18】 删除 view2 视图中"姓名"为"谢斌"的记录。

代码如下：

```
USE student
GO
DELETE
FROM view2
WHERE 姓名='谢斌'
```

运行结果如图 6-30 所示。

	学号	姓名	专业代码
	010101001001	王洪	0101
▶	010101001005	谢斌	0103
	010102002001	周红瑜	0102
	010201001001	贾凌云	0201
	010202002001	向雪林	0202
*	NULL	NULL	NULL

图 6-29　插入后的视图

	学号	姓名	专业代码
▶	010101001001	王洪	0101
	010102002001	周红瑜	0102
	010201001001	贾凌云	0201
	010202002001	向雪林	0202
*	NULL	NULL	NULL

图 6-30　删除后的视图

6.7.5　删除视图

视图建立好后，如果导出此视图的基表被删除了，该视图将失效，但一般不会被自动删除。删除视图的方法有两种：其一是在对象资源管理器中删除，其二是用 T-SQL 语句删除。

1. 使用对象资源管理器

在"对象资源管理器"窗格中展开"数据库"节点，展开所选定的数据库，展开"视图"节点，选择所要删除的视图，如图 6-31 所示。右击要删除的视图，在弹出的快捷菜单中选择"删除"命令，打开"删除对象"对话框，单击"确定"按钮即可，如图 6-32 所示。

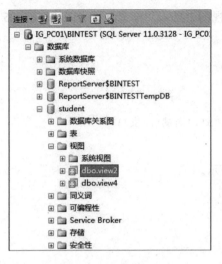

图 6-31　选中需要删除的视图

图 6-32　"删除对象"对话框

2. 使用 T-SQL 语句

删除视图通常需要显式地使用 DROP VIEW 语句进行。该语句格式为：

```
DROP VIEW<视图名>
```

一个视图被删除后，由该视图导出的其他视图也将失效，用户应该使用 DROP VIEW 语句将其一一删除。

【例6.19】 删除 view2 视图。

代码如下：

```
DROP VIEW view2
```

执行此语句后，view2 视图的定义将从数据字典中删除。由 view2 视图导出的视图的定义虽然仍在数据字典中，但该视图已无法使用，因此应同时删除。

6.8　视图定义信息查询

用户在修改视图定义或理解数据是如何从基表中衍生而来时，需要对视图定义进行查看。此外，用户在修改或删除表时，也希望看到数据库中有关视图信息的要求。

SQL Server 2012 提供了两种显示创建视图文本的途径。

6.8.1　使用对象资源管理器

现在通过对象资源管理器查询已建立的视图 view1。

在"对象资源管理器"窗格中，展开 student 数据库节点，再展开"视图"节点，可以看到建立的视图 view1，如图 6-31 所示。

右击 view1 视图，从弹出的快捷菜单中选择"设计"命令，可以看到该视图的修改窗格，可以在该窗格中直接对视图的定义进行修改，如图 6-33 所示。

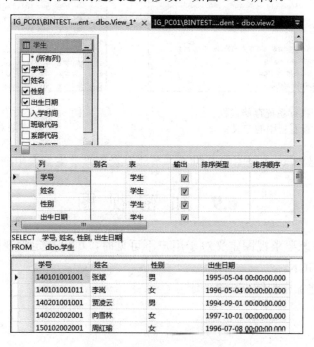

图 6-33　视图 view1 的定义

6.8.2 通过执行系统存储过程查看视图的定义信息

用户还可以通过执行系统存储过程查看视图的定义信息。使用系统存储过程查看视图定义信息的语法格式如下：

```
EXEC sp_helptext objname
```

其中，objname 为用户需要查看的视图名称。

查看 view2 的代码为：

```
EXEC sp_helptext view2
```

运行结果如图 6-34 所示。

此外，用户可以通过运行系统存储过程来获得视图对象的参照对象和字段。其语法格式如下：

```
EXEC sp_depends objname
```

仍以 view2 视图为例，在查询分析器中输入并执行如下代码：

```
EXEC sp_depends view2
```

其运行结果如图 6-35 所示。

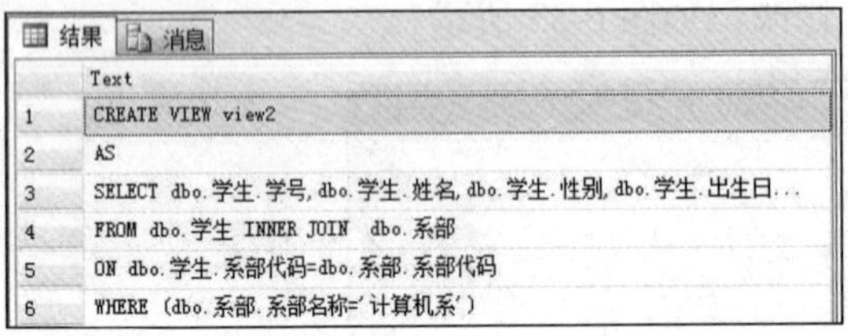

	Text
1	CREATE VIEW view2
2	AS
3	SELECT dbo.学生.学号,dbo.学生.姓名,dbo.学生.性别,dbo.学生.出生日...
4	FROM dbo.学生 INNER JOIN dbo.系部
5	ON dbo.学生.系部代码=dbo.系部.系部代码
6	WHERE (dbo.系部.系部名称='计算机系')

图 6-34 执行系统存储过程查看视图的定义信息

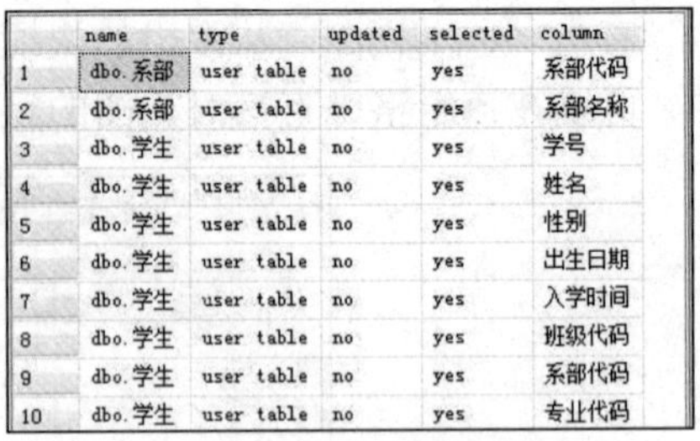

	name	type	updated	selected	column
1	dbo.系部	user table	no	yes	系部代码
2	dbo.系部	user table	no	yes	系部名称
3	dbo.学生	user table	no	yes	学号
4	dbo.学生	user table	no	yes	姓名
5	dbo.学生	user table	no	yes	性别
6	dbo.学生	user table	no	yes	出生日期
7	dbo.学生	user table	no	yes	入学时间
8	dbo.学生	user table	no	yes	班级代码
9	dbo.学生	user table	no	yes	系部代码
10	dbo.学生	user table	no	yes	专业代码

图 6-35 运行存储过程来获得视图对象的参照对象

从结果可以看到 view2 视图中参照了“系部”表和“学生”表中的字段。

6.9 加密视图

当由于安全考虑要求视图定义对于用户不可见时，可以在定义视图时使用加密语句 WITH ENCRYPTION。

【例 6.20】创建加密视图 view7。

代码如下：

```
USE student
GO
CREATE VIEW view7
```

```
WITH ENCRYPTION
AS
SELECT dbo.学生.学号,dbo.学生.姓名,dbo.课程.课程名,dbo.课程注册.成绩
FROM dbo.学生 INNER JOIN dbo.课程注册
ON dbo.学生.学号=dbo.课程注册.学号 INNER JOIN dbo.课程
ON dbo.课程注册.课程号=dbo.课程.课程号
GO
```

执行该语句后，在对象资源管理器中可以看到，在 view7 视图前的图案中添了一个小锁标志，如图 6-36 所示。

右击 view7 视图，会发现"修改"命令变成灰色，即不可以再对视图进行修改。在查询分析器中输入并执行如下代码：

```
EXEC sp_helptext view7
```

执行语句，已经不能查看视图的定义，如图 6-37 所示。运行结果返回"对象'view7' 的文本已加密。"的信息，说明所创建的视图是加密的。

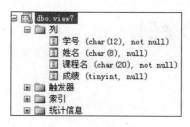
图 6-36　对视图 view7 加密

图 6-37　执行语句不能查看该视图定义

6.10　用视图加强数据安全性

数据视图的最大功能是为用户使用数据带来安全性。在用户创建视图时可以将敏感数据隐藏，只显示用户感兴趣的字段。利用视图只能查询和修改视图本身所能包含的数据。而数据库中的数据既看不到也取不到。因此，通过视图，用户对数据的使用可以被限制在不同子集上。

例如，在 student 数据库的"课程注册"表中显示每一位同学的信息，如果不希望用户看到学生的成绩，就可以在"课程注册"表的基础上创建一个不含成绩字段的视图。

【例 6.21】　在"课程注册"表的基础上，创建不含"成绩"字段的视图。

代码如下：

```
USE student
GO
CREATE VIEW view8
AS
SELECT 学号,课程号,教师编号,专业代码,专业学级,选课类型,学期,学年,学分
FROM dbo.课程注册
```

```
GO
SELECT *
FROM view8
GO
```

执行上述代码，其结果如图 6-38 所示。

	学号	课程...	教师编号	专业代...	专业学...	选课类型	学...	学...	学分
1	010101001001	0001	100000000001	0101	2001	公共必修	1	0	0
2	010101001001	0002	100000000002	0101	2001	公共选修	2	0	0
3	010101001001	0003	100000000003	0101	2001	专业必修	3	0	0
4	010101001001	0004	100000000004	0101	2001	专业选修	4	0	0
5	010102002001	0001	100000000001	0102	2001	公共必修	1	0	0
6	010102002001	0002	100000000002	0102	2001	公共选修	2	0	0
7	010102002001	0003	100000000003	0102	2001	专业必修	3	0	0
8	010102002001	0004	100000000004	0102	2001	专业选修	4	0	0
9	010201001001	0001	100000000001	0201	2001	公共必修	1	0	0

图 6-38　例 6.21 的运行结果

6.11　视图应用举例

以下案例基于 student 数据库。

（1）创建经济管理系的学生视图 v_jjglx。

代码如下：

```
USE student
GO
CREATE VIEW v_jjglx
AS
SELECT 学号,姓名,性别
FROM 学生 INNER JOIN 系部
ON 学生.系部代码=系部.系部代码
WHERE (系部.系部名称='经济管理系')
GO
```

（2）建立选修"计算机基础"课程的学生视图。

代码如下：

```
USE student
GO
CREATE VIEW v_选修基础
AS
SELECT 学生.学号,学生.姓名
FROM 学生,课程注册,课程
WHERE
dbo.学生.学号=dbo.课程注册.学号 and
```

```
dbo.课程注册.课程号=dbo.课程.课程号 and
dbo.课程.课程名='计算机基础'
GO
```

（3）建立取得学分的学生视图。

代码如下：

```
USE student
GO
CREATE VIEW v_取得学分
AS
SELECT A.学号,A.姓名,C.课程名,B.成绩
FROM 学生 AS A JOIN 课程注册 AS B
ON A.学号=B.学号
JOIN 课程 AS C
ON B.课程号=C.课程号
WHERE B.成绩>=60
GO
```

练 习 题

1．什么是索引？使用索引有什么意义？

2．聚集索引和非聚集索引有何区别？

3．创建索引时要考虑哪些事项？

4．修改索引可以用 ALTER INDEX 语句吗？如果不能，说明修改索引的方法。

5．如何查看表中的碎片信息？如何清除索引碎片？

6．基于"课程"表，建立以课程名为唯一非聚集的索引。

7．视图的作用是什么？

8．视图的类型有哪几种？

9．查询视图和查询基表的主要区别是什么？

10．使用视图对数据进行操作时需要注意的主要原则是什么？

11．基于上面各表的基础创建视图 V_JSSK，它记录上课教师与各自所教授的学生的对应情况，包括教师编号、学生姓名、专业、专业代码。

12．在 V_JSSK 视图的基础上尝试是否能插入、删除、更新记录。如若不能，思考是为什么？

13．在 V_JSSK 视图的基础上尝试根据不同的条件进行数据查询。

14．创建 V_JSSK 视图，它记录了学生的相关信息：学号、姓名、专业、系级，并对 V_XSXX 视图进行记录的更新、插入、删除操作。查询其视图定义，重命名为 V_XSQK 视图，验证基于 V_XSXX 视图的信息查询是否仍有效。

15．完成本章的所有实例。

第 7 章 数据完整性

本书第 5 章系统介绍了 SQL Server 2012 数据库的基本操作，在没有规定和管理的情况下，用户或系统对数据的添加、删除、修改操作，可能会对数据库中的数据造成破坏、不符合要求或出现相关数据不一致的现象。若需要保证数据库中数据的正确无误，同时保证相关数据的一致性，除了用户认真地进行操作外，更重要的是数据库系统本身需要提供维护机制。

数据库中的数据是从外界输入的，由于种种原因，用户输入或系统传输的数据可能是无效或错误的。保证输入的数据符合规定，是数据库系统尤其是多用户的关系数据库系统首要关注的问题。数据完整性因此而提出。本章将讲述数据完整性的概念及其在 SQL Server 2012 中的实现方法。

7.1 数据完整性的概念

在微软文档中将数据完整性解释为：存储在数据库中的所有数据值均正确。如果数据库中存储有不正确的数据值，则该数据库称为已丧失数据完整性。

数据完整性（Data integrity）是指数据的精确性（Accuracy）和可靠性（Reliability）。它是应防止数据库中存在不符合语义规定的数据和防止因错误信息的输入/输出造成无效操作或错误信息的要求而提出的。例如，在 student 数据库中，"学生"表中有"学号""姓名""性别""出生日期""入学时间""班级代码""系部代码"和"专业代码"8 个字段，各个字段的数据类型都有规定。在这张表中，每个学生（也就是每条记录）"学号"字段不能有重复，也就是说，每个学生都必须有一个唯一的学号，不能有两个或多个学生的学号相同，也不能某一个学生有一个以上的学号，还不能存在没有学号的学生信息出现在数据中；"性别"字段中的数据只能为"男"或"女"，不能有其他数据填入；"出生日期""入学时间""班级代码""系部代码"和"专业代码"字段必须有值，不能为空。这时，由于数据的错误或应用程序的错误就会导致数据的不正确性和不符合规定的现象发生，较轻的错误导致数据使用起来困难，严重的错误甚至会导致数据库系统灾难性崩溃。研究数据完整性就是为了避免这样的问题产生。

在现在普遍的认知情况下，数据完整性被分为了四类完整性：实体完整性（Entity integrity）、域完整性（Domain integrity）、参照完整性（Referential integrity）、用户定义的完整性（User-defined integrity）。

1. 实体完整性

实体完整性（Entity integrity）规定表中的每一行在表中是唯一的实体。也可以这样说，在表中不能存在相同的记录，而且每条记录都要有一个非空并且不重复的主键。主键的存在保证了任何记录都是不重复的，可以在数据集中区分开来，在对数据进行操作时才可以明确知道操作的数据信息是哪一条。例如，要对"学生"表中姓名为"张斌"的记录进行更改，更新操作只能针对"张斌"这个人（这条记录），那么选择查询或操作的时候就只能靠学号的唯一性来判断，而其他字段的内容可能与其他记录产生重复。表中定义的PRIMARY KEY 和 IDENTITY 约束就是实体完整性的体现。

2．域完整性

域完整性（Domain integrity）是指数据库表中的字段必须满足某种特定的数据类型或约束。其中，约束又包括取值范围、精度等规定。例如，在"学生"表中，"学号"字段内容只能填入规定长度的学号，而"性别"字段只能填入"男"或"女"，"出生日期"和"入学时间"只能填入日期类型数据。表中的 CHECK、DEFAULT 和 NOT NULL 定义都属于域完整性的范畴。

3．参照完整性

参照完整性（Referential integrity）是指两个表的主键和外键的数据应对应一致。它确保了有主键的表中对应其他表的外键的存在，即保证了表之间数据的一致性，防止了数据丢失或无意义的数据在数据库中扩散。参照完整性是建立在外键和主键之间或外键和唯一性关键字之间的关系上的。例如，在"学生"表中的"系部代码"的值必须是在"系部"表中存在的值。在 SQL Server 2012 中，参照完整性作用表现在如下三个方面：

（1）禁止在从表相关字段中插入主表中不存在的关键字的数据行。

（2）禁止会导致从表中相应值孤立的主表中的外键值改变。

（3）禁止删除在从表中有对应记录的主表记录。

4．用户定义的完整性

不同的关系数据库系统根据其应用环境的不同，往往还需要一些特殊的约束条件。用户定义的完整性（User-defined integrity）即是针对某个特定关系数据库的约束条件，它反映了某一具体应用所涉及的数据必须满足的语义要求。SQL Server 2012 提供了定义和检验这类完整性的机制，以便用统一的系统方法来处理它们，而不是用应用程序来承担这一功能。其他的完整性类型都支持用户定义的完整性。

7.2　约束的类型

微软文档中将约束解释为：约束是得以定义 Microsoft SQL Server 2012 自动强制数据库完整性的方式。约束定义关于字段中允许值的规则，是强制完整性的标准机制。使用约束优先于使用触发器、规则和默认值。查询优化器也使用约束定义生成高性能的查询执行计划。

约束就是一种强制性的规定，在 SQL Server 2012 中提供的约束是通过定义字段的取值规则来维护数据完整性的。严格说来，在 SQL Server 2012 中支持六类约束：NOT NULL（非空）约束、CHECK（检查）约束、UNIQUE（唯一）约束、PRIMARY KEY（主键）约束、FOREIGN KEY（外键）约束和 DEFAULT（默认）约束。下面分别进行介绍。

1. NOT NULL（非空）约束：指不接受 NULL 值的字段

NOT NULL 约束用来强制数据的域完整性，它用来设定某字段值不能为空。例如，在"学生"表中，"姓名"字段值不能为空，在插入记录的时候这个字段里必须有值存在。

2. CHECK（检查）约束：对可以放入字段中的值进行限制，以强制执行域的完整性

CHECK 约束指定应用于字段中输入的所有值的布尔（取值为 TRUE 或 FALSE）搜索条件，拒绝所有不取值为 TRUE 的值。可以为每字段指定多个 CHECK 约束。

3. UNIQUE（唯一）约束：在字段集内强制执行其值的唯一性

对于 UNIQUE 约束中的字段，表中不允许有两行包含相同的非空值。主键也强制执行唯一性，但主键不允许空值。主键约束优先于 UNIQUE 索引。例如，在"系部"表中可以将"系部代码"作为主键，用来保证记录的唯一性。

4. PRIMARY KEY（主键）约束：标识字段或字段集，这些字段或字段集的值唯一标识表中的每一行，同时，PRIMARY KEY 约束定义的字段，不允许出现空值

在一个表中，不能有两行包含相同的主键值。不能在主键定义内的任何字段中输入空值。在数据库中"空"是特殊值，代表不同于空白和 0 值的未知值。一般对于无明确主键需求的表，建议使用一个整数序列作为主键。

每个表都应有一个主键。例如，为了在"学生"表中区分每一个不同的学生，其区分的依据不是姓名，也不是出生日期，更不能是班级，而应该是每个学生唯一对应的"学号"值，"学号"在表中就应该设为主键。

5. FOREIGN KEY 约束：标识表之间的关系

外键是在一个数据表中的一个字段或多个字段，它不应该是该表的主键，但它可以指向其他表的主键。一个表的外键指向另一个表的候选键。当外键值没有候选键时，外键可防止操作保留带外键值的行。例如，在"学生"表中，"系部代码"字段的值不是该表的主键，而它却是其关联的"系部"表的主键。利用外键可以维护数据表之间的关系。

6. DEFAULT（默认）约束：为字段填入默认值

利用默认值可以为未填入值的字段强制填入一个默认情况下的值。例如，对"学生"表中的性别字段，如未填入任何值则可把性别默认填入"男"。

约束可以是字段约束或表约束：

（1）约束被指定为字段定义的一部分，并且仅适用于那个字段。

（2）约束的声明与字段的定义无关，可以适用于表中一个以上的字段。

（3）当一个约束中必须包含一个以上的字段时，必须使用表约束。

7.3 约束的创建

约束可以在创建表的同时创建，也可以在已有的表上创建。通常，约束可以在对象资源管理器中创建，也可以在查询分析器中用 SQL 命令创建。

7.3.1 创建主键约束

1. 用对象资源管理器创建主键约束

下面以"学生"表为例，介绍使用对象资源管理器创建主键约束的操作步骤：

（1）在"对象资源管理器"窗格中依次展开"服务器""数据库"、student、"表"节点。找到需要修改的表名（这里为"学生"表），右击该表，在弹出的快捷菜单中选择"设计"命令，如图 7-1 所示。

（2）在"表设计器"窗口中，选择需要设为主键的字段，如果需要选择多个字段，可按住 Ctrl 键再选择其他字段。

（3）选择好后，右击该字段，从弹出的快捷菜单中选择"设置主键"命令，如图 7-2 所示，或单击工具栏中的"设置主键"按钮 。

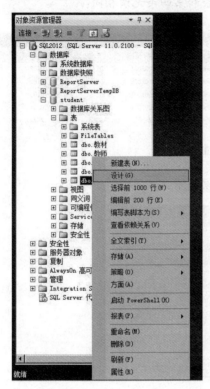

图 7-1　选择"设计"命令

图 7-2　选择"设置主键"命令

（4）执行完命令后，在该字段前面会出现钥匙图样，说明主键设置成功，如图 7-3 所示。

图 7-3　主键设置成功

数据完整性

（5）设置完成主键后，单击"保存"按钮，并关闭"表设计器"窗口。

小提示：若在保存数据表的时候，弹出提示信息不允许更改表，这时候有可能是 SQL Server 2012 设计器中的相关选项问题，请参考以下方法解决：依次在 Management Studio 中的菜单中单击"工具"→"选项"→Designer，取消选中右侧"阻止保存要求重新创建表的更改"复选框即可。

注意：因为主键是唯一的，所以表中的字段原来有数据，并且数据有重复，那么在设置主键时会出现错误。如图 7-4 所示，学号第一条和第四条记录相同。

	学号	姓名	性别	出生日期	入学时间	班级代码	系部代码	专业代码
	010101001001	向雪林	女	1996-08-17 0...	2015-09-01 0...	010202001	02	0202
	010101002001	周红瑜	女	1996-08-12 0...	2015-09-01 0...	010102002	01	0102
	010101003001	张斌	男	1995-05-04 0...	2014-09-01 0...	010101001	01	0101
	010101001001	贾凌云	男	1995-01-24 0...	2015-09-01 0...	010201001	02	0201
▶*	*NULL*	*NULL*	*NULL*	*NULL*	*NULL*	*NULL*	*NULL*	*NULL*

图 7-4　数据重复

在设置主键的时候会出现如图 7-5 所示的错误提示。

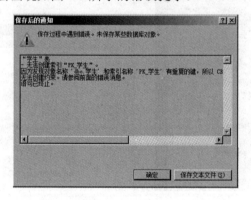

图 7-5　错误提示

2. 使用 SQL 语句创建主键约束

使用 SQL 语句创建主键，可以用 CREATE TABLE 命令在创建表的同时完成，也可以用 ALTER TABLE 命令为已经存在的表创建主键约束。语法格式如下：

```
ALTER TABLE table_name
ADD
CONSTRAINT constraint_name
PRIMARY KEY [CLUSTERED|NONCLUSTERED]
{(column[,…n])}
```

其中：

- constraint_name 指主键约束名称。
- CLUSTERED 表示在该字段上建立聚集索引。

- NONCLUSTERED 表示在该字段上建立非聚集索引。

下面分别使用建表命令和修改表命令创建主键约束。

【例 7.1】 在 student 数据库中，建立一个"教材"表，将"教材代码"设置为主键。"教材"表结构如表 7-1 所示。

表 7-1 "教材"表结构

字段名称	数据类型	字段长度	是否为空	字段名称	数据类型	字段长度	是否为空
教材代码	char	9	否	出版社	varchar	30	是
教材名称	varchar	30	是	版本	char	10	是
书号	char	12	是	单价	tinyint		是

代码如下：

```
USE student
GO
CREATE TABLE 教材
(教材代码 char(9) CONSTRAINT pk_jcdm PRIMARY KEY,
 教材名称 varchar(30),
 书号 char(12),
 出版社 varchar(30),
 版本 char(10),
 单价 tinyint)
GO
```

【例 7.2】 如果在创建"教材"表时没有指定主键，可在创建好后的"教材"表中，将"教材代码"设置为主键。

代码如下：

```
USE student
GO
ALTER TABLE 教材
ADD CONSTRAINT pk_jcdm
PRIMARY KEY CLUSTERED (教材代码)
GO
```

在对象资源管理器中可以看到如图 7-6 所示的主键创建好的效果。

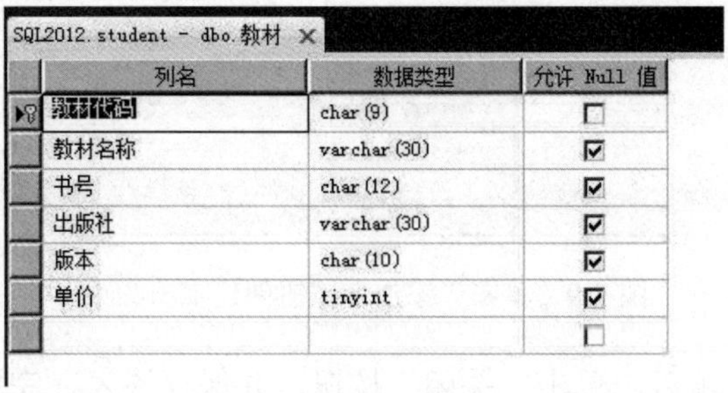

图 7-6 主键已创建好

7.3.2 创建唯一约束

在一张数据表中，有时除主键需要具有唯一性外，还有其他字段也需要具有唯一性。例如，在"系部"表中，主键为"系部代码"，但是另外一个字段"系部名称"虽不是主键，也需保证它的唯一性，这时就需要创建表中的唯一约束。

1. 使用对象资源管理器创建唯一约束

下面以"系部"表为例，为"系部名称"字段创建唯一约束。操作步骤如下：

（1）在"对象资源管理器"窗格中，右击需要设置唯一约束的表（本例为"系部"表），在弹出的快捷菜单中选择"设计"命令，打开"表设计器"窗口。

（2）在"表设计器"窗口中，右击需要设置为唯一约束的字段（本例为"系部名称"字段），在弹出的快捷菜单中选择"索引/键"命令，如图 7-7 所示，也可以直接单击工具栏中的"管理索引和键"按钮，打开"索引/键"对话框，如图 7-8 所示。

图 7-7　选择"索引/键"命令

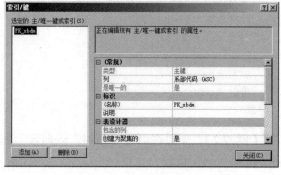

图 7-8　"索引/键"对话框

（3）在打开的"索引/键"对话框中，单击"添加"按钮，在右侧类型中，选择"唯一键"并命名名称，结果如图 7-9 所示。

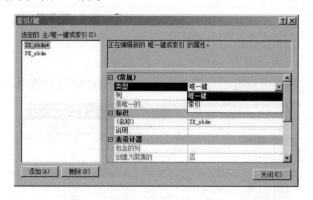

图 7-9　单击"添加"按钮创建唯一约束

（4）设置好相关选项后，单击"关闭"按钮，并保存该表，完成唯一约束的创建。这时，不只是该表的主键必须为唯一，被设置为唯一约束的字段同样也必须为唯一。

2．使用 SQL 语句创建唯一约束

为已经存在的表创建唯一约束的语法格式如下：

```
ALTER TABLE table_name
ADD
CONSTRAINT constraint_name
UNIQUE [CLUSTERED|NONCLUSTERED]
{(column[,…n])}
```

其中：

- table_name 为需要创建唯一约束的表名称。
- constraint_name 为唯一约束的名称。
- column 是表中需要创建唯一约束的字段名称。

【例 7.3】 在 student 数据库的"教材"表中，为"书号"字段创建唯一约束。

代码如下：

```
USE student
GO
ALTER TABLE 教材
ADD CONSTRAINT uk_sh
UNIQUE NONCLUSTERED (书号)
GO
```

执行完上述 SQL 语句后，可以打开"索引/键"对话框来重新查看该表的唯一约束，如图 7-10 所示。

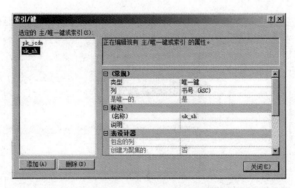

图 7-10　表的唯一约束

可以看到，刚才的 SQL 语句起了作用，将书号字段创建了一个名称为 uk_sh 的唯一约束。

7.3.3　创建检查约束

检查约束对输入的数据的值做检查，可以限定数据输入，从而维护数据的域完整性。例如，对"课程"表中"学分"字段的内容，只允许为 1～7 分，不允许小于 1 分的学分和大于 7 分的学分出现。可以利用对象资源管理器或 SQL 语句来创建检查约束。

1. 使用对象资源管理器创建检查约束

下面以"课程"表为例，介绍如何对"学分"字段内容创建检查约束。操作步骤如下：

（1）在"对象资源管理器"窗格中，右击需要设置唯一约束的表（本例为"课程"表），在弹出的快捷菜单中选择"设计"命令，打开"表设计器"窗口。

（2）在"表设计器"窗口中右击需要创建检查约束的字段（本例为"学分"字段），在弹出的快捷菜单中选择"CHECK 约束"命令，如图 7-11 所示，打开"CHECK 约束"对话框。

图 7-11　选择"CHECK 约束"命令

（3）在"CHECK 约束"对话框中，单击"添加"按钮，然后在"(名称)"文本框中输入检查约束名称，在约束"表达式"文本框中输入约束条件，这里输入"([学分]>=1 AND [学分]<=7)"，如图 7-12 所示。

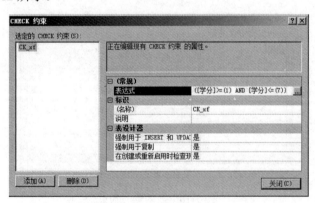

图 7-12　设置"CHECK 约束"条件

（4）单击"关闭"按钮关闭对话框，完成检查约束的创建。

注意：如果表中原来就有数据，并且数据类型或范围与所创建的约束相冲突，那么约束将不能成功创建。

2. 使用 SQL 语句创建检查约束

使用 SQL 语句在创建表的同时创建检查约束，如例 7.4。

【例 7.4】 利用 SQL 语句创建"课程 2"表，并且在创建的同时创建检查约束，使"学分"字段被约束在 1～7。

代码如下：

```
USE student
GO
CREATE TABLE 课程 2
(课程号 char(4) CONSTRAINT pk_kecheng PRIMARY KEY,
 课程名 char(20) NOT NULL,
 学分 smallint CONSTRAINT xuefen CHECK (学分 BETWEEN 1 and 7))
GO
```

当然，在已经创建好的表中，也可以用 SQL 语句对其创建检查约束。其语法格式如下：

```
ALTER TABLE table_name
ADD CONSTRAINT constraint_name
CHECK (logical_expression)
```

其中：

- table_name 是需要创建检查约束的表名称。
- constraint_name 是检查约束的名称。
- logical_expression 是检查约束的条件表达式。

【例 7.5】 在"学生"表中，创建检查约束，保证学生的"入学时间"字段的数据大于 1978 年而小于当天日期。

代码如下：

```
USE student
GO
ALTER TABLE 学生
ADD CONSTRAINT ck_rxsj
CHECK (入学时间>'01/01/1978' AND 入学时间<GETDATE())
GO
```

7.3.4 创建默认约束

在用户输入某些数据时，希望一些数据在没有特例的情况下被自动输入，例如，学生的注册日期应该是数据录入的当天日期；学生的修学年限是固定的值；学生性别默认是"男"等情况，这个时候需要对数据表创建默认约束。

下面分别用例子说明如何在对象资源管理器中和利用 SQL 语句创建默认约束。

1. 使用对象资源管理器创建默认约束

下面以"学生"表为例，在"性别"字段创建默认为"男"的默认约束。操作步骤如下：

（1）在"对象资源管理器"窗格中，右击需要创建默认约束的表（这里为"学生"表），在弹出的快捷菜单中选择"设计"命令，打开"表设计器"窗口。

（2）选择需要创建默认约束的字段（这里为"性别"字段），然后在下方的"列属性"
选项卡中的"默认值或绑定"文本框中输入默认值，本例为选择"性别"字段，在默认值
中输入"男"，如图 7-13 所示。

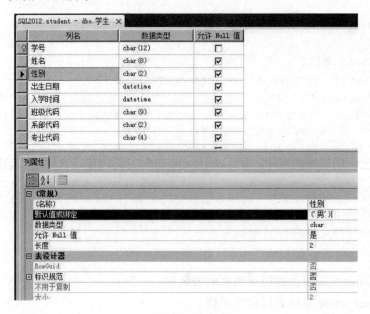

图 7-13　输入默认值

注意：单引号不需要输入，在表保存后，在单引号外还会自动生成一对小括号。

（3）关闭"表设计器"窗口。

2．使用 SQL 语句创建默认约束

在创建表的同时，可以对创建的表中的字段创建默认约束，如例 7.6。

【例 7.6】 在 student 数据库中新建"学生注册"表，并将"注册时间"设置为当前日期。
代码如下：

```
USE student
GO
CREATE TABLE 学生注册
(注册编码 int PRIMARY KEY,
 学号 char(12),
 注册时间 datetime DEFAULT GETDATE(),
 学期 tinyint,)
GO
```

当然，使用 SQL 语句同样可以为已存在的表创建默认约束。其语法格式如下：

```
ALTER TABLE table_name
ADD CONSTRAINT constraint_name
DEFAULT constraint_expression[FOR column_name]
```

其中:

- table_name 是需要创建默认约束的表名称。
- constraint_name 是默认约束名称。
- constraint_expression 是默认值。
- FOR column_name 是需要创建默认约束的字段名称。

【例 7.7】 在 student 数据库中的"教师"表中,为"学历"字段创建默认值为"本科"的默认约束。

代码如下:

```
USE student
GO
ALTER TABLE 教师
ADD CONSTRAINT df_xl
DEFAULT '本科' FOR 学历
GO
```

7.3.5 创建外键约束

外键是用来维护表与表之间对应关系的一种方法。可以利用对象资源管理器或 SQL 语句来创建外键约束。

1. 使用对象资源管理器创建外键约束

下面以"教师"表为例,为"系部代码"创建外键约束。操作步骤如下:

(1) 在"对象资源管理器"窗格中,右击需要创建外键约束的表(这里为"教师"表),在弹出的快捷菜单中选择"设计"命令,打开"表设计器"窗口。

(2) 选择需要创建外键约束的字段(这里为"系部代码"字段),单击工具栏中的"关系"按钮，或右击该字段,在弹出的快捷菜单中选择"关系"命令,打开"外键关系"对话框,如图 7-14 所示。

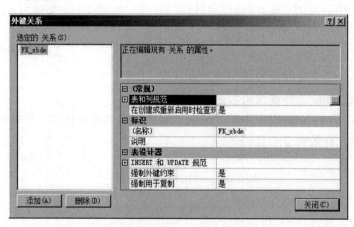

图 7-14 "外键关系"对话框

(3) 在"外键关系"对话框中,单击"添加"按钮,然后单击"表和列规范"后的按钮,打开"表和列"对话框。在"主键表"下拉列表中选择"系部"表,在"外键表"的下拉列表框中选择"教师"表，分别在"主键表"和"外键表"的下面选择"系部代码"字段，如图 7-15 所示。

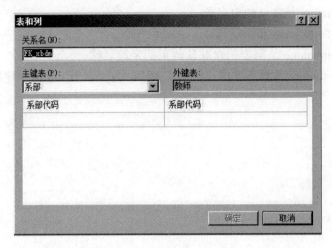

图 7-15 "表和列"对话框

（4）单击"确定"按钮，然后在"外键关系"对话框中进行相关设置后单击"关闭"按钮，随后保存该表即可（在保存时，Management Studio 会弹出提示，要求同时保存主表和从表，单击"保存"按钮即可。若在保存时出现错误，则可能是主从表间的数据关系存在矛盾，这种矛盾就是违反数据完整性的一个特例，可通过系统或人工的方式，整理解决了数据表间的数据矛盾后，该关系才能正常建立并保存）。

2. 使用 SQL 语句创建外键约束

使用 SQL 语句创建外键约束的语法格式为：

```
ALTER TABLE table_name
ADD CONTRAINT constraint_name
[FOREIGN KEY]{(column_name[,…n])}
REFERENCES ref_table[(ref_column_name[,…n])]
```

其中：

- table_name 是需要创建外键约束的表名称。
- constraint_name 是外键约束名称。

【例 7.8】 在 student 数据库中的"班级"表中，为"专业代码"字段创建一个外键约束，从而保证输入有效的专业代码。

代码如下：

```
USE student
GO
ALTER TABLE 班级
ADD CONSTRAINT fk_zydm
FOREIGN KEY (专业代码)
REFERENCES 专业(专业代码)
GO
```

7.4　查看约束的定义

对于创建好的约束，根据实际需要可以查看其定义信息。SQL Server 2012 提供了多种查看约束信息的方法，经常使用的是利用对象资源管理器和系统存储过程。

1．利用对象资源管理器查看约束信息

使用对象资源管理器查看约束信息的操作步骤如下：

（1）在"对象资源管理器"窗格中，右击要查看约束的表，在弹出的快捷菜单中选择"设计"命令，打开"表设计器"窗口。

（2）右击该表任意位置，在弹出的快捷菜单中分别选择"关系""索引/键""CHECK约束"等命令查看约束信息，如图 7-16 所示。

图 7-16　查看约束信息菜单

2．利用存储过程查看约束信息

存储过程 sp_helptext 是用来查看约束的一个系统提供的存储过程，可以通过查询分析器来查看约束的名称、创建者、类型和创建时间。其语法格式为：

```
EXEC sp_help 约束名称
```

如果该约束有具体的定义和文本，那么可以用 sp_helptext 来查看。其语法格式为：

```
EXEC sp_helptext 约束名称
```

【例7.9】　使用系统存储过程查看 student 数据库中定义的入学时间（名称为 ck_rxsj）的约束信息和文本信息。代码如下，结果如图 7-17 所示。

```
USE student
GO
EXEC sp_help ck_rxsj
GO
USE student
GO
EXEC sp_helptext ck_rxsj
GO
```

数据完整性

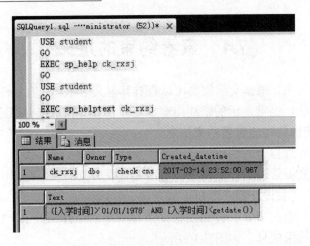

图 7-17　查询约束信息和文本信息

7.5　删　除　约　束

约束在建立后可能根据实际情况需要删除，可以使用对象资源管理器来删除约束，也可以使用 SQL 语句来删除约束。

1. 用对象资源管理器来删除表约束

使用对象资源管理器删除约束非常方便，正如在建立约束时一样，只需要在"表设计器"窗口中，将如图 7-2 所示的"设置主键"前的复选框取消即可删除主键约束，或删除默认值以删除默认约束；如图 7-8 所示，单击"删除"按钮删除唯一约束；如图 7-12 所示，单击"删除"按钮删除检查约束；如图 7-14 所示，单击"删除"按钮删除外键约束。

2. 使用 DROP 命令删除表约束

利用 SQL 语句也可以方便地删除一个或多个约束。其语法格式如下：

```
ALTER TABLE table_name
DROP CONSTRAINT constraint_name[,…n]
```

【**例 7.10**】 删除"课程"表中的入学时间（ck_rxsj）约束。

代码如下：

```
USE student
GO
ALTER TABLE 学生
DROP CONSTRAINT ck_rxsj
GO
```

7.6　使　用　规　则

规则类似于 CHECK 约束，是用来限制数据字段的输入值的范围，实现强制数据的域完整性。但规则不同于 CHECK 约束，在前面用到的 CHECK 约束可以针对一个字段应用多个 CHECK 约束，但一个字段不能应用多个规则；规则需要被单独创建，而 CHECK 约束在创建表的同时可以一起创建；规则比 CHECK 约束更复杂功能更强大；规则只需要创建一次，以后可以多次应用，可以应用于多个表多个字段，还可以应用到用户定义的数据类型上。

使用规则包括规则的创建、绑定、解绑和删除。可以在查询分析器中用 SQL 语句完成。

1．创建规则

规则作为一种数据库对象，在使用前必须被创建。创建规则的 SQL 命令是 CREATE RULE。其语法格式如下：

```
CREATE RULE rule_name AS condition_expression
```

其中：

- rule_name 是规则的名称，命名必须符合 SQL Server 2012 的命名规则。
- condition_expression 是条件表达式。

2．绑定规则

要使创建好的规则作用到指定的字段或表等，还必须将规则绑定到字段或用户定义的数据类型上才能够起作用。在查询分析器中，可以利用系统存储过程将规则绑定到字段或用户定义的数据类型上。其语法格式如下：

```
[EXECUTE] sp_bindrule '规则名称','表名.字段名'|'自定义数据类型名'
```

【例 7.11】 创建一个 xb_rule 规则，将它绑定到"学生"表的"性别"字段，保证输入数据只能为"男"或"女"。

代码如下：

```
USE student
GO
CREATE RULE xb_rule
AS
@xb in('男','女')
GO
EXEC sp_bindrule 'xb_rule','学生.性别'
GO
```

3．解绑规则

如果字段已经不再需要规则限制输入了，那么必须把已经绑定了的规则去掉，这就是解绑规则。在查询分析器中，同样用存储过程来完成解绑操作。其语法格式如下：

```
[EXECUTE] sp_unbindrule '表名.字段名'|'自定义数据类型名'
```

4．删除规则

如果规则已经没有用了，那么可以将其删除。在删除前应先对规则进行解绑，当规则已经不再作用于任何表或字段等时，则可以用 DROP RULE 删除一个或多个规则。其语法格式如下：

```
DROP RULE 规则名称[,…n]
```

【**例 7.12**】 从 student 数据库中删除 xb_rule 规则。

代码和结果如图 7-18 所示。

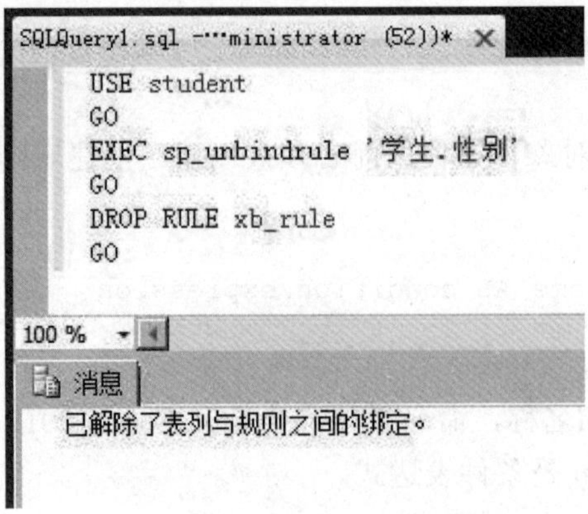

图 7-18　删除 xb_rule 规则

7.7　使 用 默 认

默认（也称默认值、缺省值）是一种数据对象，它与 DEFAULT（默认）约束的作用类似，也是指当向表中输入数据的时候，若没有为字段输入值，则系统自动给该字段赋一个 "默认值"。与 DEFAULT 约束不同的是默认对象的定义独立于表，类似规则，可以通过定义一次，多次应用任意表的任意字段，也可以应用于用户定义数据类型。

默认对象的使用方法类似于规则，同样包括创建、绑定、解绑和删除。这些操作可以在查询分析器中完成。

1. 创建默认值

在查询分析器中，创建默认对象的语法格式如下：

```
CREATE DEFAULT default_name
AS default_description
```

其中：

- default_name 是默认值名称，必须符合 SQL Server 2012 命名规则。
- default_description 是常量表达式，可以包含常量、内置函数或数学表达式。

2. 绑定默认值

默认值创建之后，必须将其绑定到表的字段或用户自定义的数据类型上才能产生作用。在查询分析器中使用系统存储过程来完成绑定。其语法格式如下：

```
[EXECUTE] sp_bindefault '默认名称','表名.字段名'|'自定义数据类型名'
```

【**例 7.13**】 创建一个 df_xf 默认，将其绑定到 "课程注册" 表的 "学分" 字段，使默认学分为 4。

代码如下:

```
USE student
GO
CREATE DEFAULT df_xf
AS 4
GO
EXEC sp_bindefault 'df_xf','课程注册.学分'
GO
```

3. 解绑默认值

与规则类似,对于不需要再利用默认的字段,可以利用系统存储过程对其解绑。其语法格式如下:

```
[EXECUTE] sp_unbindefault '表名.字段名'|'自定义数据类型名'
```

4. 删除默认值

当默认值不再有存在的必要时,可以将其删除。在删除前,必须先对默认值解绑。在查询分析器中使用 DROP 语句删除默认值。其语法格式如下:

```
DROP DEFAULT default_name[,…n]
```

【例 7.14】 从 student 数据库中将 df_xf 默认值删除。

代码如下:

```
USE student
GO
EXEC sp_unbindefault '课程注册.学分'
GO
DROP DEFAULT df_xf
GO
```

7.8 数据完整性强制选择方法

SQL Server 2012 提供了许多实现数据完整性的方法。除了本章介绍的约束、默认和规则外,还有前面介绍的数据类型和后面需要学习的触发器等。对于某一问题可能存在多种解决办法,应该根据系统的实际要求,从数据完整性方法实现的功能和开销方面综合考虑。

下面来简单讨论一下各种实现数据完整性的方法的功能和性能开销。

触发器功能强大,既可以维护基础的数据完整性逻辑,又可以维护复杂的完整性逻辑,如多表的级联操作,但是开销较高;约束的功能比触发器弱,但开销低;默认和规则功能更弱,开销也更低;数据类型提供最低级别的数据完整性功能,开销也是最低的。

在选择完整性方案时,应该遵循在完成同样任务的条件下,选择开销低的方案解决。也就是说,能用约束完成的功能,就不用触发器完成;能用数据类型完成的功能,就不用规则来完成。

数据完整性

7.9 应 用 举 例

1. 使用约束

（1）用 SQL 语句创建 cust_sample 表，在其中创建四个字段，将 cust_id 创建为主键，并用检查约束限制 cust_id。代码如下：

```
USE student
GO
CREATE TABLE cust_sample
    (cust_id int PRIMARY KEY,
     cust_name char(16),
     cust_address char(30),
     cust_credit_limit money,
     CONSTRAINT chk_id CHECK (cust_id BETWEEN 0 and 10000))
GO
```

（2）用 SQL 语句将"教师"表中的"学历"字段的默认值改为"本科"。代码如下：

```
USE student
GO
IF EXISTS (SELECT NAME FROM sysobjects
WHERE NAME='df_xl' AND TYPE='D')
    BEGIN
    ALTER TABLE 教师
    DROP CONSTRAINT df_xl
    END
GO
ALTER TABLE 教师
ADD CONSTRAINT df_xl
DEFAULT '本科' FOR 学历
GO
```

2. 使用规则

用 SQL 语句创建一个 xbdm_rule 规则，将其绑定到"系部"表的"系部代码"字段上，用来保证输入的"系部代码"只能是数字字符，最后显示规则的文本信息。代码如下：

```
USE student
GO
IF EXISTS (SELECT name FROM sysobjects WHERE name='xbdm_rule' AND TYPE='R')
    BEGIN
    EXEC sp_unbindrule '系部.系部代码'
    DROP RULE xbdm_rule
    END
GO
CREATE RULE xbdm_rule
```

```
AS
@ch like'[0-9][0-9]'
GO
EXEC sp_bindrule 'xbdm_rule','系部.系部代码'
GO
EXEC sp_helptext xbdm_rule
GO
```

3. 使用默认

用 SQL 语句创建一个 **df_bz** 默认对象，将其绑定到"班级"表的"备注"字段上，使默认值为"教学班"。最后查看默认对象定义的文本信息。代码如下：

```
USE student
GO
IF EXISTS (SELECT name FROM sysobjects WHERE name='df_bz' AND TYPE='D')
    BEGIN
    EXEC sp_unbindefault '班级.备注'
    DROP DEFAULT df_bz
    END
GO
CREATE DEFAULT df_bz
AS
'教学班'
GO
EXEC sp_bindefault 'df_bz','班级.备注'
GO
EXEC sp_helptext df_bz
GO
```

练 习 题

1. 什么是数据完整性？数据完整性分为哪几种？
2. 什么是数据的实体完整性、域完整性、参照完整性？实现的方法分别是什么？
3. 什么是约束？常用的约束分别有哪些？
4. 什么是主键约束？如何实现？
5. 什么是唯一约束？如何实现？
6. 什么是检查约束？如何实现？
7. 什么是默认约束？如何实现？
8. 什么是外键约束？如何实现？
9. 规则和检查约束有什么区别和特点？分别应该用在什么地方？
10. 默认对象和默认约束有什么区别和特点？分别应该用在什么地方？
11. 完成本章的所有实例。

数据完整性

第8章　SQL Server 函数

在 SQL Server 查询、报表和许多 T-SQL 语句中常使用函数来返回信息，返回类型可以是用于表达式的值或表格。SQL Server 2012 中提供的函数可分为三类：内置函数、标量函数、表值函数，本章将对三类函数做详细介绍。

8.1　内　置　函　数

SQL Server 提供了内置函数帮助用户执行各种操作。内置函数不能修改，可以在 T-SQL 语句中使用。

内置函数包括：聚合函数、配置函数、加密函数、游标函数、时间和日期函数、数学函数、元数据函数、排名函数、行集函数、安全函数、字符串函数、系统函数、系统统计函数、文本和图像函数等。SQL Server 2012 提供了新增内置函数，进一步帮助用户提高代码编写效率，本书会在相应章节对新增函数进行介绍。

8.1.1　聚合函数

聚合函数用于对多个参数进行不同功能的计算，并返回单个值。

聚合函数可以在 SELECT 语句的选择列表（子查询或外部查询）、GROUP BY 子句、COMPUTE BY 子句、HAVING 子句中作为表达式使用。

聚合函数包括：AVG()、BINARY_CHECKSUM()、CHECKSUM()、CHECKSUM_AGG()、COUNT()、COUNT_BIG()、GROUPING()、GROUPING_ID()、MAX()、MIN()、STDEV()、STDEVP()、SUM()、VAR()、VARP()。

以下将对常用聚合函数的使用方法作介绍。

（1）AVG([ALL|DISTINCT]expression)：返回组中值的平均值。

参数描述：

- ALL——对所有的值进行函数运算，默认值为 ALL。
- DISTINCT——指定 AVG()函数返回唯一非空值的数量。
- expression——待求平均值的表达式。

【例 8.1】　统计每一个学生所修课程的平均成绩。

【分析】　该例中涉及学生表和课程注册表，统计信息显示学号、姓名、平均成绩三个字段。完成上述统计，需要使用条件"WHERE 学生.学号=课程注册.学号"对有选课信息的学生进行挑选。新建查询，输入如下语句：

```
USE student
```

```
SELECT  学生.学号,
    学生.姓名,
    AVG(课程注册.成绩) AS 平均成绩
FROM 学生,课程注册
WHERE 学生.学号=课程注册.学号
GROUP BY 学生.学号,学生.姓名
```

单击执行命令，结果如图 8-1 所示。

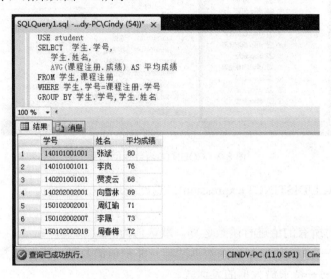

图 8-1　AVG()函数返回结果

（2）COUNT({[ALL|DISTINCT]expression}|*))：返回组中项目的数量。

参数描述：

- ALL——对所有的值进行函数运算，默认值为 ALL。
- DISTINCT——指定 COUNT()函数返回唯一非空值的数量，去除重复值。
- expression——待计数的表达式。
- *——指定应该计算所有行以返回表中行的总数。

【例 8.2】　统计每名学生所选课程总数。

【分析】　该例中涉及学生表和课程注册表，最终统计信息显示学号、姓名、课程数量三个字段。若完成上述统计，需要使用 COUNT 函数及 DISCTINCT 参数对课程注册表中非重复的课程号进行计数，再使用条件"WHERE 学生.学号=课程注册.学号"对有选课信息的学生进行挑选。语句如下：

```
USE student
SELECT  学生.学号,
    学生.姓名,
    COUNT(DISTINCT 课程号) AS 选课数量
FROM 学生,课程注册
WHERE 学生.学号=课程注册.学号
GROUP BY 学生.学号,学生.姓名
```

结果如图 8-2 所示。

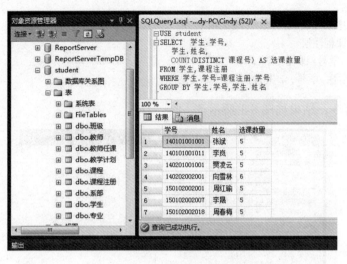

图 8-2　COUNT()函数返回结果

（3）MAX([ALL|DISTINCT]expression)：返回表达式的最大值。

参数描述：

- ALL——对所有的值进行函数运算，默认值为 ALL。

- DISTINCT——指定 MAX()函数返回唯一非空值的数量，去除重复值。

- expression——待求最大值的表达式。

【例 8.3】　统计每门课程得分最高的学生信息。

【分析】　该例中涉及学生、课程、课程注册三张表，统计信息显示学号、姓名、课程编号、课程名称、成绩字段。完成上述统计分为以下几个步骤：

（1）在课程注册表中选出每门成绩的最高分。使用语句"SELECT MAX(成绩) FROM 课程注册 a WHERE a.课程号 =课程注册.课程号"；

（2）在课程表中选出最高分数对应的课程名称，使用条件"课程.课程号 =课程注册.课程号"；

（3）在学生表中选出获得最高分的学生学号及姓名信息，使用条件"学生.学号=课程注册.学号"。

"最高分"作为挑选学生信息及课程信息的条件，以子查询方式实现，使用函数 MAX()，完整语句如下：

```
USE student
SELECT 学生.学号,学生.姓名,
    课程注册.课程号,课程.课程名,课程注册.成绩 as 最高分
FROM 学生,课程注册,课程
WHERE 课程注册.成绩 IN
    (SELECT MAX(成绩) FROM 课程注册 a WHERE a.课程号 =课程注册.课程号 )
AND 学生.学号=课程注册.学号
AND 课程.课程号 =课程注册.课程号
```

结果如图 8-3 所示。

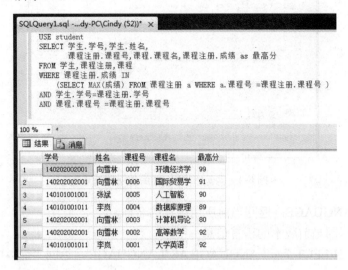

图 8-3　MAX()函数返回结果

（4）MIN([ALL|DISTINCT]expression)：返回表达式的最大值。

参数描述：

- ALL——对所有的值进行函数运算，默认值为 ALL。
- DISTINCT——指定 MIN()函数返回唯一非空值的数量，去除重复值。
- expression——待求最小值的表达式。

（5）SUM([ALL|DISTINCT]expression)：返回表达式中所有值的和，或只返回 DISTINCT 值。SUM()只能用于数字列。

参数描述：

- ALL——对所有的值进行函数运算，默认值为 ALL。
- DISTINCT——指定 SUM()函数返回唯一值的和，即若有相同值，则只相加一次。
- expression——待求最小值的表达式。

8.1.2　配置函数

配置函数返回当前配置选项设置的信息，包括@@DATEFIRST、@@DBTS、@@LANGID、@@LANGUAGE、@@LOCK_TIMEOUT、@@MAX_CONNECTIONS、@@MAX_PRECISION、@@NESTLEVEL、@@OPTIONS、@@REMSERVER、@@SERVE-RNAME、@@SERVICENAME、@@SPID、@@TEXTSIZE、@@VERSION。

下面介绍常用配置函数。

（1）@@VERSION：返回当前的 SQL Server 安装的版本、处理器体系结构、生成日期和操作系统。

【例 8.4】　返回当前安装的版本信息。

```
SELECT @@VERSION AS 'SQL Server Version'
```

结果如图 8-4 所示。

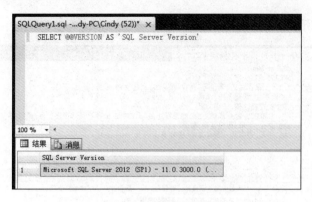

图 8-4　@@VERSION 函数返回结果

（2）@@LANGUAGE：返回当前所用语言的名称。

【例 8.5】　返回当前版本的语言信息。

使用语句：SELECT @@LANGUAGE AS 'LANGUAGE'，返回"简体中文"。

8.1.3　日期和时间函数

通过日期时间函数，能对输入日期和时间值进行相应功能的处理，并返回一个字符串、数字值或日期和时间值。

（1）DATENAME(datepart,date)：返回某日期指定部分的字符串。

参数描述：

- datepart——指定应返回的日期部分，如表 8-1 所示。
- date——指定的日期。

表 8-1　SQL Server 识别的 datepart 参数

日 期 部 分	描　　述	举　　例	结　　果
year	指定返回年份	SELECT DATENAME(year,'12/20/2016')	2016
month	指定返回月份	SELECT DATENAME(month,'12/20/2016')	12
day	指定返回日期	SELECT DATENAME(day,'12/20/2016')	20
weekday	指定返回星期	SELECT DATENAME(weekday, '12/20/2016')	星期二
hour	指定返回钟点	SELECT DATENAME(hour,'16:20:10')	16
minute	指定返回分钟	SELECT DATENAME(minute,'16:20:10')	20
second	指定返回秒钟	SELECT DATENAME(second,'16:20:10')	10

（2）GETDATE()：返回当前系统日期和时间。

【例 8.6】　SELECT GETDATE()。结果：2017-01-15 22:38:16.333，即 2017 年 1 月 15 日 22 点 38 分 16 秒 333 毫秒。

（3）DAY(date)：返回代表指定日期的天的日期部分的整数。

参数描述：date 为指定的日期。

【例 8.7】　SELECT DAY('01/15/2017')。结果：15。

若要直接通过 GetDate 函数获取系统日期，则使用语句 SELECT DAY(GETDATE ())，结果为 15。

（4）MONTH(date)：返回代表指定日期月份的整数。

参数描述：date 为指定的日期。

【例 8.8】 SELECT MONTH('01/15/2017')。结果：01。

（5）YEAR(date)：返回表示指定日期中的年份的整数。

参数描述：date 为指定的日期。

【例 8.9】 SELECT YEAR('01/15/2017')。结果：2017。

除 SQL SERVER 2008 中原有的内置函数外，SQL SERVER 2012 中增加了下列日期时间函数 DATEFROMPARTS( )、DATETIME2FROMPARTS( )、DATETIMEFROMPARTS( )、DATETIMEOFFSETFROMPARTS( )、EOMONTH( )、SMALLDATETIMEFROMPARTS( )、TIMEFROMPARTS( )。

（6）DATEFROMPARTS（year,month,day）：返回参数指定日期。

参数描述：year 指定应返回的年份；month 指定应返回的月份；day 指定应返回的日期。

【例 8.10】 SELECT DATEFROMPARTS(2017,1,15)。结果：2017-01-15。

（7）DATETIME2FROMPARTS（year,month,day,hour,minute,seconds,fractions,precision）：返回参数指定日期和时间，增加了小时、分钟、秒，使用最后两个参数表示秒的计算。

参数描述：year 指定应返回的年份；month 指定应返回的月份；day 指定应返回的日期；hour 指定应返回的小时；minute 指定应返回的分钟；seconds：指定应返回的秒；fractions：与 precision 共同表示秒的计算；precision：与 fractions 共同表示秒的计算。

【例 8.11】 函数 DATETIME2FROMPARTS（）的使用方法。

SELECT DATETIME2FROMPARTS（2017，1，16，10，23，04，5，1）。结果：2017-01-16 10:23:04.5。当 fractions 值为 5 且 precision 值为 1，fractions 的值为 5。

SELECT DATETIME2FROMPARTS（2017，1，16，10，23，04，50，2）。结果：2017-01-16 10:23:04.50。当 fractions 值为 50 且 precision 值为 2，fractions 的值为 50。

SELECT DATETIME2FROMPARTS（2017，1，16，10，23，04，500，3）。结果：2017-01-16 10:23:04.500。当 fractions 值为 50 且 precision 值为 2，fractions 的值为 500。

（8）DATETIMEFROMPARTS（year,month,day,hour,minute,seconds,milliseconds）：返回参数指定日期和时间，增加了小时、分钟、秒、毫秒。

参数描述：year 为年份；month 为月份；day 为日期；hour 为小时；minute 为分钟；seconds 为秒；milliseconds 为毫秒。

【例 8.12】 SELECT YEAR(2017，1，16，10，23，04，20)。结果：2017-01-16 10:23:04.20。

（9）DATETIMEOFFSETFROMPARTS（year, month, day, hour, minute, seconds, fractions, hour_offset, minute_offset, precision）：返回带指定精度和偏移量的日期和时间。

参数描述：year 为年份；month 为月份；day 为日期；hour 为小时；minute 为分钟；seconds 为秒；hour_offset 为小时偏移量；minute_offset 为分钟偏移量；fractions 与 precision 共同表示精度计算。

（10）EOMONTH（start_date [, month_to_add]）：返回指定日期中包含的月中最后一天。

参数描述：

start_date：指定的日期。

month_to_add：需加入到指定日期的月份值。

【例 8.13】 EOMONTH 函数使用方法。

SELECT EOMONTH ('2017-01-16')。指定日期是 1 月，返回 1 月最后一天日期，'2017-01-31'。

SELECT EOMONTH ('2017-01-16',1)。指定日期是 1 月，返回 1 月往后 1 个月，2 月的最后一天日期，'2017-02-28'。

（11）SMALLDATETIMEFROMPARTS（year, month, day, hour, minute）：返回指定日期时间的 smalldatetime 值。

参数描述：year 为年份；month 为月份；day 为日期；hour 为小时；minute 为分钟。

（12）TIMEFROMPARTS（hour, minute, seconds, fractions, precision）：返回带有精度的指定时间。

参数描述：hour 为小时；minute 为分钟；seconds 为秒；fractions 和 precision 表示精度。

【例 8.14】 TIMEFROMPARTS 函数的使用方法。

SELECT TIMEFROMPARTS (23, 59, 59, 5, 1)。结果：23：59：59.5。

SELECT TIMEFROMPARTS (23, 59, 59, 50, 2)。结果：23：59：59.50。

SELECT TIMEFROMPARTS (23, 59, 59, 500, 3)。结果：23：59：59.500。

8.1.4 数学函数

数学函数对参数值执行计算，并返回一个数字值。下面介绍常用的数学函数。

（1）ABS(x)：返回给定数字表达式的绝对值。

参数描述：x 为数字表达式。

【例 8.15】 SELECT ABS(-12)。结果：12。

（2）ACOS(x)：返回以弧度表示的角度值。

参数描述：x 是 float 或 real 类型的表达式，其取值范围为-1～1。

【例 8.16】 SELECT ACOS(-1)。结果：3.1415926535897931。

（3）ASIN(x)：返回以弧度表示的角度值。

参数描述：x 是 float 或 real 类型的表达式，其取值范围为-1～1。

（4）ATAN(x)：返回以弧度表示的角度值。

参数描述：x 是 float 类型的表达式。

（5）CEILING(x)：返回大于或等于所给数字表达式的最小整数。

参数描述：x 为待求最小整数值的数字表达式。

【例 8.17】 SELECT CEILING(56.3), ceiling (-56.3)。结果：57，-56。

（6）COS(x)：返回给定表达式中给定角度的三角余弦值。

参数描述：x 是 float 类型的表达式。

（7）DEGREES(x)：返回以弧度表示的角度值。

【例 8.18】 SELECT DEGREES(PI())。结果：180。

（8）EXP(x)：返回给定表达式的指数值。

（9）FLOOR(x)：返回小于或等于所给数字表达式的最大整数。

【例 8.19】 SELECT FLOOR(56.3), floor(-56.3)。结果：56，-57。

（10）LOG(x)：返回给定表达式的自然对数。

（11）PI()：返回 PI 的常量值，3.14159265358979。

（12）POWER(x,y)：返回 x 的 y 次方。

【例 8.20】 SELECT POWER(2,3)。结果：8。

（13）RAND()：返回 0～1 之间的随机 float 值。

（14）ROUND(x,y)：返回以 y 指定的精度进行四舍五入后的数值。

参数描述：y 为指定的精度。当 y 为正数时，x 四舍五入为 y 所指定的小数位数。当 y 为负数时，x 则按 y 所指定的在小数点的左边四舍五入。

【例 8.21】 SELECT ROUND(56.34,1),ROUND(56.34,-1)。结果：56.30，60。

（15）SIN(x)：返回给定表达式中给定角度的三角正弦值。

参数描述：x 是 float 类型的表达式。

（16）SQUARE(x)：返回给定表达式的平方。

【例 8.22】 SELECT SQUARE(5)。结果：25。

（17）SQRT(x)：返回给定表达式的平方根。

【例 8.23】 SELECT SQRT(16)。结果：4。

8.1.5 元数据函数

返回有关数据库和数据库对象的信息。

（1）COL_LENGTH(table,column)：返回列的长度，且以字节为单位。

参数描述：table 为表名；column 为列名。

【例 8.24】 返回 Student 数据库"专业"表中"专业名称"字段的长度。

```
USE student
SELECT COL_LENGTH('专业','专业名称')
```

结果：20。

（2）COL_NAME(table_id,column_id)：返回数据库列的名称。

参数描述：table_id 和 column_id 分别为表标识号和列标识号。

【例 8.25】 返回 Student 数据库"专业"表中第二列的字段名称。

```
USE student
SELECT COL_NAME(object_id('专业'),2)
```

结果：专业名称。

（3）DB_ID(db_name)：返回数据库标识号。

参数描述：db_name 用来返回相应数据库 ID 的数据库名。

（4）DB_NAME(db_id)：返回数据库名。

参数描述：db_id 是应返回数据库的标识号。

8.1.6 字符串函数

字符串函数用来处理字符或字符串，返回字符、字符串或数字值。下面将从函数功能角度对字符串函数进行分类描述。

1．字符串转换函数

（1）ASCII(str)：将字符表达式最左端字符转换成 ASCII 码值。

参数描述：str 为 char 或 varchar 的表达式。

（2）CHAR(x)：将 ASCII 代码转换为字符的字符串函数。

参数描述：x 为介于 0～255 的整数，如表 8-2 所示。

表 8-2　字符串中常用的控制字符

控 制 字 符	制 表 符	换 行 符	回 车
值	CHAR(9)	CHAR(10)	CHAR(13)

（3）LOWER(str)：将大写字符数据转换为小写字符数据，返回类型为 varchar。

参数描述：str 是字符或二进制数据表达式。

（4）UPPER(str)：将小写字符数据转换为大写字符数据，返回类型为 varchar。

参数描述：str 是字符或二进制数据表达式。

2．空格清除函数

（1）LTRIM(str)：删除起始空格，返回类型为 varchar。

参数描述：str 为字符或二进制数据表达式。

（2）RTRIM(str)：删除尾随空格，返回类型为 varchar。

参数描述：str 为字符或二进制数据表达式。

3．字符串截取函数

（1）LEFT(str,x)：返回字符串中从左边开始指定个数的字符。

参数描述：str 为指定字符串；x 为指定返回字符的个数。

【例 8.26】　SELECT LEFT('command',4)。结果：comm。

（2）RIGHT(str,x)：返回字符串中从右边开始指定个数的字符。

参数描述：str 为指定字符串；x 为指定返回字符的个数。

（3）SUBSTRING(str,start,len)：截取指定的部分字符串。

参数描述：str 为待截取的表达式；start 为截取部分的起始位置；len 为截取的长度。

4．字符串比较函数

（1）CHARINDEX(str1, str2)：返回指定字符或字符串的位置值。若查询成功，函数返回值大于 0；若查询失败，则函数返回值等于 0。

参数描述：str1 为指定字符串；str2 为待查字符串或字段名。

【例 8.27】　统计姓名字段中带有"雪"字或"梅"字的学生信息。

【分析】　查询字段值包含指定字符使用函数 charindex('雪',姓名)，第一个参数为指定字符，第二个参数"姓名"为查询指定字符所在字段名。

语句如下：

```
USE student
select 学号,姓名
FROM 学生
WHERE charindex('雪',姓名)>0 or charindex('梅',姓名)>0
```

结果如图 8-5 所示。

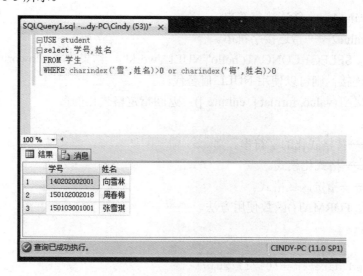

图 8-5　charindex 函数返回结果

（2）PATINDEX(%str1%, str2)：返回指定字符或字符串的位置值。若查询成功，函数返回值大于 0；若查询失败，则函数返回值等于 0。在 PATINDEX 函数中，指定字符串可以使用通配符%，且该函数可以适用于 CHAR、VARCHAR 和 TEXT 数据类型。

参数描述：str1 为指定字符串；str2 为待查字符串或字段名。

【例 8.28】　SELECT PATINDEX('%tt%', 'wwttyy')。结果：3。

5．其他字符串处理函数

（1）LEN(str)：返回字符串的字符个数，不包含尾随空格。

参数描述：str 为将进行长度计算的字符串。

（2）REPLACE(str1,str2,str3)：用第三个表达式替换第一个字符串表达式中出现的所有第二个给定字符串表达式。

参数描述：str1 为包含待替换字符串的表达式；str2 为待替换字符串表达式；str3 为替换用的字符串表达式。

（3）REPLICATE(str,x)：以指定的次数重复字符表达式。

参数描述：str 为可以是常量或变量，也可以是字符列或二进制数据列；x 为指定重复次数。

（4）REVERSE(str)：将指定字符串逆序排列。

参数描述：str 为待排列的字符串。

（5）SPACE(x)为产生指定个数的空。

参数描述：x 为空格的个数。

除 SQL Server 2008 中原有的字符串函数外，SQL Server 2012 中增加了函数 CONCAT()、FORMAT()。

（6）CONCAT(string_value1, string_value2 [, string_valueN])：返回连接两个或两个以上字符串的值。

参数描述：

- string_value1——待连接字符串。
- string_value2——待连接字符串。

【例 8.29】 SELECT CONCAT('hello','NULL','world')。结果： 'helloworld'。使用时，若某部分无内容连接，则可以使用 NULL 值替代。

（7）FORMAT(value, format [, culture])：返回指定格式化的值。

参数描述：

- value——待格式化的字符串。
- format——格式化模式。
- culture——指定区域格式。

【例 8.30】 FORMAT()函数使用方法。

语句如下：

```
declare @d datetime='01/17/2017'
SELECT FORMAT ( @d, 'd', 'en-US' ) AS 'US English Result'
SELECT FORMAT ( @d, 'D', 'en-US' ) AS 'US English Result'
SELECT FORMAT ( @d, 'd', 'zh-cn' ) AS 'Simplified Chinese (PRC) Result'
SELECT FORMAT ( @d, 'D', 'zh-cn' ) AS 'Simplified Chinese (PRC) Result'
```

语句中'en-US'表示以英语方式显示内容，'zh-cn'表示以简体中文显示内容。

执行结果如图 8-6 所示。

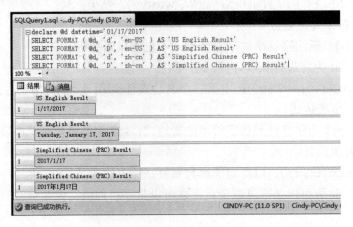

图 8-6　FORMAT()函数返回结果

8.1.7　系统函数

对 SQL Server 中的值、对象和设置进行操作并返回有关信息。

（1）APP_NAME()：返回当前会话的应用程序名称。

（2）CAST(expression AS data_type)：将某种数据类型的表达式转换为另一种数据类型。

参数描述：expression 为待转换的表达式；data_type 为表达式新的数据类型。

【例 8.31】 select cast('123' as int)+20。结果：将字符数据'123'转换成整型后与 20 相加，

结果为 143。

（3）CONVERT(data_type[(length)], expression [, style])：同 CAST()函数。

参数描述：data_type 为表达式新的数据类型；length 为表达式长度；expression 为待转换的表达式。style 为日期或字符串格式样式。

（4）CURRENT_USER()：返回当前的用户。此函数等价于 USER_NAME()。

（5）HOST_ID()：返回工作站标识号。

（6）HOST_NAME()：返回工作站名称。

（7）USER_NAME(id)：返回给定标识号的用户数据库用户名。

参数描述：id 为用户名标识号。id 省略时 USER_NAME()返回当前用户。

8.1.8 排名函数

（1）RANK([<partition_by_clause>]<order_by_clause>)：返回结果集的分区内每行的排名。RANK()函数并不总是返回连续整数。

语法格式如下：

```
RANK() OVER ([<partition_by_clause>]<order_by_clause>)
```

参数描述：partition_by_clause 指定划分分区的依据；order_by_clause 指定相同分区下排序的依据。

【例 8.32】 统计学生入学先后排序信息。

语句如下：

```
USE student
GO
SELECT RANK() OVER (ORDER BY 入学时间) AS 入学先后,姓名,性别,入学时间
FROM 学生
```

执行结果如图 8-7 所示。请注意"入学先后"字段的值不连续，原因是排序字段"入学时间"值相同的情况下，RANK()函数将"入学先后"字段值设置为同一值。下一"入学先后"字段值将与"入学先后"字段左侧的序号列一致。

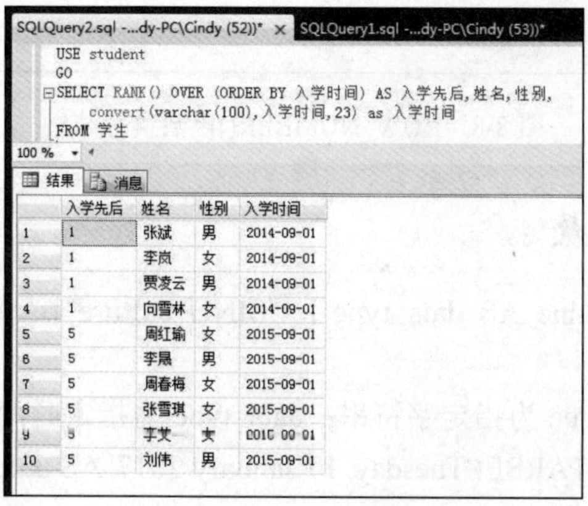

图 8-7 RANK()函数执行结果

（2）ROW_NUMBER([<partition_by_clause>]<order_by_clause>)：返回结果集分区内行的序列号，每个分区的第一行从 1 开始。

语法格式如下：

```
ROW_NUMBER() OVER ([<partition_by_clause>]<order_by_clause>)
```

参数描述：partition_by_clause 指定划分分区的依据；order_by_clause 指定相同分区下排序的依据。

【例 8.33】 统计不同性别学生的年龄排序信息，并显示排序序号。

【分析】 首先将学生信息按性别划分区间，同一性别再按按出生日期进行排序，使用 ROW_NUMBER()函数生成序号，定义字段名"年龄序号"。

语句如下：

```
USE student
GO
SELECT ROW_NUMBER() OVER (PARTITION BY 性别 ORDER BY 出生日期) AS 年龄序号,
姓名,性别,convert(varchar(100),出生日期,23) as 出生日期
FROM 学生
```

语句中使用 convert 函数对出生日期进行处理，去掉出生日期字段的时间，保留日期。执行结果如图 8-8 所示。

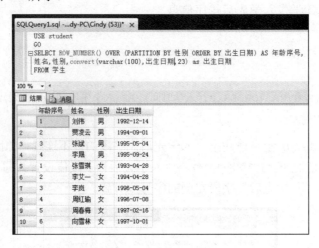

图 8-8　ROW_NUMBER()函数执行结果

8.1.9　其他新增函数

（1）PARSE(string_value AS data_type [USING culture])：将字符串转换为时间日期类型。

参数描述：string_value 为指定字符串；data_type 为指定时间日期类型。

【例 8.34】 SELECT PARSE('Tuesday, 17 January 2017' AS datetime)，结果：2017-1-17。

（2）TRY_CONVERT(data_type [(length)], expression [, style])：将待转换值转换为指

定类型的值，若转换失败，则返回 NULL。

参数描述：data_type 为指定转换类型；expression 为待转换值。

【例 8.35】 SELECT TRY_CONVERT(float,'ttt')，结果：NULL。

（3）TRY_PARSE(string_value AS data_type [USING culture])：将字符串转换为时间日期类型,若转换失败，则返回 NULL。

参数描述：string_value 为指定字符串；data_type 为指定时间日期类型。

（4）CHOOSE(index, val_1, val_2 [, val_n])：根据指定索引值返回列表项。

参数描述：Index：指定索引号；val_1：列表项值 1；val_2：列表项值 2。

【例 8.36】 SELECT CHOOSE(3,'A','B','C','D')，结果：C。

（5）IIF(boolean_expression, true_value, false_value)：根据布尔表达式返回 true 或 false 值。

参数描述：boolean_expression 为布尔表达式；true_value 为布尔表达式为真时的指定值；false_value 为布尔表达式为假时的指定值。

【例 8.37】 SELECT IIF(3>2,'T','F')，结果：T。

8.2 用户定义函数

1．用户定义函数分类

SQL Server 2012 中用户定义函数可分为标量函数和表值函数两类，其中，表值函数可再分为内联表值函数和多语句表值函数。

2．函数名的命名规则

用户定义的函数名必须唯一且符合如下命名规则：

（1）有效字符：SQL 函数名必须以一个字母（A～Z、a～z 以及带可区别标记的字母以及非拉丁字母），"@"（at 符），"#"（数字符）或 "_"（下画线）开头，跟在首字符后面的字符可以是字母（A～Z、a～z 以及其他语言的任何字母符号）、数字（0～9 以及其他语言的任何数字符号）、"@"（at 符）、"$"（美元符）、"#"（数字符）或 "_"（下画线）。并不是所有以 "@" 符号开头的对象就意味着它是一个局部变量，SQL Server 有许多以 "@@"开头的函数，例如：函数@@ERROR 能返回最后执行的 T-SQL 语句的错误代码。

（2）有效长度：函数名的有效长度为 1～128 个字符。

（3）SQL Server 的保留关键字不能用做函数名。

（4）嵌入的空格或其他特殊字符不能在函数名中使用。

3．创建用户定义函数

（1）使用 CREATE FUNCTION 语句创建用户定义函数。

（2）使用 SQL Server Management Studio 创建用户定义函数的操作如下：

在 "对象资源管理器" 窗格中展开 "数据库" 节点，接下来展开 "可编程性" 节点，右击 "函数" 节点，在弹出的快捷菜单中选择 "新建" 命令，在打开的级联菜单中选择需要创建的函数类型后，再添加相应代码即可，如图 8-9 所示。

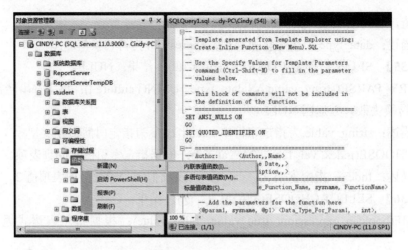

图 8-9　在"对象资源管理器"窗格中创建函数

4．执行用户定义函数

可以在查询或其他语句及表达式中调用用户定义函数，也可用 EXECUTE 语句执行标量值函数。

（1）在查询中调用用户定义函数：

● 可以在 SELECT 语句的列表中使用。

● 可以在 WHERE 或 HAVING 子句中使用。

（2）赋值运算符（left_operand=right_operand）可调用用户定义函数，以便在指定为右操作数的表达式中返回标量值。

5．修改用户定义函数

（1）使用 ALTER FUNCTION 语句修改。根据函数类别不同有不同的语法格式，参照 CREATE FUNCTION 用法。

（2）使用对象资源管理器修改。在"对象资源管理器"窗格中展开"数据库"节点，展开"可编程性"和"函数"节点，右击需要修改的函数，在弹出的快捷菜单中选择"修改"命令，在窗口中进行修改即可，如图 8-10 所示。

图 8-10　在对象资源管理器中修改函数

6. 删除用户定义函数

（1）使用 DROP FUNCTION 语句删除。其语法如下：

```
DROP FUNCTION{[schema_name.]function_name}
```

参数描述：

schema_name：用户定义函数所属的架构的名称。

function_name：要删除的用户定义函数的名称，不能指定服务器名称和数据库名称。

（2）使用对象资源管理器删除。在"对象资源管理器"窗格中展开"数据库"节点，展开"可编程性"和"函数"节点，右击需要删除的函数，在弹出的快捷菜单中选择"删除"命令，即可删除指定的函数。

8.3　标　量　函　数

标量函数返回在 RETURNS 子句中定义的单个数据值。函数返回类型可以是除 text、ntext、image、cursor 和 timestamp 外的任何数据类型。

1. 标量函数的创建

语法格式如下：

```
CREATE FUNCTION[schema_name.]function_name
([{@parameter_name[AS][type_schema_name.]parameter_data_type
    [=default]}
    [,…n]
  ]
)
RETURNS return_data_type
  [WITH <function_option> [,…n]]
  [AS]
  BEGIN
      function_body
    RETURN scalar_expression
  END
```

参数描述：

- schema_name——用户定义函数所属的架构的名称。
- function_name——用户定义函数的名称。函数名称必须符合有关标识符的规则，并且在数据库中以及对其架构来说是唯一的。即使未指定参数，函数名称后也需要加上括号。
- @parameter_name——用户定义函数的参数，可声明一个或多个参数。
- [type_schema_name.]parameter_data_type——参数的数据类型及其所属的架构，后者为可选项。
- [=default]——参数的默认值。
- return_data_type——标量用户定义函数的返回值。

- function_body——指定一系列 T-SQL 语句，这些语句一起使用的计算结果为标量值。
- scalar_expression——指定标量函数返回的标量值。

【例 8.38】 创建标量函数 student_pass_info()，统计学生考试是否合格，要求成绩大于等于 60 分的判定为"通过"，成绩小于 60 分的判定为"不合格"。

【分析】 题目要求先创建标量函数 student_pass_info()，再通过查询方式使用 SELECT 语句执行创建的标量函数 student_pass_info()。

操作步骤如下：

（1）使用 CREATE FUNCTION 创建标量函数 student_pass_info()。新建查询，输入如下语句：

```
USE student
GO
CREATE FUNCTION student_pass_info (@grade tinyint)
RETURNS char(8)
BEGIN
   DECLARE @info char(8)
   IF @grade>=60 SET @info='通过'
   ELSE SET @info='不合格'
      RETURN @info
END
GO
```

执行后显示"命令已成功完成"，同时在对象资源管理器可查看函数是否已创建，student "数据库" → "可编程性" → "函数" → "标量值函数" 列表下显示新创建的函数 student_pass_info()，结果如图 8-11 所示。

图 8-11　用 SQL 语句创建标量函数 student_pass_info()

（2）在查询分析器中输入以下代码，执行后结果如图 8-12 所示。

```
USE student
GO
SELECT 课程注册.学号,学生.姓名,课程.课程名,dbo.student_pass_info(成绩)AS 是否
通过
```

```
FROM 学生,课程注册,课程
WHERE 课程注册.课程号=课程.课程号 AND 课程注册.学号=学生.学号
GO
```

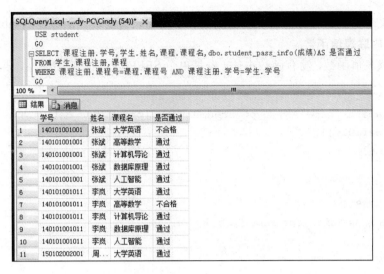

图 8-12　使用标量函数 student_pass_info()返回结果

2．标量函数的修改

（1）使用 ALTER FUNCTION 语句修改。

（2）使用对象资源管理器修改：在"对象资源管理器"窗格中展开"数据库"节点，展开"可编程性"和"函数"节点，右击需要修改的函数，在弹出的快捷菜单中选择"修改"命令，在窗口中进行修改即可。

3．标量函数的删除

（1）使用 DROP FUNCTION 语句删除。其语法如下：

```
DROP FUNCTION{[schema_name.]function_name}
```

参数描述：

- schema_name——用户定义函数所属的架构的名称。
- function_name——要删除的用户定义函数的名称，不能指定服务器名称和数据库名称。

【例 8.39】　删除函数 student_pass_info()。

```
USE student
GO
DROP FUNCTION dbo.student_pass_info
GO
```

（2）使用对象资源管理器删除。在"对象资源管理器"窗格中展开"数据库"节点，展开"可编程性"和"函数"节点，右击需要删除的函数，在弹出的快捷菜单中选择"删除"命令，即可删除指定的函数。

8.4 表 值 函 数

用户定义表值函数可分为内联表值函数和多语句表值函数。函数返回 table 数据类型。

1. 创建内联表值函数

对于内联表值函数，没有函数主体，表是单个 SELECT 语句的结果集。语法格式如下：

```
CREATE FUNCTION[schema_name.]function_name
([{@parameter_name[AS][type_schema_name.]parameter_data_type
    [=default]}
    [,…n]
  ]
)
RETURNS TABLE
  [WITH <function_option> [,…n]]
  [AS]
  RETURN[()select_stmt[]]
[;]
```

参数描述：

- schema_name——用户定义函数所属的架构的名称。
- function_name——用户定义函数的名称。函数名称必须符合有关标识符的规则，并且在数据库中以及对其架构来说是唯一的。即使未指定参数，函数名称后也需要加上括号。
- @parameter_name——用户定义函数的参数。可声明一个或多个参数。
- [type_schema_name.]parameter_data_type——参数的数据类型及其所属的架构，后者为可选项。
- [=default]——参数的默认值。
- select_stmt——定义内联表值函数的返回值的单个 SELECT 语句。

【例 8.40】 创建内联表值函数 TEACHER_COURSE()，函数根据教师 id 号返回该教师开课的信息。

【分析】 教师开课信息由多项字段组成，可通过创建内联表值函数的形式完成，定义函数名称为 TEACHER_COURSE()，再通过查询方式使用 SELECT 语句执行创建的内联表值函数 TEACHER_COURSE()。

操作步骤如下：

（1）使用 CREATE FUNCTION 创建内联表值函数 TEACHER_COURSE()。新建查询，输入如下语句：

```
USE student
GO
CREATE FUNCTION TEACHER_COURSE(@teacher_id char(12))
RETURNS TABLE
```

```
AS
RETURN (SELECT DISTINCT 教师.教师编号,教师.姓名,系部.系部名称,课程.课程名,专业.
专业名称
        FROM 教师,系部,课程,教师任课,专业
        WHERE 教师.教师编号=@teacher_id AND 教师.系部代码=系部.系部代码
        AND 教师任课.教师编号=教师.教师编号 and 课程.课程号=教师任课.课程号 AND 教师
任课.专业代码=专业.专业代码)
GO
```

执行后结果如图 8-13 所示，显示命令已成功完成。

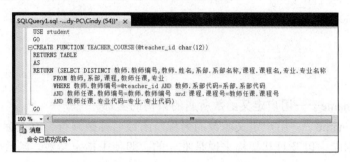

图 8-13　定义内联表值函数

（2）在查询分析器中输入并执行以下代码，得到如图 8-14 所示结果。

```
USE student
GO
SELECT * FROM TEACHER_COURSE('100000000002')
GO
```

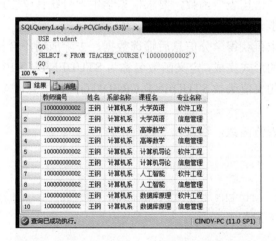

图 8-14　使用内联表值函数 TEACHER_COURSE()返回结果

2．创建多语句表值函数

多语句表值函数可以看作是标量函数与内联表值函数的结合。多语句表值函数允许在 BEGIN…END 语句块中定义一系列 T-SQL 语句，这些语句执行生成的信息将插入返回的表中。通过多次查询的方式，使数据实现筛选、叠加功能，语法格式如下：

```
CREATE FUNCTION[schema_name.]function_name
([{@parameter_name[AS][type_schema_name.]parameter_data_type
  [=default]}
  [,…n]
  ])
RETURNS @return_variable TABLE <table_type_definition>
  [WITH <function_option>[,…n]]
  [AS]
  BEGIN
       function_body
     RETURN
  END
[;]
```

参数描述：

- schema_name——用户定义函数所属的架构的名称。
- function_name——用户定义函数的名称。函数名称必须符合有关标识符的规则，并且在数据库中以及对其架构来说是唯一的。即使未指定参数，函数名称后也需要加上括号。
- @parameter_name——用户定义函数的参数。可声明一个或多个参数。
- [type_schema_name.]parameter_data_type——参数的数据类型及其所属的架构，后者为可选项。
- [=default]——参数的默认值。
- function_body——指定一系列 T-SQL 语句，这些语句将填充 TABLE 返回变量。

【例 8.41】 定义多语句表值函数，要求根据学生学号统计学生所取得学分信息，同时在结果中将未取得的学分课程信息筛去。

【分析】 题目要求再获得学分信息后筛选数据，去除成绩不合格的课程信息，可通过创建多语句表值函数的形式完成，定义函数名称为 STUDENT_CREDIT()，再通过 SELECT 语句执行创建的多语句表值函数 STUDENT_CREDIT() 得到信息。

操作步骤如下：

（1）创建多语句表值函数，输入以下代码：

```
USE student
GO
CREATE FUNCTION STUDENT_CREDIT(@student_id as char(12))
RETURNS @credit TABLE
(
学号 char(12),
姓名 char(8),
课程名称 char(20) ,
学分 smallint)
AS
BEGIN
```

```
    INSERT @credit
    SELECT 课程注册.学号,学生.姓名,课程.课程名,课程.学分 FROM 课程,课程注册,学生
WHERE 学生.学号=课程注册.学号 AND 课程注册.成绩>=60 AND 课程注册.课程号=课程.课程
号 AND 课程注册.学号=@student_id
RETURN
END
```

执行后得到如图 8-15 所示结果。

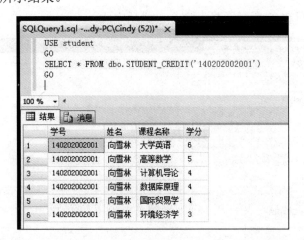

图 8-15　定义多语句表值函数 STUDENT_CREDIT()

（2）在查询分析器中再输入以下代码：

```
USE student
GO
SELECT * FROM dbo.STUDENT_CREDIT('140202002001')
GO
```

得到如图 8-16 所示结果。

	学号	姓名	课程名称	学分
1	140202002001	向雪林	大学英语	6
2	140202002001	向雪林	高等数学	5
3	140202002001	向雪林	计算机导论	4
4	140202002001	向雪林	数据库原理	4
5	140202002001	向雪林	国际贸易学	4
6	140202002001	向雪林	环境经济学	3

图 8-16　使用多语句表值函数 STUDENT_CREDIT()返回结果

SQL Server 函数

8.5 应 用 举 例

【例 8.42】 创建用户定义函数 TOP_GRADE()，根据输入的系部代码统计出该系平均成绩，并且对平均成绩进行排序，显示平均成绩最高的前三名同学的信息。

【分析】 首先，题目要求给出的信息是平均成绩，可使用聚合函数 AVG()计算各学生的平均成绩，同时使用 group by 语句将学生信息分类，为计算每个学生平均成绩作准备；其次，题目要求统计成绩前三名学生信息，可使用 top 子句，同时使用 order by 语句对平均成绩进行降序排列，以便选出最高的成绩；最后要显示的信息包含多个字段，可以使用表值函数返回。

操作步骤如下：

（1）创建表值函数，输入代码如下：

```
USE student
GO
CREATE FUNCTION TOP_GRADE(@dept_id char(2))
RETURNS TABLE
AS
RETURN (
    SELECT top 3 课程注册.学号,学生.姓名,系部.系部名称,AVG(课程注册.成绩) AS 平均
成绩
    FROM 学生,课程注册,专业,系部
    WHERE 学生.学号=课程注册.学号
        AND 课程注册.专业代码=专业.专业代码
        AND 专业.系部代码 = 系部.系部代码
        AND 专业.系部代码=@dept_id
    GROUP BY 课程注册.学号,学生.姓名,系部.系部名称
    ORDER BY 平均成绩 DESC
)
GO
```

执行后结果如图 8-17 所示，显示命令已成功完成。

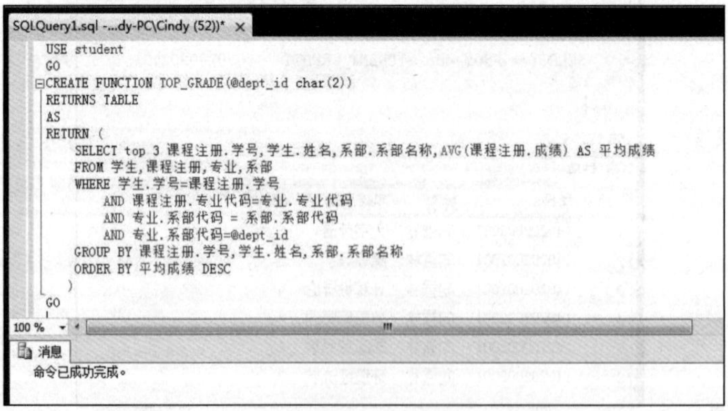

图 8-17 定义多语句表值函数 TOP_GRADE()

（2）在查询分析器中再输入以下代码：

```
USE student
GO
SELECT * FROM TOP_GRADE('01')  --'01'为系部代码
GO
```

结果返回系部代码为 01 的计算机系内平均成绩最高的三名学生信息，如图 8-18 所示。

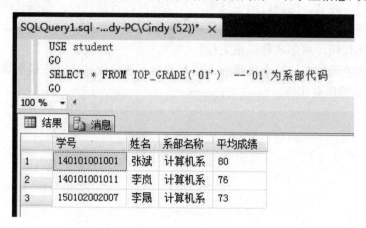

图 8-18　使用多语句表值函数 TOP_GRADE()返回结果

练 习 题

1．内置函数是否可以修改？SQL Server 2012 中新增的内置函数有哪些？

2．用户自定义函数分为几类？描述各类函数的作用。

3．使用语句创建用户定义标量函数的语法规则是什么？

4．怎样使用已经定义好的用户定义函数？

5．设数据库 student 存在以下关系：

学生（学号，姓名，性别，出生日期，入学时间，班级代码，系部代码，专业代码）

课程（课程号，课程名，学分）

课程注册（注册号，学号，课程号，教师编号，专业代码，选课类型，学期，学年，成绩）

要求统计所有大三学生的公共必修课信息。可通过时间日期函数获取系统当前日期，再使用时间日期函数取出年份，与入学时间进行比较，判断是否为大三学生，再进行信息筛选。

6．包含字符串函数的 SQL 语句设计练习。声明变量声明变量存放字符串"software engineer training"，实现以下要求：

（1）在该字符串后增加一个单词"class"；

（2）将该字符串全部转换大写，并使用 print 输出结果；

（3）统计整个字符串的长度，并使用 print 输出结果；

（4）将"software"使用"database"替代，并使用 print 输出结果。

7. 设数据库 student 有学生关系：

学生（<u>学号</u>，姓名，性别，出生日期，入学时间，班级代码，系部代码，专业代码）

要求通过出生日期计算每个学生年龄，统计学生的平均年龄，最后显示年龄大于平均值的学生所有信息。

8. 设数据库 student 存在以下关系：

学生（<u>学号</u>，姓名，性别，出生日期，入学时间，班级代码，系部代码，专业代码）

班级（<u>班级代码</u>，班级名称，专业代码，系部代码，备注）

系部（<u>系部代码</u>，系部名称，系主任）

要求定义表值函数统计每个班级的人数，并显示该班级名称、班级所属的系部名称。

9. 完成本章的所有实例。

SQL Server 程序设计

SQL 语言是操作关系数据库的通用标准语言，能进行数据定义、数据操纵、数据控制等与数据库有关的全部功能，是一种非过程化的语言。不同数据库厂商的 DBMS 提供的 SQL 语言略有差别。Microsoft SQL Server 中使用的 SQL 语言称为 T-SQL 语言。应用程序必须通过向服务器发送 T-SQL 语句才能实现与 SQL Server 的通信。

本章主要介绍基于 T-SQL 语言的编程基本控制语句及相关概念。

9.1 程序中的批处理、脚本、注释

有些任务不能由单独的 T-SQL 语句完成，这时就要使用 SQL Server 的批处理、脚本、存储过程、触发器等组织多条 T-SQL 语句来完成。本节主要介绍批处理、脚本等基本概念。

9.1.1 批处理

批处理是一条或多条 T-SQL 语句的集合，从应用程序一次性发送到 SQL Server 并由 SQL Server 编译成一个可执行单元，此单元称为执行计划。执行计划中的语句每次执行一条。

建立批处理时，使用 GO 语句作为批处理的结束标记。GO 语句本身并不是 T-SQL 语句的组成部分，而是由各种 SQL Server 命令实用程序(如 SSMS 中的"查询"窗口)识别的命令，它只是一个用于表示批处理结束的指令。当这些使用程序读取到 GO 语句时，会把 GO 语句之前到上一个 GO 语句之间的所有语句当作一个批处理，并将这些语句打包发送给服务器，不包含 GO 语句。

在一个 GO 语句行中不能包括其他 T-SQL 语句，但可以使用注释文字。如果在一个批处理中包含语法错误，如引用了一个并不存在的对象，则整个批处理就不能被成功地编译和执行。如果一个批处理中不存在语法错误，但某句有执行错误，如违反了约束，则它仅影响该语句的执行。即执行错误将终止从错误发生的地方到此批处理末端的批处理的执行，而其后批处理的编译执行不受影响。

建立批处理时，应当注意以下几点：

（1）CREATE DEFAULT、CREATE PROCEDURE、CREATE RULE、CREATE TRIGGER 及 CREATE VIEW 语句不能与其他语句组合使用，放在一个批处理中。

（2）不能在删除一个对象之后，在同一批处理中再次引用这个对象。

（3）不能在一个批处理中引用其他批处理中所定义的变量。

（4）不能把规则和默认值绑定到表字段或用户自定义数据类型之后，立即在同一个批处理中使用它们。

（5）不能定义一个 CHECK 约束之后，立即在同一个批处理中使用该约束。

（6）不能在修改表中的一个字段名之后，立即在同一个批处理中引用新字段名。

如果一个批处理中的第一个语句是执行某个存储过程的 EXECUTE 语句，则 EXECUTE 关键字可以省略；如果该语句不是第一个语句，则必须使用 EXECUTE 关键字，EXECUTE 可以省写为 EXEC。

【例 9.1】 利用集成管理器的查询窗口执行两个批处理，用来显示系部表中的信息及记录个数。代码如下：

```
USE student
GO
PRINT '系部表包含如下信息：'
SELECT * FROM 系部
PRINT '系部表记录个数为：'
SELECT COUNT(*) FROM 系部
GO
```

例 9.1 中包含两个批处理，前者仅包含一个语句，后者包含四个语句，其中，PRINT 语句用于在消息页中显示 char、varchar 类型，或可自动转换为字符串类型的数据。运行结果如图 9-1 所示。

图 9-1 在查询窗口中执行批处理

9.1.2 脚本

脚本是以文件存储的一系列 SQL 语句，即一系列按顺序提交的批处理。

T-SQL 脚本中可以包含一个或多个批处理。GO 语句是批处理结束的标志。如果没有 GO 语句，则将它作为单个批处理执行。

脚本可以通过集成管理器建立查询窗口来执行，这也是建立、编辑和使用脚本的首选环境。在查询窗口中，不仅可以新建、保存、打开、编辑脚本文件，还可以通过执行脚本来查看脚本的运行结果，从而检验脚本内容是否正确。

9.1.3 注释

注释是指程序中用来说明程序内容的文字，它不能执行且不参与程序的编译。注释用于语句代码的说明，或部分语句的暂时禁用。为程序加上注释不仅能增强程序的可读性，而且有助于日后的管理和维护。在程序中使用注释是一个程序员良好的编程习惯。SQL Server 支持两种形式的注释语句。

1. 行内注释

如果整行都是注释而并非所要执行的程序行，则该行可用行内注释。语法格式为：

--注释语句

这种注释形式用来在一行内加以注释，可以与要执行的代码处在同一行，也可以另起一行。从双连字符（--）开始到行尾均为注释。

2. 块注释

如果所加的注释内容较长，则可使用块注释。语法格式为：

/*注释语句*/

这种注释形式用来对多行加以注释，可以与要执行的代码处在同一行，也可以另起一行，甚至可以放在可执行代码内。对于多行注释，必须使用开始注释字符（/*）开始注释，使用结束注释字符（*/）结束注释，"/*"和"*/"之间的全部内容都是注释部分。注意：整个注释必须包含在一个批处理中，多行注释不能跨越批处理。

【例 9.2】 注释语句举例。

```
/*
    注释语句应用示例
    块注释
*/
USE student
GO
SELECT * FROM 学生
--行注释：检索所有学生的情况
GO
```

9.2 程序中的事务

事务是 SQL Server 中的执行单元，它由一系列 T-SQL 语句组成。这个执行单元要么成功完成所有操作，要么就是失败，并将所做的一切复原。事务机制的提出与实施是为了防止多用户访问同一数据时造成的数据异常。本节主要讨论 MS SQL Server 2012 中的事务机制。

9.2.1 事务概述

由于事务的执行机制，确保了数据能够正确地被访问，避免因多个数据操作的并发或是在访问数据过程中受到其他操作的干扰而造成数据不完整。

事务有四个原则，统称 ACID 原则。

（1）原子性（atomicity）：事务是原子的，要么完成事务中的所有操作，要么退出所有操作。如果某语句失败，则所有作为事务一部分的语句都不会运行。

（2）一致性（consistency）：在事务完成或失败时，要求数据库处于一致状态。由事务引发的从一种状态到另一种状态的变化是一致的。

（3）隔离性（isolation）：事务是独立的，它不与数据库的其他事务交互或冲突。

（4）持久性（durability）：事务成功完成后，其对数据库中数据的改变是永久的，它无须考虑对数据库进行过的任何操作。如果系统突然掉电或数据库服务器崩溃，可保证事务在服务器重启后仍是完整的。

事务可分为两种类型：显式事务和隐式事务。系统提供的事务和用户定义的事务。

隐式事务是由系统提供的事务，是指在执行某些 T-SQL 语句时，一条语句就构成了一个事务，这些语句包括：

```
ALTER TABLE     CREATE      DELETE      DROP
FETCH           GRANT       INSERT      OPEN
REVOKE          SELECT      UPDATE      TRUNCATE TABLE
```

例如，执行如下的创建表语句：

```
CREATE TABLE test
(l1 char(6),
 l2 char(8),
 l3 varchar(20))
```

这条语句本身就构成了一个事务，它要么执行成功，建立起包含有三列的表结构；要么执行失败，没有建立 test 表（比如第二列的定义误写为 l2 chars(8)），对数据库没有产生任何影响。绝不会建立起只包含一列或两列的表结构。

在实际应用中，根据需要，也可以使用显式事务。由用户自行将需要形成一个执行单元的语句组定义为事务。使用 T-SQL 语言定义显式事务的方法是：用 BEGIN TRANSACTION 语句指定一个事务的开始，用 COMMIT 或 ROLLBACK 语句表明一个事务的结束。注意：必须明确指定事务的结束，否则系统将把从事务开始到用户关闭连接之间所有的操作都作为一个事务来处理。

9.2.2 事务处理语句

事务处理语句包括 BEGIN TRANSACTION、COMMIT TRANSACTION、ROLLBACK TRANSACTION 和 SAVE TRANSACTION 语句。

（1）BEGIN TRANSACTION 语句。BEGIN TRANSACTION 语句为事务的开始。其语

法格式为：

```
BEGIN TRANSACTION [transaction_name|@tran_name_variable]
[WITH MARK['description']]
```

其中：

- transaction_name 是事务的名称，必须遵循标识符规则，但字符不超过 32 个。
- @tran_ name_ variable 是用户定义的、含有效事务名称的变量，该变量类型必须是 char、varchar、nchar 或 nvarchar。
- WITH MARK 指定在日志中标记事务。
- description 是描述该标记的字符串。

TRANSACTION 可以只取前四个字符（以下同）。

（2）COMMIT TRANSACTION 语句。COMMIT 是事务提交语句，它使得自从事务开始以来所执行的所有数据修改成为数据库的永久部分，也标志一个事务的结束。其语法格式为：

```
COMMIT TRANSACTION [transaction_name|@tran_name_variable]
```

其中，参数 transaction_name 和@tran_name_variable 分别是事务名称和事务变量名。与 BEGIN TRANSACTION 语句相反，COMMIT TRANSACTION 的执行使全局变量 @@TRANCOUNT 的值减 1。

标志一个事务的结束也可以使用 COMMIT WORK 语句。其语法格式为：

```
COMMIT [WORK]
```

它与 COMMIT TRANSACTION 语句的差别在于：COMMIT WORK 不带参数。

（3）ROLLBACK TRANSACTION 语句。ROLLBACK TRANSACTION 语句是事务撤销语句，它使得事务撤销到起点或指定的保存点处，它也标志一个事务的结束。其语法格式为：

```
ROLLBACK TRANSACTION
[transaction_name|@tran_name_variable
|savepoint_name|@savepoint_variable]
```

其中：

- 参数 transaction_name 和@tran_name_variable 分别是事务名称和事务变量名。
- savepoint_ name 是保存点名。
- @savepoint_variable 是含有保存点名称的变量名，它们可用 SAVE TRANSACTION 语句设置。

ROLLBACK TRANSACTION 语句将撤销自事务的起点或某个保存点起一直到该撤销语句之间所做的所有数据修改，并且释放由事务控制的资源。如果事务撤销到开始点，则全局变量@@TRANCOUNT 的值减 1，而如果只撤销到指定保存点，则@@TRANCOUNT 的值不变。

也可以使用 ROLLBACK WORK 语句进行事务撤销，ROLLBACK WORK 将使事务撤销到开始点，并使全局变量@@TRANCOUNT 的值减 1。

（4）SAVE TRANSACTION 语句。SAVE TRANSACTION 语句是保存点设置语句，用于撤销事务时指定事务撤销过程中的停止点。其语法格式为：

```
SAVE TRANSACTION {savepoint_name|@savepoint_variable}
```

【例 9.3】 事务举例。代码如下：

```
USE student
go
--自定义一个显式事务
BEGIN TRANSACTION          --事务定义开始
INSERT 班级(班级代码,班级名称,专业代码,系部代码)
VALUES('010202003','01级会计专业班','0202','02')
SAVE TRAN ST               --设置事务回滚的保存点
UPDATE 教师 SET 职称='讲师' WHERE 教师编号='100000000005'
DELETE 教师 WHERE 姓名 IS NULL
SELECT * FROM 教师
SAVE TRAN ST               --设置事务回滚的保存点
INSERT 教师
(教师编号,姓名,性别,出生日期,学历,职务,职称,系部代码,专业)
VALUES('100000000005','李明','男',08/05/65,'研究生','副书记','副教授',
'02','经济管理')
IF @@ERROR<>0
    ROLLBACK TRAN ST       --事务执行出错，回撤操作，结束事务，释放资源
ELSE
    COMMIT TRAN            --事务执行成功，提交结果，结束事务，释放资源
go
--检验自定义事务的执行情况
select * from 教师
select * from 班级
go
```

在该例中，BEGIN TRANSACTION 命令指示事务的开始，COMMIT TRAN 命令指示事务的结束，SAVE TRAN 命令用来生成保存点，其中的 ST 是保存点的名称，ROLLBACK TRAN 命令将恢复事务到事务起始点或保存点位置。

例中使用全局变量@@ERROR 的值来判断自定义事务中的操作执行是否有错。@@ERROR 的值不为 0，说明有错（第二条 insert 语句执行时，添加的教师编号值与原数据发生主键冲突，执行失败），则执行 ROLLBACK TRAN 撤销事务中已完成的操作。没有使用 SAVE TRAN 命令设置保存点时，事务将回撤到事务定义的起始位置，回复到事务执行前的数据状态。如果在事务定义中设置了保存点，则事务撤回到指定的保存点处。该例中有两个保存点，而且名称相同，ROLLBACK TRAN 命令使事务恢复到第二个保存点，第一个保存点由于名称被重用，所以被忽略了。@@ERROR 的值为 0（将第二条 insert 语句中添加的教师编号值改为"100000000015"），所有操作均成功执行，则执行 COMMIT TRAN 提交事务。

要注意的是，@@ERROR 记录的是最后执行的那条 T-SQL 语句的错误情况。上例中，若出错的操作不是 if 判断的前一条语句而是其前面的某条，则@@ERROR 记录了出错操作的错误号后，又会被后面的成功操作将其值置为 0，从而不能撤销事务，所以在实际应用时需要考虑周详。关于@@ERROR 的介绍可以参见本章后续关于全局变量的内容。

9.2.3 分布式事务

SQL Server 2012 可支持包括多于一台服务器的事务，它是用 MSDTC（Microsoft 分布事务合作）服务来支持的。

有三种方法可使用分布式事务：

（1）用 DB-Lib API（应用程序接口）编写分布事务程序，它超出了本书的范围。

（2）使用 T-SQL 语法 BEGIN DISTRIBUTED TRANSACTION。

（3）可用 SET REMOTE_PROC_TRANSACTION 为单个会话启动分布式事务。

9.2.4 锁定

当多个用户对数据库访问时，为了确保事务完整性和数据库一致性，需要以互斥方式访问数据项。即当一个事务访问某个数据项时，不允许其他任何事务修改该数据项。这也是确保事务的隔离性的方法之一，通过并发机制对并发事务之间的相互作用进行控制。主要的实现技术是封锁机制，只允许事务访问当前该事务持有"锁（lock）"的数据项。一个锁就是在多用户环境中对某一种正在使用的资源的一个限制，它阻止其他用户访问或修改资源中的数据。SQL Server 为了保证用户操作结果的一致性，根据最小化维护锁所需资源的要求，自动对资源设置和释放锁。例如，当用户正在更新一个表时，没有任何其他用户能修改甚至查看已经更新过的记录。当所有的与该用户相关的更新操作都完成后，锁便会释放。

1．锁定粒度

被锁定的资源单位称为锁定粒度。在 SQL Server 中，锁定粒度按由小到大排列可分为行、页、扩展盘区、表和数据库。锁定粒度不同，系统的开销也不同，并且锁定粒度与数据库访问并发是一对矛盾，锁定粒度大，系统开销小，但并发度会降低；锁定粒度小，系统开销大，但可提高并发度。比如，要访问的数据占某数据页上的 50%以上，则在该数据页上放置单个页级锁所需的系统开销，比在这些数据上放置几十甚至上百个行级锁少得多。

SQL Server 可以根据优化器提供的数据自动进行锁的放置和粒度升级。锁放置与升级基于 2%标准。某事务将访问的数据涉及某数据页上不超过 2%的行，则放置行级锁。实际执行时，发现数据超过页上 2%的行，但不超过表中 2%的页，则将原来的行级锁升级为一个页级锁。若超过 2%的页，则升级为表级锁。

2．锁类型

通常，SQL Server 中有以下三类锁：

（1）共享锁（Shared）——也称为 S 锁或读锁，是加在正在读取的数据上的，防止别的用户在加锁的情况下修改该数据。一旦读取数据完毕，便立即释放资源上的共享锁，除非将事务隔离级别设置为可重复读或更高级别，或者在事务生存周期内用锁定提示保留共享锁。共享锁主要为 SELECT 语句分配。可以有多个 SELECT 事务同时在同一数据项上获得共享锁，但阻止其他事务对已放置共享锁的数据进行修改，不能放置排他锁。

（2）排他锁（Exclusive）——也称为 X 锁或写锁。事务向数据库中写数据时，将对涉及的数据放置排他锁，允许该事务读取和修改这些已获得排他锁的数据，但不允许其他事务再给这些数据放置任何类型的锁和进行任何操作。执行 INSERT、DELETE 语句时，会给资源放置排他锁。一个资源只能放置一个排他锁。

（3）更新锁（Update）——更新锁是共享锁和排他锁的联合应用，在执行 UPDATE 语句时使用。UPDATE 语句的执行分为两个阶段：数据定位时的读操作和修改已定位数据的写操作。在数据定位时为数据放置的是共享锁，在定位完成将开始更改数据时，共享锁自动改为排他锁。更新锁的使用能提升数据读取的并行性。

3．死锁

死锁是指两个事务阻塞彼此进程而互相冲突的情况。事务 T1 获取了数据项 D1 的锁，事务 T2 获取了数据项 D2 的锁，此时，T1 请求获取 D2 上的锁，T2 请求获取 D1 上的锁，而 T1、T2 在获得请求的锁前，均不释放自己所获取的锁，结果就是 T1 为了获取 D2 上的锁等待 T2 先释放其上的锁，而 T2 为了获取 D1 上的锁等待 T1 先释放其上的锁。这样为了获取对方资源而又不释放自己占用资源的循环等待，即为死锁现象。

解决死锁问题，可以采用预防和诊断解除两种方法。

预防主要是要消除产生死锁的条件，常用方法有两种：一次封锁法和顺序封锁法。前者是让事务一次将所有要使用的数据全部加锁；后者是让所有事务按既定顺序对数据对象加锁。

诊断死锁一般使用超时法和事务等待图法。若事务等待超过规定时间或事务等待图中出现回路，则认为系统中出现了死锁情况。通常解除死锁采用的方法是最小代价牺牲法。撤销处理代价最小的死锁事务，释放其占有资源，恢复其他事务的运行。需要注意的是，被强行撤销的事务要注意恢复其已进行的数据更改。

9.3　SQL Server 变量

变量是 SQL Server 用来在语句之间传递数据的方式之一。SQL Server 中的变量分为全局变量和局部变量，其中，全局变量的名称以"@@"字符开始，由系统定义和维护；局部变量的名称以"@"字符开始，由用户自己定义和赋值。

9.3.1　全局变量

全局变量是系统提供且预先声明的变量。全局变量在所有存储过程中随时有效，用户利用全局变量，可以访问服务器的相关信息或者有关操作的信息。用户只能引用不能改写，且不能定义和全局变量同名的局部变量，引用时要在前面加上"@@"标记。所以，@@functions 虽然被称为全局变量，但它们不是变量，也不具备变量的行为，本质上是系统函数，其语法遵循函数的规则。

SQL Server 2012 的所有全局变量共 32 个，见表 9-1。包括配置类[1][6]14 个，游标类[2]2 个，元数据类[3]1 个，系统类[4]4 个，系统统计类[5]11 个。

表 9-1　SQL Server 中的全局变量

全 局 变 量	描　　　述	返 回 类 型
@@CONNECTIONS⑤	返回自上次启动 SQL Server 以来连接或试图连接的次数	integer
@@CPU_BUSY⑤	返回自上次启动 SQL Server 以来 CPU 的工作时间，单位为毫秒	integer
@@CURSOR_ROWS②	返回连接中最后打开的游标中当前包含的合格记录的数量	integer
@@DATEFIRST①	返回 SET DATEFIRST 参数的当前值，SET DATEFIRST 参数指明所规定的每周的每一天：1 对应星期一，2 对应星期二，以此类推，用 7 对应星期日	tinyint
@@DBTS①	为当前数据库返回当前 timestamp 数据类型的值。这一 timestamp 值保证在数据库中是唯一的	varbinary
@@ERROR④	返回最后执行的 T-SQL 语句的错误代码	integer
@@FETCH_STATUS②	返回被 FETCH 语句执行的最后游标的状态，而不是任何当前被连接打开的游标的状态	integer
@@IDENTITY④	返回最后一行插入数据的标识列值	numeric(38,0)
@@IDLE⑤	返回 SQL Server 自上次启动后闲置的时间，单位为毫秒	integer
@@IO_BUSY⑤	返回 SQL Server 自上次启动后用于执行输入和输出操作的时间，单位为毫秒	integer
@@LANGID①	返回当前所使用语言的本地语言标识符（ID）	smallint
@@LANGUAGE①	返回当前使用的语言名	nvarchar
@@LOCK_TIMEOUT①	返回当前会话的当前锁定超时设置（毫秒）。SET LOCK_TIMEOUT 允许应用程序设置语句等待阻塞资源的最长时间，单位为毫秒。如未使用 SET LOCK_TIMEOUT，则返回−1	integer
@@MAX_CONNECTIONS①	返回 SQL Server 允许的同时用户连接的最大数。返回的数不必为当前配置的数值	integer
@@MAX_PRECISION①	返回 decimal 和 numeric 数据类型所用的精度级别，即该服务器中当前设置的精度	tinyint
@@NESTLEVEL①	返回当前存储过程执行的嵌套层次（初始值为 0）	integer
@@OPTIONS①	返回当前 SET 选项的信息	integer
@@PACK_RECEIVED⑤	返回 SQL Server 自上次启动后从网络上读取的输入数据包数目	integer
@@PACK_SENT⑤	返回 SQL Server 自上次启动后写到网络上的输出数据包数目	integer
@@PACKET_ERRORS⑤	返回 SQL Server 自上次启动后，在 SQL Server 连接上发生的网络数据包错误数	integer
@@PROCID③	返回 T-SQL 当前模块的对象标识符 (ID)。这些模块可以是存储过程、用户定义函数或触发器	integer
@@ROWCOUNT④	返回受上一语句影响的行数。任何不返回行的语句将这一变量设置为 0	integer
@@SERVERNAME①	返回运行 SQL Server 的本地服务器名称	nvarchar
@@SERVICENAME①	返回 SQL Server 正在运行的注册表项的名称。如果当前实例为默认实例，返回 MSSQLSERVER；如果当前实例为命名实例，则返回实例名称	nvarchar
@@SPID①	返回当前用户进程的会话 ID	smallint
@@TEXTSIZE①	返回由 SET 设置的 TEXTSIZE 选项的当前值	integer
@@TIMETICKS⑤	返回每个时钟周期的微秒数	integer

续表

全 局 变 量	描　　述	返 回 类 型
@@TOTAL_ERRORS⑤	返回 SQL Server 自上次启动后，所遇到的磁盘读/写错误数	integer
@@TOTAL_READ⑤	返回 SQL Server 自上次启动后读取磁盘的次数	integer
@@TOTAL_WRITE⑤	返回 SQL Server 自上次启动后写入磁盘的次数	integer
@@TRANCOUNT④	返回当前连接的活动事务数	integer
@@VERSION①	返回当前 SQL Server 安装的版本、处理器体系结构、日期和操作系统	nvarchar

【例 9.4】　通过全局变量的引用来查看 SQL Server 的版本、当前所使用的 SQL Server 服务名称和到当前时间为止登录和试图登录的次数。代码如下：

```
PRINT '当前所用 SQL Server 版本信息如下：'
PRINT @@VERSION  --显示版本信息
PRINT ''    --换行
PRINT '目前所用的 SQL Server 服务名称为：'+@@SERVICENAME  --显示服务名称
PRINT '到当前时间为止登录和试图登录的次数：'
PRINT @@CONNECTIONS
```

运行结果如图 9-2 所示。

图 9-2　全局变量引用的结果

9.3.2　局部变量

局部变量是用户自己定义的，只在定义它的批处理或可编程对象中使用。SQL Server 的可编程对象主要指视图、函数、存储过程、触发器等可通过 SQL Server 编程来定义其功能的数据库对象。可以创建、读取、写入局部变量，在操作和存储数据及可编程对象间传递数据。

1．局部变量声明

使用一个局部变量之前，必须使用 DECLARE 语句来声明这个局部变量，给它指定一个变量名和数据类型，对于数值变量，还需要指定其精度和小数位数。DECLARE 语句的语法格式为：

```
DECLARE @局部变量 数据类型[1…n]
```

局部变量名总是以"@"符号开始，最多可以包含 128 个字符，必须符合 SQL Server 标识符命名规则。局部变量的数据类型可以是系统数据类型，也可以是用户自定义数据类型，但不能把局部变量指定为 text、ntext 或 image 数据类型。在一个 DECLARE 语句中可以定义多个局部变量，但需用逗号分隔开，但是表变量声明必须使用单独的 DECLARE 语句。

【例 9.5】 声明各类局部变量。代码如下：

```
DECLARE @SNO char(12)，@SNAME varchar(20)
DECLARE @SBIRTH DATETIME=GETDATE()
DECLARE @SCORE DECIMAL(6,1)=0.0
DECLARE @tableStu  TABLE        --声明一个名为@tableStu 的表变量
        ( SID    int   not null,
          Sname  varchar(15)  not null )
```

2．局部变量赋值

所有局部变量在声明的同时可以为其指定一个初始值，如例 9.5 中的第二个变量 @SBIRTH、第三个变量@SCORE 在声明同时分别被指定了初始值 GETDATE()和 0.0。若没有指定，则被初始化为 NULL，如例 9.5 中的其他变量。

还可以使用 SELECT 语句或 SET 语句将一个不是 NULL 的静态值赋给已声明的变量。一条 SELECT 语句一次可以为多个局部变量赋值；一条 SET 语句一次只能为一个局部变量赋值。

（1）用 SELECT 为局部变量赋初值的语法格式如下：

```
SELECT @变量名=表达式[,…n]
```

如果使用一个 SELECT 语句对一个局部变量赋值时，这个语句返回了多个值，则这个局部变量将取得该 SELECT 语句所返回的最后一个值。此外，使用 SELECT 语句时，如果省略赋值号（=）及其后面的表达式，则可以将局部变量的值显示出来。例如：

```
DECLARE @ages int,@sname char(8)
SELECT @ages=10，@sname='张敏'              --赋值
SELECT '姓名：'，@sname，'年龄：'，@ages        --显示变量值
```

（2）用 SET 语句为局部变量赋初值的语法格式如下：

```
SET @变量名=表达式[,…n]
```

SET 语句的功能是将表达式的值赋给局部变量。其中，表达式是 SQL Server 的任何有

效的表达式。例如：

```
DECLARE @str char(20)
SET @str='这是一个试验。'
PRINT @str
```

（3）类似于 C，SQL Server 2012 支持对变量的复合赋值表达，如 +=、*=。例如：

```
SET @a+=1
```

相当于：

```
SET @a=@a+1
```

3．局部变量的作用域

局部变量的作用域指可以引用该变量的范围。局部变量的作用域从声明它的地方开始到声明它的批处理或可编程对象结束。也就是说，局部变量只能在声明它的批处理、函数、存储过程或触发器中使用，一旦这些批处理或对象结束，局部变量将随之自动消亡。

【例 9.6】 声明一个局部变量 dep_name，把 student 数据库中的"系部"表中系部代码为 01 的系部名称赋给局部变量 dep_name，并输出。

代码如下：

```
USE student
GO
DECLARE @dep_name varchar(30)   --声明局部变量
SELECT @dep_name=系部名称 FROM 系部 WHERE 系部代码='01'      --为变量赋值
PRINT '系部表中系部代码为''01''的系部名称为：'+@dep_name      --引用变量输出字符串
GO
--该批处理结束，局部变量@dep_name 自动清除
PRINT '系部表中系部代码为''01''的系部名称为：'+@dep_name      --输出字符串
GO
```

运行结果如图 9-3 所示。

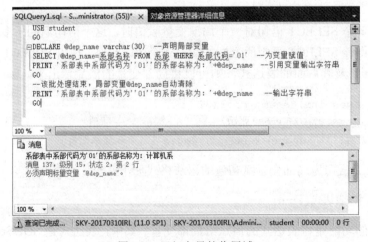

图 9-3　局部变量的作用域

9.4 SQL 语言流程控制

流程控制语句是用来控制程序执行顺序的命令，这些命令包括条件控制语句、无条件转移语句、循环语句。使用这些语句，可以实现结构化程序设计。

9.4.1 BEGIN···END 语句块

在条件和循环等流程控制语句中，要执行两个或两个以上的 T-SQL 语句时就需要使用 BEGIN···END 语句。BEGIN···END 语句将多个 T-SQL 语句组合成一个语句块，并将它们作为一个整体来处理。BEGIN···END 语句块可以嵌套。

BEGIN···END 语句的语法格式为：

```
BEGIN
    {语句组}
END
```

9.4.2 IF···ELSE 语句

在程序中，经常需要根据条件指示 SQL Server 执行不同的操作和运算，也就是进行程序分支控制。SQL Server 利用 IF···ELSE 语句使程序有不同的条件分支，从而实现分支条件程序设计。

IF···ELSE 语句的语法格式为：

```
IF 布尔表达式
    语句1
[ELSE
    语句2]
```

其中，布尔表达式表示一个测试条件，其取值为 TRUE 或 FALSE。如果布尔表达式中包含一个 SELECT 语句，则必须使用圆括号把这个 SELECT 语句括起来。语句 1 和语句 2 可以是单个的 T-SQL 语句，也可以是用 BEGIN···END 语句定义的语句块。该语句的执行过程是：先求布尔表达式的值，如果布尔表达式的值为 TRUE，则执行语句1，否则执行语句2。若无 ELSE，如果测试条件成立，则执行语句 1，否则执行 IF 语句后面的语句。

【例 9.7】 使用 IF···ELSE 语句实现以下功能：如果存在"职称"为"教授"或"副教授"的教师，那么输出这些教师的"姓名""学历""职务""职称"，否则输出"没有高级职称的教师"。

代码如下：

```
USE student
GO
IF EXISTS(SELECT * FROM 教师 WHERE 职称='教授' OR 职称='副教授')
    BEGIN
        SELECT '具有高级职称的教师有： '
        SELECT 姓名,学历,职务,职称 FROM 教师 WHERE 职称='教授' OR 职称='副教授'
```

```
        END
ELSE
    BEGIN
        PRINT '没有高级职称的教师'
    END
GO
```

运行结果如图 9-4 所示。

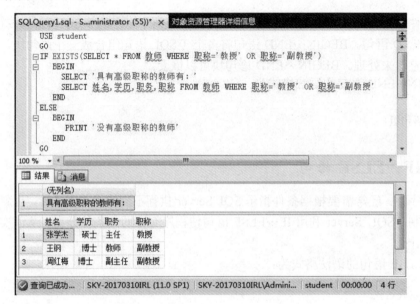

图 9-4   使用 IF…ELSE 语句示例

9.4.3   CASE 结构

如果对于一个条件来说可能有多于两种的情况，那么对于不同的情况就应该执行不同的操作。在程序设计中，遇到这样的情况，使用 CASE 语句就比较简单。CASE 语句具有两种格式。

1. 简单 CASE 表达式

简单 CASE 表达式语法格式为：

```
CASE
    WHEN 表达式值 1 THEN 结果表达式 1
    [WHEN 表达式值 2 THEN 结果表达式 2
       […]]
    [ELSE 结果表达式 n]
END
```

其执行过程是：用条件表达式的值依次与每一个 WHEN 子句的表达式值比较，直到与一个表达式值完全相同时，便将该 WHEN 子句指定的结果表达式返回。如果没有任何一个 WHEN 子句的表达式值和条件表达式值相同，这时，如果存在 ELSE 子句，便返回 ELSE

子句之后的结果表达式；如果不存在 ELSE 子句，便返回一个 NULL 值。

【例 9.8】 使用简单 CASE 结构实现以下功能：输出"课程名"，而且在"课程名"后添加"备注"。

代码如下：

```
USE student
GO
SELECT 课程名,备注=
    CASE 课程名
        WHEN '大学英语' THEN '在一、二年级分四个学期修读'
        WHEN '高等数学' THEN '包括上下两部分，在一年级修读'
        WHEN '计算机导论' THEN '可选择在一年级任一学期修读'
        WHEN '数据库原理' THEN '计算机及相关专业必修课'
        ELSE '其他'
    END
FROM 课程
GO
```

运行结果如图 9-5 所示。

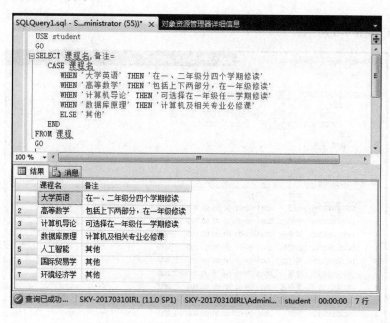

图 9-5　简单 CASE 表达式示例

2. 搜索 CASE 表达式

搜索 CASE 表达式语法格式为：

```
CASE
    WHEN 逻辑表达式 1 THEN 结果表达式 1
    [WHEN 逻辑表达式 2 THEN 结果表达式 2
        […]]
```

    [ELSE 结果表达式 n]
END

其执行过程是：测试每个 WHEN 子句后的逻辑表达式，如果结果为 TRUE，则返回相应的结果表达式；否则检查是否有 ELSE 子句，如果存在 ELSE 子句，便返回 ELSE 子句之后的结果表达式；如果不存在 ELSE 子句，便返回一个 NULL 值。

【例 9.9】 使用搜索 CASE 表达式实现以下功能：根据"学生"表分别输出"学号""姓名""入学时间"，并根据入学时间判定学生所在年级。

代码如下：

```
USE student
GO
SELECT DISTINCT 学号,姓名,入学时间,年级=
    CASE
        WHEN year(入学时间)='2014' THEN '三年级'
        WHEN year(入学时间)='2015' THEN '二年级'
    END
    FROM 学生
GO
```

运行结果如图 9-6 所示。

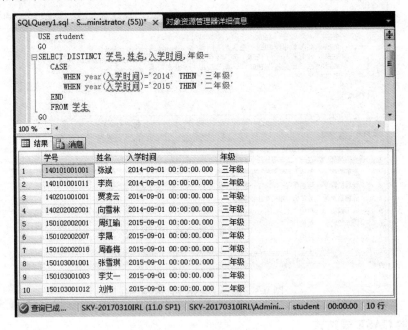

图 9-6　搜索 CASE 表达式示例

9.4.4　WAITFOR 语句

WAITFOR 语句指定触发语句块、存储过程或事务执行的时间、时间间隔或事件。其语法格式为：

```
WAITFOR DELAY '时间'|TIME '时间'
```

其中，DELAY 指定一段时间间隔过去之后执行一个操作。TIME 表示从某个时刻开始执行一个操作。时间参数必须为可接受的 DATETIME 数据格式。在 DATETIME 数据中不允许有日期部分，即采用 HH:MM:SS 的格式。

【例 9.10】 使用 WAITFOR 实现以下功能：根据"学生"表输出"系部代码"为 02 的"学号""姓名""出生日期"，在输出之前等待 4 秒。

代码如下：

```
USE student
GO
    WAITFOR DELAY '00:00:04'
    SELECT 学号,姓名,出生日期 FROM 学生 WHERE 系部代码='02'
GO
```

9.4.5 PRINT 语句

SQL Server 向客户程序返回信息的方法除了使用 SELECT 语句外，还可以使用 PRINT 语句，其语法格式为：

```
PRINT 字符串|函数|局部变量|全局变量
```

【例 9.11】 PRINT 语句示例。

代码如下：

```
USE student
GO
DECLARE @str char(30)
SET @str='欢迎使用选课管理信息系统'
PRINT @str
GO
```

运行结果如图 9-7 所示。

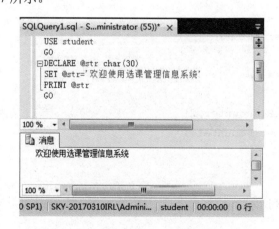

图 9-7 PRINT 语句示例

SQL Server 程序设计

说明：使用 PRINT 语句输出的信息出现在"消息"窗格，使用 SELECT 语句输出的信息出现在"结果"窗格。

9.4.6　WHILE 语句

在程序中当需要多次重复处理某项工作时，就需要使用 WHILE 循环语句。WHILE 语句通过逻辑表达式来设置一个循环条件，当条件为真时，重复执行一个 SQL 语句或语句块；否则退出循环，继续执行后面的语句。WHILE 语句的语法格式为：

```
WHILE 逻辑表达式
    BEGIN
        语句块 1
    [BREAK]
        语句块 2
    [CONTINUE]
        语句块 3
END
```

其中，逻辑表达式用来设置循环执行的条件。当表达式取值为 TRUE 时，循环将重复执行；取值为 FALSE 时，循环将停止执行。如果逻辑表达式中包含一个 SELECT 语句，必须将该 SELECT 语句包含在一对小括号中。

若要提前退出循环，可选 BREAK 命令，并将控制权转移给循环之后的语句。选 CONTINUE 命令可使程序直接跳回到 WHILE 命令行，重新执行循环，忽略 CONTINUE 之后的语句。

循环允许嵌套，在嵌套循环中，内层循环的 BREAK 命令将使控制权转移到外一层的循环并继续执行。

【例 9.12】 使用 WHILE 语句实现以下功能：求 2～10 的平方。

代码如下：

```
DECLARE @counter int
SET @counter=2
WHILE @counter<=10
    BEGIN
        PRINT POWER(@counter,2)
        SET @counter=@counter+1
    END
GO
```

运行结果如图 9-8 所示。

图 9-8　WHILE 语句示例

9.5　应　用　举　例

前面已经介绍了 SQL Server 的批处理、脚本、注释和事务的概念，并学习了流程控制语句。下面将以实际的"选课管理信息系统"数据库为例，来加深对上述概念的理解。

在查询窗口中下创建脚本文件 chaxun.sql，用来输出所有学生各门课程的成绩，并将成绩转换为五级等级制，运行结果如图 9-9 所示。操作步骤如下：

（1）在查询窗口中输入以下代码：

```
USE student
GO
/* 下面的批处理用来输出所有学生的学号、姓名及其各门课程的课程名和成绩，
并将成绩转换为五级等级。*/
SELECT A.学号,A.姓名,C.课程名,B.成绩,等级=
    --CASE 语句用来添加课程的备注
CASE
    WHEN 成绩>=90 and 成绩<=100 THEN '优秀'
    WHEN 成绩>=80 and 成绩<90 THEN '良好'
    WHEN 成绩>=70 and 成绩<80 THEN '中等'
    WHEN 成绩>=60 and 成绩<70 THEN '及格'
    WHEN 成绩>=0 and 成绩<60 THEN '不及格'
    ELSE '成绩有误'
END
FROM 学生 AS A JOIN 课程注册 AS B
    ON A.学号=B.学号
    JOIN 课程 AS C
    ON B.课程号=C.课程号
```

SQL Server 程序设计

```
ORDER BY A.学号
GO
```

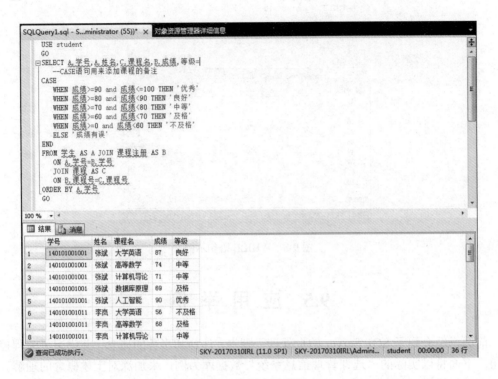

图 9-9 案例应用示例

（2）选择菜单栏中的"文件"→"保存"命令，打开"另存文件为"对话框，输入文件名 chaxun.sql，单击"保存"按钮，如图 9-10 所示。

图 9-10 "另存文件为"对话框

练 习 题

1. 什么是批处理？批处理的结束标志是什么？

2. 什么是事务？事务有哪些特性？

3. 什么是全局变量？什么是局部变量？

4. 怎样给变量赋值？

5. 编写程序，求 2～500 的所有素数。

6. 编写程序，求快递运费。快递运费的计算方法为：首重 3 千克以内（含 3 千克），运费 15 元；3～5 千克（含 5 千克），运费为首重运费 1.5 倍；5～10 千克（含 10 千克），运费为首重运费 2 倍；10～20 千克（含 20 千克），运费为首重运费 2.8 倍；20 千克以上，运费面议。

7. 完成本章的所有实例。

第 10 章　　存储过程与触发器

　　存储过程由一组预先编辑好的 SQL 语句组成。将其放在服务器上，由用户通过指定存储过程的名称来执行。触发器是一种特殊类型的存储过程，它不是由用户直接调用的，而是当用户对数据库进行操作和管理时自动激发执行。

　　本章主要介绍存储过程和触发器的基本概念及其创建、修改和使用等操作方法。

10.1　存储过程综述

10.1.1　存储过程的概念

　　存储过程是一种数据库对象，是为了实现某个特定任务，将一组预编译的 SQL 语句以一个存储单元的形式存储在服务器上，供用户调用。存储过程在第一次执行时进行编译，然后将编译好的代码保存在高速缓存中便于以后调用，这样可以提高代码的执行效率。

　　存储过程与其他编程语言中的过程相似。有如下特点：

　　（1）接收输入参数并以输出参数的形式将多个值返回至调用过程或批处理。

　　（2）包含执行数据库操作（包括调用其他过程）的编程语句。

　　（3）向调用过程或批处理返回状态值，以表明成功或失败（以及失败原因）。

10.1.2　存储过程的类型

　　在 SQL Server 中存储过程可以分为五类，即系统存储过程、本地存储过程、临时存储过程、远程存储过程和扩展存储过程。

　　1．系统存储过程

　　系统存储过程存储在 master 数据库中，并以 sp_为前缀，主要用来从系统表中获取信息，为系统管理员管理 SQL Server 提供帮助，为用户查看数据库对象提供方便。比如用来查看数据库对象信息的系统存储过程 sp_help。

　　2．本地存储过程

　　本地存储过程是用户根据需要，在自己的普通数据库中创建的存储过程。

　　3．临时存储过程

　　临时存储过程通常分为局部临时存储过程和全局临时存储过程。创建局部临时存储过程时，要以"#"作为过程名称的第一个字符。创建全局临时存储过程时，要以"##"作为过程名称的前两个字符。临时存储过程在连接到早期版本时很有用，这些早期版本不支持再次使用 T-SQL 语句或批处理执行计划。连接到 SQL Server 2012 的应用程序应使用

sp_executesql 系统存储过程，而不使用临时存储过程。

4. 远程存储过程

远程存储过程是 SQL Server 2012 的一个传统功能，是指非本地服务器上的存储过程。现在只有在分布式查询中使用此存储过程。

5. 扩展存储过程

扩展存储过程以 xp_为前缀，它是关系数据库引擎的开放式数据服务层的一部分，可以使用户在动态数据库（DLL）文件所包含的函数中实现逻辑功能，从而扩展了 T-SQL 的功能，并且可以像调用 T-SQL 过程那样从 T-SQL 语句调用这些参数。

下面主要介绍本地存储过程的创建、执行、修改、删除等操作。

10.1.3 创建、执行、修改、删除简单存储过程

简单存储过程即不带参数的存储过程，下面介绍简单存储过程的创建及使用。

1. 创建简单存储过程

在 SQL Server 中通常可以使用两种方法创建存储过程：一种是使用对象资源管理器创建存储过程；另一种是使用查询分析器执行 SQL 语句创建存储过程。创建存储过程时，需要注意下列事项：

（1）只能在当前数据库中创建存储过程。

（2）数据库的所有者可以创建存储过程，也可以授权其他用户创建存储过程。

（3）存储过程是数据库对象，其名称必须遵守标识符命名规则。

（4）不能将 CREATE PROCEDURE 语句与其他 SQL 语句组合到单个批处理中。

（5）创建存储过程时，应指定所有输入参数和调用过程或批处理返回的输出参数、执行数据库操作的编程语句和返回至调用过程或批处理以表明成功或失败的状态值。

1）使用对象资源管理器创建存储过程

下面举例来介绍如何使用对象资源管理器创建存储过程。

【例 10.1】 在 student 数据库中，创建一个名为 ST_CHAXUN_01 的存储过程，该存储过程返回计算机系学生的"姓名""性别""出生日期"信息。

操作步骤如下：

（1）在"对象资源管理器"窗格中，展开"数据库"节点。

（2）单击相应的数据库（这里选择 student 数据库）。依次展开"可编程性""存储过程"节点。右击"存储过程"节点，在弹出的快捷菜单中选择"新建存储过程"命令。

（3）打开创建存储过程的初始界面，如图 10-1 所示。

（4）将初始代码清除，输入存储过程文本，根据题意输入如下语句：

```
SELECT  姓名,性别,出生日期
FROM 学生
WHERE 系部代码='01'
```

（5）输入完成后，单击"分析"按钮，检查语法是否正确。

（6）如果没有任何错误，单击"执行"按钮，将在数据库中创建存储过程。

存储过程与触发器

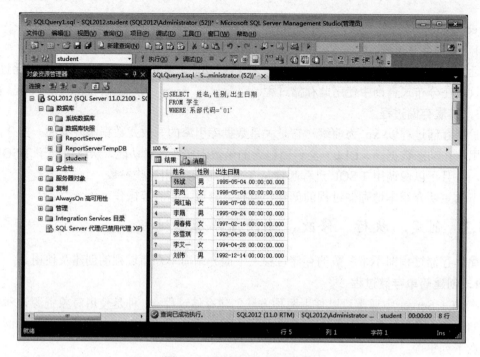

图 10-1　创建存储过程的界面

2）使用 SQL 语句创建存储过程

在查询分析器中，用 SQL 语句创建存储过程的语法格式如下：

```
CREATE PROC [EDURE] procedure_name [;number]
[{@parameter data_type}
   [VARYING] [=default] [OUTPUT]
   ][,…n]
   [WITH
      {RECOMPLE|ENCRYPTION|RECOMPLE,ENCRYPTION}]
   [FOR REPLICATION]
   AS sql_statement [,…n]
```

其中：

- procedure_name 是新建存储过程的名称，其名称必须遵守标识符命名规则，且对于数据库及其所有者必须唯一。

- number 是可选的整数，用来对同名的过程分组，以便使用一条 DROP PROCEDURE 语句即可将同组的过程一起删除。例如，名为 order 的应用程序使用的过程可以命名为 orderproc1、orderproc2、orderproc3。DROP PROCEDURE orderproc 语句将删除整个组。如果名称中包含定界标识符，则数字不应该包含在标识符中，只应在存储过程名前后使用适当的定界符。

- parameter 是存储过程中的输入和输出参数。

- data_type 是参数的数据类型。

- VARYING 用于指定作为输出参数支持的结果集（由存储过程动态构造，内容可以变化）。该选项只适用于游标参数。

- default 是指参数的默认值，必须是常量或 NULL。如果定义了默认值，则不必指定该参数的值即可执行过程。
- OUTPUT 表明参数是返回参数。该选项的值可以返回给 EXEC[UTE]。使用 OUTPUT 参数可将信息返回给调用过程。text、ntext 和 image 参数可用作 OUTPUT 参数。使用 OUTPUT 关键字的输出参数可以是游标占位符。
- RECOMPLE 表明 SQL Server 不保存存储过程的计划，该过程将在运行时重新编译。在使用非典型值或临时值而不希望覆盖缓存在内存中的计划时，最好使用 RECOMPLE 选项。
- ENCRYPTION 表示 SQL Server 加密 syscomments 表中包含 CREATE PROCEDURE 语句文本的条目。
- FOR REPLICATION 用于指定不能在订阅服务器上执行为复制创建的存储过程。使用该选项创建的存储过程可用作存储过程筛选，且只能在复制过程中执行。本选项不能和 WITH RECOMPLE 选项一起使用。
- sql_statement 是指存储过程中的任意数目和类型的 T-SQL 语句。

【例 10.2】 在 student 数据库中，创建一个查询存储过程 ST_PRO_BJ，该存储过程将返回计算机系的班级名称。

代码如下：

```
USE student
GO
CREATE PROCEDURE ST_PRO_BJ
AS
SELECT 班级名称
FROM  班级,系部
WHERE  系部.系部代码=班级.系部代码 and 系部.系部名称='计算机系'
GO
```

2．执行存储过程

对存储在服务器上的存储过程，可以使用 EXECUTE 命令或其名称执行。其语法格式如下：

```
[[EXEC[UTE]]
  {[@return_status=]
    {procedure_name[;number]|@procedure_name_var}
    [[@parameter=]{value|@variable [OUTPUT]|[DEFAULT]}
      [,…n]
[WITH RECOMPLE]
```

其中：

- 如果存储过程是批处理中的第一条语句，EXECUTE 命令可以省略，可以使用存储过程的名字执行该存储过程。
- return_status 是一个可选的整型变量，用来保存存储过程的名称。

存储过程与触发器

- @ procedure_name_var 是局部定义变量名，用来代表存储过程的名称。

其他参数与存储过程命令中参数含义相同。

【例 10.3】 在查询分析器中执行 ST_PRO_BJ。

代码如下：

```
USE student
EXECUTE ST_PRO_BJ
GO
```

其执行结果如图 10-2 所示。

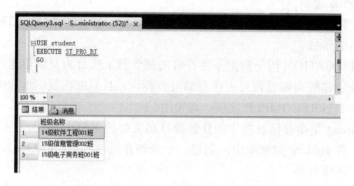

图 10-2　执行存储过程返回的记录集合

3．查看存储过程

对用户建立存储过程，可以使用对象资源管理器或有关的系统存储过程查看该存储过程的定义。

1）使用对象资源管理器查看存储过程

操作步骤如下：

（1）在"对象资源管理器"窗格中，展开"数据库"节点。

（2）选择相应的数据库（这里选择 student 数据库）。依次展开"可编程性""存储过程"节点。选择"存储过程"节点，在右窗格中显示出当前数据库中所有的存储过程。

（3）右击需要查看的存储过程，例如 ST_PRO_BJ，在弹出的快捷菜单中选择"修改"命令，打开存储过程 ST_PRO_BJ 的源代码界面，如图 10-3 所示。

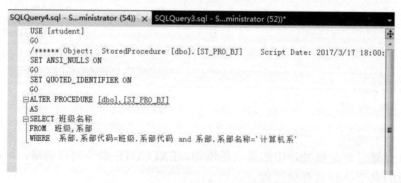

图 10-3　存储过程 ST_PRO_BJ 的源代码界面

（4）在存储过程 ST_PRO_BJ 的源代码界面中，既可查看存储过程定义信息，又可以在文本框中对存储过程的定义进行修改。修改后，可以单击"执行"按钮，保存修改。

2）使用系统存储过程查看存储过程

在 SQL Server 中，根据不同需要，可以使用 sp_helptext、sp_depends、sp_help 等系统存储过程来查看存储过程的不同信息。每个查看存储过程的具体语法和作用如下：

（1）使用 sp_helptext 查看存储过程的文本信息。其语法格式为：

```
sp_helptext 存储过程名
```

（2）使用 sp_depends 查看存储过程的相关性。其语法格式为：

```
sp_depends 存储过程名
```

（3）使用 sp_help 查看存储过程的一般信息。其语法格式为：

```
sp_help 存储过程名
```

【例 10.4】 使用有关系统存储过程查看 student 数据库中名为 ST_PRO_BJ 的存储过程的定义、相关性以及一般信息。

代码如下：

```
USE student
GO
EXEC sp_helptext ST_PRO_BJ
EXEC sp_depends ST_PRO_BJ
EXEC sp_help ST_PRO_BJ
GO
```

在查询分析器中输入并执行上述代码，返回的结果如图 10-4 所示。

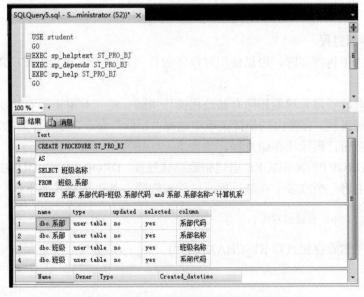

图 10-4　在查询分析器中查看存储过程

第 10 章

存储过程与触发器

4. 修改存储过程

当存储过程所依赖的基本表发生变化或者根据需要，用户可以对存储过程的定义或者参数进行修改。更改通过执行 CREATE PROCEDURE 语句创建的过程，不会更改权限，也不影响相关的存储过程或触发器。修改存储过程可以使用 ALTER PROCEDURE 语句。其语法格式为：

```
ALTER PROC [EDURE] procedure_name [;number]
[{@parameter data_type}
   [VARYING][=default][OUTPUT]
   ][,…n]
[WITH
   {RECOMPILE|ENCRYPTION|RECOMPILE,ENCRYPTION}
]
[FOR REPLICATION]
AS
sql_statement [,…n]
```

其中各个参数与创建存储过程命令中参数含义相同。

【例 10.5】 修改存储过程 ST_PRO_BJ，使该存储过程返回经济管理系的班级名称。

代码如下：

```
USE student
GO
ALTER PROC DBO.ST_PROC_BJ
AS
SELECT 班级名称
FROM 班级,系部
WHERE 系部.系部代码=班级.系部代码 and 系部.系部名称='经济管理系'
GO
```

5. 删除存储过程

当存储过程不再需要时，可以使用对象资源管理器或 DROP PROCEDURE 语句将其删除。

（1）使用对象资源管理器删除存储过程操作步骤：在"对象资源管理器"窗格中，右击要删除的存储过程，在弹出的快捷菜单中选择"删除"命令，打开"删除对象"对话框，单击"确定"按钮，删除该存储过程。

（2）使用 DROP PROCEDURE 语句删除存储过程：DROP PROCEDURE 语句可以一次从当前数据库中将一个或多个存储过程或过程组删除。其语法格式如下：

```
DROP PROCEDURE 存储过程名[,…n]
```

【例 10.6】 删除存储过程 ST_CHAXUN_01。

代码如下：

```
USE student
```

```
GO
DROP  PROCEDURE  ST_CHAXUN_01
GO
```

10.1.4　创建和执行含参数的存储过程

在存储过程中使用参数，可以扩展存储过程的功能。使用输入参数，可以将外部信息传到存储过程；使用输出参数，可以将存储过程内的信息传到外部。

【例 10.7】 在 student 数据库中，建立一个名为 XIBU_INFOR 的存储过程，它带有一个参数，用于接收系部代码，显示该系部名称和系主任信息。

代码如下：

```
USE student
GO
CREATE PROCEDURE XIBU_INFOR
    @系部代码 CHAR (2)
AS
SELECT 系部名称,系主任
FROM  系部
WHERE  系部代码=@系部代码
GO
```

执行存储过程：

```
EXEC XIBU_INFOR '01'
```

返回结果如下：

```
系部名称             系主任
-------------       ------------------
计算机系             徐才智
```

10.1.5　存储过程的重新编译

存储过程第一次执行后，其被编译的代码将驻留在高速缓存中，当用户再次执行该存储过程时，SQL Server 将其从高速缓存中调出执行。有时，在使用了一次存储过程后，可能会因为某些原因，必须向表中新增加数据列或者为表新添加索引，从而改变了数据库的逻辑结构。这时，如果调用高速缓存中的存储过程，需要对它进行重新编译，使存储过程能够得到优化。SQL Server 提供三种重新编译存储过程的方法，下面将分别介绍。

1. 在建立存储过程时设定重新编译

创建存储过程时，在其定义中指定 WITH RECOMPILE 选项，使 SQL Server 在每次执行存储过程时，都要重新编译。其语法格式如下：

```
CREATE PROCEDURE procedure_name
WITH RECOMPLE
AS sql_statement
```

存储过程与触发器

当存储过程的参数值在各次执行间都有较大差异，导致每次均需要创建不同的执行计划时，可使用 WITH RECOMPILE 选项。

2．在执行存储过程时设定重新编译

在执行存储过程时指定 WITH RECOMPILE 选项，可强制对存储过程进行重新编译。其语法格式如下：

```
EXECTUE procedure_name WITH RECOMPILE
```

仅当所提供的参数不规律，没有代表性，或者自创建该存储过程后，数据发生显著更改时才应使用此选项。

3．通过使用系统存储过程设定重新编译

系统存储过程 sp_recompile 强制在下次运行存储过程时进行重新编译。其语法格式如下：

```
EXEC sp_recompile OBJECT
```

其中，OBJECT 是当前数据库中的存储过程、触发器、表或视图的名称。如果 OBJECT 是存储过程或触发器的名称，那么该存储过程或触发器将在下次运行时重新编译。如果 OBJECT 是表或视图的名称，那么所有引用该表或视图的存储过程都将在下次运行时重新编译。

【例 10.8】 利用 sp_recompile 命令为存储过程 ST_PRO_BJ 设定重编译标记。

代码如下：

```
EXEC sp_recompile ST_PRO_BJ
GO
```

运行后提示："已成功地标记对象'ST_PRO_BJ'，以便对它重新进行编译。"

10.1.6 系统存储过程与扩展存储过程

在 SQL Server 中有两类重要的存储过程：系统存储过程和扩展存储过程。这些存储过程为用户管理数据库、获取系统信息、查看系统对象提供了很大的帮助。下面分别对两类存储过程做简单的介绍。

1．系统存储过程

在 SQL Server 中存在 200 多个系统存储过程，这些系统存储过程的使用，使用户可以很容易地管理 SQL Server 的数据库。在安装 SQL Server 数据库系统时，系统存储过程被系统安装在 master 数据库中，并且初始化状态只有系统管理员拥有使用权。所有的系统存储过程名称都是以 sp_ 为前缀。

在使用以 sp_ 为前缀的系统存储过程时，SQL Server 首先在当前数据库中寻找，如果没有找到，则再到 master 数据库中查找并执行。虽然存储在 master 数据库中，但是绝大部分系统存储过程可以在任何数据库中执行，而且在使用时不用在名称前加数据库名。当系统存储过程的参数是保留字或对象名时，在使用存储过程时，作为参数的"对象名或保留字"必须用单引号括起来。提供系统帮助的系统存储过程如表 10-1 所示。

表 10-1　系统提供的帮助存储过程

系统存储过程	功　　能
sp_helpsql	显示关于 SQL 语句、存储过程和其他主题信息
sp_help	提供关于系统存储过程和其他数据库对象的报告
sp_helptext	显示存储过程和其他对象的文本
sp_depends	列举引用或依赖指定对象的所有存储过程

下面是一些常用的系统存储过程举例。

【例 10.9】　利用 sp_addgroup 命令在当前数据库中建立一个名为 user_group 的角色。

代码如下：

```
   USE master
   GO
EXEC sp_addgroup user_group
```

【例 10.10】　利用 sp_addlogin 命令建立一个名为 user01 的登录用户。

代码如下：

```
USE master
GO
EXEC sp_addlogin user01
```

运行后提示创建。需要注意的是，在没有指定用户密码和默认数据库的时候，创建的用户默认数据库是 master，默认的密码是 NULL。

【例 10.11】　利用 sp_addtype 命令创建新的用户自定义数据库类型 user_date，该类型为 datetime 数据类型。

代码如下：

```
EXEC sp_addtype user_date,datetime
```

运行结果为类型已添加。

【例 10.12】　使用 sp_monitor 显示 CPU、I/O 的使用信息。

代码如下：

```
USE master
GO
EXEC sp_monitor
GO
```

执行后返回如图 10-5 所示的结果集，该结果报告了当时有关 SQL Server 繁忙程度的信息。

2．扩展存储过程

扩展存储过程是允许用户使用一种编程语言（如 C 语言）创建的应用程序，程序中使用 SQL Server 开放数据服务的 API 函数，直接可以在 SQL Server 地址空间中运行。用户可以像使用普通的存储过程一样使用它，同样也可以将参数传给它并返回结果和状态值。

存储过程与触发器

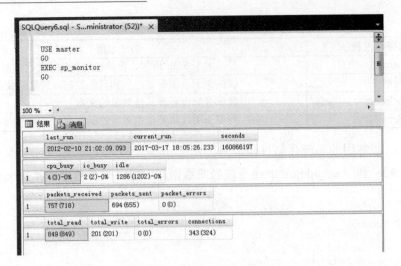

图 10-5   执行 sp_monitor 的结果

扩展存储过程编写好后，可以由系统管理员在 SQL Server 中注册登记，然后将其执行权限授予其他用户。扩展存储过程只能存储在 master 数据库中。下面通过几个例子，介绍扩展存储过程的创建和应用实例。

【例10.13】 使用 sp_addextendedproc 存储过程将一个编写好的扩展存储过程 xp_userprint.dll 注册到 SQL Server 中。

代码如下：

```
EXEC sp_addextendedproc xp_userprint,'xp_userprint.dll'
```

其中：

- sp_addextendedproc 为系统存储过程。
- xp_userprint 为扩展存储过程在 SQL Server 中的注册名。
- xp_userprint.dll 为用某种语言编写的扩展存储过程动态链接库。

【例10.14】 使用存储过程 xp_dirtree 返回本地操作系统的系统目录 C:\winnt 的目录树。

代码如下：

```
EXEC xp_dirtree"C:\winnt"
```

执行结果返回目录树。

【例10.15】 利用扩展存储过程 xp_cmdshell 为一个操作系统外壳执行指定命令串，并作为文本返回任何输出。

代码如下：

```
EXEC master xp_cmdshell "dir *.exe"
GO
```

执行结果返回系统目录下的文件内容文本信息。

【例10.16】 利用扩展存储过程实现远程备份数据库。假设 Windows 2007 服务器计算机名为 jkx，本地域名为"Domain 域"，系统管理员账号为 sa，密码为 123，需要备份的数据库为 student。

代码如下：

```
EXEC xp_cmdshell "net share baktest=e:\baktest"
GO
EXEC master xp_cmdshell "net use\\jkx\baktest 123 /use:domain\sa"
GO
BACKUP database student to disk=\\jkx\baktest\student.bak
GO
EXEC xp_cmdshell "net share baktest/delete"
GO
```

10.1.7 案例中的存储过程

1．创建一个查询存储过程

创建一个名为 TEACHER 的存储过程，该过程用来查询计算机系教师的姓名与职称，最后执行该存储过程。

```
USE student
GO
--如果存储过程 TEACHER 存在，将其删除
IF EXISTS(SELECT NAME FROM SYS.OBJECTS WHERE NAME='TEACHER' AND TYPE='P')
DROP PROCEDURE TEACHER
GO
--建立一个查询存储过程
CREATE  PROCEDURE  TEACHER
--查询选项
WITH ENCRYPTION
AS
SELECT 姓名,职称
FROM 教师,系部
WHERE  系部.系部代码=教师.系部代码 and 系部.系部名称='计算机系'
GO
--执行 TEACHER
EXEC TEACHER
GO
```

2．创建带输入参数的存储过程

创建一个带参数的存储过程——教师查询，当输入任意一个系别时，该存储过程将从两张表（"教师"表和"系部"表）中查询出该系所有教师的"姓名""职务""职称"。最后，执行存储过程，查询获得所输入系别的教师的情况。

```
USE student
GO
--如果存储过程教师查询存在，将其删除
```

```
IF EXISTS(SELECT NAME FROM SYS.OBJECTS WHERE NAME='教师查询' AND TYPE='P')
DROP PROCEDURE 教师查询
GO
--创建一个带参数的存储过程教师查询
CREATE  PROCEDURE  教师查询
   @XIBIE char(8)
--查询选项
WITH ENCRYPTION
AS
SELECT  教师.姓名,教师.职称,教师.职务
FROM  教师,系部
WHERE  系部.系部代码=教师.系部代码 and 系部.系部名称=@XIBIE
ORDER BY 教师.教师编号
GO
--执行存储过程,并向存储过程传递参数。
EXEC 教师查询'计算机系'
GO
```

3. 创建带输出参数的存储过程

在 student 数据库中创建一个存储过程——单科成绩分析,当输入任意一个存在的课程名时,该存储过程将统计出该门课程的平均成绩、最高成绩和最低成绩。

```
USE student
GO
--如果存储过程单科成绩分析存在,将其删除
IF EXISTS(SELECT NAME FROM SYS.OBJECTS WHERE NAME='单科成绩分析' AND
TYPE='P')
DROP PROCEDURE 单科成绩分析
GO
--创建存储过程 单科成绩分析
--定义一个输入参数 KECHENGMING
--定义三个输出参数 AVGCHENGJI、MAXCHENGJI 和 MINCHENGJI、用于接收平均成绩、最
高成绩和最低成绩
CREATE PROCEDURE 单科成绩分析
   @KECHENGMING varchar(20),
   @AVGCHENGJI tinyint OUTPUT,
   @MAXCHENGJI tinyint OUTPUT,
   @MINCHENGJI tinyint OUTPUT
AS
SELECT @AVGCHENGJI=AVG(成绩),@MAXCHENGJI=MAX(成绩),@MINCHENGJI=MIN(成绩)
FROM  课程注册
WHERE  课程号 in(SELECT 课程号 FROM 课程 WHERE 课程名=@KECHENGMING)
GO
USE student
--声明四个变量,用于保存输入和输出参数
```

```
DECLARE @KECHENGMING varchar(20)
DECLARE @AVGCHENGJI1 tinyint
DECLARE @MAXCHENGJI1 tinyint
DECLARE @MINCHENGJI1 tinyint
--为输入参数赋值
SELECT @KECHENGMING='计算机基础'
--执行存储过程
EXEC 单科成绩分析@KECHENGMING,
    @AVGCHENGJI1 OUTPUT,
    @MAXCHENGJI1 OUTPUT,
    @MINCHENGJI1 OUTPUT
--显示结果
SELECT @KECHENGMING AS 课程名,@AVGCHENGJI1 AS 平均成绩,@MAXCHENGJI1 AS
最高成绩,@MINCHENGJI1 AS 最低成绩
GO
```

10.2 触 发 器

10.2.1 触发器的概念

SQL Server 触发器是可编程对象之一，由一组 T-SQL 语句构成，是一种事件驱动的特殊类型的存储过程，也是数据完整性实现手段之一，具有更强大的数据控制能力。

触发器是捆绑在基表上的预编译后存储在数据库中的一系列 SQL 语句集，通过这些 SQL 语句集，系统自动执行相应的数据库操作，完成很多数据库完整性保护的功能，其中触发器事件称为完整性约束条件，而完整性约束条件的判断称为触发器的操作过程，最后结果过程的调用称为完整性检查的处理。由此可认为触发器由 3 部分组成。

（1）事件：对数据库对象的定义和操纵等操作。

（2）条件：触发器对条件进行测试，满足则执行相应操作，否则什么也不做。

（3）动作：若触发器测试满足预定的条件，就由 DBMS 执行这些动作，这些动作能使触发事件不发生，即撤销事件。

触发器是 SQL99 之后才列入 SQL 标准的，但许多关系数据库产品很早就已经使用触发器技术了，由此造成不同的数据库管理系统实现触发器的语法不尽相同且互不兼容，所以在使用触发器时，要注意所使用的系统对触发器的语法说明。本章基于 SQL Server 2012 进行介绍，使用的是 SQL Server 2012 的触发器定义及使用方法。

10.2.2 触发器的优点

作为一种特殊的存储过程，触发器具有自己的显著特点：

（1）与表紧密相连，可以看作表定义的一部分；

（2）不可能通过名称被直接调用，更不允许使用参数，而是当用户对表中的数据进行修改时，自动执行；

（3）可以用于 SQL Server 约束、默认值和规则的完整性检查，实施更为复杂的数据完整性约束。

触发器包含复杂的处理逻辑，用于实现主键、外键、约束、规则等事务前手段所不能保证的复杂的引用完整性和数据一致性。同其他数据完整性实现手段相比，它主要有以下优点：

（1）触发器自动执行。在对表中的数据做了任何修改（如手工输入或者通过应用程序实现的修改）之后立即被激活。

（2）触发器能够对数据库中的相关表实现级联操作。触发器是基于一个表创建的，但是可以针对多个表进行操作，实现数据库中相关表的级联操作。例如，可以在"学生"表上建立一个新增型触发器，当在"学生"表中新增记录时，在"课程注册"表的"学号"字段上自动插入新增学生的"学号"值。

（3）触发器可以实现比 CHECK 约束更为复杂的数据完整性约束。在数据库中为了实现数据完整性约束，可以使用 CHECK 约束或触发器。CHECK 约束不允许引用其他表中的列来完成检查工作，而触发器可以引用其他表中的列。例如，在 student 数据库中向"教师任课"表中新增记录，当输入"专业学级"值时，必须先检查"教学计划"表中是否存在该专业学级。这只能通过触发器实现，而不能通过 CHECK 约束完成。

（4）触发器可以评估数据修改前后的表的状态，并根据其差异采取对策。

（5）一个表中可以同时存在多个不同操作的触发器，对于同一个操作可以有多个不同的响应对策。

10.2.3　触发器的类型

SQL Server 2012 提供的触发器主要有两种类型：DML 触发器和 DDL 触发器。

1. DML 触发器

DML 触发器是附加在特定表或视图上的一些操作代码，在数据库中发生数据操作语言（Data Manipulation Language, DML）事件时被调用。DML 事件包括 INSERT 语句、UPDATE 语句、DELETE 语句。在 DML 触发器中可以操纵其他表以及执行复杂的 T-SQL 语句。DML 触发器将触发器和触发事件语句作为可以在触发器内回滚的单个事务对待，如果在执行触发器的过程中检测到错误，则整个触发事件语句和触发器操作自动回滚。

按触发事件类型不同，DML 触发器又可以分为三类：INSERT 型、UPDATE 型、DELETE 型。按触发器动作的响应时间划分，则可以把 DML 触发器分为 AFTER 触发器和 INSTEAD OF 触发器两种。

2. DDL 触发器

DDL 触发器与 DML 触发器一样，也需要触发事件进行触发，但 DDL 触发器的触发事件是数据定义语言（Data Definition Language, DDL）语句，包括以 CREATE、ALTER、DROP 等关键字开头的数据定义命令，其主要作用是进行管理，例如审核系统、控制数据库等。DDL 触发器的动作的响应时间只有 AFTER 型。

另外，由于 Microsoft SQL Server 与 .NET Framework 公共语言运行库 (CLR) 相集成，所以可以使用任何 .NET Framework 语言创建 CLR 触发器。CLR 触发器可以是 DML

触发器，也可以是 DDL 触发器。关于 CLR 触发器的内容不是本章的探讨内容，不在此讲述。

10.2.4 DML 触发器

1. DML 触发器的类型

按触发事件类型不同，DML 触发器可以分为三类：INSERT 型、UPDATE 型、DELETE 型。这是 DML 触发器的基本类型。

向某张表中插入数据时，如果插入成功且该表有 INSERT 类型的 DML 触发器，则该 INSERT 类型的 DML 触发器就触发执行。同理，对表中的数据进行更新时，将触发执行该表的 UPDATE 类型 DML 触发器；删除表中的数据时，将触发执行该表的 DELETE 类型 DML 触发器。

按触发器动作的响应时间划分，可以把 DML 触发器分为 AFTER 触发器和 INSTEAD OF 触发器。

AFTER 触发器又称为后触发器，在触发器事件语句（INSERT、UPDATE、DELETE）执行成功之后才执行触发器的动作语句。如果修改语句因错误（如违反约束或语法错误）而执行失败，触发器将不会执行。此类触发器只能定义在表上，不能创建在视图上。可为每个触发器操作（INSERT、UPDATE、DELETE）创建多个 AFTER 触发器。如果表有多个 AFTER 触发器，可使用系统存储过程 sp_settriggerorder 设置哪个 AFTER 触发器最先激发（First 触发器），哪个最后激发（Last 触发器）。除第一个和最后一个触发器外，所有其他的 AFTER 触发器的激发顺序不确定，并且无法控制。

INSTEAD OF 触发器又称为替代触发器，是在触发器事件语句（INSERT、UPDATE、DELETE）执行前取消触发器事件语句，用触发器的动作语句来替代要执行的触发器事件语句完成操作。该类触发器既可在表上定义，也可在视图上定义。对于每个触发操作（INSERT、UPDATE、DELETE），只能定义一个 INSTEAD OF 触发器。

在数据操作过程中，根据操作的环境、情况不同，可以选择使用不同的 DML 触发器来维护数据的完整性，比如：

通过相关表实现级联更改。

防止恶意或错误的数据更新操作，强制执行较为复杂的限制。

评估数据修改前后的表状态，根据差异采取相应措施。

2. DML 触发器的工作原理

1）INSERT 触发器的工作过程

向具有 INSERT 型触发器的表中插入数据时，触发 INSERT 触发器执行，插入到数据表中的新数据行同时也由系统自动写入到 inserted 表中。inserted 表是一张逻辑表，由系统在触发器激发时自动创建，从内存中分配空间，一般总位于高速缓存中。导致该 inserted 表被创建的触发器一旦执行结束，该 inserted 表就自动被删除。inserted 表中包含了插入到数据表的新数据行的副本和 INSERT 语句中已记录的插入动作，允许参考和引用由初始化 INSERT 语句而产生的日志数据。触发器通过检查 inserted 表来确定是否执行触发器动作及如何执行。inserted 表中的记录是触发器表中记录的冗余。

SQL Server 数据库系统提供的日志功能虽然记录了所有的数据操纵动作，但事务日志中的信息是不可读的。而 inserted 表则允许引用由 INSERT 语句引起的日志变化，就可以将插入数据与发生的变化相比较，以验证它们或采取进一步的动作；也可以直接引用插入的数据而不必将之存入变量。

2）DELETE 触发器的工作过程

删除具有 DELETE 型触发器的表中数据时，触发 DELETE 触发器执行，从数据表中删除的数据行同时也由系统自动写入到 deleted 表中。与 inserted 表一样，deleted 表也是一张逻辑表，由系统在触发器激发时自动创建，从内存中分配空间，一般总位于高速缓存中。导致该 deleted 表被创建的触发器一旦执行结束，该 deleted 表就自动被删除。deleted 表中包含了从数据表中删除的数据行的副本和 DELETE 语句中已记录的删除动作，允许参考和引用由初始化 DELETE 语句而产生的日志数据。

添加到 deleted 表的记录不再存在于触发器表中，所以触发器表和 deleted 表中没有相同记录。 DELETE 触发器不能由 TRUNCATE TABLE 语句触发，触发器动作中也不能含有 TRUNCATE TABLE 语句，因为该语句是不记录日志的操作。

3）UPDATE 触发器的工作过程

修改一条记录实际可以看作由两个步骤完成的操作：删除一条旧记录，再插入一条新记录；即先执行一条 DELETE 语句，再执行一条 INSERT 语句。所以，对有 UPDATE 触发器的表中数据进行修改时，触发器表中原来的记录移动到 deleted 表中，修改过的记录插入到 inserted 表中。触发器可以通过检查 deleted 表和 inserted 表及触发器表来确定是否执行触发器动作及如何执行。

可以用 IF UPDATE 语句定义一个监视指定列的数据更新的 UPDATE 型触发器，这样能让触发器容易地隔离出特定列的活动。

任何触发器都可以包含影响另外一个表的 INSERT、DELETE、UPDATE 语句，默认情况下，系统允许触发器嵌套，但最多可以嵌套 32 层，用户也可以使用系统存储过程 sp_configure 禁止使用触发器嵌套。使用嵌套触发器时应注意以下几点：

（1）默认情况下，触发器不允许迭代调用，即触发器不能自己调用自己。

（2）触发器是一个事务，在嵌套的触发器中，任意一点失败，整个事务和数据修改都将全部被取消。因此，测试触发器时，为了确定失败的位置，应该在触发器中增加打印信息的语句。

3．创建 DML 触发器

触发器可以在对象资源管理器中创建，也可以在查询编辑器中用 SQL 语句创建。在创建触发器前，必须注意以下几点：

（1）CREATE TRIGGER 语句必须是批处理中的第一条语句。将该批处理中随后的其他所有语句解释为 CREATE TRIGGER 语句定义的一部分。

（2）只能在当前数据库中创建触发器，触发器名称必须遵循标识符的命名规则。

（3）表的所有者具有创建触发器的默认权限，且不能将该权限转给其他用户。

（4）不能在临时表或系统表上创建触发器，但是触发器可以引用临时表而不能引用系统表。

（5）WRITETEXT 语句不会引发 INSERT 或 UPDATE 触发器。

1）使用 SQL 语句创建触发器

其语法格式为：

```
CREATE TRIGGER trigger_name
ON {table|view}
[WITH  ENCRYPTION]
{
   {{FOR|AFTER|INSTEAD OF} {[INSERT] [,] [DELETE] [,] [UPDATE]}
     [NOT  FOR  REPLICATION]
     AS
     [{IF UPDATE (column)
        [{AND|OR} UPDATE(column)]
          [,…n]
     |IF(COLUMNS_UPDTED(){bitwise_operator} updated_bitmask)
          (comparison_operator) column_bitmask [,…n]
     }]
     sql_statement [,…n]
   }
}
```

其中：

- trigger_name 是触发器名称，其必须符合名称标识规则，并且在当前数据库中唯一。
- table|view 是被定义触发器的表或视图。
- WITH ENCRYPTION 用于对 syscomments 表中含 CREATE TRIGGER 的语句文本进行加密。
- FOR 和 AFTER 作用相同，是默认的触发器类型，即后触发器。此类型触发器不能在视图上定义。
- INSTEAD OF 表示建立替代类型的触发器。
- NOT FOR REPLICATION 表示当复制进程更改触发器所涉及的表时，不应执行该触发器。
- IF UPDATE 指定对表中字段进行增加或修改内容时起作用，不能用于删除操作。
- sql_statement 定义触发器被触发后将执行的 SQL 语句。

① INSERT 型后触发器

【例 10.17】 在 student 数据库中，"教师任课"表中的数据来源于"教学计划"表中数据。可以为"教学计划"表建立一个名为 ins_jxjh 的 INSERT 触发器，其作用是当在"教学计划"表中插入一条新记录时，同时在"教师任课"表中自动添加相关的任课记录。

代码如下：

```
USE student
GO
--创建触发器
CREATE TRIGGER ins_jxjh
```

存储过程与触发器

```
ON 教学计划
FOR INSERT
AS
INSERT 教师任课(教师编号,课程号,专业学级,专业代码,学年,学期,学生数)
SELECT '10000000'+课程号,课程号,专业学级,专业代码,'2017',开课学期,30
  --将学生数设为30,方便即将进行的验证查询
FROM inserted
GO
--验证所创建的触发器,先在"教学计划"中新增记录,再查看触发器的执行情况
INSERT 教学计划(课程号,专业代码,专业学级,课程类型,开课学期,学分)
VALUES('0005','0202','2014','专业选修',7,1)
 --将学分设为1,方便即将进行的验证查询
GO
SELECT *  FROM 教学计划 WHERE 学分=1
SELECT *  FROM 教师任课 WHERE 学生数=30
GO
```

在"教学计划"表中成功添加一条记录后，就激发了该表上绑定的 INSERT 型后触发器，系统将该条新加记录同时备份于 inserted 表中后执行触发器的动作，即自动向"教师任课"表中插入相应的新记录。操作完成后查看数据库状态，发现在"教师任课"表中自动添加了一条新记录，该记录的字段值来源于"教学计划"表中新加记录，如图 10-6 所示。

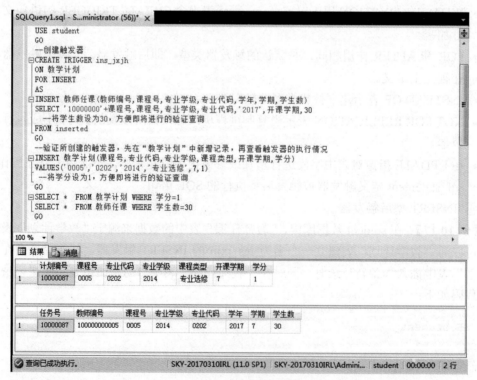

图 10-6 INSERT 型后触发器的创建和验证示例

注意： 本例在实现时有可能会受到表中外键约束的影响而导致触发器执行失败。

② INSERT 型替代触发器

可以将例 10.17 中的触发器改为替代型触发器实现。代码如下：

```
USE student
GO
--创建触发器
CREATE TRIGGER ins_jxjh
ON 教学计划
INSTEAD OF INSERT
AS
BEGIN
INSERT 教学计划(课程号,专业代码,专业学级,课程类型,开课学期,学分)
SELECT 课程号,专业代码,专业学级,课程类型,开课学期,学分
FROM inserted
INSERT 教师任课(教师编号,课程号,专业学级,专业代码,学年,学期,学生数)
SELECT '10000000'+课程号,课程号,专业学级,专业代码,'2017',开课学期,30
                              --将学生数设为30,方便即将进行的验证查询
FROM inserted
END
GO
--验证所创建的触发器,先在"教学计划"中新增记录,再查看触发器的执行情况
INSERT 教学计划(课程号,专业代码,专业学级,课程类型,开课学期,学分)
VALUES('0005','0202','2014','专业选修',7,1)
                              --将学分设为1,方便即将进行的验证查询
GO
SELECT *  FROM 教学计划 WHERE 学分=1
SELECT *  FROM 教师任课 WHERE 学生数=30
GO
```

当向"教学计划"表中添加一条记录时，会激发该表上绑定的 INSERT 型替代触发器，系统会取消当前的记录添加事务，将欲新加记录备份于 inserted 表中后，执行触发器的动作来替代被取消的当前事务，分别自动向"教学计划""教师任课"表中插入相应的新记录。操作完成后查看数据库状态，发现在"教师任课"表中自动添加了一条新记录，该记录的字段值来源于"教学计划"表中新加记录，如图 10-7 所示。

该触发器也能实现例 10.17 中的触发器的功能，但执行过程是不同的，执行效率也显然低于例 10.17 中的触发器。注意：与例 10.17 一样，本例在实现时有可能会受到表中外键约束的影响而导致触发器执行失败。

③ UPDATE 型后触发器

【例 10.18】 在 student 数据库中，"教师任课"表中的数据来源于"教学计划"表中的数据，部分字段值不能任意人工修改，如"专业学级"等。为"教师任课"表建立一个名为 up_jsrk 的 UPDATE 触发器，其作用是当修改"教师任课"表中的"专业学级"字段时，提示不能修改，并取消修改操作。

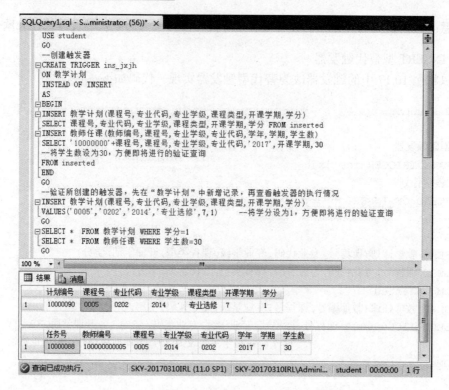

图 10-7 INSERT 型替代触发器的创建和验证示例

代码如下：

```
USE student
GO
CREATE TRIGGER up_jsrk
ON 教师任课
FOR UPDATE
AS
IF UPDATE(专业学级)
BEGIN
SELECT '不能修改专业学级信息！'
ROLLBACK TRANSACTION
END
GO
--验证所创建的触发器，先修改"教师任课"中的"专业学级"为"2020"，再查看触发器的执行情况
UPDATE 教师任课
SET 专业学级='2020'
GO
SELECT TOP 5 *
FROM 教师任课
GO
```

当成功修改"教师任课"表中某条记录的"专业学级"字段值后，会激发该表上绑定

的 UPDATE 型后触发器，系统会将未修改前的该条原记录备份于 deleted 表中，将修改后的该条新记录备份于 inseted 表中，然后执行触发器动作，即显示提示该字段不能被修改的信息，并撤销刚完成的 UPDATE 事务。完成后查看数据库状态，发现"教师任课"表中该条记录的"专业学级"字段值仍旧保持为原来的值。若修改的是"教师任课"表中除"专业学级"外的其他字段，也会激发该表上绑定的 UPDATE 型后触发器，但不会撤销刚完成的 UPDATE 事务，如图 10-8 所示。

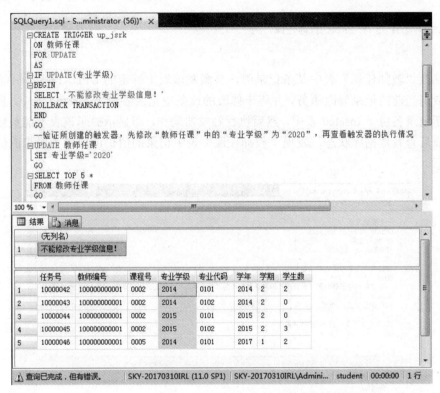

图 10-8　UPDATE 型后触发器的创建和验证示例

④ UPDATE 型替代触发器

上例中，若要求对"教师任课"表中的所有数据都不能人工修改，则可以通过替代触发器实现。

【例 10.19】　在 student 数据库中，"教师任课"表中的数据来源于"教学计划"表中的数据，字段值不能任意人工修改。为"教师任课"表建立一个名为 up_jsrk 的 UPDATE 触发器，其作用是当修改"教师任课"表中的任意字段时，提示不能修改，并取消修改操作。

代码如下：

```
USE student
GO
--创建触发器
CREATE TRIGGER up_jsrk
ON 教师任课
```

存储过程与触发器

```
INSTEAD OF UPDATE
AS
SELECT '不能修改该表信息！'
GO
--验证所创建的触发器，先修改"教师任课"中的"专业学级"为2020，再查看触发器的执行情况
UPDATE 教师任课
SET 专业学级='2020'
GO
SELECT TOP 5 * FROM 教师任课
GO
```

当修改"教师任课"表中某条记录时，会激发该表上绑定的 UPDATE 型替代触发器，系统会取消当前的记录修改事务，并将未修改的该条原记录备份于 deleted 表中，将修改后的该条新记录备份于 inseted 表中，然后执行触发器动作，即显示提示该表不能被修改的信息。完成后查看数据库状态，发现"教师任课"表中记录的值仍旧保持为原来的值，如图10-9 所示。

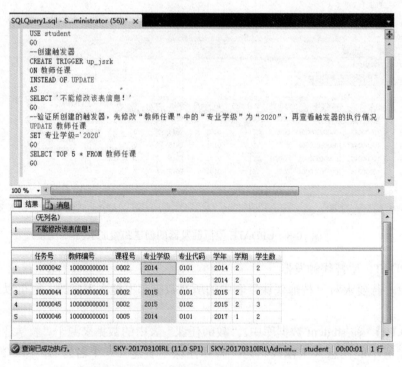

图 10-9 UPDATE 型替代触发器的创建和验证示例

⑤ DELETE 型后触发器

【例 10.20】 在 student 数据库中，为"学生"表建立一个名为 del_xs 的 DELETE 触发器，其作用是当删除"学生"表中的记录时，同时删除"课程注册"表中与"学生"表相关的记录。

代码如下：

```
USE student
GO
CREATE TRIGGER del_xs
ON 学生
FOR DELETE
AS
DELETE 课程注册 WHERE 学号 IN (SELECT 学号 FROM DELETED)
GO
```

说明：为了保证触发器的顺利激发，在执行删除前，可以先将"学生"表和"课程注册"表间的外键参照关系解除。

在查询编辑器中输入并执行如下代码：

```
DELETE 学生
WHERE 姓名="张斌"
GO
```

在"学生"表中成功删除"张斌"同学的记录后，就激发了该表上绑定的 DELETE 型后触发器，系统将被删除的"张斌"同学的记录备份于 deleted 表中后执行触发器的动作，即自动删除"课程注册"表中"张斌"同学的记录。操作完成后查看数据库状态，发现在"学生"表中名叫"张斌"的学生记录被删除，同时"课程注册"表中"张斌"同学的课程注册记录也同时被删除了。

解除外键约束时，若有事务向"课程注册"表中添加或修改记录，有可能存入"学生"中没有的学号，使数据完整性遭到破坏，所以不推荐此用法，需要时，读者可自行验证。

⑥ DELETE 型的替代触发器

在上例中，为保证数据完整性，要求"学生"表和"课程注册"表一直保持着外键参照关系，则所定义的 del_xs 触发器在实际操作中是不能被顺利激发的。因为该触发器的触发事件违背了已定义的外键约束，而在维护数据完整性时，约束是优先于触发器的，故在删除"学生"表中的记录时会有出错提示。可以将例 10.20 中的触发器改为替代型触发器实现。

代码如下：

```
USE student
GO
--触发器工作前的数据
SELECT '触发器工作前的数据' AS 提示
SELECT * FROM 学生 WHERE 姓名='张斌'
SELECT * FROM 课程注册 WHERE 学号=(SELECT 学号 FROM 学生 WHERE 姓名='张斌')
GO
--创建触发器
CREATE TRIGGER del_xs
ON 学生
INSTEAD OF DELETE
```

```
AS
BEGIN
ALTER TABLE 课程注册
DROP CONSTRAINT fk_kczcxh
DELETE 课程注册 WHERE 学号 IN (SELECT 学号 FROM DELETED)
DELETE 学生 WHERE 学号 IN (SELECT 学号 FROM DELETED)
ALTER TABLE 课程注册
ADD CONSTRAINT fk_kczcxh FOREIGN KEY (学号) REFERENCES 学生(学号)
END
GO
--验证所创建的触发器，先在"学生"中删除"张斌"同学，再查看触发器执行后的数据情况
DELETE 学生 WHERE 姓名='张斌'
GO
SELECT '在"学生"中删除"张斌"同学，触发器工作后的数据' AS 提示
SELECT * FROM 学生 WHERE 姓名='张斌'
SELECT * FROM 课程注册 WHERE 学号=(SELECT 学号 FROM 学生 WHERE 姓名='张斌')
GO
```

该例的执行过程可以参考前面所举实例自行分析，结果如图 10-10 所示。

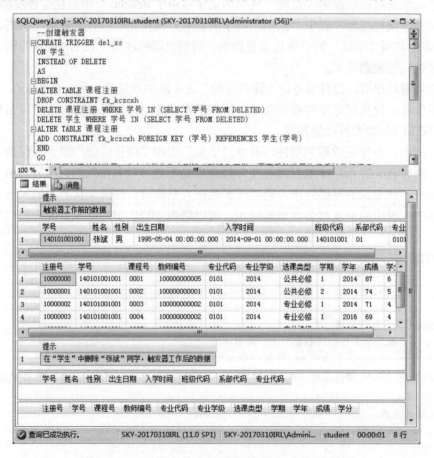

图 10-10　DELETE 型替代触发器的创建和验证示例

2）使用对象资源管理器创建触发器

通过对象资源管理器创建触发器的基本过程是：定位要创建触发器的表，找到该表包含的数据库对象中的触发器项，新建触发器编辑器，在触发器编辑器中输入触发器定义SQL语句，执行即可。所以，在对象资源管理器中创建触发器的关键仍然是创建触发器的SQL语句。

具体操作步骤如下：

（1）在"对象资源管理器"窗格中，展开"数据库"节点。

（2）展开相应的数据库（如student数据库）和"表"节点。

（3）单击相应的表（如"教师"表），右击"触发器"节点，在弹出的快捷菜单中选择"新建触发器"命令，打开新建触发器初始界面，如图10-11所示。

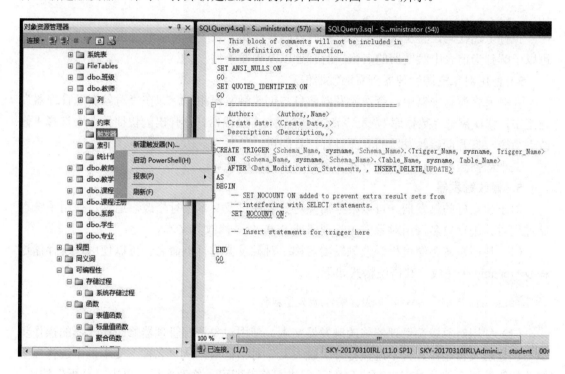

图10-11　使用对象资源管理器创建触发器初始界面

（4）在右侧的文本编辑区的相应部分输入触发器对应文本。

（5）单击"分析"按钮，然后单击"执行"按钮，完成触发器的创建。

4．查看触发器信息

触发器创建好后，其名称保存在 sysobjects 系统表中，其源代码保存在 syscomments 中。如果需要查看触发器信息，既可以使用系统存储过程，也可以使用对象资源管理器。

1）使用系统存储过程查看触发器信息

触发器是特殊的存储过程，查看存储过程的系统存储过程都可以使用触发器。可以使用 sp_help 查看触发器的一般信息，如名称、所有者、类型和创建时间，使用 sp_helptext

存储过程与触发器

查看未加密的触发器的定义信息，使用 sp_depends 查看触发器的依赖关系。除此以外，SQL Server 提供了一个专门用于查看表的触发器信息的系统存储过程 sp_helptrigger。其语法格式如下：

```
sp_helptrigger 表名,[INSERT] [,][DELETE] [,][UPDATE]
```

【例 10.21】 使用系统存储过程 sp_helptrigger 查看"产品"表上存在的触发器的信息。代码如下：

```
USE student
GO
EXEC sp_helptrigger 学生
GO
```

执行上述代码，将在"结果"窗格中返回"产品"表上所定义的触发器的信息，从中可以了解到当前表中触发器的名称、所有者以及触发条件。

2）使用对象资源管理器查看触发器信息

在对象资源管理器中，查看触发器信息与创建触发器相似，即在"对象资源管理器"窗格中，依次展开"数据库""表"节点，然后右击触发器，在弹出的快捷菜单中选择"修改"命令，打开创建触发器的界面进行查看即可。

关于如何查看已定义的触发器，留给读者自行验证。

5. 修改触发器

对于建立好的触发器，可以根据需要对其名称以及文本进行修改。通常，使用系统存储过程对其进行更名，用对象资源管理器或 SQL 命令修改其文本。

（1）使用系统存储过程修改触发器名称：对触发器进行重命名，可以使用系统存储过程 sp_rename 来完成。其语法格式如下：

```
[EXECUTE] sp_rename 触发器原名,触发器新名
```

（2）使用对象资源管理器修改触发器文本：使用对象资源管理器修改触发器的操作步骤与创建触发器相似，只不过在打开"触发器"对话框后，从"名称"文本框中选择需要修改的触发器，然后对文本中的 SQL 语句进行修改即可。修改完后，单击"分析"按钮，然后单击"执行"按钮，完成触发器的修改。

（3）使用 SQL 语句修改触发器：修改触发器的定义，可以使用 ALTER TRIGGER 语句。其语法格式如下：

```
ALTER TRIGGER trigger_name
ON (table|view)
[WITH ENCRYPTION]
{
  {(FOR|AFTER|INSTEAD OF) {[INSERT] [,] [DELETE] [,] [UPDATE]}
    [NOT FOR REPLICATION]
    AS
    sql_statement [,…n]
```

```
        }
    |{(FOR|AFTER|INSTEAD OF) {[INSERT] [,][UPDATE]}
        [NOT FOR REPLICATION]
        AS
        [{IF UPDATE (column)
            [{AND|OR } UPDATE (column)]
                [,…n]
        |IF(COLUMNS_UPDTED(){bitwise_operator} updated_bitmask)
            (comparison_operator) column_bitmask [,…n]
        }
        sql_statement [,…n]
    }}
```

其中的参数与创建触发器语句中的参数相同。

修改触发器实际上是对触发器的重定义，在使用 ALTER TRIGGER 时，需要对要修改的触发器完整地重新定义，故与触发器的创建类似。

【例 10.22】 修改例 10.18 中建立在"教师任课"表上的触发器 up_jsrk，使其不能修改"学期"字段的值。

代码如下：

```
USE student
GO
ALTER TRIGGER up_jsrk
ON 教师任课
FOR UPDATE
AS
IF UPDATE(学期)
BEGIN
PRINT('不能修改学期信息！')
ROLLBACK TRANSACTION
END
GO
```

6. 禁止或启用触发器

针对某个表创建的触发器，可以根据需要，禁止或启用其执行。禁止或启用触发器可以通过对象资源管理器进行，如图 10-12 所示。

禁止或启用触发器也可以使用 SQL 命令完成。

其语法格式为：

```
ALTER TABLE 表名
{ENABLE|DISABLE} 触发器名称
```

其中：

- ENABLE 选项为启用触发器。
- DISABLE 选项为禁止触发器。

图 10-12   使用对象资源管理器禁用或启用触发器

7．删除触发器

当不再需要某个触发器时，可以将其删除，只有触发器的所有者才有权删除触发器。可以使用以下的方法将触发器删除：

（1）使用对象资源管理器删除触发器，其操作步骤为：在"对象资源管理器"窗格中，依次展开"服务器""数据库""表"节点，展开有触发器的表，再展开触发器，右击要删除的触发器，在弹出的快捷菜单中选择"删除"命令，在打开的"删除对象"对话框中单击"确定"按钮，即可将触发器删除。

（2）使用 SQL 语句删除触发器。删除一个或多个触发器，可以使用 DROP TRIGGER 语句。其语法格式如下：

```
DROP TRIGGER  {触发器名称} [,…n]
```

如果要同时删除多个触发器，触发器名称之间用英文逗号分隔。

（3）删除表的同时删除触发器。当某个表被删除后，该表上的所有触发器将同时被删除，但是删除触发器不会对表中的数据有影响。

8．嵌套触发器

在触发器中包含的 INSERT、UPDATE 或者 DELETE 语句可以激发另外的触发器，就形成触发器的嵌套。具体来说就是，如果表 A 上的触发器在执行时引发了表 B 上的触发器，而表 B 上的触发器又激活表 C 上的触发器，表 C 的触发器又激活表 D 的触发器，……，且这些触发器没有形成无限循环。MS SQL Server 规定触发器最多可以嵌套至 32 层。如果允许使用嵌套触发器，且链中的一个触发器开始一个无限循环，如果超出嵌套级，触发器将被终止执行。正确地使用嵌套触发器，可以执行一些有用的日常工作，但是嵌套触发器的任意层中发生错误，则整个事务都将取消，且所有的数据修改都将取消。一般情况下，应在触发器中包含 PRINT 语句，用以确定错误发生的位置。

在默认情况下，系统允许嵌套，但是可以使用 sp_config 系统存储过程或"嵌套触发器"服务器配置选项修改是否允许嵌套。

1）使用系统存储过程改变嵌套

使用 sp_config 系统存储过程设置是否允许嵌套的语法格式如下：

```
EXEC sp_configure 'nested trigger',0|1
```

其中，设置为 0，则允许嵌套；设置为 1，则禁止嵌套。

2）使用对象资源管理器设置嵌套

使用对象资源管理器设置触发器是否嵌套的操作步骤如下：

（1）在"对象资源管理器"窗格中，展开服务器节点。

（2）右击需要修改的服务器，在弹出的快捷菜单中选择"属性"命令，打开"服务器属性"对话框。

（3）在对话框中选择"高级"选项，如图 10-13 所示。在"允许触发器激发其他触发器"选项中选择 True。

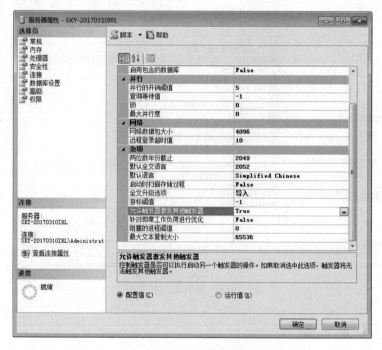

图 10-13　设置触发器嵌套

9. 递归触发器

触发器的递归是指一个触发器从其内部再一次激发该触发器。这类递归触发器在内部必须结合判断，在满足一定情况下才执行，否则会陷入无限调用的死循环，要谨慎使用。

SQL Server 2012 的递归触发器有两种：

（1）直接递归触发器——触发器的递归执行只在本表范围内进行。

（2）间接递归触发器——触发器的递归执行在本表与另一张表之间来回进行。

递归触发器最多递归 16 层，当第 17 层（即递归激活了第 17 个触发器），则所有数据将回滚，相当于执行了 ROLLBACK 命令。

鉴于递归触发器激发结果的不可控，SQL Server 2012 默认禁用递归触发器，但也可通过管理平台启用递归触发器。

使用对象资源管理器启用递归触发器的操作步骤如下：

（1）在"对象资源管理器"窗格中，展开数据库节点。

（2）右击需要修改的数据库，在快捷菜单中选择"属性"命令，打开"数据库属性"对话框。

（3）在对话框中选择"选项"选项，如图 10-14 所示。在"递归触发器已启用"选项中选择 True。

图 10-14　启用递归触发器

10.2.5　DDL 触发器

DDL 触发器类似于 DML 触发器，也可以自动触发完成规定的操作或使用 CREATE TRIGGER 语句创建，但 DDL 触发器的触发事件主要是 CREATE、ALTER、DROP、GRANT、DENY、REVOKE 等语句，并且触发的时间条件只有 AFTER，没有 INSTEAD OF。

DDL 触发器主要用于以下操作：

（1）防止对数据库架构进行某些修改。

（2）希望对数据库中发生某种情况以便于相应数据库架构中的修改。

（3）记录数据库架构中的更改或事件。

使用 T-SQL 命令创建 DDL 触发器的基本语法格式为：

```
CREATE TRIGGER trigger_name
ON {ALL SERVER | DATABASE}
[WITH  ENCRYPTION]
{FOR|AFTER} {event_type}
AS
    sql_statement [,…n]
```

创建 DDL 触发器的基本语法格式中各部分的作用和含义类似于创建 DML 触发器的基本语法格式，但要注意，**ALL SERVER** 关键字表示该触发器的作用域是整个服务器，**DADTABASE** 关键字表示该触发器的作用域是整个数据库。event_type 参数用于指定 DDL 触发器的触发事件或事件组。数据库范围和服务器范围的触发事件类型可以查阅相关的联机文档。

【例 10.23】 在数据库范围内创建一个触发器，禁止删除或修改数据库中的任何表。

在查询编辑器中输入并执行如下代码：

```
CREATE TRIGGER safetyXS
ON DATABASE
FOR DROP_TABLE,ALTER_TABLE
AS
    PRINT('禁止删除或修改当前数据库中的表！')
    ROLLBACK TRANSACTION
```

如果在当前数据库对任何表做了删除或修改表结构的操作，将激发此触发器执行，取消对表删除或修改结构的操作，如图 10-15 所示。

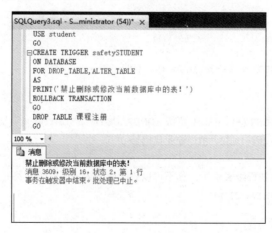

图 10-15 DDL 触发器

10.2.6 案例中的触发器

1. 创建一个 INSERT 触发器

在 student 数据库中建立一个名为 insert_xibu 的 INSERT 触发器，存储在 "教师" 表中。当用户向 "教师" 表中插入记录时，如果插入的是 "系部" 表中没有的系部代码，则提示

存储过程与触发器

用户不能插入记录，否则提示记录插入成功。

代码如下：

```
USE student
GO
CREATE TRIGGER insert-xibu ON [dbo].[教师]
FOR INSERT
AS
DECLARE  @XIBU  CHAR(2)
SELECT    @XIBU=系部代码
FROM  inserted
IF  @XIBU IN (SELECT 系部代码 FROM 系部)
PRINT('记录插入成功')
ELSE
BEGIN
PRINT('教师的系部代码不存在系部表中，不能插入记录，插入将终止!')
ROLLBACK TRANSACTION
END
GO
```

2. 创建一个 DELETE 触发器

在 student 数据库中建立一个名为 del_zhuanye 的 DELETE 触发器，存储在"专业"表中。当用户删除"专业"表中的记录时，如果"班级"表中引用了此记录的"专业代码"，则提示用户不能删除记录，否则提示记录已经删除。

代码如下：

```
USE student
GO
CREATE TRIGGER del-zhuanye ON 专业
FOR DELETE
AS
IF(SELECT COUNT(*) FROM 班级 INNER JOIN DELETED
ON  班级.专业代码=DELETED.专业代码)>0
BEGIN
PRINT('该专业被班级表引用，你不可以删除此条记录，删除将终止')
ROLLBACK TRANSACTION
END
ELSE
PRINT('记录已删除')
GO
```

3. 创建一个 UPDATE 后触发器

在 student 数据库中建立一个名为 update_xibu 的 UPDATE 触发器，存储在"教师"表中。当用户更新"教师"表中的"姓名"时，提示用户不能修改教师的姓名。

代码如下：

```
USE student
GO
CREATE TRIGGER update-xibu ON  [dbo].[教师]
FOR UPDATE
AS
IF  UPDATE(姓名)
BEGIN
PRINT('不能修改教师姓名')
ROLLBACK TRANSACTION
END
GO
```

4．创建一个 UPDATE 替代触发器

在 student 中的学生表上加一个触发器，当修改某个学生的学号时，自动修改该学生在课程注册表中的相应学号。

代码如下：

```
USE student
GO
CREATE TRIGGER update_xh ON dbo.学生
INSTEAD OF UPDATE
AS
IF UPDATE(学号)
BEGIN
ALTER TABLE 课程注册
DROP CONSTRAINT fk_kczcxh
UPDATE 课程注册
SET 学号=(SELECT 学号 FROM inserted)
WHERE 学号=(SELECT 学号 FROM deleted)
UPDATE 学生
SET 学号=(SELECT 学号 FROM inserted)
WHERE 学号=(SELECT 学号 FROM deleted)
ALTER TABLE 课程注册
ADD CONSTRAINT fk_kczcxh FOREIGN KEY (学号) REFERENCES 学生(学号)
END
```

练 习 题

1．什么是存储过程？存储过程有什么特点？

2．什么是触发器？触发器有什么特点？

3．使用触发器有哪些优点？

4．触发器哪有几种类型？

5．创建存储过程有哪些方法？执行存储过程的命令是什么？用哪个命令可以删除存

存储过程与触发器

储过程？

6．查看存储过程和触发器信息的系统存储过程有哪些？

7．在 student 数据库中，创建一个名为 ST_CHAXUN_01 的存储过程，该存储过程返回计算机系学生的姓名、性别、出生日期信息。

8．在 student 数据库中，创建一个查询存储过程 ST_PRO_BJ，该存储过程将查出某系的班级名称。

9．在 student 数据库中，创建一个名为 XIBU_INFOR 的存储过程，它带有参数，用于接收系部代码，返回该系部名称和系主任信息。

10．创建一个名为 TEACHER 的存储过程，该过程用来查询某系教师的姓名与职称。

11．使用触发器，在"教师"表中删除某教师的记录，则在"教师任课"表中自动删除相应教师的任课记录。（注意不要出现外键约束冲突）

12．使用触发器，在"课程注册"表中的"成绩"被改为一个大于等于 60 的值时，自动将该成绩对应课程的"学分"修改为应获得的学分。

13．完成本章的所有实例。

第 11 章 | SQL Server 2012 安全管理

SQL Server 2012 的安全有两方面内容：其一，是防止非法登录者或非授权用户对 SQL Server 数据库或数据造成破坏；其二，有时合法用户不小心对数据库的数据做了不正确的操作，或者保存数据库文件的磁盘遭到损坏，或者 SQL Server 2012 服务器因某种不可预见的事情而导致崩溃，数据库需要恢复到损坏之前状态所应采取的措施。在 SQL Server 2012 中，通过 SQL Server 2012 内置的各种权限验证来保障前者的安全，采用数据库备份和还原方案来解决后者造成的损失。

另外，本章还将介绍如何将数据从 SQL Server 2012 中导出，以及从其他地方将数据导入到 SQL Server 2012 中。

11.1　SQL Server 2012 安全的相关概念

在 SQL Server 2012 中，要访问 SQL Server 2012 服务器，首先要具有服务器级的"连接权"，即要有 SQL Server 2012 服务器的登录账号；登录到 SQL Server 2012 服务器以后，在访问 SQL Server 2012 中某个数据库之前还要有一个数据库用户账号，这个账号由登录账号映射而来，数据库用户必须是服务器的登录用户；另外，当对某个数据库的对象（如数据表、视图等）执行操作时，SQL Server 2012 还会根据该账号的数据库角色来决定是否允许用户执行它所请求的操作。

11.1.1　登录验证

在 SQL Server 2012 中，要访问数据库服务器或数据库的第一步就是必须进行登录验证。在 SQL Server 2012 中，有两种验证方式：一种是 Windows 验证方式，另一种是 Windows 和 SQL Server 混合验证方式。

Windows 验证方式完全采用 Windows 服务器的验证，只要能够登录到 Windows 服务器的用户，就可以登录到 SQL Server 2012 系统。

混合验证方式比 Windows 验证方式更加灵活。因为 Windows 验证方式只允许 Windows 用户登录到 SQL Server 2012 系统，而混合验证方式则不但允许 Windows 用户登录到 SQL Server 2012 系统，而且也允许独立的 SQL Server 2012 用户登录到 SQL Server 2012 系统。这样，某些在 Windows 系统没有登录账号或采用其他操作系统通过网络连接到 SQL Server 2012 服务器的人也可以登录到 SQL Scrver 2012 系统。

另外，一些系统管理员如果没有在 Windows 操作系统中创建用户的权限，那么他也可以在 SQL Server 2012 系统中创建用户登录账号，从而避免这一麻烦。

注意：早期的 Windows 95/98 系统由于不能验证 Windows NT（包括 Windows 2000、2003、2008、Windows 7 等）账号，因此只能采用 Windows 和 SQL Server 混合验证方式。

设置验证模式：

在第一次安装 SQL Server 2012，或者使用 SQL Server 2012 连接其他服务器的时候，需要指定验证模式。对于已经指定验证模式的 SQL Server 2012 服务器，在 SQL Server 2012 中还可以进行修改。操作步骤如下：

（1）打开 SQL Server Management Studio，在"对象资源管理器"中右键单击要修改的 SQL 服务器，在弹出的快捷菜单中选择"属性"菜单命令，这时打开如图 11-1 所示的"服务器属性"窗口。

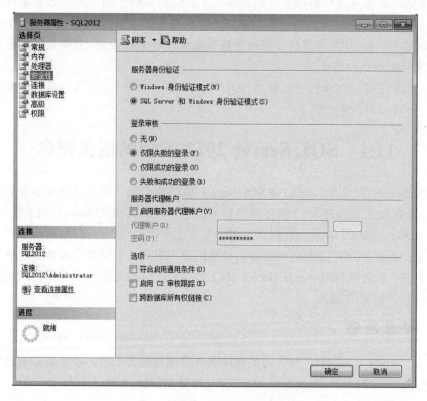

图 11-1　设置 SQL Server 的验证模式

（2）在"选择页"区域选中"安全性"选项，在右边的详细信息区域选择相应的登录验证方式后单击"确定"按钮即可。

注意：修改验证模式后，必须首先停止 SQL Server 服务，然后重新启动 SQL Server，才能使设置生效。

11.1.2　角色

SQL Server 2012 的角色与 Windows 中的用户组概念相似，在 SQL Server 2012 中可以理解为一些权限的集合。

在 SQL Server 2012 中，具有两种类型的角色：服务器角色和数据库角色。服务器角色决定登录到 SQL Server 2012 服务器的用户对服务器中数据库的操作权限。数据库角色决定数据库用户对数据库中对象具有的操作权限。因此，系统管理员给适当的用户分配相应的角色就是 SQL Server 2012 服务器和数据库安全的关键之一。

11.1.3　许可权限

许可权限是指授予用户对数据库中的具体对象的操作权力或 SQL 语句的使用权力。

在 SQL Server 2012 中，用户能够访问的具体对象（如数据表、视图、存储过程等）是需要明确授权的。

一般情况下，任何用户都具有数据表或视图的数据的读（Select）权限，但对于插入（Insert）、更新（Update）和删除（Delete）权限，则需要明确授予。

系统管理员或数据库（对象）拥有者给予适当的用户以适当的权限是保证数据库安全的重要措施。

11.2　服务器的安全性管理

服务器的安全性是通过设置系统登录账户的权限进行管理的。用户在连接到 SQL Server 2012 时与登录账户相关联。在 SQL Server 2012 中有两类登录账户：一类是登录服务器的登录账号（Login Name）；另外一类是使用数据库的用户账号（User Name）。登录账号是指能登录到 SQL Server 2012 的账号，它属于服务器的层面，本身并不能让用户访问服务器中的数据库，而登录者要求使用服务器中的数据库时，必须要有用户账号才能存取数据库。就如同在公司门口先刷卡进入（登录服务器），然后再拿钥匙打开自己的办公室（进入数据库）一样。用户名要在特定的数据库内创建并关联一个登录名（当一个用户创建时，必须关联一个登录名）。用户定义的信息存放在服务器的每个数据库的 sysusers 表中，用户设有密码同它相关联。SQL Server 2012 通过授权给用户指定可以访问的数据库对象的权限。

SQL Server 2012 中有一个超级登录账号 sa。这个账号具有操作 SQL Server 服务器的一切权限。也正因为如此，保证这个账号的安全就是一个十分重要的问题。要保护 SQL Server 2012 服务器的安全，首要的问题就是要保证 sa 账号的安全。

在 SQL Server 2012 系统安装以后，系统自动创建 sa 账号，但其密码为空。这是一个尽人皆知的事实。因此，用户在安装 SQL Server 2012 系统以后，首先要做的工作就是为此账号设置一个密码。需要说明的是，有相当一部分系统管理员为了省事，不为 sa 账号设置密码。这样做，无疑为 SQL Server 2012 数据库系统留下了十分危险的隐患。设置 sa 账号密码的具体方法见 11.2.3 节。

11.2.1　查看登录账号

在安装 SQL Server 2012 以后，系统默认创建几个登录账号。

进入 SQL Server Management Studio，在"对象资源管理器"中展开要查看的 SQL Server

服务器，再展开"安全性"文件夹，展开并选中"登录名"文件夹，即可看到系统创建的默认登录账号及已建立的其他登录账号，如图 11-2 所示。注意：如果在右侧窗口中没有看到详细信息，则需要在"视图"菜单中选中"对象资源管理器详细信息"。

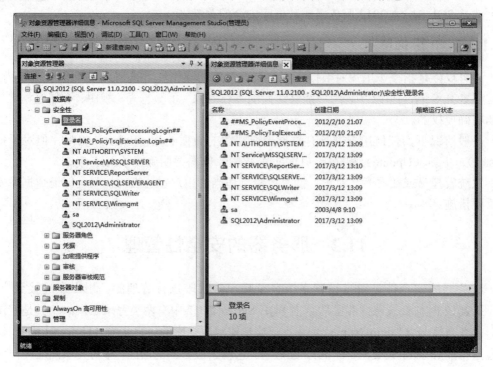

图 11-2　查看服务器登录

其中，NT AUTHORITY\SYSTEM、计算机名\Administrator 和 sa 是默认的登录账号，其含义如下：

（1）NT AUTHORITY\SYSTEM——Windows 系统内置账号，允许作为 SQL Server 2012 登录账号使用。

（2）计算机名\Administrator——允许 Windows 的 Administrator 账号作为 SQL Server 登录账号使用。

（3）sa——SQL Server 2012 系统管理员登录账号，该账号拥有最高的管理权限，可以执行服务器范围内的所有操作。通常 SQL Server 2012 管理员也是 Windows 系统的管理员。

11.2.2　创建一个登录账号

要登录到 SQL Server 2012 必须具有一个登录账号，创建一个登录账号的操作步骤如下：

（1）在 SQL Server Management Studio 的"对象资源管理器"中，依次展开：SQL 服务器、安全性、登录名文件夹，右击"登录名"文件夹（或右击右边的"详细区域"），在出现的快捷菜单中选择"新建登录名"命令，打开"登录名-新建"对话框，如图 11-3 所示。

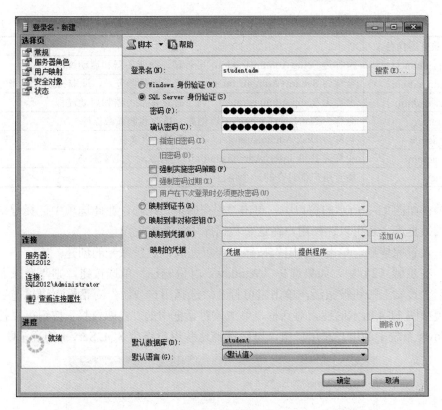

图 11-3　新建登录

（2）在"登录名"文本框中输入要创建的登录账号的名称，如 studentadm，选择需要的身份验证方式，这里使用"SQL Server 身份验证"，接着输入密码，然后选择"默认数据库"，如 student，表示该登录账号默认登录 student 数据库，一个登录账号可以登录不止一个数据库，这里设置的是默认登录数据库。

注意：如果这里选择了"Windows 身份验证"，则必须先在 Windows 的用户管理中先创建该用户，否则会提示错误。

（3）在如图 11-3 所示的窗口中，单击"服务器角色"选项，在此选项中，可设置登录账号所属的服务器角色。

角色（Role）是一组用户所构成的组，可分为服务器角色与数据库角色。以下先介绍服务器角色，数据库角色放在后面讲解。

服务器角色是负责管理与维护 SQL Server 2012 的组，一般指定需要管理服务器的登录账号属于服务器角色。SQL Server 2012 在安装过程中会定义几个固定的服务器角色，其具体权限如表 11-1 所示。

表 11-1　内建服务器角色

固定服务器角色	描　　述
Sysadmin	全称为 System Administrators，可在 SQL Server 中执行任何活动
Serveradmin	全称为 ServerAdministrators，可设置服务器范围的配置选项，关闭服务器

固定服务器角色	描　　述
Setupadmin	全称为 Setup Administrators，可管理连接服务器和启动过程
Securityadmin	全称为 SecurityAdministrators，可管理服务器登录，读取错误日志和更改密码
Processadmin	全称为 Setup Administrators，可管理连接服务器和启动过程
Dbcreator	全称为 Database Creators，以创建、更改和删除数据库
Diskadmin	全称为 Disk Administrators，可以管理磁盘文件
Bulkadmin	全称为 Bulk Insert Administrators，可以执行大容量插入
Public	所有用户都具有的一个角色

（4）在如图 11-3 所示的窗口中，单击"用户映射"选项，在此选项中选择登录账号可以访问的数据库，还可以选择用户在这个数据库中的数据库角色。

（5）设置完毕后，单击"确定"按钮，即可完成该登录账号的创建。

（6）在步骤（2）中，如果选择"Windows 身份验证"单选按钮，则"登录名"文本框后面的"搜索"按钮被激活，单击它可打开"选择用户或组"对话框，再单击"高级"按钮出现如图 11-4 所示的搜索对话框，单击该对话框中的"立即查找"按钮可以搜索到当前 Windows 系统中的用户和用户组，可以选择这些用户作为 SQL Server 的登录账号。

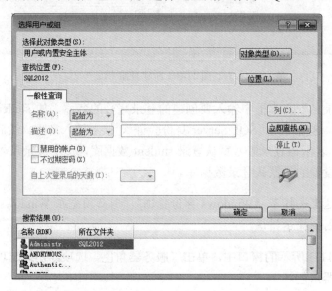

图 11-4　选择 Windows 系统用户作为 SQL Server 的登录账号

11.2.3　更改、删除登录账号属性

按照查看登录账号的方法打开如图 11-2 所示的窗口，在需要更改属性的登录名上右击，在出现的快捷菜单中选择"属性"菜单，打开"登录属性"窗口，即可更改或删除登录账号及账号属性（如密码、角色、数据库访问等）。

11.2.4　禁止登录账号

如果要暂时禁止一个使用 SQL Server 身份验证的登录账号连接到 SQL Server 2012，只需要修改该账户的登录密码即可。如果要暂时禁止一个使用 Windows 身份验证的登录账户连接到 SQL Server，则应当使用 SQL Server Management Studio 或执行 T-SQL 语句来实现。

（1）在 SQL Server Management Studio 中按照查看登录账号的方法打开如图 11-2 所示的窗口。

（2）在详细信息窗格中右击要禁止的登录账号，然后选择"属性"命令，打开"登录属性"窗口。

（3）在"登录属性"窗口中，选择"状态"选项，如图 11-5 所示，然后选中"禁用"单选按钮，如图 11-5 所示。

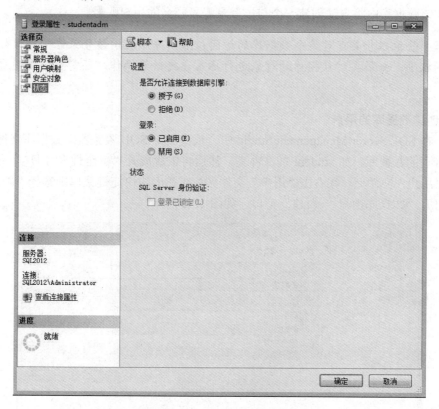

图 11-5 禁止登录账号

（4）单击"确定"按钮，使所做的设置生效。

11.2.5 删除登录账号

如果要永久禁止使用一个登录账号连接到 SQL Server，就应当将该登录账号删除，这可以使用 SQL Server Management Studio 来完成。

（1）在 SQL Server Management Studio 中按照查看登录账号的方法打开如图 11-2 所示的窗口。

（2）在详细信息窗格中右击要删除的登录账号，然后选择"删除"命令。

（3）在弹出的窗口中单击"确定"按钮，确认登录账号的删除操作。

SQL Server 2012 安全管理

11.3　数据库安全性管理

11.3.1　数据库用户

一个 SQL Server 2012 的登录账号只有成为某个数据库的用户时，对该数据库才有访问权限。

每个登录账号在一个数据库中只能有一个用户账号，但每个登录账号可以在不同的数据库中各有一个用户账号。如果在新建登录账号过程中，指定它对某个数据库具有存取权限，则在该数据库中将自动创建一个与该登录账号同名的用户账号。

注意：登录账号具有对某个数据库的访问权限，并不表示该登录账号对该数据库具有存取的权限，如果要对数据库的对象进行插入、更新等操作，还需要设置用户账号的权限。

1．创建数据库的用户

（1）在 SQL Server Management Studio 中，依次展开 SQL 服务器、数据库文件夹，再展开要管理的数据库，如 student 的文件夹，然后再依次展开"安全性""用户"文件夹，并选中"用户"文件夹，在右击"用户"文件夹，在弹出的快捷键菜单中选择"新建用户"命令，打开"数据库用户 - 新建"窗口，如图 11-6 所示。

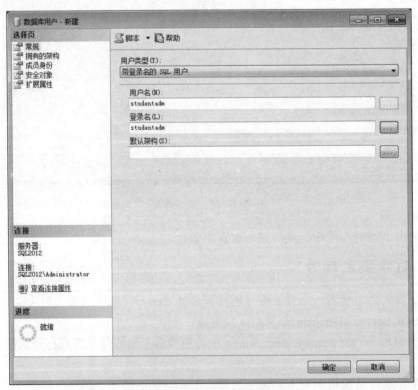

图 11-6　新建用户窗口

（2）在如图 11-6 所示窗口中，先在"用户名"文本框中填写用户名，在"用户类型"列表框中选择一种类型，以前版本的 SQL Server 没有类型选择，通常任何数据库用户都必须对应一个登录名，所以这里选择"带登录名的 SQL 用户"，然后在登录名框中填写有效的登录名（可以单击"登录名"输入框后的"···"按钮查找 SQL 服务器上有效的登录名）。

（3）如果要指定数据库成员身份，需要在如图 11-6 所示窗口中选择"成员身份"选项，在出现的对话框中选择新建用户应该属于的数据库身份，例如，这里选择 db_owner。

（4）设置完毕后，单击"确定"按钮，即可在 student 数据库中创建一个新的用户账号。

如果采用"架构"的方式来管理数据库，还可以在这里选择"默认架构"来指定用户所属的架构。

2．修改数据库的用户

在数据库中建立一个数据库用户账号时，要为该账号设置某种权限，可以通过为它指定适当的数据库架构来实现。修改所设置的权限时，只需要修改该账号所属的数据库架构即可。

（1）在 SQL Server Management Studio 中，依次展开：SQL 服务器、"数据库"、student、"安全性""用户"文件夹，并选中"用户"文件夹。

（2）在详细信息窗格中右击要修改的用户账号，并选择"属性"命令。

（3）当出现"数据库用户-studentadm"窗口时，在"常规"选择页可以重新选择用户账号所属的数据库角色，这与图 11-6 新建用户相似，这种方式需要预先建立好相应的数据库角色。

更详细的数据库权限设置需要在"安全对象"选择页中设置。

具体步骤为：在"数据库用户-studentadm"窗口中选择"安全对象"选项，单击"搜索"按钮；弹出"添加对象"对话框，选择"特定对象"单选按钮，单击"确定"按钮，弹出"选择对象"对话框；单击"对象类型"按钮，打开"选择对象类型"对话框，选择要设置权限的对象，如"表"，然后单击"确定"按钮，返回"选择对象"对话框；单击"浏览"按钮，弹出"查找对象"对话框，在其中选择针对该用户要设置权限的表，单击"确定"按钮，返回"选择对象"对话框，接着单击"确定"按钮，出现如图 11-7 所示的窗口。

在如图 11-7 所示窗口中即可设置数据库用户的详细权限。

3．删除数据库的用户

删除数据库用户步骤与修改数据库用户方式相似，只是在打开要修改账号的右键快捷菜单时选择"删除"命令，然后继续后续操作即可。

11.3.2　数据库角色

角色是一个强大的工具，它可以将用户集中到一个单元中，然后对该单元应用权限。对一个角色授予、拒绝或废除权限适用于该角色中的任何成员。可以建立一个角色来代表单位中一类工作人员所执行的工作，然后给这个角色授予适当的权限。

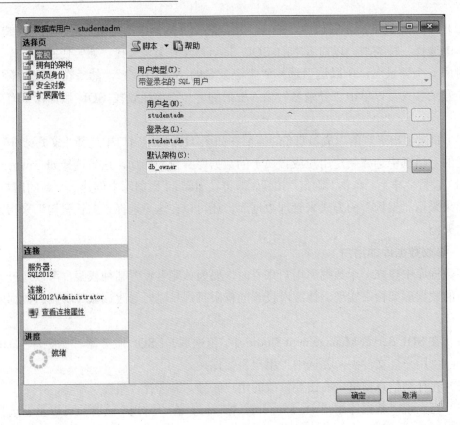

图 11-7 "数据库用户"对话框

和登录账号类似，用户账号也可以分成组，称为数据库角色（Database Role）。数据库角色应用于单个数据库。在 SQL Server 2012 中，数据库角色可分为两种：数据库角色和应用程序角色。数据库角色是由数据库成员所组成的组，此成员可以是用户或者其他的数据库角色。应用程序角色用来控制应用程序存取数据库，它本身并不包括任何成员。

1. 查看数据库角色

在创建一个数据库时，系统默认创建 10 个固定的数据库角色。

在 SQL Server Management Studio 中，依次展开：SQL 服务器、"数据库"、student、"安全性""角色""数据库角色"文件夹，并选中"数据库角色"文件夹，这时可在右侧详细窗格中显示出默认的 10 个数据库角色，见表 11-2。

表 11-2　SQL Server 2012 中的固定数据库角色

固定数据库角色	描　　述
public	最基本的数据库角色，每个用户都属于该角色
db_owner	在数据库中有全部权限
db_accessadmin	可以添加或删除用户 ID
db_securityadmin	可以管理全部权限、对象所有权、角色和角色成员资格
db_ddladmin	可以发出所有 DDL 语句，仍不能发出 GRANT、REVOKE 或 DENY 语句
db_backupoperator	可以发出 DBCC CHECKPOINT 和 BACKUP 语句
db_datareader	可以选择数据库内任何用户表中的所有数据

固定数据库角色	描　述
db_datawriter	可以更改数据库内任何用户表中的所有数据
db_denydatareader	不能选择数据库内任何用户表中的任何数据
db_denydatawriter	不能更改数据库内任何用户表中的任何数据

2．创建、删除新的角色

按照查看数据库角色的方式打开数据库角色窗口，然后根据需要在"数据库角色"或"应用程序角色"文件夹上右击，在弹出的快捷菜单中选择"新建数据库角色"或"应用程序角色"命令，则出现"数据库角色-新建"窗口（或"应用程序角色-新建"窗口），如图11-8所示。

图11-8　"数据库角色-新建"对话框

在该窗口中的"角色名称"文本框中输入角色的名称，在"所有者"框中填写所有者（或单击"…"按钮查找有效所有者）；接着选择所有者架构，添加角色成员；最后单击"确定"按钮。

如果要对角色进行详细权限设置，可以在"安全对象"选项中进行设置，具体方法与设置数据库用户详细权限相似。

3．应用程序角色

编写数据库应用程序时，可以定义应用程序角色，让应用程序的操作者能用该应用程

343

序来存取 SQL Server 的数据。也就是说，应用程序的操作者本身并不需要在 SQL Server 上有登录账号以及用户账号，仍然可以存取数据库，这样可以避免操作者自行登录 SQL Server 2012。

4．public 数据库角色

public 数据库角色是每个数据库最基本的数据库角色，每个用户可以不属于其他 9 个固定数据库角色，但是至少属于 public 数据库角色。当在数据库中添加新用户时，SQL Server 2012 会自动将新用户账号加入 public 数据库角色中。

11.3.3 管理权限

用户是否具有对数据库存取的权力，要看其权限设置而定。但是，它还要受其角色的权限的限制。

1．权限的种类

在 SQL Server 2012 中，权限分为三类：对象权限、语句权限和隐含权限。

1）对象权限

对象权限是指用户对数据库中的表、视图、存储过程等对象的操作权限，相当于数据库操作语言的语句权限，如是否允许查询、添加、删除和修改数据等。

对象权限的具体内容包括以下三个方面：

（1）对于表和视图，是否允许执行 SELECT、INSERT、UPDATE 以及 DELETE 语句。

（2）对于表和视图的字段，是否允许执行 SELECT、UPDATE 语句。

（3）对于存储过程，是否可以执行 EXECUTE 语句。

2）语句权限

语句权限相当于数据定义语言的语句权限，这种权限专指是否允许执行下列语句：CREATE TABLE、CREATE DEFAULT、CREATE PROCEDURE、CREATE RULE、CREATEVIEW BACKUP DATABASE、BACKUP LOG。

3）隐含权限

隐含权限是指由 SQL Server 2012 预定义的服务器角色、数据库所有者（dbo）和数据库对象所有者所拥有的权限，隐含权限相当于内置权限，并不需要明确地授予这些权限。例如，服务器角色 sysadmin 的成员可以在整个服务器范围内从事任何操作，数据库所有者（dbo）可以对本数据库进行任何操作。

2．权限的管理

在上面介绍的三种权限中，隐含权限是由系统预定义的，这类权限是不需要也不能够进行设置的。因此，权限的设置实际上就是指对对象权限和语句权限的设置。权限可以由数据库所有者和角色进行管理。权限管理的内容包括以下三个方面的内容：

（1）授予权限，即允许某个用户或角色对一个对象执行某种操作或某种语句。

（2）拒绝访问，即拒绝某个用户或角色访问某个对象。即使该用户或角色被授予这种权限，或者由于继承而获得这种权限，仍然不允许执行相应的操作。

（3）取消权限，即不允许某个用户或角色对一个对象执行某种操作或某条语句。不允许与拒绝是不同的，不允许执行某操作时，可以通过加入角色来获得允许权；而拒绝执行某操作时，就无法再通过角色来获得允许权了。三种权限冲突时，拒绝访问权限起作用。

3. 用户和角色的权限规则

1）用户权限继承角色的权限

数据库角色中可以包含许多用户，用户对数据库对象的存取权限也继承自该角色。假定用户 User1 属于角色 Role1，角色 Role1 已经取得了对表 Table1 的 SELECT 权限，则用户 User1 也自动取得对表 Table1 的 SELECT 权限。如果 Role1 对 Table1 没有 INSERT 权限，User1 取得了对表 Table1 的 INSERT 权限，则 User1 最终也取得对表 Table1 的 INSERT 权限。但是拒绝是优先的，只要 Role1 和 User1 之一有拒绝权限，则该权限就是拒绝的。

2）用户分属不同角色

如果一个用户分属于不同的数据库角色，如用户 User1 既属于角色 Role1，又属于角色 Role2，则用户 User1 的权限基本上是以 Role1 和 Role2 的并集为准。但是只要有一个拒绝，则用户 User1 的权限就是拒绝的。

11.4　数据备份与还原

11.4.1　备份和还原的基本概念

备份是指制作数据库结构、对象和数据的复制，以便在数据库遭到破坏的时候能够修复数据库；还原则是指将数据库备份加载到服务器中的过程。SQL Server 2012 提供了一套功能强大的数据备份和还原工具，数据备份和还原用于保护数据库中的关键数据。在系统发生错误的时候，可以利用数据的备份来还原数据库中的数据。在下述情况下，需要使用数据库的备份和还原：

（1）存储媒体损坏。例如，存放数据库数据的硬盘损坏。

（2）用户操作错误。例如，非恶意地或恶意地修改或删除数据。

（3）整个服务器崩溃。例如，操作系统被破坏，造成计算机无法启动。

（4）需要在不同的服务器之间移动数据库时。把一个服务器上的某个数据库备份下来，然后还原到另一个服务器中去。

由于 SQL Server 2012 支持在线备份，所以通常情况下可以一边进行备份，一边进行其他操作。但是，在备份过程中不允许执行以下操作：

（1）创建或删除数据库文件。

（2）创建索引。

（3）执行非日志操作。

（4）自动或手工缩小数据库或数据库文件大小。

如果以上各种操作正在进行当中，且准备进行备份，则备份处理将被终止；如果在备份过程中，打算执行以上任何操作，则操作将会失败而备份继续进行。

还原是将遭受破坏、丢失的数据或出现错误的数据库还原到原来的正常状态。这一状态是由备份决定的，但是为了维护数据库的一致性，在备份中未完成的事务并不进行还原。

进行备份和还原的工作主要是由数据库管理员来完成的。实际上，数据库管理员日常比较重要和需要频繁进行的工作就是对数据库进行备份和还原。

如果在备份或还原过程中发生中断，则可以重新从中断点开始执行备份或还原。这在备份或还原一个大型数据库时极有价值。

11.4.2　数据备份的类型

SQL Server 2012 中把备份分为两大类：数据库备份、文件和文件组备份。数据库备份又分为完整、差异、事务日志，下面分别介绍。

1．数据库备份—完整

数据库完整备份，包括所有的数据以及数据库对象。实际上备份数据库的过程就是首先将事务日志写到磁盘上，然后根据事务创建相同的数据库和数据库对象以及复制数据的过程。由于是对数据库的完全备份，所以这种备份类型不仅速度较慢，而且将占用大量磁盘空间。正因为如此，在进行数据库备份时，常将其安排在晚间，因为此时整个数据库系统几乎不进行其他事务操作，从而可以提高数据库备份的速度。

在对数据库进行完全备份时，所有未完成的事务或者发生在备份过程中的事务都不会被备份。如果使用数据库备份类型，则从开始备份到开始还原这段时间内发生的任何针对数据库的修改将无法还原。数据库备份一般在下列要求或条件下使用：

（1）数据不是非常重要，尽管在备份之后还原之前数据被修改，但这种修改是可以忍受的。

（2）通过批处理或其他方法，在数据库还原之后可以很轻易地重新实现在数据损坏前发生的修改。

（3）数据库变化的频率不大。

2．数据库备份—差异

差异备份是指将最近一次数据库备份以来发生的数据变化备份起来，因此，差异备份实际上是一种增量数据库备份。与完整数据库备份相比，差异备份由于备份的数据量较小，所以备份和还原所用的时间较短。通过增加差异备份的备份次数，可以降低丢失数据的风险，但是它无法像事务日志备份那样提供到失败点的无数据损失备份。

在实际中为了最大限度地减少数据库还原时间以及降低数据损失数量，一般经常综合使用数据库备份、事务日志备份和差异备份，从而采用下面的备份方案：

（1）有规律地进行数据库备份，比如每晚进行备份。

（2）较短的时间间隔进行差异备份，比如三个小时或四个小时。

（3）在相邻的两次差异备份之间进行事务日志备份，可以每 10 分钟或 30 分钟一次。

这样在进行还原时，就可以先还原最近一次的数据库备份，接着进行差异备份的还原，最后进行事务日志备份的还原。

在多数情况下，用户希望数据库能还原到数据库失败的那一时刻，这时应该采用下面的方法：

（1）如果能够访问数据库事务日志文件，则应备份当前正处于活动状态的事务日志。

（2）还原最近一次数据库备份。

（3）接着，还原最近一次差异备份。

（4）按顺序还原自差异备份以来进行的事务日志备份。

但是，如果无法备份当前数据库正在进行的事务，则只能把数据库还原到最后一次事务日志备份的状态，而不是数据库的失败点。

3．数据库备份——事务日志

事务日志备份是指对数据库发生的事务进行备份，包括从上次进行事务日志备份、差异备份和数据库完全备份之后，所有已经完成的事务。在以下情况下常选择事务日志备份：

（1）不允许在最近一次数据库备份之后发生数据丢失或损坏的情况。

（2）存储备份文件的磁盘空间很小或者留给进行备份操作的时间有限。例如，兆字节级的数据库需要很大的磁盘空间和备份时间。

（3）准备把数据库还原到发生失败的前一点。

（4）数据库变化较为频繁的情况。

事务日志备份需要的磁盘空间和备份时间都比数据库备份少得多，正是由于这个优点，所以在备份时常采用这样的策略，即每天进行一次数据库备份，而以一个或几个小时的频率备份事务日志。这样就可以将数据库还原到任意一个创建事务日志备份的时刻。

但是，创建事务日志备份相对比较复杂。因为在使用事务日志对数据库进行还原操作时，还必须有一个完整的数据库备份，而且事务日志备份还原时必须按一定的顺序进行。比如，在上周末对数据库进行了完整的数据库备份，在从周一到周末的每一天都进行一次事务日志备份，那么若打算对数据库进行还原，则首先还原数据库备份，然后按照顺序还原从周一到本周末的事务日志备份。

4．文件和文件组备份

文件或文件组备份是指对数据库文件或数据库文件组进行备份，它不像完整的数据库备份那样同时也进行事务日志备份。使用该备份方法可提高数据库还原的速度，因为它仅对遭到破坏的文件或文件组进行还原。

在使用文件或文件组进行还原时，要求有一个自上次备份以来的事务日志备份来保证数据库的一致性。所以，在进行完文件或文件组备份后，应再进行事务日志备份，否则备份在文件或文件组备份中的所有数据库变化将无效。

11.4.3　还原模式

在 SQL Server 2012 中有三种数据库还原模式，分别是简单还原（Simple Recovery）、完全还原（Full Recovery）和批日志还原（Bulk-logged Recovery）。

1．简单还原

简单还原就是指在进行数据库还原时仅使用了数据库备份或差异备份，而不涉及事务日志备份。简单还原模式可使数据库还原到上一次备份的状态。但由于不使用事务日志备份来进行还原，所以无法将数据库还原到失败点状态。当选择简单还原模式时，常用的备份策略是：首先进行数据库备份，然后进行差异备份。

2．完全还原

完全数据库还原模式是指通过使用数据库备份和事务日志备份，将数据库还原到发生失败的时刻，因此几乎不造成任何数据丢失。这成为对付因存储介质损坏而数据丢失的最佳方法。为了保证数据库的这种还原能力，所有的批数据操作，比如 SELECT INTO、创建索引都被写入日志文件。选择完全还原模式时常用的备份策略是，首先进行完全数据库备份，然后进行差异数据库备份，最后进行事务日志的备份。如果准备让数据库还原到失败时刻，则必须对数据库失败前正处于运行状态的事务进行备份。

3. 批日志还原

批日志还原在性能上要优于简单还原和完全还原模式。它能尽最大努力减少批操作所需要的存储空间。这些批操作主要是 SELECT INTO、批装载操作（如批插入操作）、创建索引、针对大文本或图像的操作（如 WRITETEXT 及 UPDATETEXT）。选择批日志还原模式所采用的备份策略与完全还原所采用的备份策略基本相同。

11.5 备份与还原操作

11.5.1 数据库的备份

在进行备份以前首先必须创建备份设备。备份设备是用来存储数据库、事务日志、文件或文件组备份的存储介质，备份设备可以是硬盘、磁带或管道。SQL Server 2012 只支持将数据库备份到本地磁带机，而不是备份到网络上的远程磁带机。当使用磁盘时，SQL Server 允许将本地主机硬盘和远程主机上的硬盘作为备份设备，备份设备在硬盘中是以文件的方式存储的。

1. 用 SQL Server Management Studio 管理备份设备

1）创建备份设备

使用 SQL Server Management Studio 创建备份设备的步骤如下：

（1）在 SQL Server Management Studio 对象资源管理器中，依次展开要管理的服务器、"服务器对象"、"备份设备"，右击"备份设备"，在弹出的快捷菜单中选择"新建备份设备"命令，如图 11-9 所示。

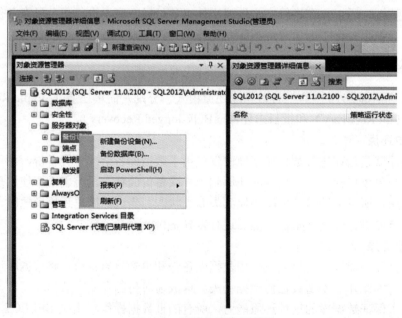

图 11-9　新建备份设备页面

（2）在打开的"备份设备"窗口中，填写备份设备名称和设备类型，如图 11-10 所示。由于没有安装磁带机所以磁带机不可选，只能选择文件。单击"文件"文本框后的"…"按钮，在弹出的窗口中设置文件名。

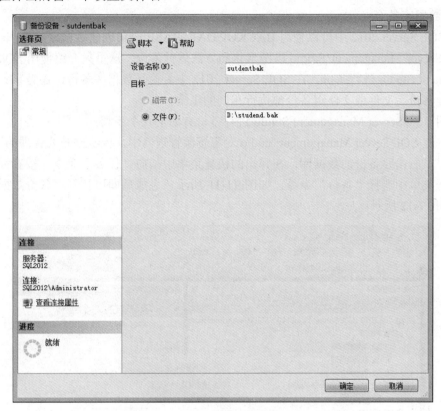

图 11-10　备份设备设置页面

（3）然后单击"确定"按钮，完成创建备份设备。

注意：如果在 Windows 的 NTFS 文件系统中创建备份设备文件，该文件所在目录需要 SQL Server 2012 系统用户具有读和写的用户权限，否则会提示权限不够的错误。还有，建立备份设备主要针对使用诸如磁带机一类的备份设备，如果备份设备是本地磁盘上的文件，则不需要建立备份设备。

2）删除备份设备

使用 SQL Server Management Studio 删除备份设备的步骤如下：

在 SQL Server Management Studio 对象资源管理器中，依次展开要管理的服务器、"服务器对象""备份设备"，右击要删除的备份设备，在弹出的快捷菜单中选择"删除"命令，即可删除备份设备。

2. 系统数据库备份操作

在备份用户数据库的同时，如果需要还原整个系统，则需要备份系统数据库。这使得在系统或数据库发生故障（例如，硬盘发生故障）时可以重建系统。下列系统数据库的定期备份很重要：master 数据库、msdb 数据库、model 数据库。

注意：不可能备份 tempdb 系统数据库，因为每次启动 Microsoft SQL Server 2012 实例时都重建 tempdb。SQL Server 2012 实例在关闭时将永久删除 tempdb 中的所有数据。

3．数据库备份

在 SQL Server 2012 中可以使用 BACKUP DATABASE 语句创建数据库备份，也可以使用 SQL Server Management Studio 以图形化的方法进行备份，这里只介绍使用 SQL Server Management Studio 进行备份。在 SQL Server 2012 中无论是数据库备份，还是事务日志备份、差异备份、文件或文件组备份都执行相同的步骤。

使用 SQL Server Management Studio 进行备份有如下几个步骤：

（1）在 SQL Server Management Studio 对象资源管理器中，依次展开要管理的服务器、"数据库"，右击要备份的数据库，在弹出的快捷菜单中指向"任务"命令，接着弹出子菜单，在子菜单中选择"备份"命令，如图 11-11 所示，完成后即可打开"备份数据库"窗口，如图 11-12 所示。

图 11-11　备份数据库操作

（2）在"备份数据库"窗口中，选择要备份的数据库、备份模式、备份设备，填写备份名称，单击"确定"按钮即可继续数据库备份。

11.5.2　数据库的还原

利用 SQL Server Management Studio 还原数据库的方法和步骤如下：

（1）在 SQL Server Management Studio 对象资源管理器中，依次展开要管理的服务器、"数据库"，右击要还原的数据库，在弹出的快捷菜单中指向"任务"命令，接着弹出子菜单，在子菜单中选择"还原"命令，接着选择"数据库"命令，打开"还原数据库"对话框，如图 11-13 所示。

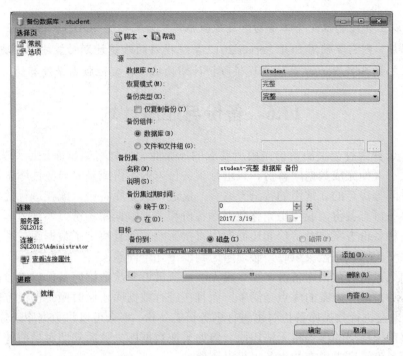

图 11-12 "备份数据库"窗口

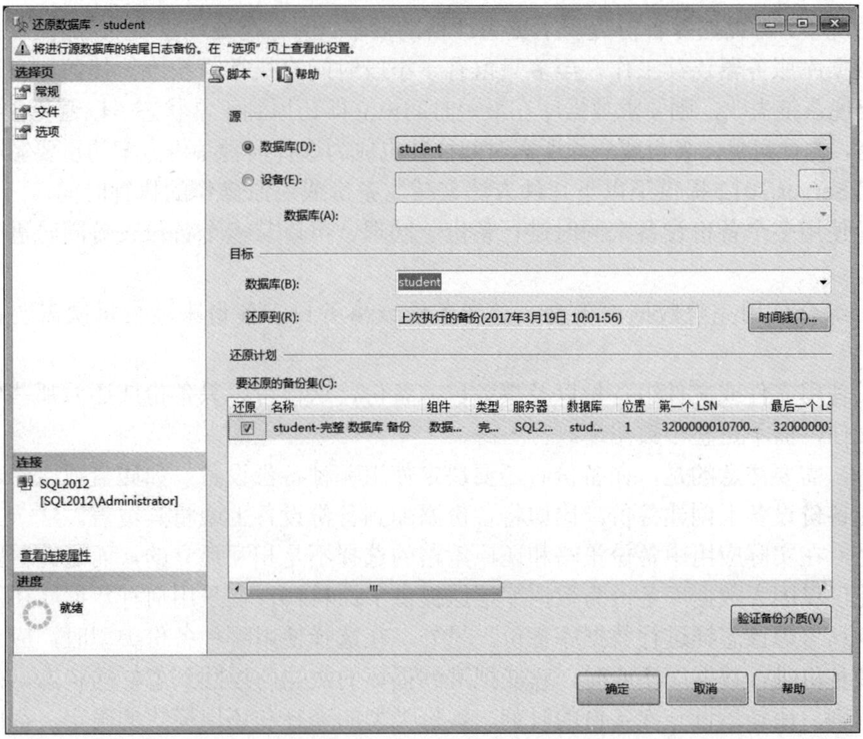

图 11-13 "还原数据库"对话框

SQL Server 2012 安全管理

（2）在"还原数据库"对话框中，选择好"目标数据库""源数据库"、需要的"备份集"后，单击"确定"按钮即可还原数据库。

注意：以上介绍的仅是手工备份和还原数据库，如果要让 SQL Server 2012 系统自动定时备份数据库，则需要使用 SQL Server 2012 系统提供的维护计划功能才能实现。不过，只有企业级版本的 SQL Server 系统才提供维护计划的功能，其他版本是没有的。

11.6　备份与还原计划

通常，选择哪种类型的备份是由所要求的还原能力（如将数据库还原到失败点）、备份文件的大小（如完成数据库备份、只进行事务日志的备份或是差异数据库备份）以及留给备份的时间等决定的。常用的备份方案有：仅进行数据库备份，或在进行数据库备份的同时进行事务日志备份，或使用完整数据库备份和差异数据库备份。

选用何种备份方案将对备份和还原产生直接影响，而且决定了数据库在遭到破坏前后的一致性水平。所以在做决策时，必须考虑到以下几个问题：

（1）如果只进行数据库备份，那么将无法还原最近一次数据库备份以来数据库中所发生的所有事务。这种方案的优点是简单，而且在进行数据库还原时操作也很方便。

（2）如果在进行数据库备份时也进行事务日志备份，那么可以将数据库还原到失败点。那些在失败前未提交的事务将无法还原，但如果在数据库失败后立即对当前处于活动状态的事务进行备份，则未提交的事务也可以还原。

从以上问题可以看出，对数据库一致性的要求程度成为选择备份方案的主要原因。但在某些情况下，对数据库备份提出了更为严格的要求，例如在处理重要业务的应用环境中，常要求数据库服务器连续工作，至多只留有一小段时间来执行系统维护任务，在这种情况下一旦出现系统失败，则要求数据库在最短时间内立即还原到正常状态，以避免丢失过多的重要数据，由此可见，备份或还原所需时间往往也成为选择何种备份方案的重要影响因素。

SQL Server 2012 提供了以下几种方法来减少备份或还原操作的执行时间：

（1）使用多个备份设备来同时进行备份。同理，可以从多个备份设备同时进行数据库还原操作。

（2）综合使用完整数据库备份、差异备份或事务日志备份来减少每次需要备份的数据量。

（3）使用文件或文件组备份以及事务日志备份，这样可以只备份或还原那些包含相关数据的文件，而不是整个数据库。

另外，需要注意的是，在备份时还要决定使用哪种备份设备，如磁盘或磁带，并且决定如何在备份设备上创建备份，比如将备份添加到备份设备上或将其覆盖。

总之，在实际应用中备份策略和还原策略的选择不是相互孤立的，而是有着紧密联系的。不能仅仅因为数据库备份为数据库还原提供了原材料，在采用何种数据库还原模式的决策中，只考虑该怎样进行数据库备份。另外，在选择使用哪种备份类型时，应该考虑到当使用该备份进行数据库还原时，它能把遭到损坏的数据库返回到怎样的状态，是数据库失败的时刻，还是最近一次备份的时刻。备份类型的选择和还原模式的确定，都应该以尽最大可能以最快速度减少或消灭数据丢失为目标。

11.7 案例中的安全

通过前面的学习，我们已经掌握了 SQL Server 2012 的安全管理机制。为了 SQL Server 2012 服务器和数据库的安全，系统管理员主要应考虑以下内容：

（1）必须确定采用何种登录验证方式，才能最大限度地满足用户的需要。

（2）根据登录验证方式建立 Windows 登录用户或 SQL Server 登录用户。

（3）决定哪些用户将执行 SQL Server 2012 服务器系统管理任务，并为这些用户分配适当的服务器角色。

（4）决定哪些用户应当存取哪些数据库，并为这些登录用户添加适当的数据库角色。

（5）给适当的用户或角色授予适当的存取数据库对象的权限，以便用户能够操作相应的数据库对象。

现在以实际的"学生管理信息系统"数据库的安全管理为案例，来加深 SQL Server 2012 在安全管理方面的理解，从而巩固 SQL Server 2012 的安全管理技能。

首先，为了登录的方便，将 SQL Server 2012 数据库服务器的登录验证方式设为 "Windows 和 SQL Server 混合验证"方式，具体方法见 11.1.1 节。

接着建立"学生管理系统"的登录账号 studentadm 和 stu。studentadm 账号是整个系统的管理员，具有对数据库所有的操作权限，stu 为学生账号，只能对数据库中的部分数据表有读写权限。由于采用了"Windows 和 SQL Server 混合验证"方式，所以可以不用在 Windows 中建立 studentadm 和 stu 账号，直接在 SQL Server Management Studio 中建立该账号即可。具体步骤如下：

（1）在 SQL Server Management Studio 中，依次展开：SQL 服务器、"数据库""安全性""登录名"文件夹，右击"登录名"文件夹，在弹出的快捷菜单中选择"新建登录名"命令，打开"登录名-新建"对话框，如图 11-14 所示。

图 11-14　新建登录账号

（2）在"登录名"文本框中填写要创建的登录账号的名称 studentadm，单击"SQL Server 身份验证"单选按钮并输入密码，然后选择默认数据库为 student，表示该登录账号默认登录 student 数据库。

（3）在图 11-14 中，选中"用户映射"选项，设置该登录名要映射的数据库为 student，系统会自动为 student 数据库建立同名的数据库用户账号，同时设置该用户所属角色为 db_owner，表示该用户是管理员，具有所有权限，如图 11-15 所示。

图 11-15 "用户映射"窗口

注意：如果建立 studentadm 登录名时不进行用户映射，则系统不会在 student 数据库中新建 studentadm 数据库用户账号，要访问 student 数据库还需要在其中建立数据库账号。

（4）设置完毕后，单击"确定"按钮，即可建立名为 studentadm 的登录名，同时建立了名为 studentadm 的数据库用户账号。

同理，可以继续创建 stu 账号，不过不要给其 db_owner 角色。

接下来为了不让用 stu 账号登录的用户操作该账号不允许的操作，可以设置 stu 账号的许可权限，步骤为：

（1）在 SQL Server Management Studio 中，展开 student 数据库的"安全性""用户"文件夹，右击 stu 用户，在弹出的快捷菜单中选择"属性"命令，打开"数据库用户-stu"属性窗口，如图 11-16 所示。

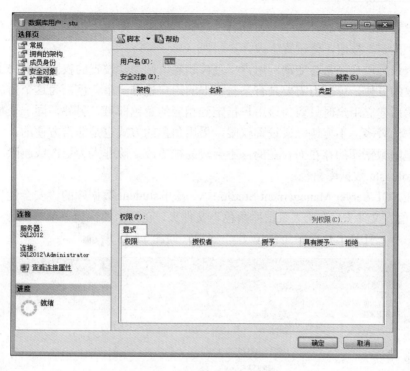

图 11-16　"数据库用户-stu"窗口

（2）选择"安全对象"，单击"搜索"按钮，按照 11.3.1 节操作，添加安全对象为 student 数据库中的"学生"表，如图 11-17 所示。

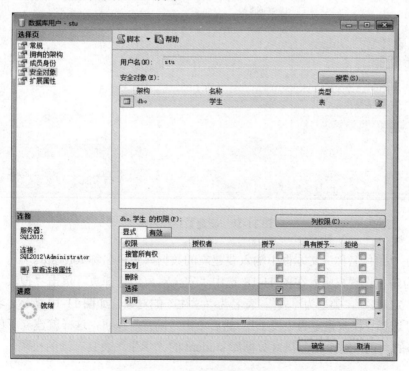

图 11-17　数据库用户权限设置

SQL Server 2012 安全管理

（3）设置 stu 账号对"学生"表具有"选择"权限，即对"学生"表只具有读权限。最后单击"确定"按钮，使设置生效。

因为登录的用户经常会变动，用户一旦被删除，则为其设置的权限就消失了，所以为了设置权限的方便，可以为需要具有某些权限的用户建立一个角色，为这个角色指定相应的权限，然后建立用户时只要为该用户指定到相应的角色即可。另外，同一个数据库系统中如果用户比较多，不方便一一设置权限，采用角色的方式也是非常方便的。

角色是随数据库的存在而存在的，不会轻易被更改，除非人为更改或删除。下面建立上面说的 role_stu 数据库角色：

（1）在 SQL Server Management Studio 中，展开 student 数据库的"安全性""角色""数据库角色"文件夹，右击"数据库角色"文件夹，在弹出的快捷菜单中选择"新建数据库角色"命令，打开"数据库角色-新建"窗口，如图 11-18 所示。

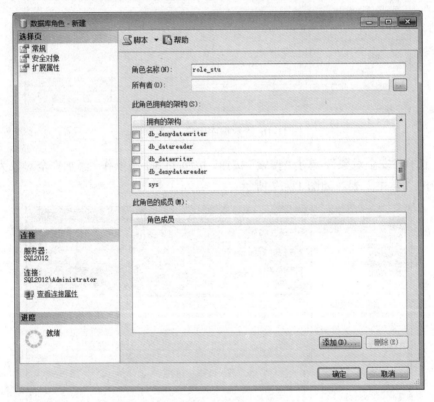

图 11-18　新建数据库角色

（2）在"角色名称"文本框中输入要建立的数据库角色名称 role_stu。

（3）为角色设置权限：在图 11-18 选中"安全对象"选择页，单击"搜索"按钮，添加一个"特定对象"，类型为"表"，表名为"学生"的对象，如图 11-19 所示；将名为"学生"表的"选择"权限设定为"授予"；然后单击"确定"按钮，这样就建立了应该一个名为 role_stu 的角色，这个角色只对数据库 student 的"学生"表具有读的权限。

注意：建立的角色名称不能与已存在的数据库用户名和角色名称重复，否则不能建立。

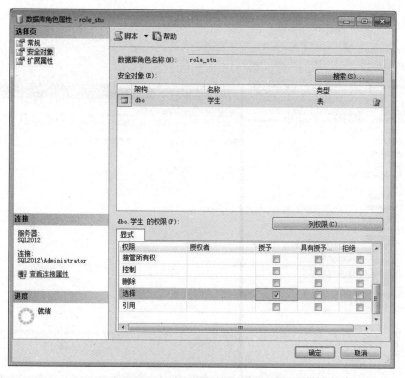

图 11-19 数据库角色权限设置

11.8 案例中的备份和还原操作

通过前面的学习，我们已经掌握了 SQL Server 2012 中的备份与还原的概念和操作。

对数据库必须适时地进行备份，以防意外事件的发生而造成数据的损失，我们希望永远不进行恢复数据库的操作，但是数据库的备份操作是必须定期进行的。

数据库备份需要根据实际情况，制定不同的备份策略。一方面可以保证数据的安全性，另一方面又要避免不必要的浪费。

从总体上说，数据库备份策略需要考虑三个方面的内容：一是备份的内容；二是备份的时间及频率；三是备份数据的存储介质。这在前面已经讲过。

现在就以实际的"学生管理信息系统"数据库的备份与还原为案例，来加深对 SQL Server 2012 在备份与还原方面的理解。在前面介绍备份与还原时，只介绍了手工方式，不能进行自动备份，接下来以实际案例的方式介绍使用 SQL Server 2012 企业版提供的维护计划功能来实现数据库的定时自动备份。

1. 备份操作

在"学生选课管理系统"中，数据库更新频率缓慢，数据量不大，因此适合数据库备份策略，并且每周备份一次，设定在周日晚 00：00 点进行备份。备份操作使用 SQL Server 2012 企业版提供的维护计划向导来完成，步骤如下：

（1）在 SQL Server Management Studio 中，依次展开数据库服务器、"管理"文件夹，右击"维护计划"文件夹，在弹出的快捷菜单中选择"维护计划向导"命令，如图 11-20

所示，随即打开"维护计划向导"窗口，如图 11-21 所示。

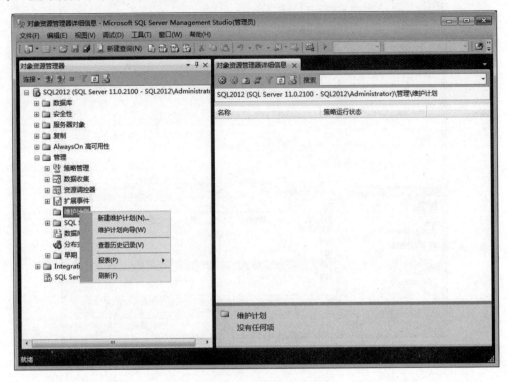

图 11-20　新建维护计划

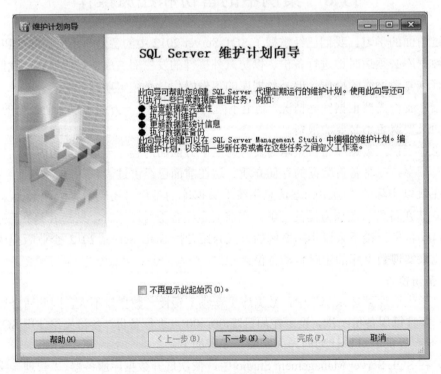

图 11-21　维护计划向导（一）

（2）单击"下一步"按钮，填写维护计划的名称及相关信息，如图 11-22 所示。

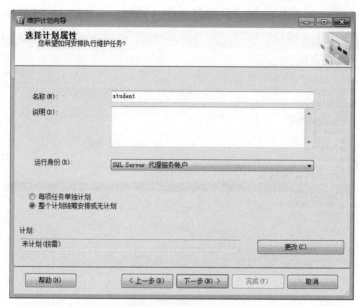

图 11-22　维护计划向导（二）

（3）在如图 11-22 所示的窗口中单击"更改"按钮，打开"新建作业计划"窗口，如图 11-23 所示；在这里设置作业计划的名称、计划执行的时间等信息，根据案例要求，设置计划类型为"重复执行"、频率为"每周"、每天在 0:00:00 执行一次，然后单击"确定"按钮。

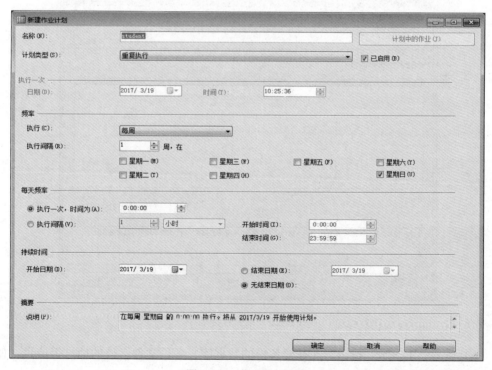

图 11-23　作业计划属性

SQL Server 2012 安全管理

（4）单击"下一步"按钮，选择维护任务，可以多选，SQL Server 2012 可以同时进行多种类型的备份任务，这里仅选择"备份数据库（完整）"，如图 11-24 所示。

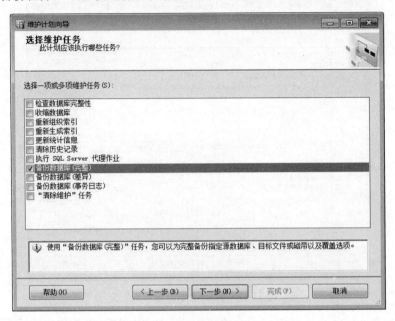

图 11-24　维护计划向导（三）

（5）单击"下一步"按钮，选择任务顺序，如图 11-25 所示。

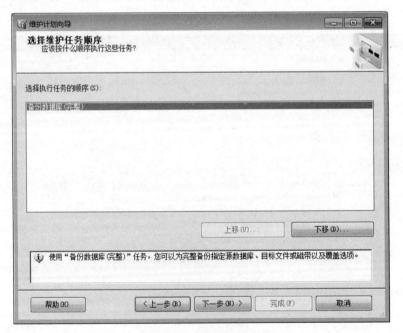

图 11-25　维护任务顺序

（6）单击"下一步"按钮，选择要备份的数据库、备份文件存放的地方等信息，如图 11-26 和图 11-27 所示。

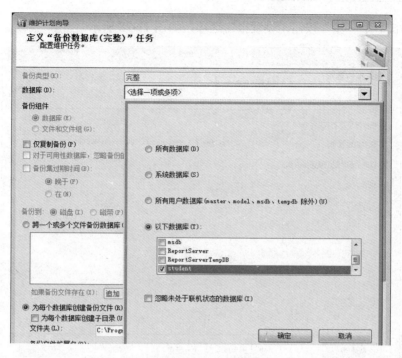

图 11-26　定义任务

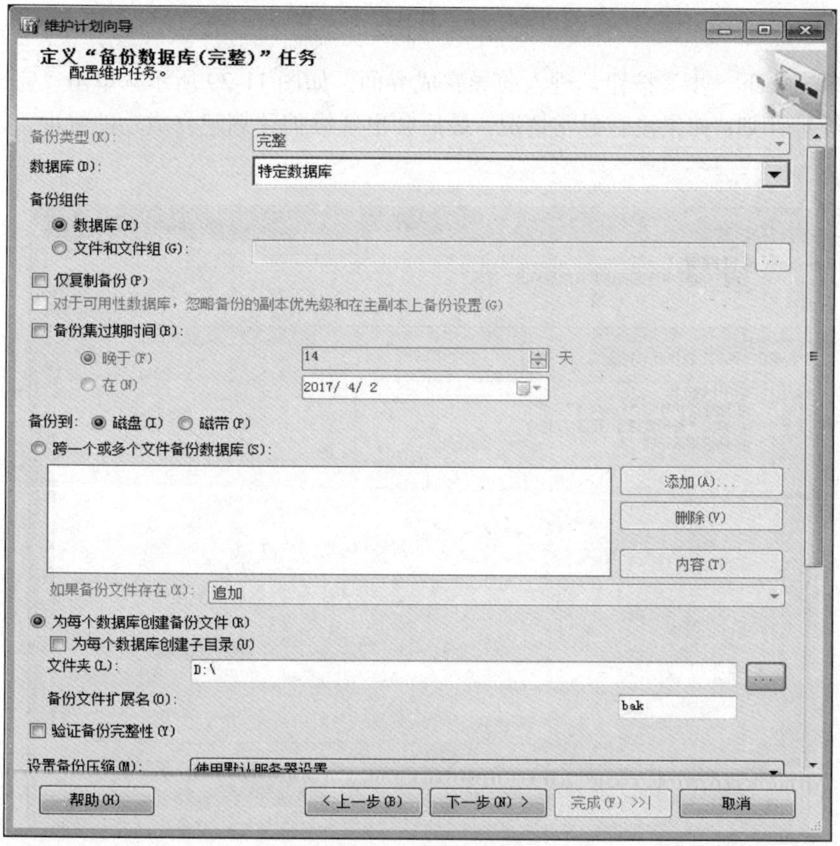

图 11-27　配置维护任务

SQL Server 2012 安全管理

（7）单击"下一步"按钮，设置报告选项，如图 11-28 所示。

图 11-28　设置报告选项

（8）单击"下一步"按钮，进入向导完成界面，如图 11-29 所示，单击"完成"按钮，即可建立维护计划；如果没有异常情况，最后会出现维护计划建立成功的界面，如图 11-30 所示。

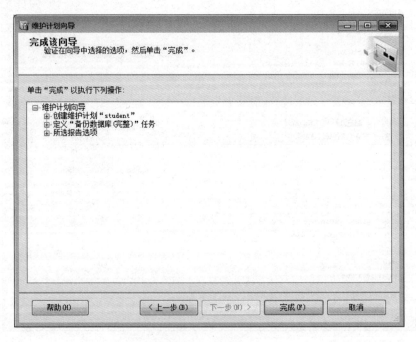

图 11-29　向导完成

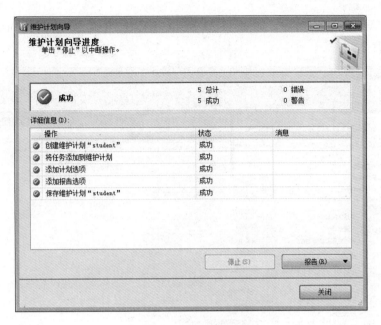

图 11-30　维护计划进度

建立了维护计划后，SQL Server 2012 系统会在每个周的星期日晚上 00：00 进行数据库 student 的完全备份，生成的备份文件存放在 C 盘根目录下，备份文件名称形如 student_backup_2017_03_14_171149_2656250.bak。

2．还原操作

在"学生管理信息系统"中，student 数据库还原数据库的方法和步骤可参考 11.5.1 节及图 11-13。

11.9　数据导出与导入

在使用数据库的过程中，经常需要将数据从数据库中导出，如以下几种情况：数据需要导出到其他数据库，如导出到 Access、MySQL 等；数据需要导入到类似 Excel 的表处理文件中以便进行版面处理和打印等操作。有时，我们需要将大量的数据输入到数据库，而这些数据已经以其他数据库或文件的形式存在于计算机中，我们需要以一种快速的方式来输入这些数据。SQL Server 2012 为我们提供了数据导入和导出功能，并且支持多种数据库和文件，可以非常方便快捷地实现数据的导入和导出。

注意：数据导出导入功能只在 SQL Server 2012 的企业版或开发版中才具有，而且必须安装了至少 SP1 补丁后才能正常工作。

1．数据导出

操作步骤如下：

（1）在 SQL Server Management Studio 中，依次展开数据库服务器、"数据库"文件夹，右击要导出数据的数据库文件夹，如 student 数据库，在弹出的快捷菜单中依次展开"任务"

子菜单选中"导出数据"命令，如图 11-31 所示，随即打开"导入和导出向导"窗口，如图 11-32 所示。

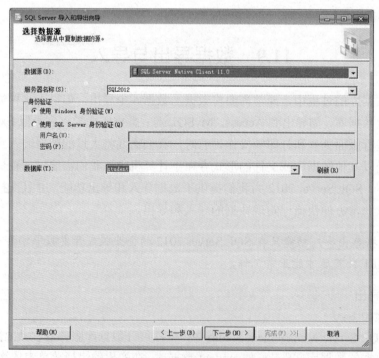

图 11-31　导出数据菜单

图 11-32　导入和导出向导—选择数据源

（2）在如图 11-32 所示的导入和导出向导窗口中，在"数据源"下拉列表框中选择数据来源，这里选择 SQL Server Native Client 11.0，接着选择服务器名称，如果从本机导出则选择本机计算机名或 IP 地址，接下来设置合适的身份验证方式，随后在数据库列表框中选择要操作的数据库，然后单击"下一步"按钮，出现如图 11-33 所示的对话框。

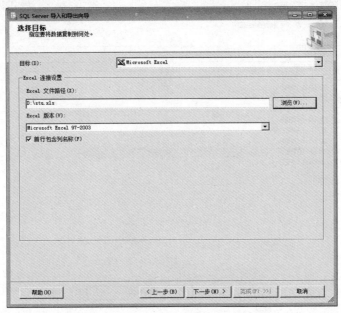

图 11-33 导入和导出向导—选择目标

（3）在如图 11-33 所示的对话框中，在"目标"下拉列表框中选择要导出到的目标，这里选择 Microsoft Excel 将数据导出到 Excel 文件中，接着选择 Excel 文件名及存放的路径。然后单击"下一步"按钮，出现如图 11-34 所示的对话框。

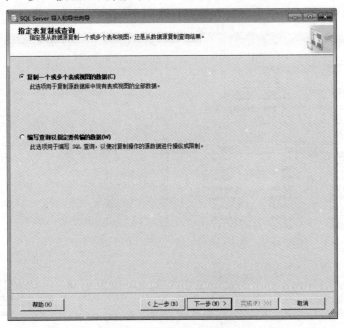

图 11-34 指定表复制或查询

SQL Server 2012 安全管理

（4）在如图 11-34 所示的对话框中，可以选择两个选项：一个是用图形方式选择要导出的一个或多个表，一个是编写 SQL 语句选择导出的内容。这里选择第一项，通过图形界面方式选择导出的表，然后单击"下一步"按钮，出现如图 11-35 所示的对话框。

图 11-35　选择源表和源视图

（5）在如图 11-35 所示对话框中，选中要导出的表，必要时可以单击"编辑映射"按钮，打开如图 11-36 所示的"列映射"窗口，在其中编辑导出表中各字段的属性。

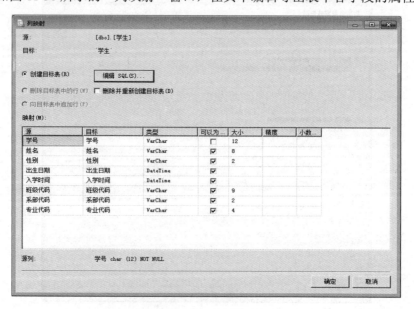

图 11-36　列映射

（6）然后单击"下一步"按钮，在接着出现的对话框中单击"完成"按钮，最后出现如图 11-37 所示的执行成功界面，如果在导出过程中出现任何问题，将在这个界面窗口中给出提示。

图 11-37　执行成功

2．数据导入

数据导入的过程与数据导出的过程是在相同的向导中进行的，操作步骤基本一致，仅在选择数据来源和目标的时候与导出数据时相反。另外要注意的是，导入的数据来源表结构要与数据库中相应表结构一致；如果不一致，则要在"列映射"对话框中作详细设置，否则可能在导入的过程中产生错误而无法成功导入。

<h1 style="text-align:center">练 习 题</h1>

1．简述 SQL Server 2012 的登录验证模式。

2．简述数据库用户的作用及其与服务器登录账号的关系。

3．简述 SQL Server 2012 中的三种权限。

4．在什么样的情况下需要进行数据库的备份和还原？

5．数据备份的类型有哪几种？这些备份类型适合于什么样的数据库？为什么？

6．SQL Server 2012 提供了哪几种数据库恢复方式？

7．某单位的数据库每周五晚 12 点进行一次完全数据库备份，每天晚上 12 点进行一次差异备份，每小时进行一次日志备份，数据库在 2016 年 3 月 5 日 4：50 崩溃。应如何将其恢复以使数据损失最小？

8．将数据库中一个表导出到 Excel 中进行版面编辑并打印。

第 12 章　数据库与开发工具的协同使用

一个完整的数据库应用系统在逻辑上包括用户界面和数据库访问链路，SQL Server 2012 在 C/S 或 B/S 双层结构中位于服务器端，构成整个数据库应用系统的后端数据库，满足客户端连接数据库和存储数据的需要，它并不具备图形用户界面的设计功能。在 C/S 结构中，图形用户界面的设计工作通常使用可视化开发工具 Visual BASIC、C++ Builder、PowerBuilder 等；在 B/S 结构中，常使用 ASP、JSP 等技术来实现。本章将以 VB、C++ Builder 为例介绍在 C/S 结构中数据库与开发工具协同使用开发数据库应用系统的方法，还将以 ASP 为例介绍在 B/S 模式下 SQL Server 2012 数据库与开发工具的协同使用。

12.1　常用的数据库连接方法

12.1.1　ODBC

开放式数据库互连（Opened DataBase Connectivity，ODBC）是一种用于访问数据库的统一界面标准，由 Microsoft 公司于 1991 年底发布。它应用数据通信方法、数据传输协议、DBMS 等多种技术定义了一个标准的接口协议，允许应用程序以 SQL 作为数据存取标准，来存取不同的 DBMS 管理的数据。ODBC 为数据库应用程序访问异构型数据库提供了统一的数据存取接口 API，应用程序不必重新编译、连接，就可以与不同的 DBMS 相连。目前支持 ODBC 的有 SQL Server、Oracle 等 10 多种流行的 DBMS。ODBC 是基于 SQL 语言的，是一种在 SQL 和应用界面之间的标准接口，它解决了嵌入式 SQL 接口非规范核心问题，免除了应用软件随数据库的改变而改变的麻烦。

ODBC 是一个分层体系结构，由四部分构成：ODBC 数据库应用程序（application）、驱动程序管理器（driver manager）、DBMS 驱动程序（DBMS driver）、数据源（data source）。

1. 应用程序

应用程序的主要功能是：调用 ODBC 函数，递交 SQL 语句给 DBMS，检索出结果，并进行处理。应用程序要完成 ODBC 外部接口的所有工作。

应用程序的操作包括：连接数据库（向数据源发送 SQL 语句）；为 SQL 语句执行结果分配存储空间，定义所读取的数据格式；读取结果，处理错误；向用户提交处理结果；请求事务的提交和撤销操作；断开与数据源的连接。

应用层提供图形用户界面（GUI）和事务逻辑，它是使用诸如 Java、Visual BASIC 及 C++这样的语言编写的程序。应用程序利用 ODBC 接口中的 ODBC 功能对数据库进行操作。

2. 驱动程序管理器

驱动程序管理器是一个动态链接库（DLL），用于连接各种 DBS 的 DBMS 驱动程序（如

SQL Server、Oracle、Sybase 等驱动程序），管理应用程序和 DBMS 驱动程序之间的交互作用。驱动程序管理器的主要功能如下：

（1）为应用程序加载 DBMS 驱动程序。

（2）检查 ODBC 调用参数的合法性和记录 ODBC 函数的调用。

（3）为不同驱动程序的 ODBC 函数提供单一的入口。

（4）调用正确的 DBMS 驱动程序。

（5）提供驱动程序信息。

当一个应用程序与多个数据库连接时，驱动程序管理器能够保证应用程序正确地调用这些 DBS 的 DBMS，实现数据访问，并把来自数据源的数据传送给应用程序。

3．DBMS 驱动程序

应用程序不能直接存取数据库，其各种操作请求要通过 ODBC 的驱动程序管理器提交给 DBMS 驱动程序，通过驱动程序实现对数据源的各种操作，数据库的操作结果也通过驱动程序返回给应用程序。应用程序通过调用驱动程序所支持的函数来操纵数据库。驱动程序也是一个动态链接库（DLL）。

当应用程序调用函数进行连接时，驱动程序管理器加载驱动程序。根据应用程序的要求，驱动程序主要完成以下任务：

（1）建立应用程序与数据源的连接。

（2）向数据源提交用户请求执行的 SQL 语句。

（3）根据应用程序的要求，将发送给数据源的数据或是从数据源返回的数据进行数据格式和类型的转换。

（4）把处理结果返回给应用程序。

（5）将执行过程中 DBS 返回的错误转换成 ODBC 定义的标准错误代码，并返回给应用程序。

（6）根据需要定义和使用光标。

4．ODBC 的数据源

数据源（Data Source Name，DSN）是驱动程序与 DBS 连接的桥梁，数据源不是 DBS，而是用于表达一个 ODBC 驱动程序和 DBMS 特殊连接的命名。数据源分为以下三类：

（1）用户数据源。用户创建的数据源，称为"用户数据源"。此时只有创建者才能使用并且只能在所定义的计算机上运行。任何用户都不能使用其他用户创建的用户数据源。

（2）系统数据源。所有用户和在 Windows NT 下以服务方式运行的应用程序均可使用系统数据源。

（3）文件数据源。文件数据源是 ODBC 3.0 以上版本增加的一种数据源，可用于企业用户。

ODBC 驱动程序也安装在用户的计算机上。

创建数据源最简单的方法是使用 ODBC 驱动程序管理器。在连接中，用数据源名来代表用户名、服务器名、所连接的数据库名等，可以将数据源名看成是与一个具体数据库建立的连接。

12.1.2　OLE DB

ODBC 在数据库编程方面是一个很大的进步，因为它定义了简单的运行时接口，可以用来使用许多种类的数据库。然而，ODBC 也有一些缺陷，如 ODBC 是一个基于过程的接口，即整个 ODBC 接口的定义是由一些函数构成的，不便于编程人员学习和使用，并且它还不易扩展和集成。因此，Microsoft 公司提供了一种对各类应用程序均适用的、采用 ODBC 接口、通过结构化查询语言 SQL 对数据库进行访问操作的总体方案，即 OLE DB。它是一组“组件对象模型”（COM）接口，是一种数据访问的技术标准，封装了 ODBC 的功能，目的是提供统一的数据访问接口。这里的数据既可以是 DBMS 数据源，也可以是非 DBMS 数据源。DBMS 数据源包括网络数据库（如 SQL Server、Oracle 和 DB2 等）及桌面数据库（如 Microsoft Access）；非 DBMS 数据源包括存放在 Windows 和 UNIX 文件系统中的信息、电子邮件、电子表格、Web 上的文本或图形及目录服务等。

OLE DB 使得数据的消费者（应用程序）可以用相同的方法访问各种数据，而不用考虑数据的具体存储位置、格式和类型。OLE DB 和 ODBC 相比，在底层的引擎和每一个独立的数据库引擎之间的接口有很大的不同。在 ODBC 中，每一种类型的数据库都必须有一个动态链接库（DLL），ODBC 引擎使用 DLL 来打开该类型的数据库并执行修改记录等操作。动态链接库被称为 ODBC 驱动程序管理器。在 OLE DB 中仍然需要有驱动程序管理器，不同之处在于 OLE DB 驱动程序管理器是 ActiveX 实现的，一个 ActiveX 就定义了用来实现特定接口的类，通过这种方式提高了数据库编程的速度，因为它减少了在程序和需要进入的数据库引擎之间的层次。另外，Microsoft 公司还提供了一个 ODBC/OLE DB 桥，它允许从 OLE DB 中使用一个 ODBC 驱动程序。

OLE DB 将传统的数据库系统划分为多个逻辑部件，部件间相对独立又可相互通信。

（1）消费者（consumer）。消费者是使用 OLE DB 对存储在数据提供者中的数据进行控制的应用程序。除了典型的数据库应用程序外，还包括需要访问各种数据源的开发工具或语言等。

（2）提供者（provider）。提供者是暴露 OLE DB 的软组件。提供者大致分两类，即数据提供者（data provider）和服务提供者（service provider）。数据提供者是提供数据存储的软组件，小到普通的文本文件，大到主机上的复杂数据库，或者电子邮件存储，都是数据提供者的例子；服务提供者位于数据提供者之上，它是从过去的 DBMS 中分离出来且能独立运行的功能组件，如查询处理器和游标引擎等，这些组件使得数据提供者提供的数据能以表格形式向外表示（不管真实的物理数据是如何组织和存储的），并实现数据的查询和修改功能。服务提供者不拥有数据，但通过使用 OLE DB 生产和消费数据来封装某些服务。

（3）业务组件（business component）。业务组件是利用数据服务提供者专门完成某种特定业务信息处理的、可重用的功能组件。

12.1.3　ADO

1. ADO 对象模型

OLE DB 标准的具体实现是一组 API 函数，这些 API 函数符合 COM。使用 OLE DB API 可以编写能访问符合 OLE DB 标准的任何数据源的应用程序，也可以编写针对某些特定数据存储的查询处理器和游标引擎。但是，OLE DB 应用程序编程接口的目的是为各种应用程序提供最佳的功能，它并不符合简单化的要求。而 ADO（ActiveX Data Objects，ActiveX 数据对象）技术则是一种良好的解决方案，它构建于 OLE DB API 之上，提供一种面向对象的、与语言无关的应用程序编程接口。

ADO 的应用场合非常广泛，不仅支持多种程序设计语言，而且兼容所有的数据库系统，从桌面数据库到网络数据库等，ADO 提供相同的处理方法。ADO 不仅可在 Visual BASIC 这样的高级语言开发环境中使用，还可以在服务器端脚本语言中使用，这对于开发 Web 应用，在 ASP 的脚本代码中访问数据库提供了操作应用的捷径。ADO 是一个 ASP 内置的服务器组件，它是一座连接 Web 应用程序和 OLE DB 的桥梁，运用它结合 ASP 技术可在网页中执行 SQL 命令，达到访问数据库的目的。ADO 最主要的优点是易于使用、速度快、内存支出少和磁盘遗迹少。ADO 在关键的应用方案中使用最少的网络流量，并且在前端和数据源之间使用最少的层数，所有这些都是为了提供轻量、高性能的接口。ADO 的对象模型如图 12-1 所示。

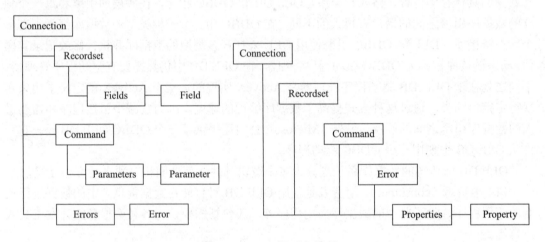

图 12-1　ADO 的对象模型

每个 Connection、Command、Recordset 和 Field 对象都有 Properties 集合。

2．ADO 功能

ADO 支持开发 C/S 和 B/S 应用程序的关键功能包括：

（1）独立创建对象。使用 ADO 不再需要浏览整个层次结构来创建对象，因为大多数的 ADO 对象可以独立创建。这个功能允许用户只创建和跟踪需要的对象，这样，ADO 对象的数目较少，所以工作集也更小。

（2）成批更新。通过本地缓存对数据的更改，然后在一次更新中将其全部写到服务器。

（3）支持带参数和返回值的存储过程。

（4）不同的游标类型。包括对 SQL Server 和 Oracle 数据库后端特定的游标支持。

（5）可以限制返回行的数目和其他的查询目标来进一步调整性能。

（6）支持从存储过程或批处理语句返回的多个记录集。

ADO 连接数据库功能强大，使用方便，所以现在一些主要的软件开发工具都支持

ADO，下面就以现在比较流行的几种开发工具为例，来介绍这些开发工具中如何通过 ADO 连接 SQL Server 数据库，并操纵数据库中的数据。

12.2　在 Visual Basic 中的数据库开发

12.2.1　Visual Basic 简介

Visual Basic（VB）是全球最大的软件公司 Microsoft 公司研制和开发的。VB 不仅是一种程序设计语言，也是一个开发数据库应用或其他应用的工具。VB 为开发人员提供了可视化的开发环境，用户能方便地用所见即所得的交互式方式设计出用户界面，其特点如下：

（1）VB 提供了多种数据库引擎。在 VB 环境开发数据库应用时，与数据库连接和对数据库的数据操作是通过 ODBC、Microsoft Jet（数据库引擎）等实现的。

（2）VB 具有先进的模块化程序设计功能，这使得用 VB 编写大型程序、完成大规模项目变得很容易。另外，VB 易于编程的原因，在于其拥有强大的内部函数。

（3）VB 简单易学，适合各种开发人员使用。

（4）VB 具有广泛的应用背景。Microsoft 公司不仅在 Office 套件中嵌入了 VB 代码，使之可以完成一定的任务，同时还在浏览器 IE 4.0 以上的版本中支持 VBScript。利用 VB 还可以开发动态服务器网页，可以组建大型复杂的网站。所以，VB 不仅是初学者，而且是高级编程人员的首选编程语言。

下面介绍如何使用 Visual BASIC 6.0 开发 SQL Server 应用程序，主要讲述通过 ADO 数据控件访问 SQL Server 数据库的方法和操作步骤。

12.2.2　在 VB 中使用 ADO 数据控件连接数据库

ADO 数据控件使用 ActiveX 数据对象（ADO）来快速建立数据绑定控件与数据源之间的连接，其中，数据绑定控件可以是任何具有 data source 属性的控件，数据提供者可以是任何符合 OLE DB 规格的源。使用该控件可以快速创建记录集，并通过数据绑定控件将数据提供给用户。

1．安装 ADO 数据控件

默认打开的 VB 6.0 控件界面上没有 ADO 数据控件，所以在使用 ADO 数据控件之前，必须将其添加到工具箱中。操作步骤如下：

（1）选择菜单栏中的"工程"→"部件"命令。

（2）在打开的"部件"对话框中选择"控件"选项卡，选中 Microsoft ADO Data Control 6.0（OLEDB）复选框，如图 12-2 所示。

（3）单击"确定"按钮，将 ADO 数据控件添加到 Visual BASIC 的工具箱中，如图 12-3 所示。

2．在窗体上添加 ADO 数据控件

在工具箱中双击 Adodc 控件按钮，即在窗体上添加一个 ADO 数据控件，如图 12-4 所示。

374

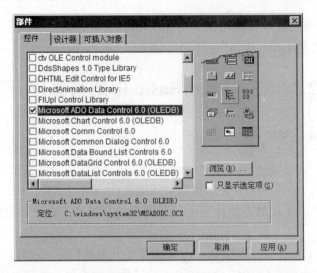

图 12-2 "部件"对话框

图 12-3 工具箱中的 ADO 数据控件

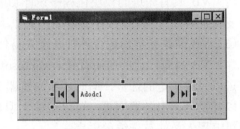

图 12-4 ADO 数据控件外观

3．设置 ADO 数据控件连接的数据库

在窗体上添加 ADO 数据控件后，通过设置该控件的 ConnectionString 属性可以指定所要连接的 SQL Server 数据库，这种连接可以通过 OLE DB 提供程序或 ODBC 驱动程序来实现。ConnectionString 属性值是一个字符串，主要内容包括访问数据库所用的提供程序或驱动程序、服务器名称、用户标识和登录密码以及要连接的默认数据库等。操作步骤如下：

（1）单击窗体中的 ADO 数据控件，在属性窗口选择 ConnectionString 属性打开"属性页"对话框，如图 12-5 所示。

如果创建了 Microsoft 数据连接文件，则选中"使用 Data Link 文件"单选按钮，单击"浏览"按钮寻找文件；如果使用 DSN（数据源名称），则选中"使用 ODBC 数据资源名称"单选按钮；如果希望使用连接字符串，则选中"使用连接字符串"单选按钮。

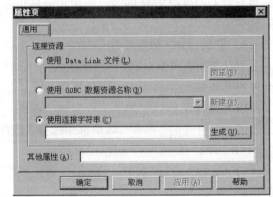

图 12-5 "属性页"对话框

下面以"使用连接字符串"为例，介绍连接 SQL Server 数据库的方法。

选中"使用连接字符串"单选按钮，然后单击"生成"按钮，打开如图 12-6 所示的对话框。

（2）选择 Microsoft OLE DB Provider for SQL Server 选项，单击"下一步"按钮，打开如图 12-7 所示的对话框。在该对话框中选择 SQL Server 服务器名，选择数据库的验证模式以及数据库名，最后单击"确定"按钮。

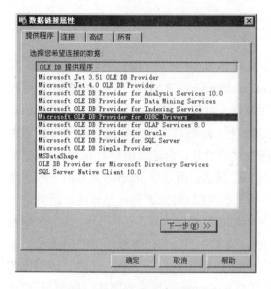

图 12-6　选择连接的数据

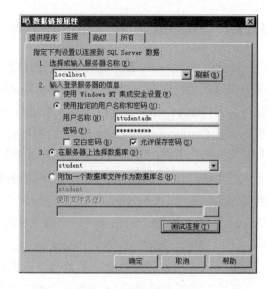

图 12-7　指定数据库

4. 设置 ADO 数据控件的记录来源

在设置 ADO 数据控件所要连接的 SQL Server 数据库之后，还需要通过设置该控件的 Record Source 属性来指定来源。操作步骤如下：

（1）在"属性"窗口中单击 Record Source 属性框右边的"…"按钮，打开"属性页"对话框，如图 12-8 所示。

（2）在"属性页"对话框中，从"命令类型"下拉列表框中选择所需命令类型：

- 若要通过执行一个 SQL 语句来生成记录集，则选择 1-adCmdText 选项。
- 若要从一个数据库表中检索数据库，则选择 2-adCmdTable 选项。
- 若要通过执行一个存储过程来生成记录集，则选择 4-adCmdStoredProc 选项。

图 12-8　"属性页"对话框

（3）根据步骤（2）的操作不同，执行下列操作之一：

- 若在步骤（2）选择的类型为 2 或 4，则在"表或存储过程名称"文本框中选择所需的表名称或存储过程名称。

- 若在步骤（2）选择的类型为 1，则在"命令文本（SQL）"文本框中输入一个 SQL 查询语句。

（4）单击"确定"按钮，完成 Record Source 属性的设置。

12.3 在 Delphi 或 C++ Builder 中的数据库开发

12.3.1 Delphi 与 C++ Builder 简介

Delphi 和 C++ Builder 是全球著名的软件开发商 Borland 公司（现已更名为 Inprise）发展的快速应用程序开发工具（Rapid Application Development，RAD）。它们使用 VCL 可视化控件（Visual Component Library）来进行程序设计，微软的 Visual Basic 则称为 Control，但不管是 Component 或 Control，它们都是对象的一种，这些现成的对象使得程序设计不再是从零开始，而是从现有的对象出发，就像集成电路的设计，也是从现有的 IC 组合出更多更大的电路，这也是 Inprise 公司大力倡导的软件 IC 观念。所以在 Inprise 大力倡导程序组件共享的前提下，C++ Builder 与 Delphi 共享了所有的 VCL 对象、属性与方法，所有进入 Delphi 与 C++ Builder 的画面可说是除了标题的 Delphi 与 C++ Builder 不同外，其余全部相同。不同的是，Delphi 继承了 Pascal 语言的语法，而 C++ Builder 继承了 C/C++语法。由于现在一般高校在进行教学时多数都开设了 C/C++程序设计课程，而 Pascal 语言使用比较少，所以本书以 C++ Builder 为例来介绍有关开发 SQL Server 数据库程序的一些知识，C++ Builder 与 Delphi 之间程序的移植非常方便，基本上就是将对应语句更改成相应的另外一种语法。

12.3.2 C++ Builder 提供的 SQL Server 访问机制

C++ Builder 对 SQL Server 提供了很强的数据库访问能力，也提供了多种方式访问 SQL Server。在利用 SQL Server 和 C++ Builder 开发数据库应用系统时，通常将数据访问组件放在数据模块中（也可以直接放在窗体界面上），将用户界面组件放在窗体中，它的模型如图 12-9 所示。

图 12-9 Delphi+SQL Server 融合开发的数据库应用程序模型

访问 SQL Server 的方法有以下几种。

1. BDE/IDAPI

C++ Builder 通过 BDE/IDAPI 来访问数据库。BDE 是 C++ Builder 采用的一个中间件，它一方面连接 C++ Builder 中的各种数据库操作对象，比如 TQueue；另一方面连接了数据库的驱动程序。

对于 SQL Server，可以采用 SQL Links 提供的驱动程序，再配合 SQL 数据库提供的客户端软件。但 SQL Links 仅仅提供了为 BDE 服务的驱动程序，而控制与远程 SQL 服务器连接的程序，则是由 SQL Server 的客户端提供的。

采用这种方法连接 SQL Server 的操作步骤如下：

（1）选择"开始"→C++ Builder→BDE Administrator 命令，打开 BDE Administrator 窗口，如图 12-10 所示。

（2）在左边的树形窗格中选择 Database 选项卡，右击 Database 节点，在弹出的快捷菜单中选择 New 命令，打开 New Database Alias 对话框，在 Database Driver Name 下拉列表中选择 MSSQL 选项，如图 12-11 所示。

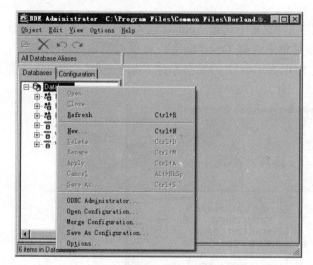

图 12-10　BDE Administrator 窗口　　　　图 12-11　New DataBase Alias 对话框

（3）单击 OK 按钮，返回如图 12-12 所示的 BDE Administrator 窗口。

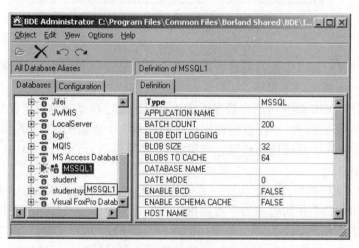

图 12-12　定义数据库别名

（4）修改 MSSQL1 名称为用户自定义的数据库别名，然后在右侧的 Definition 窗格中设置一些参数。下面是一些重要的参数说明：

- SERVER NAME 必须设置，代表 SQL Server 所在的主机名称。

数据库与开发工具的协同使用

- DATABASE NAME 必须设置，代表 SQL Server 上数据库的名称。
- USER NAME 指的是默认的用户名。
- LANGDRIVE 必须设置，用于显示 SQL 数据的语言代码设置。
- HOST NAME 是给本机设置的名字，以便让 SQL 服务器能够识别客户端。
- OPEN MODE 对于 ODBC 设置有效。
- SQLQRYMODE 设置处理 SQL 的方式。可选项为：

NULL——SQL 查询首先被送至服务器端执行，如果服务器端执行失败，则由本地来完成。

SERVER——SQL 完全由服务器端来完成，如果服务器端不能执行，则 SQL 执行失败。

LOCAL——SQL 在本地执行。

（5）保存别名定义。右击，在弹出的快捷菜单中选择 Apply 命令，即保存了别名的定义。

（6）双击该别名，或者在右键快捷菜单中选择 Open 命令。如果需要输入密码，输入用户名和密码，这样 C++ Builder 就同 SQL Server 上的数据库建立起了连接，此时别名旁的小图标将加上绿色框表示已经打开，如图 12-13 所示。

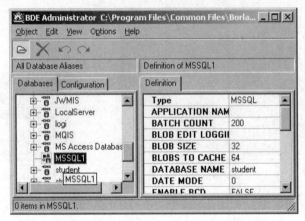

图 12-13　连接上之后的数据源别名

2．ODBC

ODBC 是微软一直以来推荐的数据库连接方式，已成为了一种工业标准。采用这种方法连接 SQL Server 需要以下步骤：

（1）在使用 ODBC 建立与后台数据库的连接时，通过数据源名指定使用的数据库，这样当使用的数据库改变时，不用改变程序，只要在系统中重新配置 DSN 就可以了。DSN 是应用程序和数据库之间连接的桥梁。在设置 DSN 时包括 DSN 名、ODBC 驱动程序类型以及数据库等信息。

（2）启动 ODBC 数据源设置程序。首先从用户计算机控制面板启动"数据源 ODBC"程序，打开"ODBC 数据源管理器"对话框，如图 12-14 所示。数据源文件有三种类型，其中"用户 DSN"和"系统 DSN"是常用的两种数据源。"用户 DSN"和"系统 DSN"的区别是，前者用于本地数据库的连接，后者是多用户和远程数据库的连接方式。

（3）创建新数据源（以"系统 DSN"为例加以说明）。在如图 12-14 所示的对话框中选择"系统 DSN"选项卡，单击"添加"按钮，打开"创建新数据源"对话框。在此，因为现在要设置的数据库类型为 SQL Server，选择相对应的数据库驱动程序 SQL Server 选项，如图 12-15 所示。

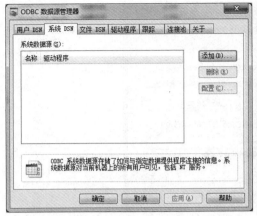

图 12-14 "ODBC 数据源管理器"对话框   图 12-15 "创建新数据源"对话框

（4）创建新的数据源到 SQL Server。在上一步选择了连接数据源的类型，单击"完成"按钮，打开"创建到 SQL Server 的新数据源"对话框，如图 12-16 所示。在"名称"文本框中输入数据源名称 student，在"描述"文本框中输入对数据源的说明"学生信息管理系统"。选择数据库服务器名称，在此选择本机命名的数据库服务器，也可以输入数据库服务器的 IP 地址。

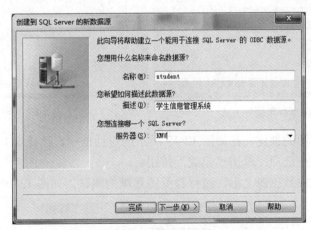

图 12-16 "创建到 SQL Server 的新数据源"对话框（一）

注意：如果网络采用 TCP/IP 协议，并且禁用了 TCP/IP 上的 NetBIOS，那么必须使用 IP 地址来连接，而且在下一步的配置中，要进行"客户端配置"，选择"使用 TCP/IP"连接到数据库服务器。

（5）创建新的数据源到 SQL Server。登录方式有两种，选择第二种方式"使用用户输入登录 ID 和密码的 SQL Server 验证"方式，如图 12-17 所示。输入数据库的用户名称和密码，单击"下一步"按钮。

（6）建立新的数据源到 SQL Server。在如图 12-17 所示的对话框中单击"下一步"按钮，打开如图 12-18 所示的对话框，选中"更改默认的数据库为"复选框，在其下拉列表框中选择 student 数据库。单击"下一步"按钮，打开如图 12-19 所示的对话框。

数据库与开发工具的协同使用

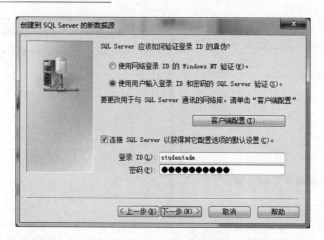

图 12-17　"创建到 SQL Server 的新数据源"对话框（二）

图 12-18　选择登录验证方式

图 12-19　选择数据库

（7）完成数据源的创建。在如图 12-19 所示的对话框中，选择 SQL Server 数据库支持的语言以及其他一些选项，单击"完成"按钮。

（8）在创建完成数据源之后，进行数据源选项的测试，如图 12-20 所示。

图 12-20　"ODBC Microsoft SQL Server 安装"对话框

到此为止，新的"系统 DSN"配置成功。同理，"用户 DSN"的配置方法与"系统 DSN"

的配置方法相同。

3. ADO

C++ Builder 提供了 ADO 组件编程。利用这些组件，用户可以与 ADO 数据库相联系，读取数据库中的数据并执行相应的操作，在此过程中完全不需要使用 BDE。C++ Builder 6.0 中的 ADO 组件页如图 12-21 所示。

图 12-21　ADO 组件页

主要包含如下 7 个控件：

- TADOConnection——用于建立与数据库的 ADO 连接，其他组件都可以通过它来对数据库进行操作，从而避免了每个组件都要建立自己的连接字符串。
- TADOCommand——专门用来创建和执行命令，它适合于执行不返回结果的 SQL 命令。
- TADODataSet——可以对数据表进行操作、执行 SQL 查询和存储过程，并且能通过 TADOConnection 组件或直接与一个数据存储建立连接。
- TADOTable——用于检索和操作由一个数据表生成的数据集。
- TADOQuery——用于检索和操作由一个合法的 SQL 语句生成的数据集。
- TADOStoredProc——用于执行存储过程，无论它是否返回结果值。
- TRDSConnection——主要实现 RDS Dataspace 对象的功能，以便建立多层客户机/服务器应用程序。

在使用 ADO 访问数据库时，首先要建立与数据库的连接，方法有如下两种：

（1）使用 TADOConnection 建立与 ADO 数据库的连接，其他组件通过它来操作数据库。

（2）直接使用 TADODataSet、TADOTable、TADOQuery、TADOStoredProc 组件与数据库建立连接。

TADOConnection 组件及每一个 ADO 访问组件都包含一个被称为 ConnectionString 的属性，利用该属性可以指定一个到 ADO 数据存储及其属性的连接。使用属性编辑器可以方便地为 ConnectionString 属性设定值。操作步骤如下：

（1）在窗体或数据模块中选择要配置的 ADO 控件，单击 Object Inspector 中 ConnectionString 属性项右边的"…"按钮，打开如图 12-22 所示的对话框。有两种方式设置：第一种为 Use Data Link File，使用已有的数据连接文件(.UDL)；第二种为 Use Connection String，直接输入数据连接参数。

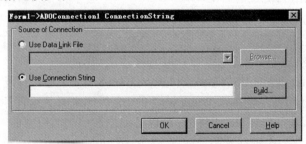

图 12-22　设置 ConnectionString 属性

（2）单击 Build 按钮，打开"数据链接属性"对话框，如图 12-23 所示。在该对话框

数据库与开发工具的协同使用

中，由于要连接 SQL Server 数据库，这里选择 Microsoft OLE DB Provider for SQL Server 选项。

（3）单击"下一步"按钮，打开如图 12-24 所示的对话框。在该对话框中选择 SQL Server 服务器名（或用 IP 地址），选择数据库的验证模式以及数据库名。

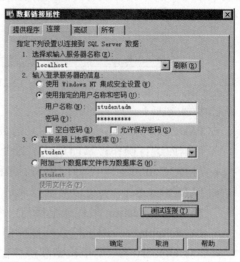

图 12-23 "提供程序"选项卡 图 12-24 "连接"选项卡

（4）单击"测试连接"按钮，进行测试。

以上就是 C++ Builder 中连接 SQL Server 数据库比较常用的三种方式。一般来说，如果数据库支持 ADO 连接，推荐使用 ADO 方式，在后边的实例中我们也是以 ADO 方式来连接 SQL Server 数据库的。

12.4 ASP 与 SQL Server 2012 的协同运用

12.4.1 ASP 运行环境的建立

Microsoft Active Server Pages（ASP）是一套微软开发的服务器端脚本环境，ASP 本身并不是一种脚本语言，它只是提供了一种使嵌在 HTML 页面中的脚本程序得以运行的环境。通过 ASP，我们可以结合 HTML 网页、ASP 指令和 ActiveX 组件建立动态、交互且高效的 Web 服务器应用程序。

通过 ASP 可以连接现在常用的大多数数据库系统，通过 ADO 可以方便、高效地实现对数据库的读取、写入及删除等操作，结合 HTML 页面，可以实现时下流行的 B/S 方式的数据库管理系统，这在以前则必须编写 CGI 程序才能够实现。

ASP 内含于 Windows 的 IIS（Internet Information Server）中，开发 ASP 应用程序前先要对其运行环境进行配置，现在以 Windows 7 的 IIS 为例来看其运行环境的建立。

Windows 7 默认是不安装 IIS 组件的，所以必须先在控制面板中的"添加删除程序""添加/删除 Windows 组件"中进行安装，如图 12-25 所示。

选中"Internet 信息服务（IIS）"复选框，单击"详细信息"按钮，打开如图 12-26 所示的"Internet 信息服务（IIS）"对话框，选中"World Wide Web 服务器"复选框，单击"确定"按钮进行安装，安装过程中会提示插入 Windows 安装盘。

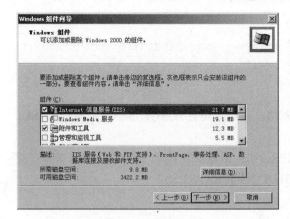 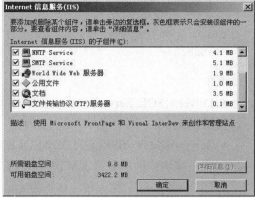

图 12-25 "Windows 组件向导"对话框   图 12-26 "Internet 信息服务（IIS）"对话框

这样安装完成后 ASP 的运行环境即建立好了，如果不做特别的配置，只要将写好的 ASP 文件放到 IIS 的发布目录中即可以解释执行了。默认情况下，IIS 的发布目录在 C:\inetpub\wwwroot 下。也可以修改发布目录，或者是新建一个自己的 Web 站点。

12.4.2　在 ASP 中连接 SQL Server 2012 数据库

在 ASP 中是通过 ADO 方式连接到数据库的，由于 ASP 代码是以纯脚本的方式编写并解释运行的，所以连接过程就是编写 ADO 数据库连接字符串。一般常用以下三种方式。

1. ODBC DSN Connections（ODBC DSN 连接）

使用一个 ODBC DSN（Data Source Name）有以下两步：

（1）首先通过控制面板中的"ODBC 数据源管理"程序创建一个连接到 SQL Server 数据库服务器的 DSN（可以参照 12.4.1 节）。

注意：在使用 ASP 时需创建一个"系统 DSN"，而不能使用"用户 DSN"。

（2）使用下面的连接字符串：

```
oConn.Open "DSN=student;UID=ssk;PWD=1;"
```

其中：

DSN=student——指定要连接 DSN，这里为 student。

UID=ssk——指定登录名，这里为 ssk。

PWD=1——指定登录密码，这里为 1。

也可以创建和使用一个 File DSN，使用如下连接字符串：

```
oConn.Open "FILEDSN=c:\student.dsn;UID=ssk;PWD=1;"
```

DSN 的不足之处是用户可以更改它们，当然也会误删除，程序就有可能不能正常工作，所以更好的办法是使用可靠的 DSN-Less 或 OLE DB Provider 连接字符串，下面就介绍这两种方法。

2．ODBC DSN-Less Connections（无 DSN 连接）

（1）标准安全连接的语法格式为：

```
oConn.Open "Driver={SQL Server};"&"Server=KMTC-B8EEC31DD2\SQLEXPRESS;"&
"Database=student;"&"UID=ssk;"&"PWD=1;"
```

其中：

- Driver={SQL Server}：指定 ODBC 驱动，由于这里连接 SQL Server，所以为{SQL Server}。
- Server=KMTC-B8EEC31DD2\SQLEXPRESS：指定要连接的数据库服务器名称，这里是案例中的服务器 KMTC-B8EEC31DD2\SQLEXPRESS。
- UID=ssk：指定登录名，这里为 ssk。
- PWD=1：指定登录密码，这里为 1。
- &是 VBScript 语言中的连字符号。这里由于版面原因，将可以写在一行的字符串分成了几行，所以使用了连字符号。

（2）信任安全连接的语法格式为：

```
oConn.Open "Driver={SQL Server};"&"Server=KMTC-B8EEC31DD2\SQLEXPRESS;"&
"Database=student;"&"UID=;"&"PWD=;"
```

或

```
oConn.Open "Driver={SQL Server};"&"Server=KMTC-B8EEC31DD2\SQLEXPRESS;"&
"Database=student;"&"Trusted_Connection=Yes;""PWD=;"
```

（3）提示用户名和口令的语法格式为：

```
oConn.Properties("Prompt")=adPromptAlways
oConn.Open "Driver={SQL Server};"&"Server=KMTC-B8EEC31DD2\SQLEXPRESS;"&
"Database=student;"
```

3．OLE DB Provider Connections（OLE DB 连接）

（1）标准安全连接的语法格式为：

```
connStr="Provider=SQLOLEDB;"&"Data Source=KMTC-B8EEC31DD2\SQLEXPRESS;"&
"Initial Catalog=student;"&"User Id=ssk;"&"Password=1;"
```

（2）信任安全连接的语法格式为：

```
connStr="Provider=SQLOLEDB;"&"Data Source=KMTC-B8EEC31DD2\SQLEXPRESS;"&
"Initial Catalog=student;"&"Integrated Security=SSPI;"
```

（3）经由一个 IP 地址连接的语法格式为：

```
connStr="Provider=SQLOLEDB;"&"Data Source=192.168.2.1,1433;"&"Network Library=
DBMSSOCN;"&"Initial Catalog=student;"&"User Id=ssk;"&"Password=1;"
```

以上三种方式可以用如图 12-27 所示的图来表述，前两种都借助了操作系统的 ODBC

驱动，只是第一种使用 DSN，第二种不用 DSN，第三种直接使用 OLE DB 的 SQL Server 驱动，从效率上来说相对要快一点。

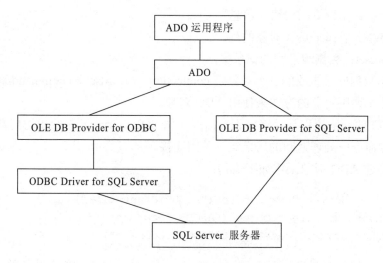

图 12-27　通过 ADO 连接 SQL Server

12.4.3　ASP 与 SQL Server 2012 数据库协同开发程序的方式

ASP 中通过一些内建对象来收集浏览器、Web 服务器信息，并将处理后的信息再发送给浏览器或 Web 服务器。在 ASP 中开发数据库系统就是将这些内建对象和我们在程序中新建的 ADO 对象相结合，将用户所需的数据从 SQL Server 服务器中通过 ADO 对象取出，再通过 ASP 内建对象发送给浏览器。用户如要将信息提交给服务器，ASP 也是先通过 ASP 内建对象将用户从浏览器提交的信息收集回来，再通过 ADO 对象将其写入数据库。

ASP 内建对象有以下几种。

（1）application 对象：application 对象用来存储一个应用中所有用户共享的信息。例如，可以利用 application 对象在站点的不同用户间传递信息。

（2）request 对象：request 对象可以用来访问所有从浏览器到服务器间的信息，因此，可以利用 request 对象来接收用户在 HTML 页的窗体中的信息。

（3）response 对象：response 对象用来将信息发送回浏览器。可以利用 response 对象将脚本语言结果输出到浏览器上。

（4）server 对象：server 对象提供许多服务器端的应用函数。例如，可以利用 server 对象来控制脚本语言在超过时限前的运行时间，也可以利用 server 对象来创建其他对象的实例。

（5）session 对象：session 对象用来存储一些普通用户在滞留期间的信息，可以用 session 对象来存储一个用户在访问站点时的滞留时间。

（6）object context 对象：object context 对象可以用来控制 ASP 的执行。这种执行过程由 Microsoft Transaction Server（MTS）来进行管理。

ASP 中常用的 ADO 对象有以下几种。

数据库与开发工具的协同使用

（1）connection：到数据源的连接。

（2）command：可被数据源执行的命令。

（3）error：数据源返回的错误信息。

（4）field：一个 recordset 对象的列。

（5）recordset：数据源返回的记录集。

ASP 操作数据库最重要的三个对象是 connection、recordset 和 command 对象，通过设置对象的属性、调用对象的方法来使用 ADO 对象。

使用 ADO 的一般流程是：连接到数据源（如 SQL Server）→给出访问数据源的命令及参数→执行命令→处理返回的结果集→关闭连接。

ASP 中创建 ADO 对象采用如下语句：

```
set objConn=Server.CreateObject("ADODB.Connection")
set objRs=Server.CreateObject("ADODB.Recordset")
set objCmd=Server.CreateObject("ADODB.Command")
```

以上三条语句分别创建 connection、recordset 和 command 对象，其他的 ADO 对象的创建方法类似。ADO 对象创建以后，就可以根据需要设置其属性，并调用其方法与数据库进行交互，详细的属性及方法调用可查阅 ASP 及 ADO 的有关资料。

12.5 案例中的程序

通过上面的学习，我们大致了解了常用程序开发工具与 SQL Server 2012 数据库协同开发软件的有关知识，下面就以"学生信息管理系统"的开发为例，对开发过程中有关程序进行介绍。

由于介绍了三种开发工具，所以这里给出三个例子程序，结合数据库内容，分别是："学生信息管理"用 VB 编写；"教师信息管理"用 C++ Builder 编写；"学生信息查询"用 ASP 来编写。

12.5.1 学生信息管理

由于本程序仅只是演示在 VB 中怎样进行数据的浏览、添加、修改、删除等操作，只涉及数据库中的一个表的操作，至于程序中与具体业务有关的一些知识概不涉及。

【程序设计】

本程序包含一个窗体，采用 VB 中的 ADO 组件连接 SQL Server 2012 数据库，连接方式可以参看 12.2.2 节。设计步骤如下：

（1）以 VB 6.0 为例，打开 VB 6.0，创建一个标准 EXE 程序，将窗体调整至适当大小，保存当前工程。

（2）添加适当的控件到窗体，如图 12-28 所示，窗体中添加了一个 DataGrid 控件用于浏览整个数据库表，七个 Text 控件、一个 Combo 控件用于选择性别，用于详细查看数据库表中一条记录的详细信息，五个按钮控件用于实现"上一条""下一条""添加"等操作。

为了通过 ADO 连接到 SQL Server 2012 数据库，添加一个 ADO 控件。窗体中还添加了一些其他控件，如 Label、Frame 控件。

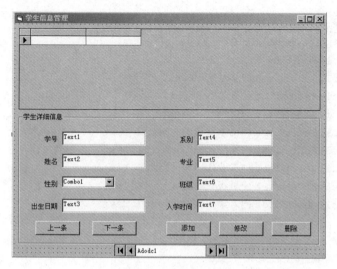

图 12-28　控件布置

注意：默认打开 VB 后，本窗体用到的控件有一部分在控件工具箱中没有，请自行添加到控件工具箱，它们是 Microsoft ADO Data Control 6.0（OLEDB）、Microsoft DataGrid Control 6.0（OLEDB）。

（3）设置 ADO 控件 Adodc1 的 ConnectionString 使控件连接到 SQL Server 服务器，这里使用连接字符串连接到 student 数据库；设置 RecordSource 属性使控件数据源指向学生信息表"学生"；由于 ADO 控件在这里不需要以"可视"的方式出现在窗体上，所以设置它的 Visible 属性为 False。

（4）设置数据栅格控件 DataGrid1 的 DataSource 属性为 Adodc1，即让其显示 Adodc1 指向的数据表"学生"；同理设置 Combo1 控件和七个 Text 控件的 DataSource 指向 Adodc1，分别设置它们的 DataField 属性，使其分别指向"学生"表中的相应字段，即让它们分别显示"学生"表中的相应字段。

（5）分别双击五个按钮控件，输入如下代码：

```
'上一条
Private Sub Command1_Click()
  Adodc1.Recordset.MovePrevious
  If Adodc1.Recordset.BOF Then
    Adodc1.Recordset.MoveFirst
  End If
End Sub
'下一条
Private Sub Command2_Click()
  Adodc1.Recordset.MoveNext
  If Adodc1.Recordset.EOF Then
```

数据库与开发工具的协同使用

```
                Adodc1.Recordset.MoveLast
            End If
        End Sub
        '添加记录
        Private Sub Command3_Click()
            Adodc1.Recordset.AddNew
            Adodc1.Recordset("学号")=Text1.Text
            Adodc1.Recordset("姓名")=Text2.Text
            Adodc1.Recordset("性别")=Combo1.Text
            Adodc1.Recordset("出生日期")=Text3.Text
            Adodc1.Recordset("系部代码")=Text4.Text
            Adodc1.Recordset("专业代码")=Text5.Text
            Adodc1.Recordset("班级代码")=Text6.Text
            Adodc1.Recordset("入学日期")=Text7.Text
        End Sub
        '修改记录
        Private Sub Command4_Click()
            Adodc1.Recordset.Update
        End Sub
        '删除记录
        Private Sub Command5_Click()
            Adodc1.Recordset.Delete
        End Sub
```

　　为了简化操作，充分发挥 VB 中 ADO 控件的封装特点，这里的代码全部使用了 ADO 控件的属性和方法，没有使用 SQL 语句。当然，要通过 ADO 控件来执行 SQL 语句也是可以的，而且相当灵活，这方面内容可以参看 VB 编程的有关书籍，此处不再详述。图 12-29 为运行后的学生信息管理系统界面。

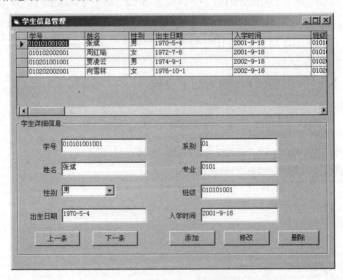

图 12-29　学生信息管理系统界面

12.5.2 教师信息管理

本程序简单演示在 C++ Builder 中怎样对 SQL Server 2012 数据库进行操作。

【程序设计】

本程序包含一个窗体,采用 C++ Builder 的 ADO 连接 SQL Server 数据库,连接方法可以参考 12.3.2 节,程序可进行数据的简单浏览、添加、修改、删除和查询等操作,只涉及数据库中的一个表的操作。设计步骤如下:

(1)以 C++ Builder 6.0 为例,打开 C++ Builder,默认打开一个标准 Windows 程序项目,调整窗体至适当大小,然后保存该项目。

(2)在创建的窗体上放置需要的控件,如图 12-30 所示。窗体中添加了一个 DBGrid 控件用于浏览整个数据库表,九个 DBEdit 控件、一个 DBMemo 控件用于显示数据库表中各字段信息,以上这些控件在 C++ Builder 中称为数据控制组件,用于数据的具体显示、编辑。C++ Builder 中有一个数据导航控件 DBNavigator,可以方便地实现对数据的添加、删除、修改及记录指针的移动等功能,不用编写任何代码即可实现我们所需的主要功能,所以这里也采用了这种方法。为了实现到 SQL Server 数据库的连接,窗体中添加了一组 ADO 控件 ADOConnection1、ADOTable1、DataSource1。

图 12-30 "教师信息管理"窗体控件布局

ADOConnection1 是数据连接组件,实现与数据库的连接,程序中的其他数据访问组件可以共享这个连接。

ADOTable1 是数据访问组件,用于访问数据库中的一个数据表。ADOTable 控件也有与 ADOConnection 一样的 ConnectionString 属性,可以直接设置该属性实现与数据库的连接,如果程序中只有一个数据访问组件,那么可以不使用 ADOConnection 组件而直接连接数据库,其他数据访问组件如 ADOQuery 也与此类似。

DataSource1 是数据源组件,是数据控制组件与数据访问组件之间的一个桥梁,

数据库与开发工具的协同使用

像 DBGrid、DBEdit 这样的数据控制组件必须通过 DataSource 组件才能显示数据表中的信息。

注意：一些 C++ Builder 参考书中在介绍数据库开发的有关知识时，通常将所有数据连接组件、数据访问组件、数据源组件全部放在另一个叫作"数据模块"的窗体中，这时因为数据库组件比较多，为方便管理而这样做，这样通常用在大型程序里。这里程序比较少，只有三个控件，所以直接将它们放在了程序窗体上，实现的功能是一样的。

另外，为了快速定位到所要记录，还放置了 RadioButton1、RadioButton2、Edit1、Button1控件，配合 ADOTable1 控件查找指定记录。

（3）设置 ADOConnection1 控件的 ConnectionString 属性连接到 SQL Server，默认登录到 student 数据库，这一步可参考 12.3.2 节，为了取消程序每次运行出现的登录框，可以将 ADOConnection1 的 LoginPrompt 属性设为 False，设置 Connected 属性为 True，用于激活连接。设置 ADOTable1 控件的 Connection 属性为 ADOConnection1，设置 ADOTable1 的 Active 属性为 True，用于激活数据访问。设置 DataSource1 控件的 DataSet 属性为 ADOTable1。设置 DBGrid1、所有 DBEdit、DBNavigator1 控件的 DataSource 属性为 DataSource1，设置九个 DBEdit 的 DadaField 属性为数据库中"教师"表中相应的字段。

这时，不用编写任何代码，就实现了主要功能：浏览、添加、修改、删除等。

（4）查询功能需要编写一定的代码，双击"查询"按钮，打开代码编辑窗，编写"查询"按钮的 OnClick 事件代码。代码如下：

```
void-fastcall TForm1::Button1Click(TObject *Sender)
{
   TLocateOptions Opts;
   Opts.Clear();
   Opts << loPartialKey;
   AnsiString KeyFields;
   if(RadioButton1->Checked)
      KeyFields="教师编号";
   if(RadioButton2->Checked)
      KeyFields="姓名";
   ADOTable1->Locate(KeyFields,Edit1->Text.Trim(),Opts);
}
```

代码中大括号内部分为我们编写的代码，调用 TADOTable 控件的 Locate 方法来查询所要的记录，调用该方法后，如果记录找到，在数据记录指针移到的记录上，数据控制组件即显示出当前记录指针所指记录的内容，这时就可以对这条记录进行修改、删除等操作。运行结果如图 12-31 所示。

由此可见，在 Delphi 和 C++ Builder 中编写数据库应用程序是非常方便的，而且程序的运行效率也比较高。这里只是编写了一个非常简单的例子程序，在实际的应用开发中远比这个复杂，但只要掌握了基本编程方法，再结合前面所学的 SQL Server 2012 相关知识，如 T-SQL 语言，通过 SQL 语言，结合 C++ Builder 编程就可以实现许多复杂的功能。

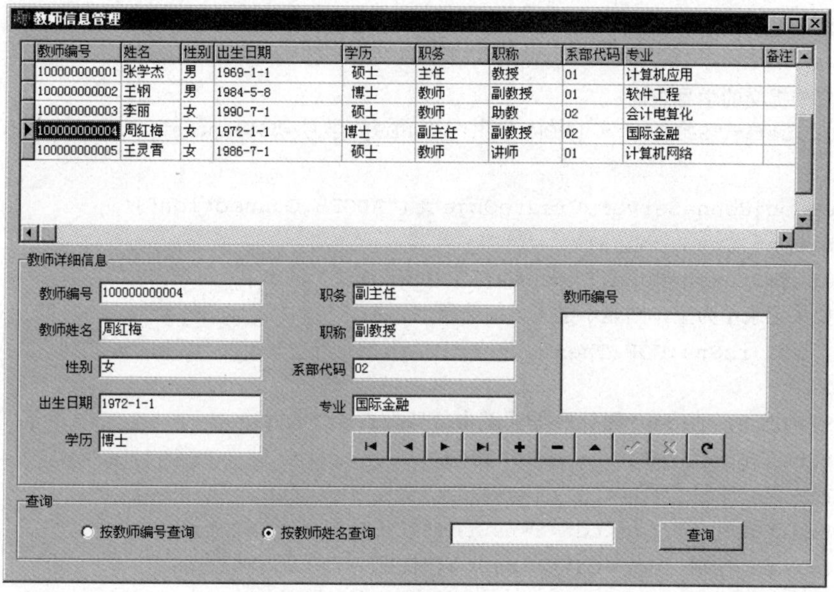

图 12-31 "教师信息管理"界面

12.5.3 学生信息查询

本节介绍在 ASP 中如何来操作 SQL Server 2012 数据库。本程序实现学生信息查询、学生打开浏览器、打开服务器 Web 页面、输入自己的学号、向服务器提交查询请求、服务器将查询到的信息反馈显示出来。程序比较简单，但它演示了 ASP 如何操作 SQL Server 2012 服务器的最基本方法。

程序有两个页面：一个是输入页面，另一个是查询显示页面，所以有两个 ASP 文件：Default.asp 和 stuinfo.asp。

Default.asp 文件内容如下：

```
<html>
<body>
<h2><font face="黑体">学生信息查询</font></h2>
<form method="POST" action="/stuinfo.asp">
学号
<input type="text" name="StudID">
<input type="submit" value="查询">
</form>
</body>
</html>
```

stuinfo.asp 文件内容如下：

```
<%@ LANGUAGE="VBScript" %>
<%
'通过 OLE DB Provider for SQL Server 连接到 SQL Server 数据库
connStr="Provider=SQLOLEDB;"&"Data Source=127.0.0.1\SQL2008;"& "Initial
```

数据库与开发工具的协同使用

```
Catalog=student;"&"User Id=stu;"&"Password=stu;"

'安装提交的学号查询
SQLQuery="SELECT * FROM 学生"&"WHERE 学号="&Request.form("StudID")

Set objConn=Server.CreateObject("ADODB.Connection")
objConn.Open connStr
Set rsStu=objConn.Execute(SQLQuery)
'如果记录不为空，则显示学生详细信息
If NOT rsStu.EOF Then
%>
<h2><font face="黑体">学生基本信息</font></h2>
<table border="1" width="100%">
<tr><td>学号</td><td><%=rsStu("学号")%></td></tr>
<tr><td>姓名</td><td><%=rsStu("姓名")%></td></tr>
<tr><td>性别</td><td><%=rsStu("性别")%></td></tr>
<tr><td>出生日期</td><td><%=rsStu("出生日期")%></td></tr>
<tr><td>入学时间</td><td><%=rsStu("入学时间")%></td></tr>
<tr><td>系别</td><td><%=rsStu("系部代码")%></td></tr>
<tr><td>专业</td><td><%=rsStu("专业代码")%></td></tr>
<tr><td>班级</td><td><%=rsStu("班级代码")%></td></tr>
</table>
<%
Else Response.write "记录没有找到！"
End If
objConn.close
%>
```

将以上两个文件放到 Web 服务器 IIS 的发布目录下，然后在浏览器中输入服务器地址（或 http:// localhost/）即可看到运行结果，如图 12-32 和图 12-33 所示。

图 12-32　输入查询界面

图 12-33　查询结果界面

练　习　题

利用 Visual BASIC（或 C++ Builder）+SQL Server 2012 设计一个学生信息管理系统，实现学生基本信息、学生成绩的添加、修改、删除等功能，用 ASP 实现学生成绩查询功能。

数据库与开发工具的协同使用

附 录　实 验 指 导

实验1　SQL Server 数据库的安装

1．实验目的

（1）通过安装来了解、感受 SQL Server 2012。

（2）了解 SQL Server 2012 所支持的多种形式的管理架构，并确定此次安装的管理架构形式。

（3）熟悉安装 SQL Server 2012 的各种版本所需的软、硬件要求，确定要安装的版本。

（4）熟悉 SQL Server 2012 支持的身份验证种类。

（5）掌握 SQL Server 服务的几种启动方法。

（6）正确配置客户端和服务器端网络连接的方法。

（7）掌握 SQL Server 2012 Management Studio 的常规使用。

2．实验准备

（1）了解 SQL Server 2012 各种版本所需的软、硬件要求。

（2）了解 SQL Server 2012 支持的身份验证种类。

（3）掌握 SQL Server 2012 各组件的主要功能。

（4）掌握在查询窗口中执行 SQL 语句的方法。

3．实验内容

（1）选择适当的操作系统和数据库版本，查看并构建数据库的安装环境，安装 SQL Server 2012，并在安装时将登录身份验证模式设置为"SQL Server 和 Windows"验证，其他可选择默认设置，一定要记住 sa 账户的密码（选作）。

（2）根据第 2 章提供的方法，验证 SQL Server 2012 安装是否成功。

（3）熟悉和学习使用 SQL Server 2012 的主要管理工具。

① 利用 SQL Server Configuration Manager（配置管理器）配置 SQL Server 2012 服务器，能够暂停、停止、启动 SQL Server 服务（MSSQL 数据引擎）。

② 用 Windows 身份验证模式登录 SQL Server Management Studio，如果知道 sa 密码，则用 SQL Server 身份验证模式登录 SQL Server Management Studio。

③ 通过 SQL Server Management Studio 注册服务器向导首次注册本地服务器。

④ 试着创建一些由 SQL Server 2012 验证的账户，注册网络上可以见到的其他 SQL Server 服务器，对其中一台 SQL Server 服务器的 SQL Server 服务做停止和启动的操作，再

删除已注册的非本地 SQL Server 服务器。

⑤ 为某一个数据库服务器指定服务器别名，然后通过服务器别名注册该数据库服务器。

⑥ 通过 SQL Server Management Studio 的对象资源管理器查看并了解某数据库（如 master 系统数据库）中包含的各种数据库对象。

⑦ 通过 SQL Server Management Studio 的查询窗口执行一些简单的 SQL 命令,观察命令的执行情况（结果和提示），熟悉窗口结构，并尝试做适当分析解释：

```
use master
go
sp_helpdb master
go
```

实验 2 创建和管理数据库

1. 实验目的

（1）了解 SQL Server 数据库的逻辑结构和物理结构。

（2）掌握在 SQL Server Management Studio 中创建和管理数据库的方法。

（3）掌握使用 T-SQL 语句创建和管理数据库。

2. 实验准备

（1）要明确能够创建数据库的用户必须是系统管理员，或者是被授权使用 CREATE DATABASE 语句的用户。

（2）创建数据库必须要确定数据库名、所有者（即创建数据库的用户）、数据库大小（最初的大小、最小的大小、是否允许增长及增长的方式）和存储数据的文件。

（3）了解常用的创建和管理数据库的方法。

3. 实验内容

（1）数据库需求分析。

用于学生选课管理的数据库，数据库名为 student，主数据文件初始空间大小为 20MB，最大空间不受限，数据库按 15%比例自动增长，存放在 D 盘下的 stu 文件夹内，逻辑名为 stu_data1，物理名的主文件名与逻辑名相同；还有一个辅助数据文件，初始空间大小为 10MB，最大空间为 1000MB，数据库按 10MB 的步长自动增长，存放在主数据文件同路径下，逻辑名为 stu_data2，物理名的主文件名与逻辑名相同；日志文件初始为 5MB，最大空间不受限，按 5MB 的步长增长，存放在主数据文件同路径下，逻辑名为 stu_log，物理名的主文件名与逻辑名相同。

（2）用工具法创建和管理数据库。

① 用工具法创建 student 数据库。

② 用工具法将主数据文件的增长方式改为 20MB。

③ 用工具法分离 student 数据库。

④ 用工具法附加 student 数据库。

⑤ 用工具法删除 student 数据库。

（3）用 T-SQL 命令法创建和管理数据库。

① 用 T-SQL 语句创建 student 数据库。

② 用 T-SQL 语句在 student 数据库中增加一个新的数据文件，文件的逻辑名为 stu_data3，存放在新文件组 stugrp 中，物理文件名为 stu2.ndf，存放于 e:\stuDB 中，文件的初始大小为 5MB，自动增长率为 1MB，不限制文件增长。

③ 用 T-SQL 语句将刚添加的数据文件 stu_data3 的初始大小改为 10MB。

④ 用 T-SQL 语句将主数据文件的最大空间改为不受限制。

⑤ 用 T-SQL 缩小 student 数据库空间，使该数据库的空白空间为 50%。

⑥ 用 T-SQL 语句删除 student 数据库。

实验 3　创建和管理表

1．实验目的

（1）了解表的结构特点。

（2）了解 SQL Server 2012 的基本数据类型。

（3）掌握使用 SQL Server 2012 Management Studio 和 SQL 命令创建表的方法。

（4）掌握使用 SQL Server 2012 Management Studio 和 SQL 命令修改表结构的方法。

（5）掌握使用 SQL Server 2012 Management Studio 和 SQL 命令删除表的方法。

2．实验准备

（1）确定表结构。

（2）了解 SQL Server 2012 基本数据类型的一般使用规律。

（3）了解常用的表的创建、修改、删除方法。

3．实验内容

（1）数据需求分析。

student 数据库包含诸多信息，包括学生、教师、系部、班级、教学计划、课程、选课、教师任课等，本实验选择"学生""教师"两张表来说明表的结构。

学生：存储学生的基本情况。

教师：存储教师的基本情况。

各表的结构如图 A-1 和图 A-2 所示。

列名	数据类型	允许 Null 值
学号	char(12)	
姓名	char(8)	☑
性别	char(2)	☑
出生日期	datetime	☑
入学时间	datetime	☑
班级代码	char(9)	☑
系部代码	char(2)	☑
专业代码	char(4)	☑

列名	数据类型	允许 Null 值
教师编号	char(12)	
姓名	char(8)	
性别	char(2)	☑
出生日期	datetime	☑
学历	char(10)	☑
职务	char(10)	☑
职称	char(10)	☑
系部代码	char(2)	☑
专业	char(20)	☑
备注	varchar(50)	☑

图 A-1　"学生"表结构　　　　图 A-2　"教师"表结构

各表的内容如图 A-3 和图 A-4 所示。

学号	姓名	性别	出生日期	入学时间	班级代码	系部代码	专业代码
140101001001	张斌	男	1995-05-04 ...	2014-09-01 ...	140101001	01	0101
140101001011	李岚	女	1996-05-04 ...	2014-09-01 ...	140101001	01	0101
140201001001	贾凌云	男	1994-09-01 ...	2014-09-01 ...	140201001	02	0201
140202002001	向雪林	女	1997-10-01 ...	2014-09-01 ...	140202001	02	0202
150102002001	周红瑜	女	1996-07-08 ...	2015-09-01 ...	150102002	01	0102
150102002007	李晟	男	1995-09-24 ...	2015-09-01 ...	150102002	01	0102
150102002018	周春梅	女	1997-02-16 ...	2015-09-01 ...	150102002	01	0102
150103001001	张雪琪	女	1993-04-28 ...	2015-09-01 ...	150103001	01	0103
150103001003	李艾一	女	1994-04-28 ...	2015-09-01 ...	150103001	01	0103
150103001012	刘伟	男	1992-12-14 ...	2015-09-01 ...	150103001	01	0103

图 A-3 “学生”表数据

教师编号	姓名	性别	出生日期	学历	职务	职称	系部代码	专业	备注
100000000001	张学杰	男	1969-01-01 ...	硕士	主任	教授	01	计算机	NULL
100000000002	王钢	男	1984-05-08 ...	博士	教师	副教授	01	计算机	NULL
100000000003	李丽	女	1990-07-01 ...	硕士	教师	助教	02	会计电算化	NULL
100000000004	周红梅	女	1972-01-01 ...	博士	副主任	副教授	02	国际金融	NULL
100000000005	王灵霄	女	1986-07-01 ...	硕士	教师	讲师	01	网络技术	NULL

图 A-4 “教师”表数据

根据实验 2 中创建数据库的过程，自行创建 student 数据库，各参数自定，并在 student 数据库中完成以下内容。

（2）用 SQL Server 2012 Management Studio 工具法完成以下内容：

① 创建教师表。

② 将教师表“性别”字段的类型定义改为位型（bit 型）。

③ 在教师表结构中添加“籍贯”字段，其类型定义为：varchar(20)。

④ 将教师表结构的“籍贯”字段删除。

（3）用 SQL 命令法完成以下内容：

① 创建学生表。

② 将学生表“姓名”字段的类型定义改为 20 位变长字符型。

③ 在学生表中添加“入学成绩”字段，其定义为整型。

④ 将学生表中的“入学成绩”字段删除。

（4）用 SQL Server 2012 Management Studio 工具法或 SQL 命令法在表中添加数据。（选做）

实验 4　数据的基本操作

1．实验目的

（1）能够在对象资源管理器中对表数据进行插入、修改和删除操作。

（2）能够使用 T-SQL 语句对表数据进行插入、修改和删除操作。

2．实验准备

（1）了解表数据的插入、修改和删除操作，对表数据的更新操作可以在对象资源管理器中进行，也可以用 T-SQL 语句实现。

（2）掌握 T-SQL 语句中用于对表数据进行插入、修改和删除命令的用法。

（3）了解使用 T-SQL 语句在对表数据进行插入、修改和删除时，比在对象资源管理器中操作表数据灵活、方便。

3．实验内容

（1）数据需求分析：

以教材讲授实例数据库 student 中的表结构和数据为基础，完成以下操作要求。

可以通过执行原保存的 student 数据库创建、表创建、记录添加等 SQL 文件快速构建实验环境。

（2）用 SQL Server 2012 Management Studio 工具法完成数据的添加、修改和删除。

① 在 student 数据库的"班级"表中添加一条记录：

班级代码：150101001

班级名称：15 级软件工程 001 班

所属系部代码：01

其余字段值为空

② 将 student 数据库中"系部"表原样复制一份为"系部 2"表。

③ 将"班级"表中"14 级会计 002 班"的备注改为"有 60 人"。

④ 在"课程"表中将所有课程的原始学分都加上 1 分。

⑤ 将计算机系修"高等数学"的同学已获得的该门课程学分减去 1 分。

⑥ 删除"系部 2"表中"计算机系"的记录。

⑦ 清空"系部 2"表中的全部记录。

（3）使用 T-SQL 命令完成数据的添加、修改和删除。

① 在 student 数据库的"班级"表中添加一条记录：

班级代码：160102002

班级名称：16 级信息管理 002 班

所属系部代码：01

其余字段值为空。

提示：可灵活使用不同的 insert 命令格式，但要注意数据类型的匹配要准确合理。

② 将 student 数据库中"课程"表原样复制一份为"课程 2"表。

③ 将"班级"表中"16 级信息管理 002 班"的备注改为"有 50 人"。

④ 在"课程注册"表中将所有学生已获得的各课程学分加上 1 分。

⑤ 将计算机系修"高等数学"的同学已获得的该门课程学分减去 1 分。

⑥ 删除"课程 2"表中"人工智能"的记录。

⑦ 清空"课程 2"表中的全部记录。

实验 5　数　据　查　询

1．实验目的

（1）掌握 SELECT 语句的基本语法。

（2）掌握连接查询的基本方法。

（3）掌握子查询的基本方法。

2．实验准备

（1）了解 SELECT 语句的执行方法。

（2）了解数据统计的基本集合函数的作用。

（3）了解 SELECT 语句的 GROUP BY 和 ORDER BY 子句的作用。

（4）了解连接查询的表示方法。

（5）了解子查询的表示方法。

3．实验内容

（1）数据需求分析。

jifei 数据库中各表数据如图 A-5 所示。

上机号	姓名	班级代码	上机密码	管理密码	余额	备注
2013110101	胡浪华	20131101	NULL	NULL	2.0000	NULL
2013110102	王玲玲	20131101	NULL	NULL	48.0000	NULL
2013110222	李振明	20131102	NULL	NULL	24.0000	NULL
2014040103	李曼	20140401	NULL	NULL	6.0000	NULL
2014040141	刘丽琳	20140401	NULL	NULL	0.0000	NULL
2014110107	王凯	20141101	NULL	NULL	6.0000	NULL
2014110120	余富云	20141101	NULL	NULL	36.0000	NULL
2014110133	洪娜	20141101	NULL	NULL	20.0000	NULL
2015070213	张振	20150702	NULL	NULL	29.0000	NULL
2015090615	陈芳	20150906	NULL	NULL	-2.0000	NULL
2016110404	张云鹏	20161104	NULL	NULL	18.0000	NULL
2016110426	马云飞	20161104	NULL	NULL	50.0000	NULL

班级代码	班级名称
20131101	13级计算机技术班
20131102	13级软件工程班
20140401	14级汉语言文学班
20141101	14级计算机技术班
20150702	15级应用数学班
20150906	15级网络通信班
20161104	16级物联网技术班

"班级"表　　　　　　　　　　　　　　　　"上机卡"表

上机号	上机日期	开始时间	结束时间	上机状态
2013110102	2013-11-08 00:...	2013-11-08 14:...	2013-11-08 17:...	True
2013110222	2013-11-08 00:...	2013-11-08 19:...	2013-11-08 21:...	True
2013110101	2014-03-02 00:...	2014-03-02 08:...	2014-03-02 10:...	True
2013110222	2014-03-02 00:...	2014-03-02 18:...	2014-03-02 20:...	True
2013110101	2014-04-08 00:...	2014-04-08 10:...	2014-04-08 11:...	True
2013110222	2014-04-08 00:...	2014-04-08 15:...	2014-04-08 17:...	True
2013110102	2014-04-08 00:...	2014-04-08 16:...	2014-04-08 18:...	True
2013110222	2014-06-21 00:...	2014-06-21 15:...	2014-06-21 17:...	True
2014110107	2015-03-09 00:...	2015-03-09 09:...	2015-03-09 12:...	True
2014040141	2015-03-09 00:...	2015-03-09 14:...	2015-03-09 16:...	True

管理员代码	姓名	密码
liuzhenkai	刘振凯	666666
wangjian	王健	123456
zhaolin	赵林	888888

"上机记录"表（部分）　　　　　　　　　　　"管理员"表

图 A-5　jifei 数据库中各表的数据

（2）根据前面的实验给出的数据表结构及数据，用 SELECT 语句进行简单查询：

① 查询每个学生的上机号、姓名、上机所剩余额信息。

② 查询上机号为 2015070213 的学生的姓名和余额。

③ 查询所有姓"王"的学生的上机号、余额和班级代码。

④ 查询所有余额不足 5 元的学生的上机号、姓名和余额。

⑤ 查询所有在 2014 年上半年上过机的学生的上机记录信息。

（3）根据前面的实验给出的数据表结构及数据，用 SELECT 语句进行高级查询：

① 查询班级名称为"14 级计算机技术班"的学生的上机号和姓名。

② 查找余额不足 5 元的学生的上机号、姓名和班级名称。

③ 查询余额超过 30 元（不含 30 元）的学生的总人数。

④ 查询每一天上机的总人数。

⑤ 查询上机日期在 2014-6-1 到 2015-5-31 之间的各个班级的上机总人数。

⑥ 查询学生的上机号、姓名、班级名称、余额，按余额由高到低排序。

实验 6　索引的应用

1．实验目的

（1）掌握创建索引的命令。

（2）掌握使用对象资源管理器创建索引的方法。

（3）掌握查看索引的系统存储过程的用法。

（4）掌握索引分析与维护的常用方法。

2．实验准备

（1）了解聚集索引和非聚集索引的概念。

（2）了解创建索引的 SQL 语句。

（3）了解使用对象资源管理器创建索引的操作步骤。

（4）了解索引更名系统存储过程的用法。

（5）了解删除索引的 SQL 命令的用法。

（6）了解索引分析与维护的常用方法。

3．实验内容

（1）完成第 6 章例题中索引的创建。（选做）

（2）为 student 数据库中"课程注册"表的成绩字段创建一个非聚集索引，其名称为 kczccj_index。

（3）使用系统存储过程 sp_helpindex 查看"课程注册"表上的索引信息。

（4）使用系统存储过程 sp_rename 将索引 kczccj_index 更名为 kcvc_xj_index。

（5）使用 student 数据库中的"课程注册"表，查询所有课程注册信息，同时显示查询处理过程中磁盘活动的统计信息。

（6）用 SQL 语句删除 kcvc_cj_index。

（7）查看 student 数据库中所有表的碎片情况，如果存在索引碎片，将其清除。

实验 7　视图的应用

1．实验目的

（1）掌握创建视图的 SQL 命令。

（2）掌握使用对象资源管理器创建视图的方法。

（3）掌握查看视图的系统存储过程的用法。

2．实验准备

（1）了解创建视图的方法。

（2）了解修改视图的 SQL 语句。

（3）了解视图更名的系统存储过程的用法。

（4）了解删除视图的 SQL 语句。

3．实验内容

用 SQL 命令完成下列要求：

（1）在 student 数据库中以"学生"表为基础，建立一个名为"经济管理系学生"的视图，包含"学生"表中经济管理系学生的所有信息。

（2）使用"经济管理系学生"视图查询专业代码为 0201 的学生。

（3）使用"经济管理系学生"视图将学号为 140201001001 的学生的姓名改为"贾云"。

（4）将"经济管理系学生"视图更名为"V_经济管理系学生"。

（5）修改"V_经济管理系学生"视图的内容，使得该视图仅能查询到经济管理系所有的"女"学生。

（6）删除"V_经济管理系学生"视图。

实验 8　数据完整性

1．实验目的

要求学生能使用 SQL 命令通过 PRIMARY KEY、CHECK、FOREIGN KEY…REFERENCES、NOT NULL、UNIQUE 等关键字设计 SQL Server 2012 的实体完整性、域完整性、参照完整性及用户定义完整性并进行验证。

2．实验准备

（1）了解数据完整性的概念。

（2）了解约束的类型。

（3）了解创建约束和删除约束的语法。

（4）了解创建规则和删除规则的语法。

（5）了解绑定规则和解绑规则的语法。

（6）了解创建默认对象和删除默认对象的语法。

（7）了解绑定默认对象和解绑默认对象的语法。

3．实验内容

（1）数据需求分析：

在 student 数据库中用 CREATE TABLE 语句创建表 STU1，表结构如表 A-1 所示。

表 A-1　STU1 表结构

列　　名	数 据 类 型	长　　度
学号	char	12
姓名	varchar	20
性别	char	2
出生日期	datetime	
住址	varchar	40
备注	text	

（2）在用 CREATE TABLE 语句创建表的同时，创建所需约束。要求如下：

① 将学号设置为主键，主键名为 pk_xuehao。

② 为姓名添加唯一约束，约束名为 uk_xingming。

③ 为性别添加默认约束，约束名为 df_xingbie，默认值为"男"。

④ 为出生日期添加 CHECK 约束，约束名为 ck_csrq，其检查条件为（出生日期>'01/01/1992'）。

⑤ 为学号添加外键约束，约束名为 fk_xh，参照"学生"表的"学号"字段。

（3）用 SQL 命令删除上面所建约束。

（4）用工具法重建上述各约束（选做）。

（5）基于 student 数据库中的表建立规则、默认对象，进行绑定和解绑，并删除所建对象。

① 建立规则对象 sex_rule，规则为某字段的取值范围为（"男", "女"）。

② 用规则对象 sex_rule 限定表 STU1 的性别字段的取值范围为（"男", "女"）。

③ 建立默认对象 birth_default，默认某字段的值为"01/01/ 1992"。

④ 用默认对象 birth_default 设定表 STU1 的出生日期字段的值默认为"01/01/ 1992"。

⑤ 解绑并删除所建规则对象和默认对象。

实验 9　函数的应用

1．实验目的

（1）熟练掌握 SQL Server 常用系统函数的使用。

（2）熟练掌握 SQL Server 三类用户自定义函数的创建方法。

（3）熟练掌握 SQL Server 用户自定义函数的修改及删除方法。

2．实验准备

（1）了解各类常用系统函数的功能及其参数的意义。

（2）了解 SQL Server 三类用户自定义函数的区别。

（3）了解 SQL Server 三类用户自定义函数的语法。

（4）了解对 SQL Server 自定义函数进行修改及删除的语法。

3．实验内容

（1）SQL Server 常用系统函数的使用。

① 统计教学计划中，第一学期所开设的课程总数。

② 统计计算机系学生高等数学的平均分、最低分及最高分。

（2）SQL Server 三类用户自定义函数的创建。

① 标量函数：根据课程名称返回修读该课程的学生人数。

② 内嵌表值函数：创建一个自定义函数 teacher_info()，根据教师姓名返回该教师任课基本信息。

③ 多语句表值函数：创建一个自定义函数 department()，根据系部代码返回该系部名称、学生总人数及系主任姓名。

（3）用 SQL 语句调用以上创建的各函数，注意参数的应用和结果的分析。

（4）对 SQL Server 自定义函数进行修改及删除（选做）。

实验 10　SQL 程序设计

1．实验目的

（1）掌握程序中的批处理、脚本和注释的基本概念和使用方法。

（2）掌握事务的基本语句的使用。

（3）掌握程序中的流程控制语句。

2．实验准备

（1）理解程序中的批处理、脚本和注释的语法格式。

（2）理解事务的基本语句的使用方法。

（3）了解流程控制语句 BEGIN…END、IF…ELSE、CASE、WAITFOR、WHILE 语句的使用。

3．实验内容

（1）编写程序，求斐波纳契数列的前 20 项。

（2）编写程序，求某商场给不同级别的 VIP 顾客设置的消费折扣。规则如下：

钻石 VIP：等级代码 01，折扣率为 7 折；

铂金 VIP：等级代码 02，折扣率为 8 折；

黄金 VIP：等级代码 03，折扣率为 8.5 折；

白银 VIP：等级代码 04，折扣率为 9 折；

普通 VIP：等级代码 05，折扣率为 9.5 折；

非 VIP：等级代码 06，无折扣。

现某顾客购买了价值 5000 元的商品，请计算并显示其实际付款额。

说明：假设该顾客为铂金 VIP 客户，请在程序中通过变量存储其等级，并通过多重分支结构完成实付金额的计算：

① 使用嵌套的 IF…ELSE 结构。

② 使用 CASE 结构。

实验 11　存储过程与触发器

1．实验目的

（1）掌握创建存储过程和触发器的方法和步骤。

（2）掌握存储过程和触发器的使用方法。

2．实验准备

（1）了解存储过程和触发器的基本概念和类型。

（2）了解创建存储过程和触发器的 SQL 语句的基本语法。

（3）了解查看、执行、修改和删除存储过程的 SQL 语句的用法。

（4）了解查看、修改和删除触发器的 SQL 语句的用法。

3. 实验内容

（1）使用存储过程。

① 使用 student 数据库中的"学生""课程注册""课程"表创建一个不带参数的存储过程（kcxd）。该存储过程的功能是：显示所有学生的学号、选修的课程名和课程成绩。

执行 kcxd 存储过程，显示所有学生的学号、选修课程和课程成绩。

② 使用 student 数据库中的"学生""课程注册""课程"表创建一个带参数的存储过程（cjcx）。该存储过程的功能是：当任意给定学生的姓名时，将显示该学生的学号、选修的课程名和课程成绩。若没有给定学生的姓名，则显示所有学生的学号、选修的课程名和课程成绩。

执行 cjcx 存储过程，指定参数为"周红瑜"，查看并分析执行结果。

执行 cjcx 存储过程，指定参数为姓"王"的同学，查看并分析执行结果。

执行 cjcx 存储过程，不指定参数值，查看并分析执行结果。

使用系统存储过程 sp_helptext 查看存储过程 cjcx 的文本信息。

③ 使用 student 数据库中的"教师""教师任课"表创建一个带参数的存储过程（jsrk）。该存储过程的功能是：当任意输入一个教师的姓名时，将由输出参数返回该教师的任课数量。

执行 jsrk 存储过程，显示"张学杰"老师的任课数。

（提示：注意去除重复记录）

（2）使用触发器。

① 在 jifei 数据库中建立一个名为 insert_sjkh 的 INSERT 触发器，存储在"上机记录"表中。该触发器的作用是：当用户向"上机记录"表中插入记录时，如果插入了"上机卡"表中没有的上机号，则提示用户不能插入记录，否则提示记录插入成功。

② 在 jifei 数据库中建立一个名为 dele_sjh 的 DELETE 触发器，该触发器的作用是在删除"上机卡"表中记录的同时自动删除"上机记录"表中相应上机号的上机记录。

③ 在 jifei 数据库中建立一个名为 update_sjh 的 UPDATE 触发器，该触发器的作用是禁止更新"上机卡"表中的上机号的内容。

④ 在 jifei 数据库中建立一个名为 update_sjye 的 UPDATE 触发器，该触发器的作用是当上机记录表中的上机状态由 True 变为 False 时，自动修改上机卡表中的相应上机卡的余额，修改方法为：原有余额−（上机时间*机时单价）。（机时单价以 1.00 元/小时计）（选做）

⑤ 验证以上创建的各个触发器是否有效，对结果进行分析。

⑥ 删除建立的所有触发器。

实验 12　SQL Server 的安全管理

1. 实验目的

（1）掌握 SQL Server 的安全机制。

（2）掌握服务器的安全性的管理。

（3）掌握数据库用户的管理。

（4）掌握权限的管理。

（5）掌握备份和还原的基本概念。

（6）掌握备份和还原的几种方式。

（7）掌握 SQL Server 的备份和还原的操作方法。

2．实验准备

（1）了解 SQL Server 的安全机制。

（2）了解登录账号的创建、查看、禁止、删除方法。

（3）了解更改、删除登录账号属性的方法。

（4）了解数据库用户的创建、修改、删除方法。

（5）了解数据库用户权限的设置方法。

（6）了解数据库角色的创建、删除方法。

（7）了解备份和还原的基本概念。

（8）了解备份和还原的几种方式。

（9）了解使用对象资源管理器进行数据库备份的操作方法。

（10）了解使用对象资源管理器进行数据库还原的操作方法。

3．实验内容

（1）创建登录账号 StudentAdm，并在对象资源管理器下查看。

（2）禁止账号 StudentAdm 登录，然后再进行恢复。

（3）为数据库 student 创建用户 studentAdm，然后修改用户名为 stuAdm。

（4）为数据库用户 stuAdm 设置权限：对于"学生"表具有 SELECT、INSERT、UPDATE、DELETE 权限。

（5）创建数据库角色 role_Stu，并添加成员 stuAmd。

（6）为样例数据库 student 进行数据库备份，备份名称为"stu_bak 备份"。

（7）通过数据库备份 stu_bak 进行 student 数据库恢复。

实验 13　数据库与开发工具的协同使用（选做）

1．实验目的

（1）掌握常用数据库的连接方法。

（2）掌握使用 Visual BASIC（或 C++ Builder、C#）和 SQL Server 开发数据库应用程序的方法。

（3）掌握使用 ASP.NET 和 SQL Server 开发数据库应用程序的方法。

2．实验准备

（1）了解常用数据库的连接方法。

（2）了解使用 Visual BASIC（或 C++ Builder、C#）和 SQL Server 开发数据库应用程序的方法。

（3）了解使用 ASP.NET 和 SQL Server 开发数据库应用程序的方法。

3．实验内容

开发一个学生成绩管理系统，该系统实现以下功能：

（1）后台管理——提供教师对学生成绩进行录入、成绩管理、学生基本信息管理等。

（2）Web 成绩查询——学生通过 Web 页对各学年、各学科成绩进行查询。

参 考 文 献

[1] 萨师煊，王珊. 数据库系统概论[M]. 3 版. 北京：高等教育出版社，2000.

[2] 王景才，申时凯，陈玉国，连志春. 数据库技术与应用[M]. 北京：高等教育出版社，2000.

[3] 申时凯，戴祖诚，佘玉梅. 数据库原理与技术（SQL Server 2005）[M]. 北京：清华大学出版社，2010.

[4] 申时凯，李海雁. 数据库应用技术（SQL Server 2000）[M]. 北京：中国铁道出版社，2005.

[5] 申时凯，李海雁. 数据库应用技术（SQL Server 2005）[M]. 2 版. 北京：中国铁道出版社，2008.

图 书 资 源 支 持

感谢您一直以来对清华版图书的支持和爱护。为了配合本书的使用，本书提供配套的资源，有需求的读者请扫描下方的"书圈"微信公众号二维码，在图书专区下载，也可以拨打电话或发送电子邮件咨询。

如果您在使用本书的过程中遇到了什么问题，或者有相关图书出版计划，也请您发邮件告诉我们，以便我们更好地为您服务。

我们的联系方式：

地　　址：北京海淀区双清路学研大厦 A 座 707

邮　　编：100084

电　　话：010－62770175－4604

资源下载：http://www.tup.com.cn

电子邮件：weijj@tup.tsinghua.edu.cn

QQ：883604(请写明您的单位和姓名)

用微信扫一扫右边的二维码，即可关注清华大学出版社公众号"书圈"。

资源下载、样书申请

书圈